国家出版基金项目

“十三五”国家重点图书出版规划项目

“十四五”时期国家重点出版物出版专项规划项目

# 抽水蓄能电站<br>输水系统设计技术

王志国　著

中国水利水电出版社
www.waterpub.com.cn
·北京·

## 内 容 提 要

本书系国家出版基金项目《中国水电关键技术丛书》之一，结合工程实践及科研成果，全面系统地总结了抽水蓄能电站输水系统设计技术，重点对输水系统布置、衬砌型式选择、结构设计、施工技术等进行了说明，论述了抽水蓄能电站输水系统布置的特点以及各主要建筑物布置时所需关注的问题。同时，阐述了抽水蓄能电站输水系统常采用的钢筋混凝土衬砌、灌浆式预应力混凝土衬砌、环锚预应力混凝土衬砌、钢板衬砌等的特点、适用条件及范围，以及其结构设计理论、方法、原则和施工技术特点及要求等，并结合工程实例进行了说明，尤其针对近年来国内发展较迅速的钢板衬砌，依据水电用钢的特点及要求，对钢材选择、结构设计、制作安装等，进行了较全面系统的阐述。另外，对技术难度较大的岔管，尤其是广泛采用的月牙肋岔管，从水力特性、结构特性两方面进行说明，全面阐述了体形参数选择及结构设计方法，重点说明了地下埋藏式月牙肋岔管与围岩联合作用的机理，系统提出了埋藏式月牙肋岔管考虑围岩分担内水压力的设计原则和方法。

本书可供从事水电站引水系统设计、科研、施工、运行管理的技术人员以及相关高校师生参考使用。

**图书在版编目（CIP）数据**

抽水蓄能电站输水系统设计技术 / 王志国著. -- 北京：中国水利水电出版社，2023.6
（中国水电关键技术丛书）
ISBN 978-7-5226-1832-6

Ⅰ. ①抽… Ⅱ. ①王… Ⅲ. ①抽水蓄能水电站—输水—系统设计 Ⅳ. ①TV743

中国国家版本馆CIP数据核字(2023)第190243号

| | |
|---|---|
| 书　　名 | 中国水电关键技术丛书<br>**抽水蓄能电站输水系统设计技术**<br>CHOUSHUI XUNENG DIANZHAN SHUSHUI XITONG SHEJI JISHU |
| 作　　者 | 王志国　著 |
| 出版发行 | 中国水利水电出版社<br>（北京市海淀区玉渊潭南路1号D座　100038）<br>网址：www.waterpub.com.cn<br>E-mail：sales@mwr.gov.cn<br>电话：（010）68545888（营销中心） |
| 经　　售 | 北京科水图书销售有限公司<br>电话：（010）68545874、63202643<br>全国各地新华书店和相关出版物销售网点 |
| 排　　版 | 中国水利水电出版社微机排版中心 |
| 印　　刷 | 北京印匠彩色印刷有限公司 |
| 规　　格 | 184mm×260mm　16开本　18.25印张　447千字 |
| 版　　次 | 2023年6月第1版　2023年6月第1次印刷 |
| 印　　数 | 0001—1500册 |
| 定　　价 | **160.00**元 |

# 《中国水电关键技术丛书》编撰委员会



## 编委会办公室

## 《中国水电关键技术丛书》组织单位

中国大坝工程学会
中国水力发电工程学会
水电水利规划设计总院
中国水利水电出版社

# 丛书序

历经70年发展，特别是改革开放40年，中国水电建设取得了举世瞩目的伟大成就，一批世界级的高坝大库在中国建成投产，水电工程技术取得新的突破和进展。在推动世界水电工程技术发展的历程中，世界各国都作出了自己的贡献，而中国，成为继欧美发达国家之后，21世纪世界水电工程技术的主要推动者和引领者。

截至2018年年底，中国水库大坝总数达9.8万座，水库总库容约9000亿$m^3$，水电装机容量达350GW。中国是世界上大坝数量最多、也是高坝数量最多的国家：60m以上的高坝近1000座，100m以上的高坝223座，200m以上的特高坝23座；千万千瓦级的特大型水电站4座，其中，三峡水电站装机容量22500MW，为世界第一大水电站。中国水电开发始终以促进国民经济发展和满足社会需求为动力，以战略规划和科技创新为引领，以科技成果工程化促进工程建设，突破了工程建设与管理中的一系列难题，实现了安全发展和绿色发展。中国水电工程在大江大河治理、防洪减灾、兴利惠民、促进国家经济社会发展方面发挥了不可替代的重要作用。

总结中国水电发展的成功经验，我认为，最为重要也是特别值得借鉴的有以下几个方面：一是需求导向与目标导向相结合，始终服务国家和区域经济社会的发展；二是科学规划河流梯级格局，合理利用水资源和水能资源；三是建立健全水电投资开发和建设管理体制，加快水电开发进程；四是依托重大工程，持续开展科学技术攻关，破解工程建设难题，降低工程风险；五是在妥善安置移民和保护生态的前提下，统筹兼顾各方利益，实现共商共建共享。

在水利部原任领导汪恕诚、张基尧的关心支持下，2016年，中国大坝工程学会、中国水力发电工程学会、水电水利规划设计总院、中国水利水电出版社联合发起编撰出版《中国水电关键技术丛书》，得到水电行业的积极响应，数百位工程实践经验丰富的学科带头人和专业技术负责人等水电科技工作者，基于自身专业研究成果和工程实践经验，精心选题，着手编撰水电工程技术成果总结。为高质量地完成编撰任务，参加丛书编撰的作者，投入极大热情，倾注大量心血，反复推敲打磨，精益求精，终使丛书各卷得以陆续出版，实属不易，难能可贵。

21世纪初叶，中国的水电开发成为推动世界水电快速发展的重要力量，形成了中国特色的水电工程技术，这是编撰丛书的缘由。丛书回顾了中国水电工程建设近30年所取得的成就，总结了大量科学研究成果和工程实践经验，基本概括了当前水电工程建设的最新技术发展。丛书具有以下特点：一是技术总结系统，既有历史视角的比较，又有国际视野的检视，体现了科学知识体系化的特征；二是内容丰富、翔实、实用，涉及专业多，原理、方法、技术路径和工程措施一应俱全；三是富于创新引导，对同一重大关键技术难题，存在多种可能的解决方案，并非唯一，要依据具体工程情况和面临的条件进行技术路径选择，深入论证，择优取舍；四是工程案例丰富，结合中国大型水电工程设计建设，给出了详细的技术参数，具有很强的参考价值；五是中国特色突出，贯彻科学发展观和新发展理念，总结了中国水电工程技术的最新理论和工程实践成果。

与世界上大多数发展中国家一样，中国面临着人口持续增长、经济社会发展不平衡和人民追求美好生活的迫切要求，而受全球气候变化和极端天气的影响，水资源短缺、自然灾害频发和能源电力供需的矛盾还将加剧。面对这一严峻形势，无论是从中国的发展来看，还是从全球的发展来看，修坝筑库、开发水电都将不可或缺，这是实现经济社会可持续发展的必然选择。

中国水电工程技术既是中国的，也是世界的。我相信，丛书的出版，为中国水电工作者，也为世界上的专家同仁，开启了一扇深入了解中国水电工程技术发展的窗口；通过分享工程技术与管理的先进成果，后发国家借鉴和吸取先行国家的经验与教训，可避免走弯路，加快水电开发进程，降低开发成本，实现战略赶超。从这个意义上讲，丛书的出版不仅能为当前和未来中国水电工程建设提供非常有价值的参考，也将为世界上发展中国家的河流开发建设提供重要启示和借鉴。

作为中国水电事业的建设者、奋斗者，见证了中国水电事业的蓬勃发展，我为中国水电工程的技术进步而骄傲，也为丛书的出版而高兴。希望丛书的出版还能够为加强工程技术国际交流与合作，推动“一带一路”沿线国家基础设施建设，促进水电工程技术取得新进展发挥积极作用。衷心感谢为此作出贡献的中国水电科技工作者，以及丛书的撰稿、审稿和编辑人员。

**中国工程院院士**

2019年10月

# 丛书前言

水电是全球公认并为世界大多数国家大力开发利用的清洁能源。水库大坝和水电开发在防范洪涝干旱灾害、开发利用水资源和水能资源、保护生态环境、促进人类文明进步和经济社会发展等方面起到了无可替代的重要作用。在中国，发展水电是调整能源结构、优化资源配置、发展低碳经济、节能减排和保护生态的关键措施。新中国成立后，特别是改革开放以来，中国水电建设迅猛发展，技术日新月异，已从水电小国、弱国，发展成为世界水电大国和强国，中国水电已经完成从“融入”到“引领”的历史性转变。

迄今，中国水电事业走过了70年的艰辛和辉煌历程，水电工程建设从“独立自主、自力更生”到“改革开放、引进吸收”，从“计划经济、国家投资”到“市场经济、企业投资”，从“水电安置性移民”到“水电开发性移民”，一系列改革开放政策和科学技术创新，极大地促进了中国水电事业的发展。不仅在高坝大库建设、大型水电站开发，而且在水电站运行管理、流域梯级联合调度等方面都取得了突破性进展，这些进步使中国水电工程建设和运行管理技术水平达到了一个新的高度。有鉴于此，中国大坝工程学会、中国水力发电工程学会、水电水利规划设计总院和中国水利水电出版社联合组织策划出版了《中国水电关键技术丛书》，力图总结提炼中国水电建设的先进技术、原创成果，打造立足水电科技前沿、传播水电高端知识、反映水电科技实力的精品力作，为开发建设和谐水电、助力推进中国水电“走出去”提供支撑和保障。

为切实做好丛书的编撰工作，2015年9月，四家组织策划单位成立了“丛书编撰工作启动筹备组”，经反复讨论与修改，征求行业各方面意见，草拟了丛书编撰工作大纲。2016年2月，《中国水电关键技术丛书》编撰委员会成立，水利部原部长、时任中国大坝协会（现为中国大坝工程学会）理事长汪恕诚，国务院南水北调工程建设委员会办公室原主任、时任中国水力发电工程学会理事长张基尧担任编委会主任，中国电力建设集团有限公司总工程师周建平、水电水利规划设计总院院长郑声安担任丛书主编。各分册编撰工作实行分册主编负责制。来自水电行业100余家企业、科研院所及高等院校等单位的500多位专家学者参与了丛书的编撰和审阅工作，丛书作者队伍和校审专家聚集了国内水电及相关专业最强撰稿阵容。这是当今新时代赋予水电工作者的一项重要历史使命，功在当代、利惠千秋。

丛书紧扣大坝建设和水电开发实际，以全新角度总结了中国水电工程技术及其管理创新的最新研究和实践成果。工程技术方面的内容涵盖河流开发规划，水库泥沙治理，工程地质勘测，高心墙土石坝、高面板堆石坝、混凝土重力坝、碾压混凝土坝建设，高坝水力学及泄洪消能，滑坡及高边坡治理，地质灾害防治，水工隧洞及大型地下洞室施工，深厚覆盖层地基处理，水电工程安全高效绿色施工，大型水轮发电机组制造安装，岩土工程数值分析等内容；管理创新方面的内容涵盖水电发展战略、生态环境保护、水库移民安置、水电建设管理、水电站运行管理、水电站群联合优化调度、国际河流开发、大坝安全管理、流域梯级安全管理和风险防控等内容。

丛书遵循的编撰原则为：一是科学性原则，即系统、科学地总结中国水电关键技术和管理创新成果，体现中国当前水电工程技术水平；二是权威性原则，即结构严谨，数据翔实，发挥各编写单位技术优势，遵照国家和行业标准，内容反映中国水电建设领域最具先进性和代表性的新技术、新工艺、新理念和新方法等，做到理论与实践相结合。

丛书分别入选“十三五”国家重点图书出版规划项目和国家出版基金项目，首批包括50余种。丛书是个开放性平台，随着中国水电工程技术的进步，一些成熟的关键技术专著也将陆续纳入丛书的出版范围。丛书的出版必将为中国水电工程技术及其管理创新的继续发展和长足进步提供理论与技术借鉴，也将为进一步攻克水电工程建设技术难题、开发绿色和谐水电提供技术支撑和保障。同时，在“一带一路”倡议下，丛书也必将切实为提升中国水电的国际影响力和竞争力，加快中国水电技术、标准、装备的国际化发挥重要作用。

在丛书编写过程中，得到了水利水电行业规划、设计、施工、科研、教学及业主等有关单位的大力支持和帮助，各分册编写人员反复讨论书稿内容，仔细核对相关数据，字斟句酌，殚精竭虑，付出了极大的心血，克服了诸多困难。在此，谨向所有关心、支持和参与编撰工作的领导、专家、科研人员和编辑出版人员表示诚挚的感谢，并诚恳欢迎广大读者给予批评指正。

**《中国水电关键技术丛书》编撰委员会**

2019年10月

# 前言

国外抽水蓄能电站的出现已有100多年的历史，而我国抽水蓄能电站的建设起步较晚，直到20世纪60年代后期才开始研究抽水蓄能电站的建设。80年代中后期，随着改革开放带来的社会经济快速发展，我国电网规模不断扩大，电网调峰矛盾日益突出，发展抽水蓄能电站成为必然。90年代，随着改革开放的深入，抽水蓄能电站建设也进入了快速发展期。近年来风电、核电的开发，对电网提出了更高的要求，抽水蓄能电站是电力系统中最可靠、最经济、寿命周期长、容量大、技术最成熟的储能装置，是新能源发展的重要组成部分。通过配套建设抽水蓄能电站，可降低核电机组运行维护费用、延长机组寿命；有效减少风电场并网运行对电网的冲击，提高风电场和电网运行的协调性以及电网运行的安全稳定性。

随着能源结构的调整和电网规模的发展，抽水蓄能电站的建设将向大规模、大容量方向发展，随之输水系统也将向大 $HD$ 值（压力管道内径 $D$ 和水头 $H$ 的乘积）方向发展。抽水蓄能电站的水工建筑物与常规水电站区别最大的是输水系统，其技术可行性、运行稳定性、控制灵活性是抽水蓄能电站设计的关键。输水系统的布置具有其自身的特点，对抽水蓄能电站调节性能有着重要的影响，而衬砌型式的选择对抽水蓄能电站的造价有着举足轻重的影响。

本书充分结合抽水蓄能电站输水系统的特点，在作者工程实践及大量科研工作的基础上，对抽水蓄能电站输水系统的布置、设计原则及方案拟定的一般方法，衬砌型式的选择及设计理论、方法和关注的问题等进行了详细的阐述。

岔管是水电站输水系统一管多机布置方式的重要组成部分，由于月牙肋岔管具有受力明确合理、设计方便、水流流态好、水头损失小、结构可靠、制作安装容易等特点，在国内外大中型常规水电站和抽水蓄能电站的地下埋管中得以广泛地应用。对于大规模岔管，如何减小钢板厚度、降低制造和安装难度成为比较突出的问题。为保证其技术可行、结构可靠，除提高钢材强度等级外，更直接且经济的方法是考虑围岩分担内水压力的设计，如此在减少钢岔管分担荷载的同时，还可利用围岩约束作用改善钢岔管应力分布，更利于钢材强度的充分发挥，进而达到减小钢板厚度、降低制造和安装难度的目的。本书从岔管的水力特性、结构特性出发，全面地总结了埋藏式岔管主要体形参数对其水力特性的影响以及岔管与围岩联合作用的规律，系统地提出了埋藏式月牙肋岔管考虑围岩分担内水压力的设计原则和方法，此项成果已被纳入《水电站地下埋藏式月牙肋钢岔管设计规范》（NB/T 35110—2018）中。

本书共分10章。第1章介绍了抽水蓄能电站输水系统的特点；第2章介绍了抽水蓄能电站输水系统的布置；第3章介绍了抽水蓄能电站输水系统的水力过渡过程；第4章介绍了抽水蓄能电站输水系统常采用的衬砌型式及其特点，并结合工程实例说明了衬砌型式选择的一般原则和方法；第5～8章分别介绍了钢筋混凝土衬砌、灌浆式预应力混凝土衬砌、环锚预应力混凝土衬砌、钢板衬砌的结构特点、设计理论、设计原则、设计方法、关键技术等；第9章重点介绍了埋藏式月牙肋岔管的水力特性、结构特性及关键技术。第10章为总结与展望。

在本书的编写过程中得到了成都阿朗科技有限责任公司彭智祥总经理、中国电建集团北京勘测设计研究院有限公司高利华研究馆员、杜秀慧教授级高级工程师、徐秋凌工程师、曹中良教授级高级工程师、田智海高级工程师等的大力支持和帮助，尤其是彭智祥总经理在压力钢管焊接、制作安装等方面提供了大量的资料与工程实例，在此一并表示衷心的感谢！专著成稿于2016年，后经多次修改完善，终于付梓。

书后虽列有参考文献，但挂一漏万之处恐难避免，敬请见谅。

受作者水平所限，书中不妥之处恳请读者批评指正。

**作者**

2022年3月

## 目录

# 第 1 章

# 输水系统特点

抽水蓄能电站在电网中主要承担调峰、填谷、调频、调相及事故备用任务，运行工况较多，工况转换频繁，且要求响应速度快。抽水蓄能电站枢纽主要由上水库、输水发电系统、下水库、补水建筑物等组成。机组多采用混流可逆式水泵水轮机组，根据电网对抽水蓄能电站的要求，电站既要能在水轮机-发电机工况下稳定运行，也要能在水泵-电动机工况下稳定运行。因此，输水系统应具有适应双向水流的特点，不仅其体形设计需满足双向水流的要求，而且水力过渡过程复杂，同时对电站的调节性能和机组运行的稳定性也有较大的影响。

在保证电站经济、可靠的条件下，抽水蓄能电站设计水头多在400～600m，因此输水系统承受的内水压力大，压力管道规模（*HD* 值）往往很大。同时，根据混流可逆式水泵水轮机组的特点，水泵工况的空化比水轮机工况要严重得多，机组空化系数由水泵工况控制；从机组水力过渡过程分析，既有水轮机-发电机甩负荷、增负荷工况，又有水泵-电动机断电工况，要想保证尾水管最低压力满足规范要求，使尾水管不产生水柱分离，所需的吸出高度往往是比较大的，因此混流可逆式水泵水轮机组安装高程比常规水轮发电机组要低得多。

抽水蓄能电站与常规水电站相比，输水系统具有其自身的特点，具体总结如下：

（1）抽水蓄能电站输水系统多采用地下埋藏式布置方式。众所周知，距高比（$L/H$）是反映抽水蓄能电站经济性的一个综合指标，对输水系统更是如此。距高比（$L/H$）小，说明上、下水库相距近，输水系统长度较短，输水系统的调节性和经济性均较好；距高比小，也说明电站利用水头高，所需库容小，同时机组转轮直径及发电机尺寸也较小，从而使厂房尺寸也较小。反之亦然。因此，抽水蓄能电站多选择上、下水库相距较近，利用水头相对较高的站点，从目前机组设计、制造水平分析，较经济的设计水头 $H_e$ 一般在400～600m。对于高水头单级混流可逆式水泵水轮机组，安装高程较低，一般占机组设计水头的10%～20%，见图1.0-1，吸出高度 $H_s$ 一般在－40～－90m，因此抽水蓄能电站多采用地下厂房和地下埋藏式高压管道的布置方式。

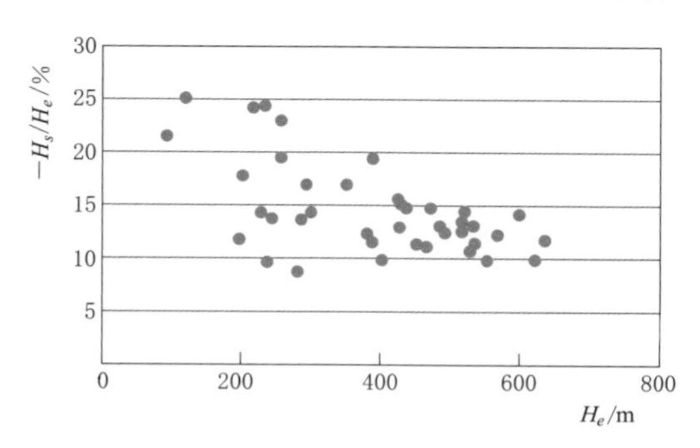

图1.0-1　部分单级混流可逆式水泵水轮机组吸出高度统计成果

（2）输水系统设计水头高、规模大，设计、施工难度较大。从经济性考虑，抽水蓄能电站利用水头高、容量大，因此抽水蓄能电站输水系统高压管道的 *HD* 值大。据统计，目前高压管道最大 *HD* 值可高达5000m·m以上，与常规水电站相比，其 *HD* 值要大得多，因此抽水蓄能电站输水系统设计、施工难度较大。对于混凝土衬砌的输水系统，围岩作为主要承载结构和防渗主体，要求其在内水压力作用下不发生水力劈裂，并使渗漏量控制在允许范围内，同时渗水也不会使周围的地质环境恶化。如果按传统限裂设计方法进行混凝土衬砌结构设计，对于高水头的高压管道而言难度较大，甚至配筋都难以实现。为此，在工程实践过程中通过不断研究与总结提出了透水隧洞理论，即在内水压力作用下，随着内水压力的增加，混凝土衬砌开裂，开裂后的混凝土衬砌与围岩一起构成渗透介质，随着时间的增加，将形成稳定的渗流场，此时混凝土衬砌只承受渗透压力，即衬砌内外侧的渗透压力差，内水压力以体力的形式作用于衬砌上。这一理论较好地反映了工程实际。然而，对于钢板衬砌（以下简称“钢衬”），低碳钢和低合金钢强度较低，难以满足大 $HD$ 值压力钢管要求，因此需采用高强钢。随着钢中合金元素的增加，在钢材强度提高的同时，钢材的塑性、韧性和焊接性能将逐渐变差，焊接热影响区的淬硬倾向及冷裂纹倾向也将增加，因此对压力钢管的制作、安装提出了更高的要求。

（3）水力过渡过程复杂。抽水蓄能电站的主要任务是调峰、填谷、调频、调相及事故备用。机组在发电、抽水工况运行时，工况转换频繁，输水系统水力过渡过程复杂。在抽水蓄能电站输水系统水力过渡过程分析中，不仅要考虑发电工况负荷变化，即机组甩负荷和增负荷，同时还要考虑抽水工况水泵启动和事故断电工况，对于同时设置上、下游调压室的输水系统还应考虑各种不利的水位、流量组合。鉴于抽水蓄能电站的任务，电站运行的灵活性、稳定性是电站的灵魂。因此，抽水蓄能电站对输水系统调节性能的要求要比常规水电站高得多。从统计资料分析，抽水蓄能电站调节性能多位于《水电站调压室设计规范》（NB/T 35021—2014）调速性能关系图中的①区，即调节良好的区域，详见图 2.6-31。因此，在输水系统布置时要充分考虑这一特点。

（4）输水系统具有双向水流的特性，电站进/出水口和岔管等体形设计要充分考虑这一特点。输水系统进流时，要求保证水流逐渐收缩，不产生有害的吸气漩涡；出流时，应逐渐扩散，流速分布尽可能均匀，不产生回流、脱流等不利流态及其不利影响，尤其是拦污栅的振动问题，且使抽水、发电两种工况水头损失皆较小。

# 第 2 章

# 输水系统布置

根据抽水蓄能电站的任务及运行方式，电站运行所需水量有限，容易选择到水头较高、地形地质条件较好的站址。单级混流可逆式水泵水轮机组的吸出高度比较低，在没有特定地形的条件下，采用地面布置方式难度较大，因此抽水蓄能电站尤其是高水头抽水蓄能电站，厂房一般采用地下布置方式，输水系统以埋藏式布置为主。输水系统布置方案应紧密结合工程地形地质条件、枢纽布置条件、施工条件、电站主要任务、运行条件等，经综合技术经济比较后确定。确定输水系统布置的主要工作内容有输水系统线路选择、厂房位置选择、供水方式选择、立面布置、管径方案拟定及经济管径比较、主要建筑物布置等。

## 2.1 输水系统线路选择

在上、下水库坝址、坝型、库线、特征水位确定后，结合上、下水库的地形地质条件、输水系统总体布置条件、水力学条件等，选择进/出水口位置及型式。进/出水口位置确定后，连接上、下水库两进/出水口的直线则是输水系统最短的线路。输水系统线路原则上应尽量选择线路较短的直线，同时要避开不利工程地质和水文地质地段，与主要结构面成大角度相交，在高应力区，还应考虑地应力的影响、利于施工支洞布置等，经综合技术经济比较后确定。

输水系统线路选择时，还应根据水力学条件，判断是否需要设置调压室。调压室的位置应根据输水系统的地形地质条件、地下厂房位置、水力学条件等进行综合分析，并在线路选择时作为考虑的因素之一。

线路选择是否合理，对输水系统的经济性及安全稳定运行影响比较大。下面以西龙池抽水蓄能电站输水系统线路比选为例说明输水系统线路选择时应注意的问题。

西龙池抽水蓄能电站输水系统位于西河—耿家庄宽缓背斜的轴部附近，岩层基本水平，倾角为3°～10°，工程区构造发育的主要方向为NE30°～NE60°，主要发育有4组裂隙，产状为：①NE5°～30°SE∠70°～80°；②NE30°～50°SE∠70°～88°；③NE50°～60°SE∠70°～89°；④NW330°～360°SE∠70°～85°。以第②组裂隙最为发育。综合考虑地形、地质、枢纽总体布置等条件，可供选择的线路有3条，即东线、直线和西线，详见图2.1-1。

由于上、下水库在平面上呈NE54°左右方向展布，采用线路最短的直线布置方案时，管线走向为NE50.6°，与站址区主要构造线走向、区内最为发育的第②组主要裂隙基本平行或成10°～20°的小角度相交，且岩层层面与陡倾的构造、裂隙和开挖临空面很容易形成不稳定块体，对围岩稳定非常不利，所以直线方案不可取。

西线方案在平面上沿山脊布置，输水系统走向从NE85°折向NE26.5°。高压管道部分位于断层密集带中，断层走向为NE20°～NE40°，倾角为70°～80°，在满足地形条件的要求下，高压管道难以避开这些断层。在平面和立面上都与高压管道基本平行或成小角度相

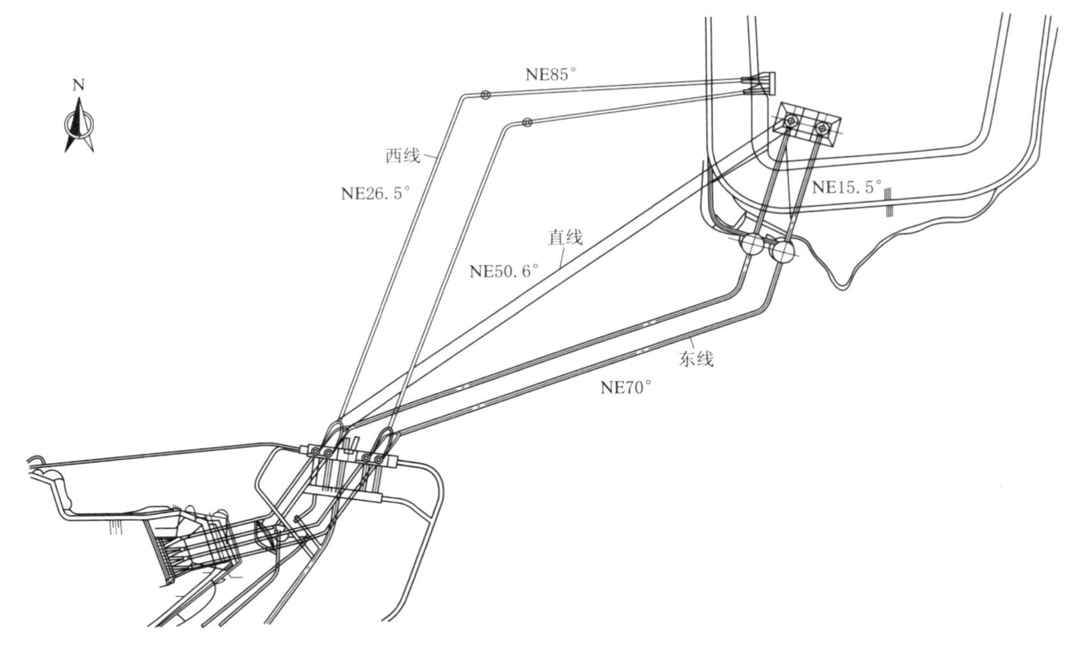


图 2.1-1 西龙池抽水蓄能电站输水系统线路选择示意图

交，且高压管道与工程发育的第①组和第②组主要裂隙基本平行，围岩稳定问题比较突出。输水系统的惯性时间常数 $T_w$ 为 2.0s 左右，可不设置调压室，但增加了高压管道长度。西龙池抽水蓄能电站高压管道 $HD$ 值高达 3500m·m 以上，这种高水头、大 $HD$ 值的高压管道造价比较高。经过综合比较后发现，设置上游调压室方案比不设置调压室方案经济性更好，因此以设置上游调压室方案与东线方案进行综合技术经济比较。

东线方案线路走向从 NE15.5°折向 NE70°。高压管道部分走向为 NE70°，与 $P_5$ 张性断裂带、$F_{112}$ 断层等地质构造的夹角皆大于 30°，与工程区发育裂隙的夹角较大，围岩稳定条件较好。输水系统 $T_w$ 为 2.0s 左右，不需要设置调压室。经综合比较，东线方案围岩稳定条件比较好，工程布置简单，投资与西线方案相当，所以推荐采用东线方案。

## 2.2 厂房位置选择

厂房位置对输水系统布置影响较大。厂房位置通常根据地形地质条件、施工条件、输水系统布置条件等，经综合技术经济比较后确定。根据厂房在输水系统位置的不同，电站可分为首部、中部和尾部 3 种布置方式。

### 2.2.1 首部布置

首部布置方式是将地下厂房布置在输水系统上游侧，距上水库较近，高压引水管道较短，低压尾水隧洞较长。这种布置方式往往需设置尾水调压室，典型布置见图 2.2-1 (a)。从对已建抽水蓄能电站统计资料的分析（图 2.2-2）可知，采用首部布置方式要比采用中部和尾部布置方式少得多。首部布置方式对厂房防渗、运行管理及施工较不利。当地形地质条件许可时，地下厂房通常不采用首部布置方式。

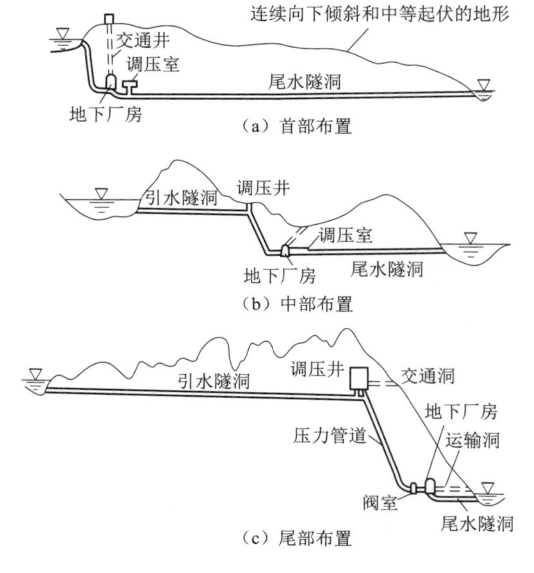


图 2.2-1 电站开发方式示意图

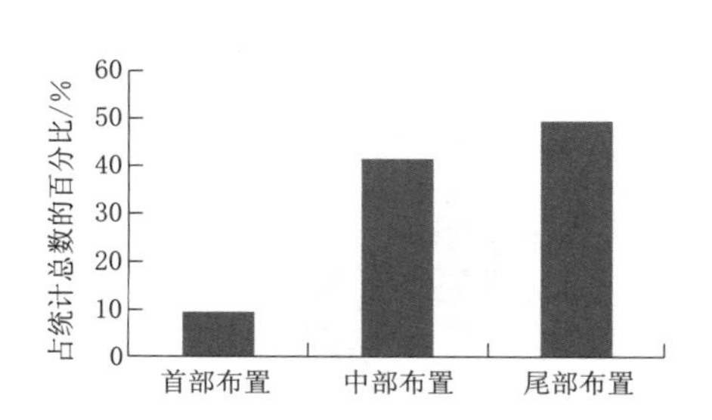


图 2.2-2 国内外部分抽水蓄能电站厂房布置方式统计成果

首部布置方式适用于连续向下倾斜和中等起伏的地形。在此地形条件下，不可能布置水平的低压引水隧洞和上游调压室。如果地质条件比较合适，可将厂房布置在首部，采用高压竖井或斜井直接从上水库进/出水口引水至地下厂房，引水隧洞可采用一管一机供水方式，也可采用一管多机供水方式，前者可以省去机组前进水阀。尾水隧洞则多采用一管多机的布置方式。

首部布置厂房距上水库较近，当上水库不采用全库防渗时，应注意地下厂房的防渗和防潮。首部布置厂房对外交通、出线、通风等附属洞室一般较长或采用竖井方式。高压电缆造价相对较高，对工程造价影响比较大，应尽量利用地形条件，减小出线洞长度，以减小工程投资。当电站水头较高时，会使厂房埋置深度过大，增加对外交通、出线、通风等附属洞室的工程投资，同时也给施工、运行带来不便，故首部布置方式多用于电站水头较低的情况。如我国的泰安抽水蓄能电站、琅琊山抽水蓄能电站，日本的京极抽水蓄能电站等，皆采用了首部布置方式。

泰安抽水蓄能电站输水系统位于上水库右岸横岭山体内，沿线岩性为混合花岗岩，围岩以Ⅱ类、Ⅲ类为主。上、下水库相对高差为 230m 左右，水平距离为 2000m 左右，距高比为 8.7，输水系统沿线地形连续下倾，且尾部有 104 国道、京沪高速公路以及区域性断裂带 $F_4$ 通过，因此采用首部布置方式，见图 2.2-3。高压管道采用竖井布置方式，由于地下厂房距上水库较近，地下水水位高于厂房顶拱，且上水库未采用全库盆防渗，特别是引水系统工程区发育有透水性较强的 NE 裂隙密集带和断层破碎带，上水库蓄水后可能形成向厂房渗水的通道，因此除对上水库横岭进行全封闭防渗处理外，还在地下厂房周围布置了 3 层排水廊道，并布置帷幕灌浆和排水孔形成完整的防渗排水系统。

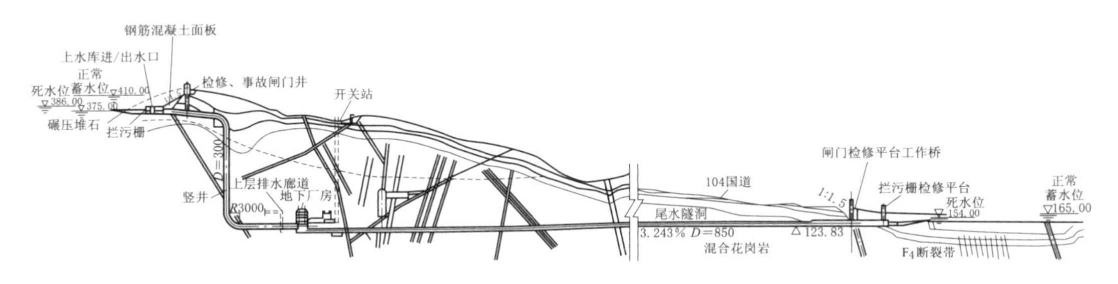


图 2.2-3 泰安抽水蓄能电站输水系统剖面布置示意图（尺寸单位：cm；高程单位：m）

溧阳抽水蓄能电站装机容量为1500MW，安装有6台单级混流可逆式水泵水轮机组，电站设计水头为259m。输水系统布置在上水库左侧，输水系统围岩主要由志留系岩屑石英砂岩、泥质粉砂岩、岩屑砂岩、粉砂质泥岩，侏罗系流纹质熔结凝灰岩、岩屑凝灰岩等组成，地质条件差。引水和尾水系统均采用一洞三机供水方式。单条输水隧洞总长度为1969.1～2513.3m，距高比为6.7左右，采用地下厂房、首部布置方式，具体布置见图2.2-4。上水库采用井式进/出水口，引水隧洞立面采用竖井布置方式，共有2条，总长度为501～601m，主管洞径为9.2～7m，采用钢板衬砌。每条引水主洞经2个对称Y形月牙肋管与6条引水支管相连，引水支管内径为4.0m。尾水支管长度为139.8～266.8m，内径为6.0m，经岔管合并成2条尾水隧洞。尾水隧洞内径为10m，长度为1139.9～1226.2m，皆采用钢筋混凝土衬砌。在2个尾水岔管下游侧的尾水隧洞主洞上各布置一尾水调压室。

京极抽水蓄能电站装机容量为600MW，安装有3台单级混流可逆式水泵水轮机组，电站有效水头为369.0m。上、下水库间水道长度约3km，地形连续向下降低，采用地下厂房、首部布置方式，具体布置见图2.2-5。输水系统线路布置选择了最短的线路和一管三机的布置方式，高压管道采用竖井布置方式。上水库采用井式进/出水口，经半径20m的弯段后接上平段、高压竖井、下平段，再经高压岔管后分成3条高压支管。高压管道内径为5.2～2.5m，主管长930.6m，支管长55.67～97.81m，全部采用钢板衬砌。尾水支管长100～108.67m，内径为3.7m，经岔管合并成1条尾水隧洞，内径为6.4m，长度为2483m，采用钢筋混凝土衬砌。尾水隧洞末端布置尾水调压室。

## 2.2.2 中部布置

中部布置方式是将厂房布置在输水系统的中部，上、下游均有较长的水道，因此当输水系统距高比较大时，上、下游往往均需设置调压室；当输水系统距高比较小时，厂房应选择合适位置，尽量避免设置调压室或同时设置上、下游调压室，典型布置见图2.2-1（b）。一般在输水系统较长且中部地形不太高，便于附属洞室布置，同时布置厂房部位的地质条件较好时，选用中部布置方式往往是经济的，这种布置方式也是采用相对较多的一种方式。我国的十三陵抽水蓄能电站和广州抽水蓄能电站一期、二期工程（以下分别简称“广蓄一期工程”和“广蓄二期工程”），美国的腊孔山抽水蓄能电站，日本的奥多多良木、今市抽水蓄能电站等皆采用了典型的中部布置方式。

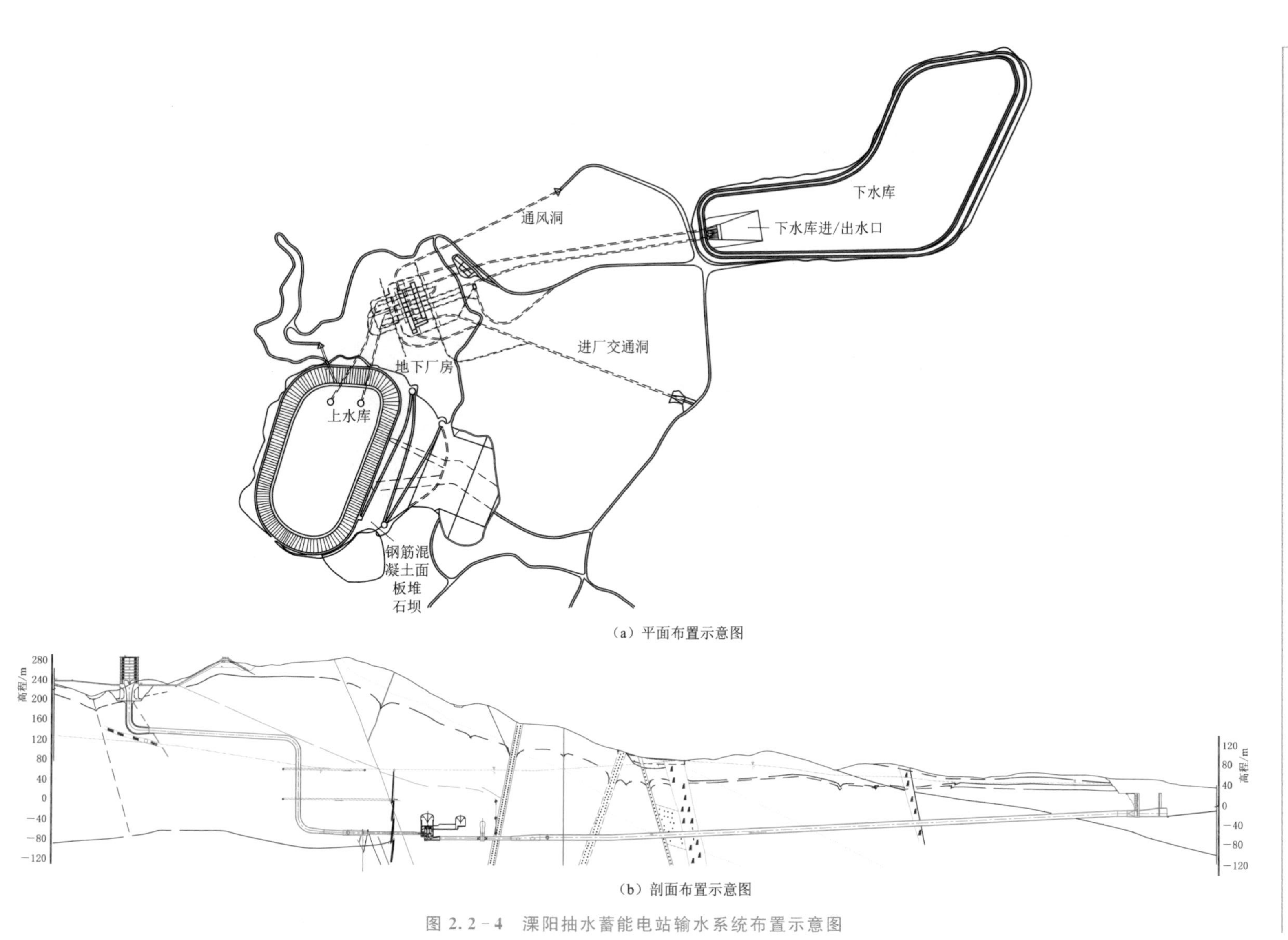


（a）平面布置示意图

（b）剖面布置示意图

图 2.2-4 溧阳抽水蓄能电站输水系统布置示意图

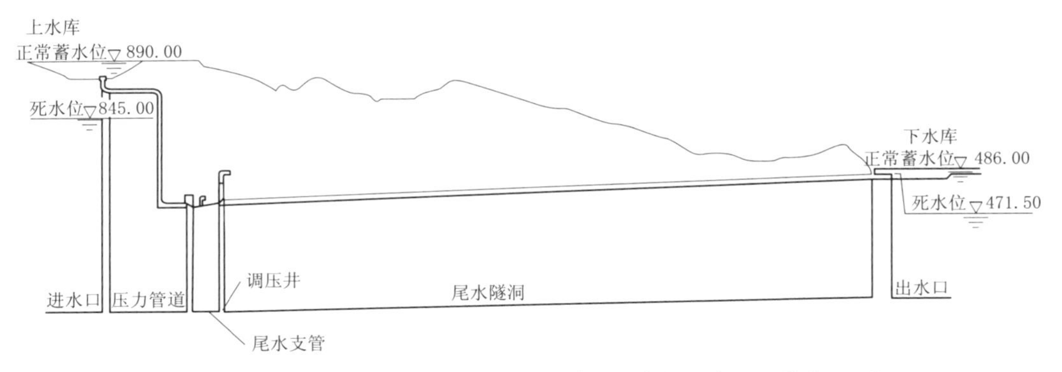


图 2.2-5　京极抽水蓄能电站输水系统剖面布置示意图（单位：m）

十三陵抽水蓄能电站于1997年建成，安装有4台200MW的单级混流可逆式水泵水轮机组，电站总装机容量为800MW，电站设计水头为430m。输水系统由上水库进/出水口、闸门井、引水隧洞、引水调压室、高压管道、尾水支管、尾水调压室、尾水隧洞、闸门井、下游进/出水口等组成，输水系统总长1983m左右，厂房上游长度为1203m左右，下游长度为780m左右，具体布置详见图2.2-6。

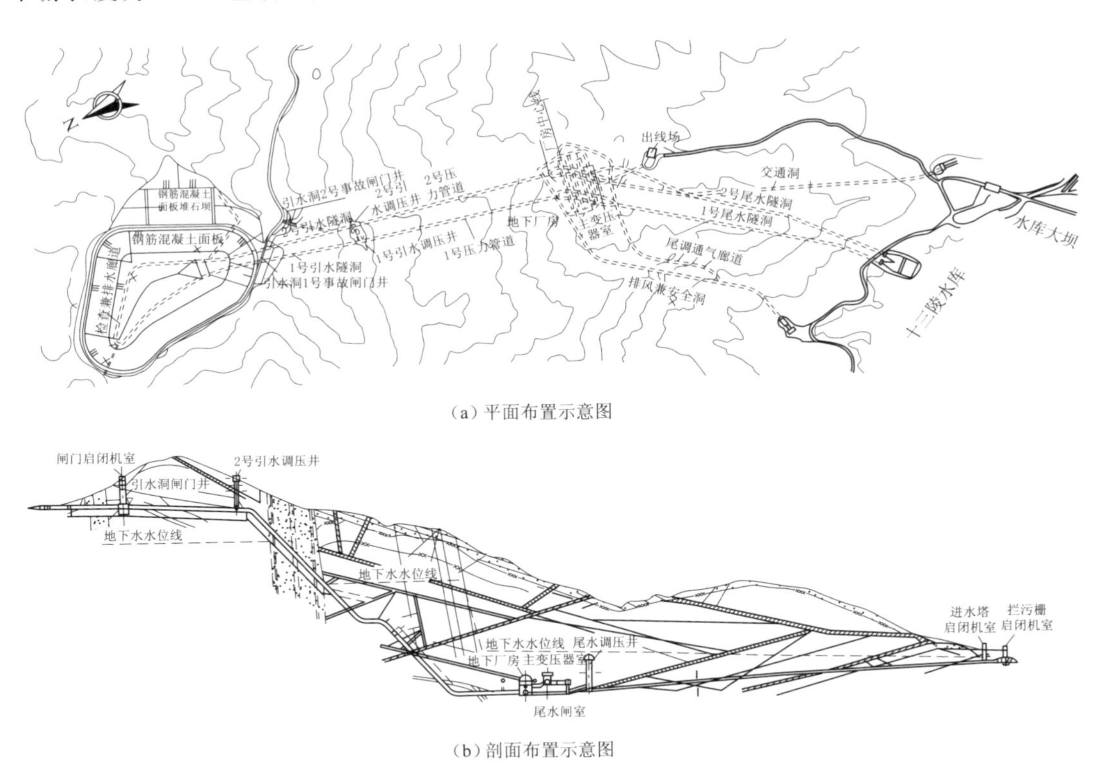


图 2.2-6　十三陵抽水蓄能电站输水系统布置示意图

张河湾抽水蓄能电站距高比为1.87，厂房布置在中部，地质条件较好，围岩以Ⅱ类为主，尾水隧洞长度仅为180m，不需要设置调压室，工程布置简单，具体布置见图2.2-7。

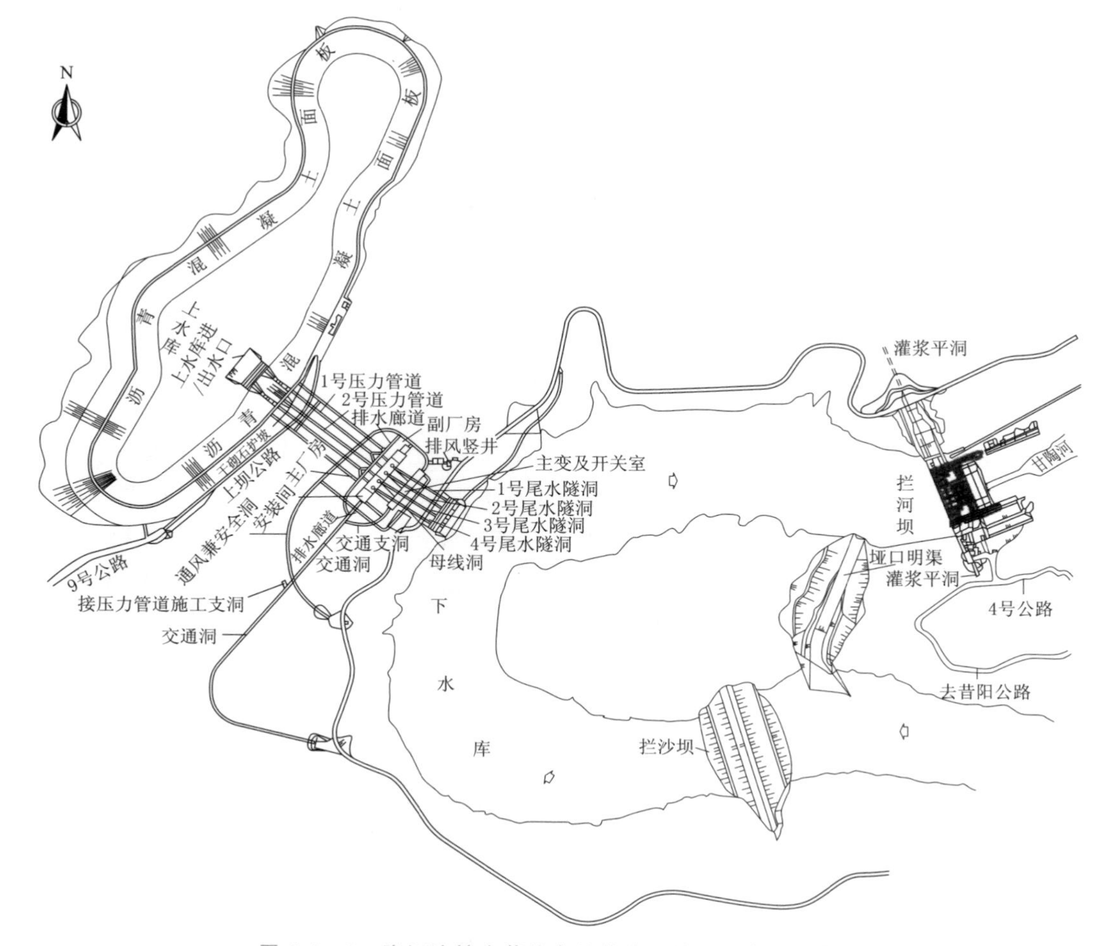


图 2.2-7　张河湾抽水蓄能电站输水系统平面布置示意图

宝泉抽水蓄能电站距高比为 3.73，由于地质条件优越，地下厂房采用首部、中部、尾部布置方式均是可行的，但考虑出线方向，同时又不设置上游调压室，厂房采用中部偏尾部的布置方式，由于输水系统较短，经技术经济比较后，采用加大尾水隧洞断面方案，取消了尾水调压室，具体布置见图 2.2-8。

腊孔山抽水蓄能电站地质条件较好，厂房采用中部布置方式，为满足水力过渡过程要求，控制输水系统的惯性时间常数 $T_w$ 不超过 2.6s，设置尾水调压室，具体布置详见图 2.2-9。

## 2.2.3　尾部布置

尾部布置厂房位于输水系统尾部，厂房可选择的型式比较多，可以是地下式、半地下式、竖井式、地面式等。尾部布置厂房埋深较浅，附属洞室及施工支洞较短，进厂交通和出线方便，通风条件较好，对运行及施工较有利。由于尾部布置厂房距上水库较远，故厂房防渗、排水措施相对简单。尾部布置也是应用比较多的一种布置方式，当下水库附近山体地质条件较好时，尾部布置方案往往是首选方案。

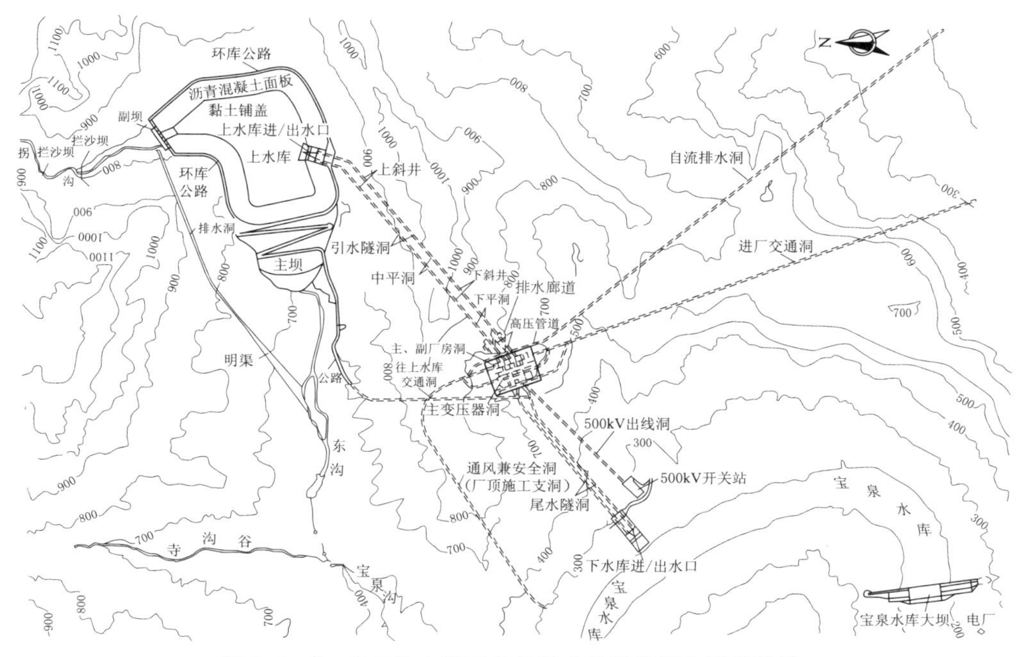


图2.2-8 宝泉抽水蓄能电站输水系统平面布置示意图

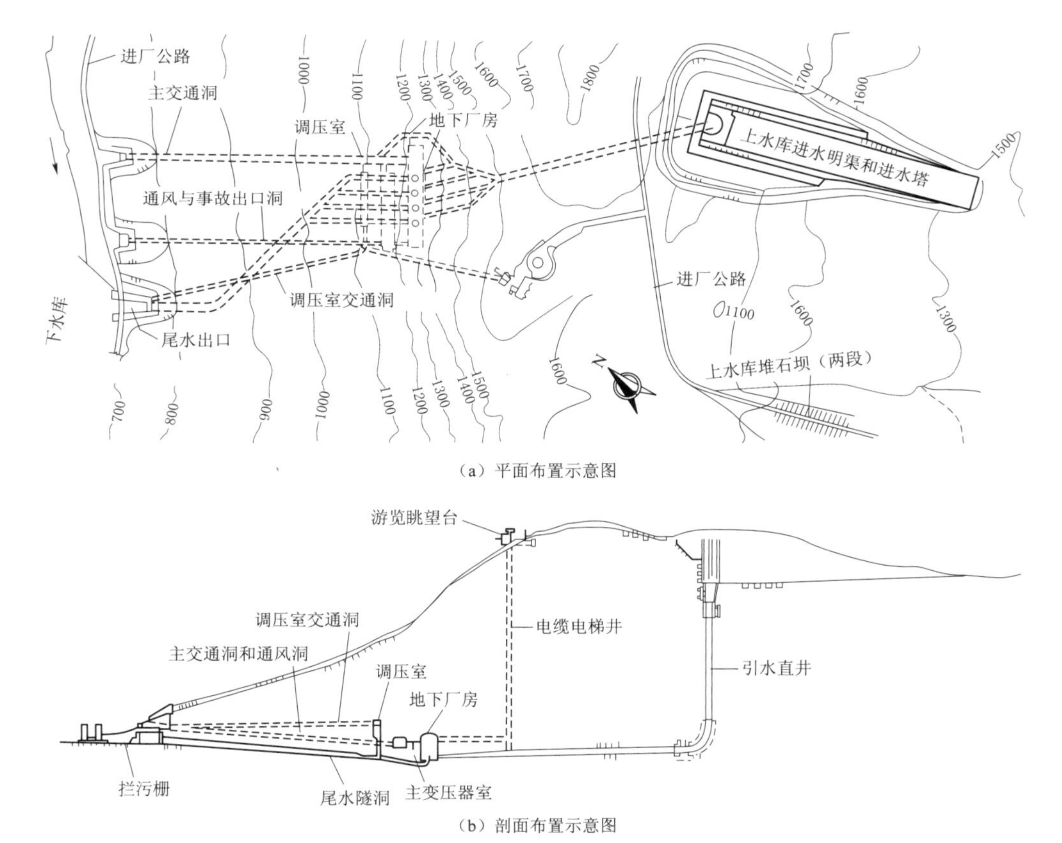


（a）平面布置示意图

（b）剖面布置示意图

图2.2-9 美国腊孔山抽水蓄能电站输水系统布置示意图

尾部布置方式具有较长的引水系统和较短的尾水系统，引水系统一般采用一管多机供水方式，当距高比较大时，往往需设置引水调压室，典型布置见图 2.2-1 (c)。当距高比较小时，可不设置引水调压室。尾部布置也是采用较多的一种布置方式。如我国的天荒坪抽水蓄能电站，具体布置详见图 2.2-10，输水系统平均长 1415m，距高比为 2.5 左右。高压管道采用一管三机供水方式和斜井布置方式，斜井坡度为 58°，高压管道及岔管均采用钢筋混凝土衬砌，由于上、下水库间距离比较近，故不需要设置引水调压室。

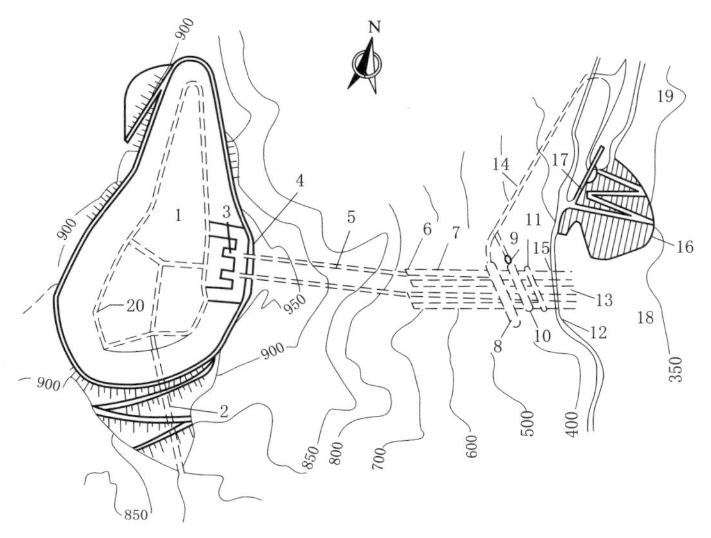


(a) 平面布置示意图

1—上水库；2—上水库主坝；3—上水库进/出水口；4—闸门井；5—高压斜井；6—岔管；7—高压引水钢管；
8—主厂房；9—母线廊道；10—主变洞；11—尾水闸门洞；12—尾水隧洞；
13—下水库进/出水口；14—进厂交通洞；15—500kV 开关站；
16—下水库坝；17—溢洪道；18—下水库；
19—大溪；20—上水库库底排水廊道

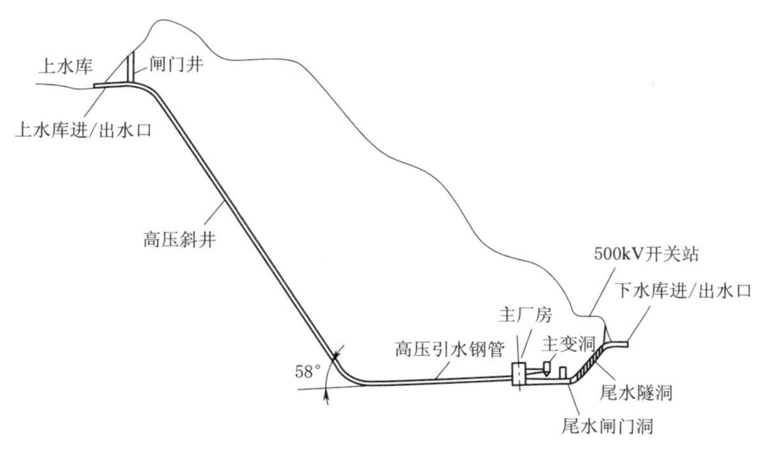


(b) 剖面布置示意图

图 2.2-10 天荒坪抽水蓄能电站输水系统布置示意图

我国的西龙池抽水蓄能电站输水系统总长1830m左右，距高比为2.0左右。高压管道采用一管两机供水方式和斜井布置方式，并设置中平段，为减小裂隙密集带、$F_{112}$断层等地质构造对输水系统围岩稳定的影响，上、下斜井采用不同角度，上、下斜井倾角分别为56°和60°。高压管道采用钢板衬砌，由于上、下水库间的距离比较近，故不需要设置引水调压室，但为节约钢材，减小高压段钢管长度，采用较长的上平段，尽管上平段高程较低，但在不设置调压室的条件下，上弯点仍在最低压力线以上，为此考虑上游闸门井的调压室作用，将闸门井的面积适当加大，使上弯点的最低压力水头满足不小于2.0m的要求，详见图2.2-11。

我国的明湖抽水蓄能电站，意大利的普列森扎诺抽水蓄能电站，英国的迪诺威克抽水蓄能电站，日本的新高濑川抽水蓄能电站、奥吉野抽水蓄能电站等，厂房布置在输水系统的尾部，由于输水系统较长，故均设置了上游调压室。

奥吉野抽水蓄能电站输水系统剖面布置示意见图2.2-12。奥吉野抽水蓄能电站安装有6台210MW的单级混流可逆式水泵水轮机组，电站总装机容量为1260MW，机组额定水头为505m，引用流量为270.6$m^3$/s。电站输水系统由上水库进/出水口、引水隧洞、引水调压室、高压管道、尾水隧洞、下水库进/出水口等主要建筑物组成。引水系统采用一管两机供水方式，引水隧洞共有2条，长679.6m，末端设置引水调压室。由于调压室所处位置地形高度较低，不满足涌浪高度要求，故将调压室布置成L形，降低涌浪高度，

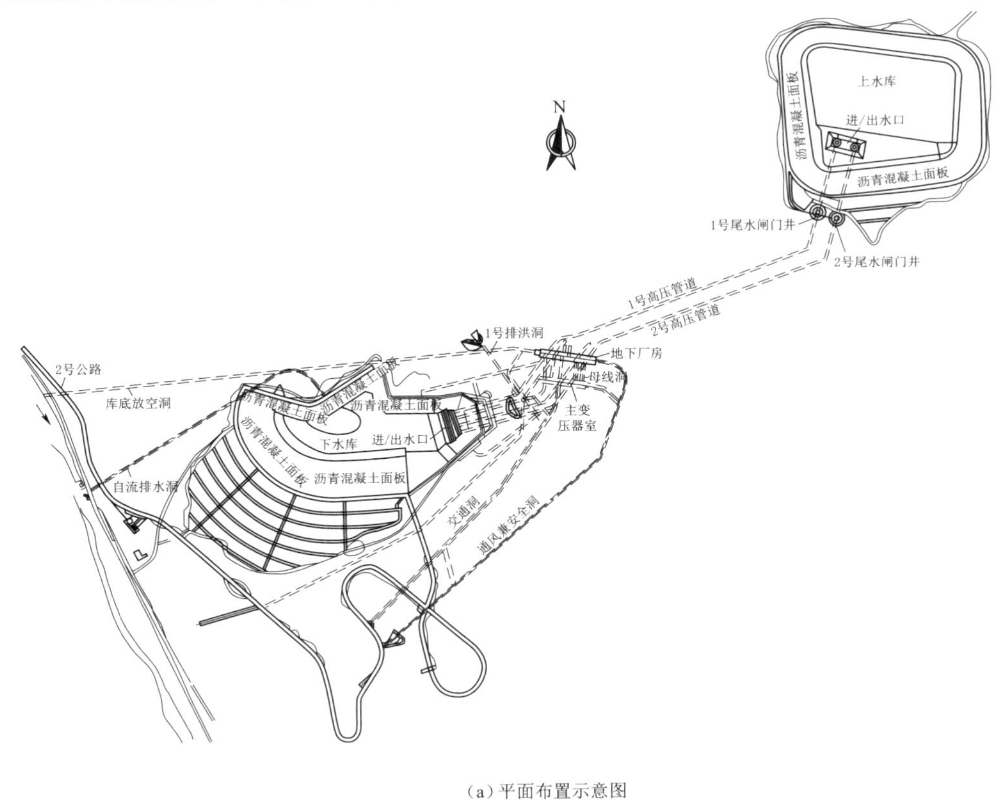


(a) 平面布置示意图

图2.2-11（一）　西龙池抽水蓄能电站输水系统布置示意图

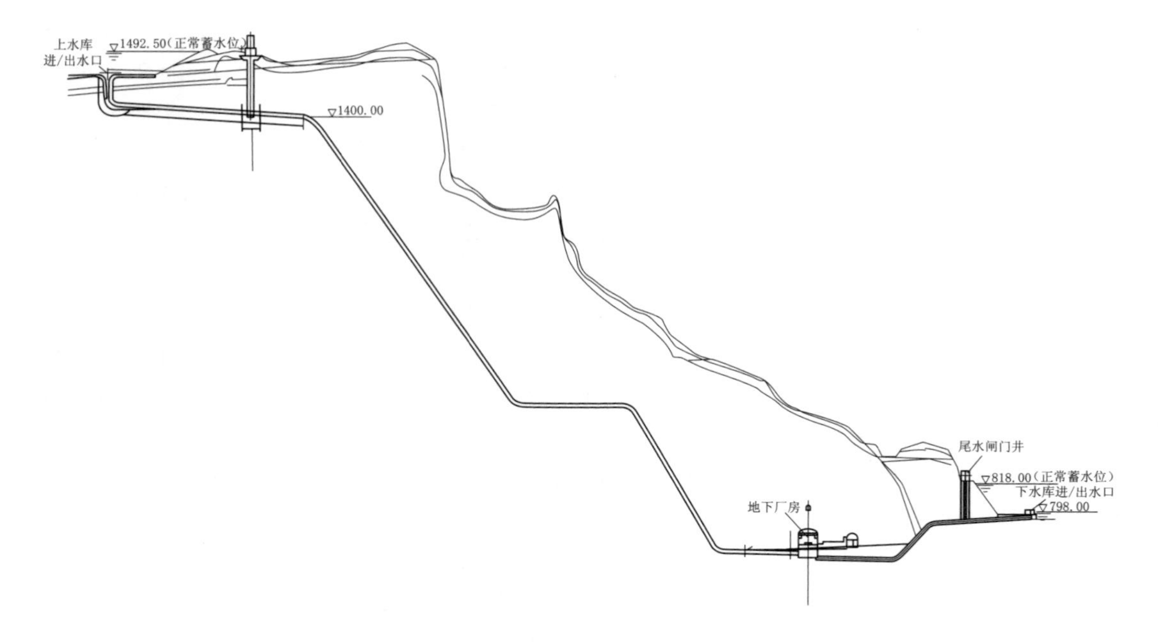


(b)剖面布置示意图(单位:m)

图 2.2-11(二) 西龙池抽水蓄能电站输水系统布置示意图

以弥补地形高度较低的不足。高压管道采用斜井布置方式,斜井坡度为48°,采用钢板衬砌,高压岔管采用球形岔管。尾水隧洞比较短,长度为156.4m,采用一机一洞的布置方式。

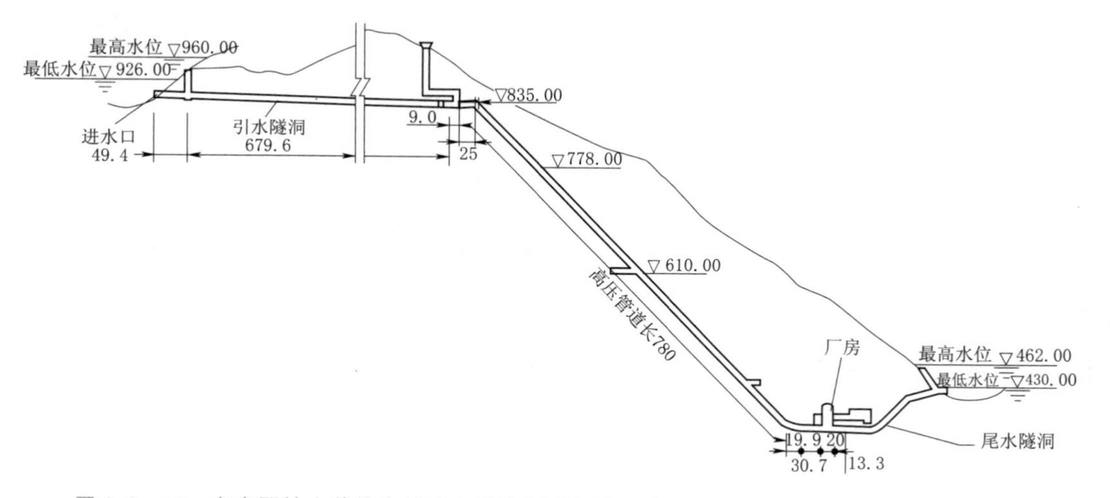


图 2.2-12 奥吉野抽水蓄能电站输水系统剖面布置示意图(尺寸单位:m;高程单位:m)

## 2.3 供水方式选择

电站供水方式可分为单管单机、多管多机、单管多机3种。电站供水方式的选择取决于工程规模及运行上的要求。单管单机供水方式结构简单、运行方式灵活。当一条管道损坏或检修时，只需一台机组停止工作，其他机组可照常运行。对同一电站，此种供水方式的输水系统土建工程量较大，因而经济性较差。单管单机供水方式多适用于电站水头较低、引用流量较大的首部布置。

采用单管多机供水方式的电站，当主管发生事故或检修时，同一水力单元的所有机组将停止运行，对电网运行可能会产生较大的影响。采用单管多机供水方式的高压管道一般较长，多适用于地质条件较好、水头较高、引用流量相对较小的电站，如广蓄一期、二期工程以及天荒坪、惠州、西龙池、十三陵等抽水蓄能电站。采用此种供水方式的电站，与主管相接的机组越多，节约的投资也会越多，但当电站设计水头和引用流量过大时，可能会使主管规模过大，技术可行性较差，难以实现。这时采用多管多机供水方式往往是可行的。因此，供水方式的选择应综合上述条件权衡考虑。

西龙池抽水蓄能电站设计水头为640m，根据电站地质条件，高压管道需采用钢板衬砌。在保证电能损失基本相等的基础上，对一管四机、一管两机、一管一机3个方案进行比较。

一管四机方案的投资最少，但管径大，输水系统最大*HD*值为5300m·m，钢管最大厚度达83mm（800MPa级），无论加工制造还是现场安装都是很困难的。技术可行性比较差。另外，电站运行灵活性差，也不利于提前发电。一管一机方案管径小，钢管最大厚度为44mm，比较薄，制造、安装容易，且不设岔管，运行灵活，但工程量大，工程造价高。一管两机方案最大*HD*值为3500m·m左右，钢衬厚度为40～60mm。类比国内外工程，如日本的今市和蛇尾川抽水蓄能电站的最大钢衬厚度都已达到62～64mm，所以无论从制造加工还是从现场安装条件来说，一管两机方案在技术上是可行的，较一管一机方案工程量少、投资省，因此引水系统供水方式推荐采用一管两机方案。

## 2.4 立面布置

抽水蓄能电站水头高，从上水库进/出水口至蜗壳进口高差较大，同时水力过渡过程复杂，水力条件要求高，因此抽水蓄能电站输水系统立面布置有其自身的特点。高压管道立面布置除要考虑地形地质条件、水工建筑物布置条件、水力学条件、施工条件外，还要考虑衬砌型式的要求，立面布置方式应在技术可行的基础上，经综合比较后选定。

### 2.4.1 围岩覆盖厚度要求

抽水蓄能电站站址选择的制约条件相对较少，往往容易选择在地质条件较好的位置，因此高压管道采用混凝土衬砌的可能性比较大。对于采用混凝土衬砌的高压管道，首先应满足“应力条件”，即高压管道沿线各点的最大静水压力应小于围岩的最小主压应力，以避免水力劈裂的发生。因此，采用混凝土衬砌的高压管道对围岩覆盖厚度有严格的要求，初步布置时围岩覆盖厚度可根据挪威准则或雪山准则进行估算。

（1）挪威准则。挪威准则是经验准则，其原理是要求隧洞上覆岩体重力不小于洞内水压力。目前所说的挪威准则是指经过1968年Byrte电站303m水头的不衬砌水工斜隧洞和

1970 年 Askora 电站 200m 水头的斜井失事后，两次修正后的挪威准则，其公式为

$$C_{RM}=\frac{Fh_s\gamma_w}{\gamma_R\cos\beta} \tag{2.4-1}$$

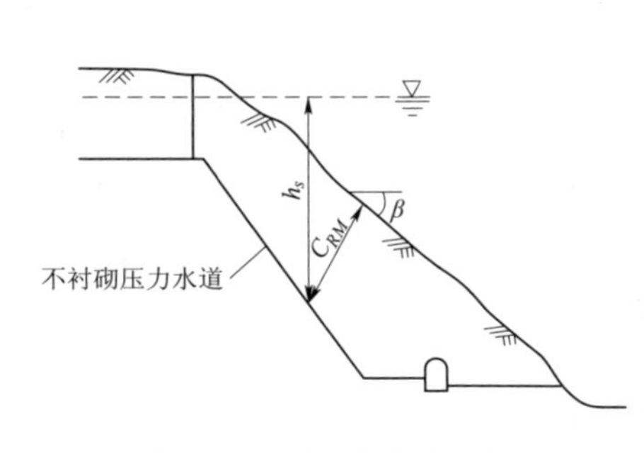

图 2.4-1　挪威准则示意图

式中：$C_{RM}$ 为计算点至岩面的最短距离；$h_s$ 为内水静水压力水头；$\gamma_w$ 为水的容重；$\gamma_R$ 为岩石容重；$\beta$ 为山坡坡角，见图 2.4-1；$F$ 为安全系数，可取 1.3～1.5。

$C_{RM}$ 为完整岩石的覆盖厚度，覆盖层厚度不计算在内。当输水系统线路位于山脊，两侧发育有较深冲沟时，考虑到应力释放因素，在应用挪威准则时应去除凸出的山梁，对地形等高线进行适当修正。修正方法参见图 2.4-2。

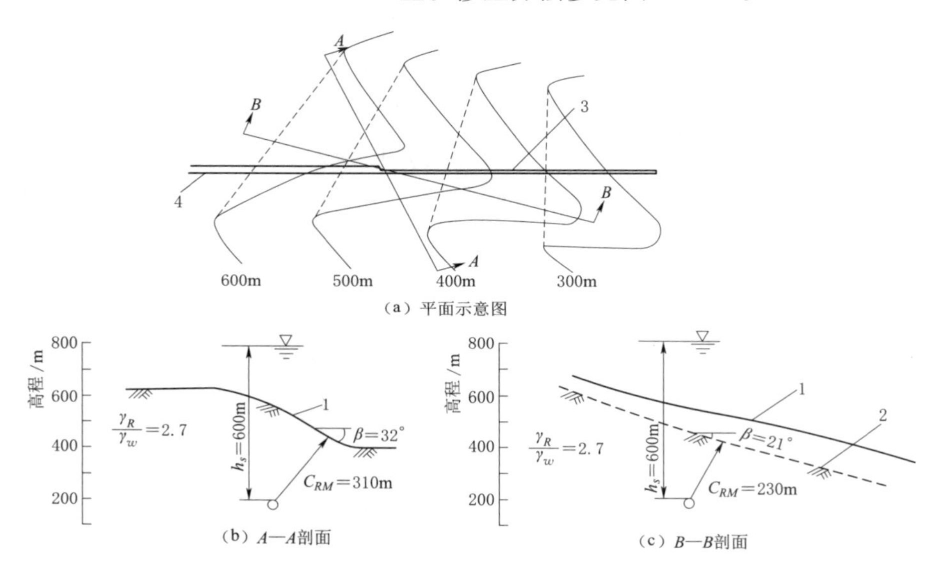

图 2.4-2　地形修正示意图
1—实际等高线和地面线；2—修改后的等高线和地面线；3—钢衬段；4—不衬砌段

为验证挪威准则的合理性，美国加州大学在挪威岩土工程研究所（Norwegian Geotechnical Institute，NGI）对挪威的一些有压隧洞实际运行情况开展的检验工作的基础上，补充其他国家的资料，将总共 56 个有压隧洞的运行情况进行统计分析，其结果见图 2.4-3。图中曲线为安全系数 $F=1.0$（$\gamma_R=2.75\text{t/m}^3$），按挪威准则确定的覆盖厚度与设计静水压力的比，即覆盖比。由图中可看出：满足挪威准则的隧洞（图中曲线 $F=1.0$ 以上的点）的渗水一般较小，不满足挪威准则的隧洞的渗水一般较大。挪威准则为经验准则，具有一定的局限性，即使设计符合挪威准则，仍有有压隧洞产生严重渗水的工程实例。如哥伦比亚的 Chivor 引水隧洞，该隧洞围岩为沉积岩，层面为陡倾角，地面坡角为 25°，最大内水水头为 310m，最小埋深为 200m，满足挪威准则，且安全系数 $F=$

1.58。但在斜井上弯段仍产生水力劈裂，形成漏水，衬砌也产生裂缝（见图 2.4-3 中曲线以上的蓝色三角形，编号为 40A）。

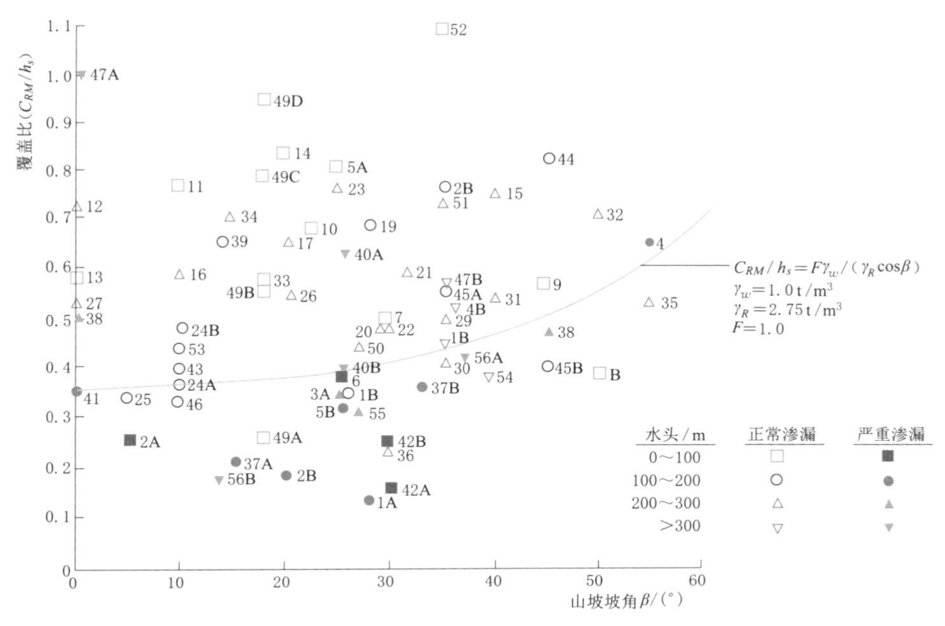


图 2.4-3　挪威准则的工程检验

（2）雪山准则。雪山准则是澳大利亚雪山工程建议的准则，岩体覆盖厚度应满足图 2.4-4 的规定。

对于采用钢筋混凝土衬砌的高压管道，应满足“应力条件”，挪威准则或雪山准则是建立在工程经验基础上的，对于设计水头较高的大中型电站应随着设计阶段的深入，根据地形地质条件、地应力测试成果进行地应力场回归分析，经综合分析后，最终确定垂向和侧向最小覆盖层厚度。

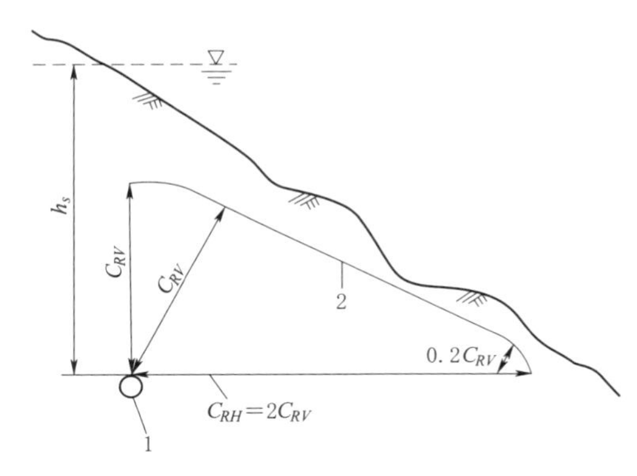


图 2.4-4　雪山准则示意图

1—不衬砌压力水道；2—最小岩石覆盖面；

$C_{RV}=\dfrac{h_s\gamma_w}{\gamma_R}$—垂直方向覆盖厚度；$C_{RH}$—水平方向覆盖厚度

天荒坪抽水蓄能电站高压管道最大 $HD$ 值高达 5600m·m，从经济角度讲，充分利用围岩弹性抗力，采用混凝土衬砌是比较经济的选择。根据输水系统的布置，引水 1 号岔管的 3 号支管与钢衬的连接部位，围岩最小埋深为 330m，根据挪威准则确定此处最小埋深应为 335m，安全系数 $F$ 不足 1.0。按挪威准则判断，岔管部位埋深不满足要求。但根据应力测试成果进行的平面和三维地应力场回归分析表明（详见图 2.4-5），岔管部位最小地应力分别为 8.2MPa 和 9.5MPa，均大于相应部位的最大静水头，因此高压管道满足“应力条件”，经运行考验，也证明是成功的。

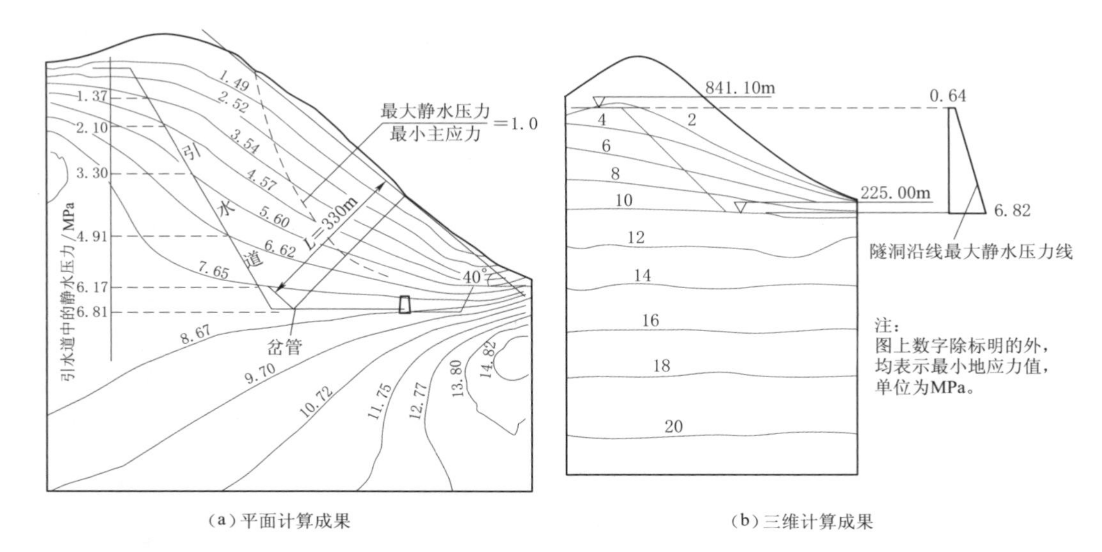


(a) 平面计算成果 (b) 三维计算成果

图 2.4-5 最小主应力等值线图

满足应力条件仅仅是混凝土衬砌成立的必要条件，要想使混凝土衬砌可行，还应满足“渗漏条件”，即输水系统渗漏量较小，在经济允许范围内，围岩满足渗透稳定要求，同时渗漏对工程及环境不会造成次生危害。

满足渗漏条件可从以下两方面进行分析：一是围岩渗透系数较小，输水系统正常运行时，渗漏量较小，在设计允许范围内；二是地下水水位较高，渗透压力较小，可将输水系统渗漏量控制在允许范围内。

同时满足“应力条件”和“渗漏条件”是混凝土衬砌成立的充分必要条件。当输水系统地质条件不能同时满足上述两个条件时，宜采用预应力混凝土衬砌、钢板衬砌等无渗漏的衬砌型式。预应力混凝土衬砌根据预应力的施加方法不同，可分为高压灌浆式预应力混凝土衬砌和环锚预应力混凝土衬砌（以下简称“环锚衬砌”）。高压灌浆式预应力混凝土衬砌是在围岩约束下，通过高压灌浆对混凝土衬砌施加预应力，因此对上覆岩体的要求与钢筋混凝土衬砌基本相同，应满足“应力条件”。而环锚预应力混凝土衬砌是通过张拉环形锚索来施加预应力的，且从工程应用实例看，一般不考虑围岩分担内水压力的作用，因此对上覆岩体的要求相对较低。当考虑围岩分担内水压力时，环锚预应力混凝土衬砌围岩覆盖厚度应不小于6倍的开挖洞径，同时满足围岩最大可能分担内水压力的上抬准则。

采用钢板衬砌的高压管道，即高压钢管，对于围岩覆盖厚度的要求要比采用混凝土衬砌的高压管道低得多，根据结构受力的特点，当考虑围岩与钢衬联合作用时，围岩覆盖厚度应不小于6倍的开挖洞径，同时满足围岩最大可能分担内水压力的上抬准则。当不考虑围岩分担内水压力时，对于围岩覆盖厚度的要求也可适当降低。

## 2.4.2 引水隧洞及上平段

上平段承受的内水压力较低，从经济角度讲，在满足地形地质条件和水力过渡过程中上弯点最小压力要求的前提下，宜尽可能采用较长的上平段。从抽水蓄能电站水力过渡过程分析来看，上平段末端最小压力控制工况与常规水电站有所不同。对于常规水电站，上平段末端最小压力往往是由可控的增负荷工况控制，而抽水蓄能电站则不然，上平段末端最小压力往往是由不可控的抽水断电工况控制。因此，在输水系统立面布置时，宜合理控制上平段的长度和坡度，并适当留有裕度。

抽水蓄能电站的水头一般都比较高，电站引用流量相对较小，调压室规模不大。从工程实践看，调压室投资一般为输水系统投资的5%～10%。在地形条件允许的前提下，应尽可能延长内水压力较低的引水隧洞或上平段的长度。惠州抽水蓄能电站A厂输水系统从上水库右岸向西穿越上水库西边分水岭，在距上水库进/出水口约1250m处发育有近南北向的水獭排大冲沟，沟底高程较低，为了增加低压隧洞的长度，在上水库进/出水口闸门井下游侧设置了上斜井，适当降低引水隧洞高程，以满足上覆围岩厚度的要求，具体布置详见图2.4-6。

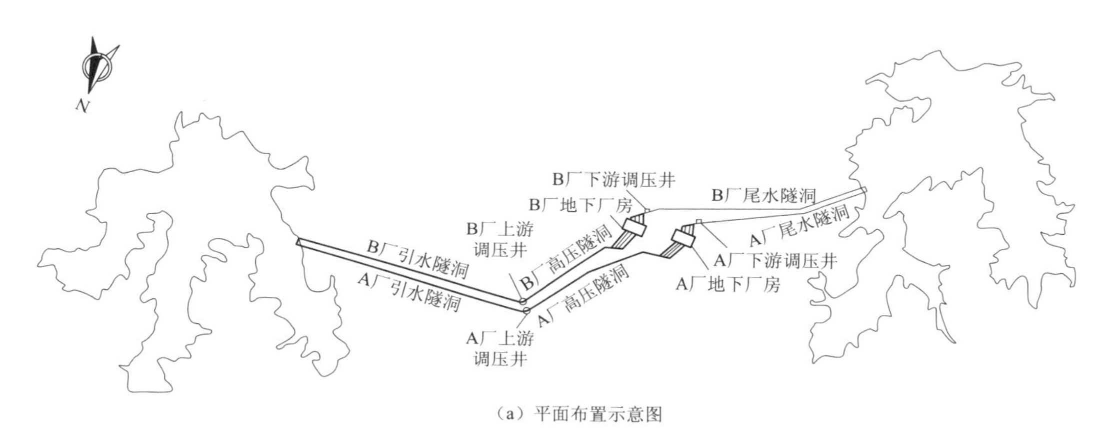


(a) 平面布置示意图

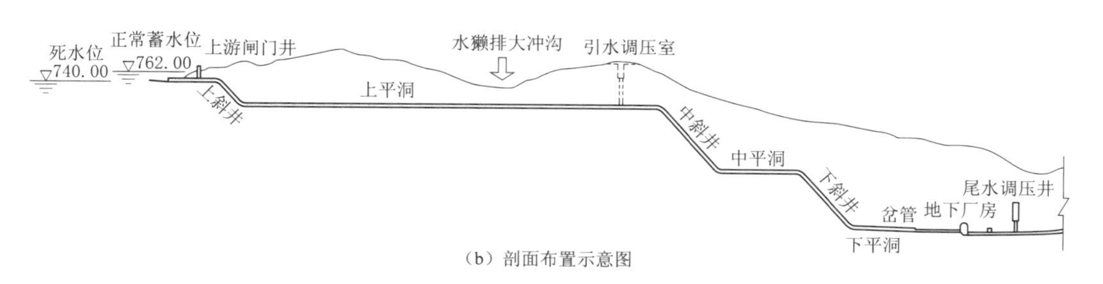


(b) 剖面布置示意图

图2.4-6 惠州抽水蓄能电站引水系统布置示意图

当地质条件不具备采用混凝土衬砌条件而需选择钢板衬砌时，采用设置上游调压室的布置方式可能会是较经济的选择。

众所周知，在地形条件允许的前提下，如果不采用较长的低压上平段布置方式，则意味着需增加压力较高的中平段和下平段的长度，而压力较高的中平段和下平段压力钢管的工程费用较高；对于高水头电站而言，引水调压室满足水力过渡过程大、小波动要求的断面尺寸并不大，工程量增加有限。在西龙池抽水蓄能电站输水系统线路比选时，西线方案尽管输水系统的惯性时间常数 $T_w$ 仅为2.0s，可不设置调压室［平面布置见图2.1-1，立面布置见图 2.4－7（a)]，但如此一来增加了高压下平段压力钢管的长度，如果充分利用地形条件，设置上游调压室［见图 2.4－7（b)]，可大大减小压力较高的中平段和下平段的长度，经综合技术经济比较，设置上游调压室方案比不设置调压室方案更为经济。

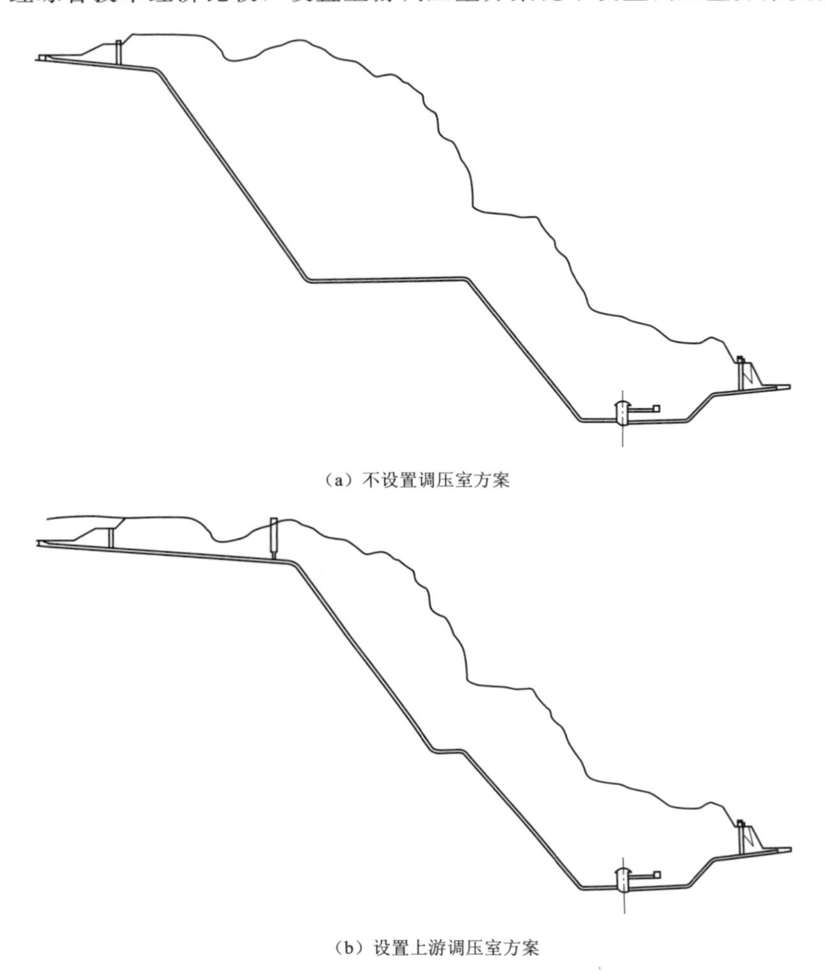

（a）不设置调压室方案

（b）设置上游调压室方案

图 2.4－7　西龙池抽水蓄能电站输水系统西线方案布置示意图

如果上平段长度不大，但不设置上游调压室输水系统的水力过渡过程又难以很好地满足规范要求时，可结合上水库进/出水口闸门井布置，考虑闸门井兼有调压室的作用的可能性，进而达到改善由于上平段较长而对水力过渡过程造成的不利影响。

西龙池抽水蓄能电站引水系统采用一管两机供水方式。上水库进/出水口由于受地形地质条件的限制，采用井式进/出水口，详见图 2.4－8，闸门井与上水库进/出水口相距 210m 左右。如果不计闸门井的调压室作用，在水泵断电最不利工况下，上平段末端将产生－15.8m 的负压，使输水系统的水力过渡过程不能满足规范要求，需采取降低上平段高程或缩短上平段长度的措施，经综合分析比较，这两种做法都是不经济的。为此，将上水库进/出水口闸门井上部断面适当扩大，兼有调压室的作用，如此一来，既能使水力过渡过程满足规范要求，又能达到经济的目的。

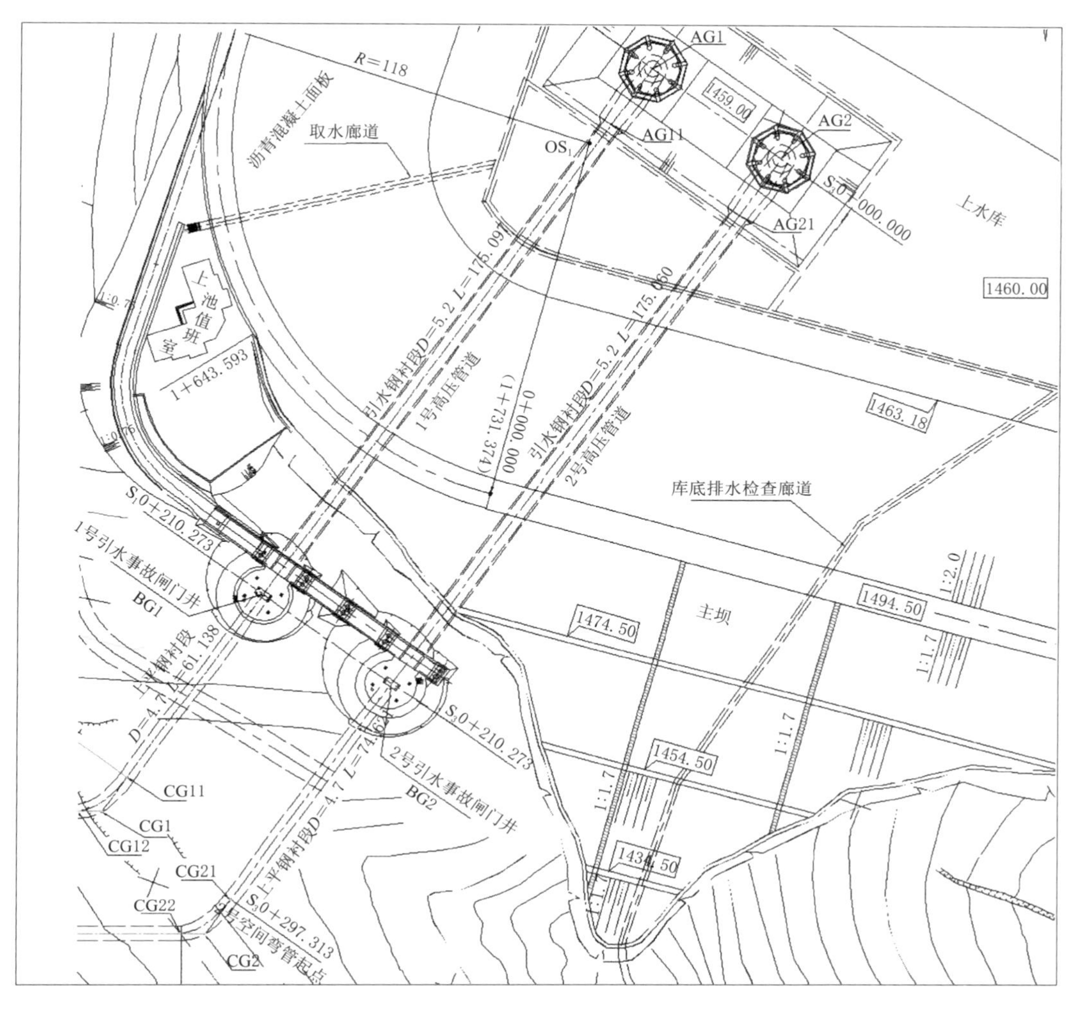


(a) 平面布置示意图（单位：m）

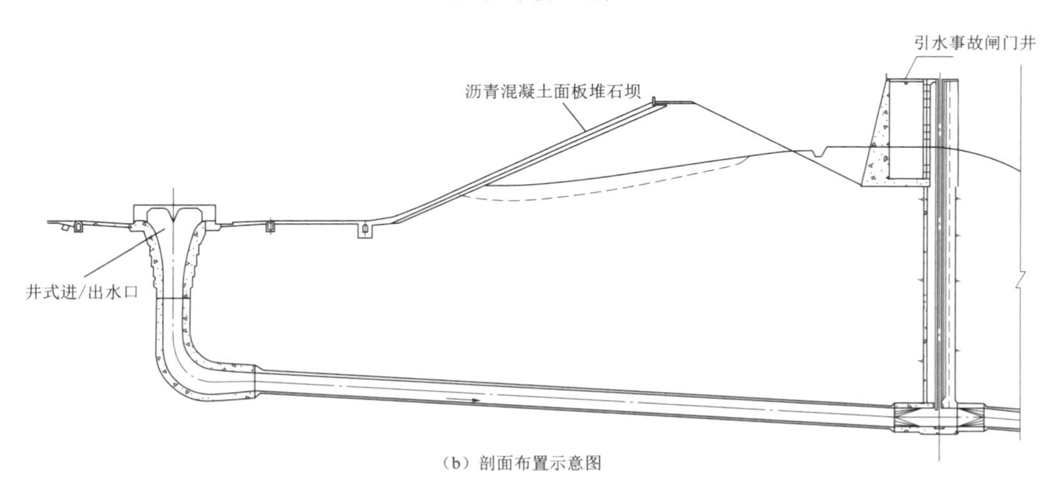


(b) 剖面布置示意图

图 2.4-8 西龙池抽水蓄能电站引水系统上平段布置示意图

上平段并不是必需建筑物，也有些抽水蓄能电站不设上平段，如美国的腊孔山抽水蓄能电站，通过上水库进口明渠引水至井式进/出水口后，直接与直径10.67m、高259m的竖井相连，详见图2.2-9。

## 2.4.3 高压管道

地下高压管道立面布置有竖井、斜井以及竖井与斜井相结合的方式。高压管道采用钢筋混凝土衬砌时，引水系统采用竖井布置方式较多，因为钢筋混凝土衬砌对围岩覆盖厚度及质量要求较高，采用钢筋混凝土衬砌的高压管道，围岩覆盖厚度首先应满足应力条件，以避免水力劈裂的发生。而竖井布置方式容易满足围岩覆盖厚度要求。此外，竖井施工通常比斜井容易。尽管竖井布置方式的高压管道总长较斜井布置方式要长，尤其是压力最高的下平段较长，但是由于钢筋混凝土衬砌主要靠围岩承担内水压力，内水压力的高低，对钢筋混凝土衬砌经济指标的影响并不像钢板衬砌那么显著。如英国的迪诺威克、美国的巴斯康蒂等抽水蓄能电站输水系统，均采用钢筋混凝土衬砌、竖井布置方式，分别见图2.4-9和图2.4-10。

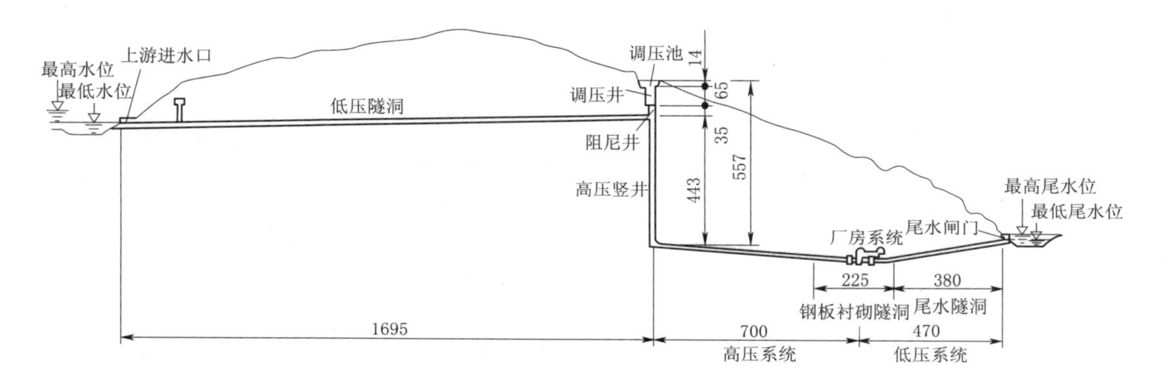


图2.4-9 迪诺威克抽水蓄能电站输水系统剖面布置示意图（单位：m）

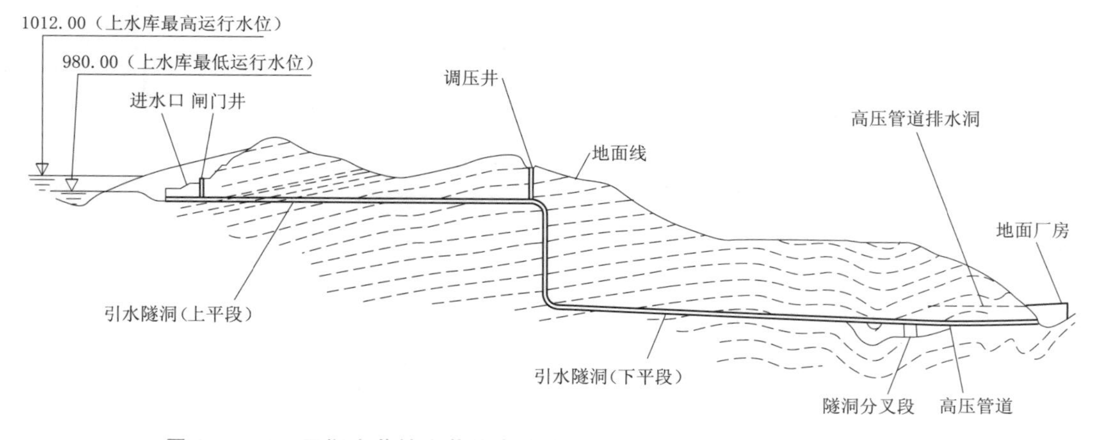


图2.4-10 巴斯康蒂抽水蓄能电站输水系统剖面布置示意图（单位：m）

法国的雷文抽水蓄能电站上、下水池间的落差为230m（图2.4-11），基岩为上寒武系片岩和石英岩，岩体渗透系数很小，采用竖井增加下平段长度的布置方式，可使竖井很快进入新鲜岩石，因此竖井和下平段大部分可采用混凝土衬砌，以达到节省投资的目的。

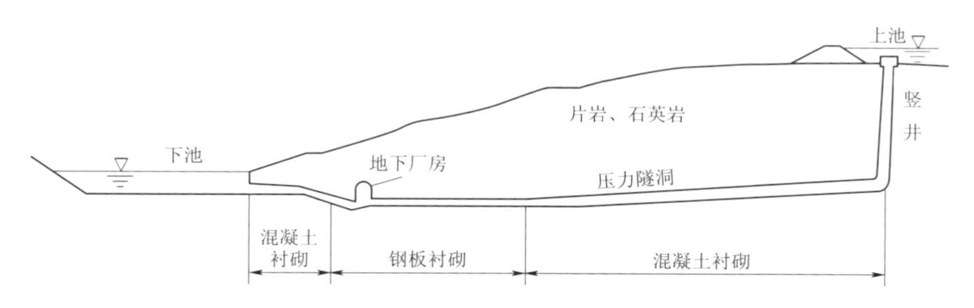


图2.4-11 雷文抽水蓄能电站输水系统剖面布置示意图

斜井也是压力钢管采用较多的一种布置方式。钢管对围岩覆盖厚度要求较低，但钢管造价较高，采用斜井布置方式的高压管道总长度相对较短，尤其是要减小厚度较大的下平段的长度，采用斜井布置方式对减小投资有利。此外，斜井布置方式的水头损失相对较小，惯性时间常数 $T_w$ 也较小，对电站调节性能也较为有利。斜井的坡度应根据输水系统布置要求、工程地质条件、施工条件综合考虑确定。为便于利用重力溜渣，斜井的坡度一般为42°～53°，以48°～51°居多。

高压管道立面布置方式的选择应因地制宜，当采用单一的竖井或斜井布置方式不能较好地适应地形地质条件，且经济性能较差时，可采用竖井与斜井相结合的布置方式，也可采用明管与埋管相结合的布置方式。

如日本的奥美浓抽水蓄能电站高压管道的立面布置，详见图2.4-12，高压管道全部采用钢板衬砌，钢管直径为6.1～2.0m，最大设计水头为770m，采用埋管布置方式。根据工程地质条件确定高压管道上部采用竖井布置方式，下部保持斜井布置方式，如此一来，扩大了围岩分担内水压力设计的范围，减少了钢材用量。

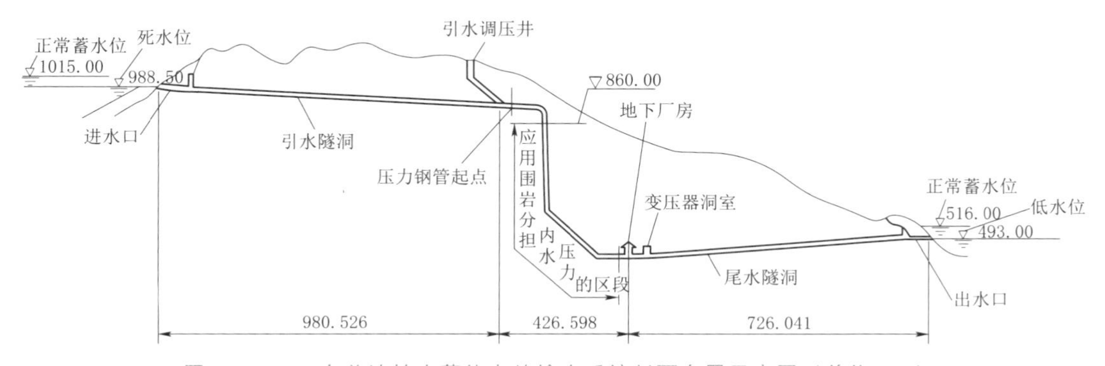


图2.4-12 奥美浓抽水蓄能电站输水系统剖面布置示意图（单位：m）

又如日本的玉原抽水蓄能电站，设计水头为518m，破碎带A横切高压管道段（图2.4-13），山坡呈马鞍形。在设计中充分利用山坡地形的特点，将下半部压力较高的高压管道采用斜井布置成埋藏式，压力管道上半部山坡稳定条件较好，将其布置为明管。如此布置，使高压管道既避开了破碎带 A 对围岩稳定的不利影响，又使高压管道高压段充分利用了围岩抗力，同时也减小了埋管段的外水压力，可较好地达到节省工程投资的目的。

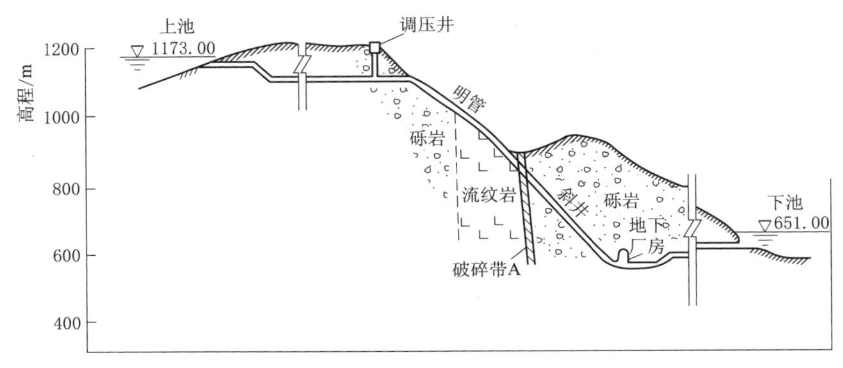

图 2.4-13　玉原抽水蓄能电站输水系统剖面布置示意图（单位：m）

当竖井或斜井较长，且在地形地质条件允许时，可设置中平段以增加施工工作面，加快施工进度。当然，设置中平段需增加两个弯段的水头损失，对于水头较高的抽水蓄能电站来讲，这个损失是非常有限的，对电站综合效益的影响是可以忽略的。中平段不一定设在上、下平段中间，具体位置要根据地形地质条件、施工条件等综合分析确定。如果受地形地质条件等限制，也可不设中平段。当斜井或竖井较长，且是电站施工的关键线路时，可通过预留岩塞的方法设置施工支洞，以增加施工工作面。如日本的奥吉野抽水蓄能电站高压管道，高压斜井长达 780m，没有布置中平段，但在高压斜井中部高程 610.00m 处，详见图 2.2-12，通过预留岩塞方式设置一施工支洞，将高压斜井分成上、下两段进行施工。又如我国的天荒坪抽水蓄能电站高压斜井，直线段长度为 697.4m，倾角为 58°，见图 2.4-14，为加快施工进度，在斜井中部布置了 7 号施工支洞，通过预留岩塞方式将高压斜井分成上、下两段进行施工。

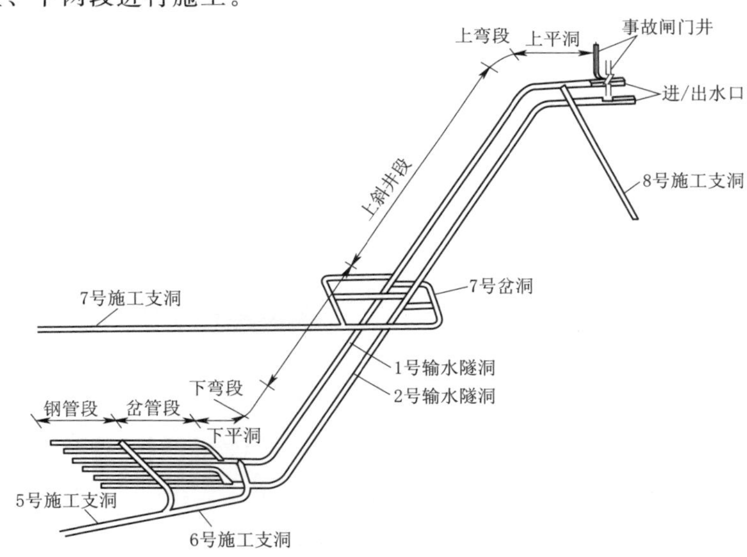

图 2.4-14　天荒坪抽水蓄能电站高压斜井施工布置示意图

西龙池抽水蓄能电站设计水头为640m，斜井总长度达760m。为方便施工，设置了中平段。引水系统立面布置受$P_5$张性断裂带、$F_{112}$断层等不利地质构造的控制，为将$P_5$张性断裂带和$F_{112}$断层等不利地质构造对输水系统围岩稳定的影响减小至最小，对上竖井下斜井、上斜井下竖井、斜井、竖井4个布置方案进行了综合比较。上竖井下斜井布置方案详见图2.4-15，虽然$P_5$张性断裂带、$F_{112}$断层等不利地质构造在下平段与引水系统成大角度相交，围岩稳定条件较好，但压力管道的下平段钢衬厚度增大，最大钢衬厚度为62mm，钢衬制作、安装难度较大。另外，这种布置方式高压下平段较长，工程量较大，与斜井布置方案相比工程投资较多。

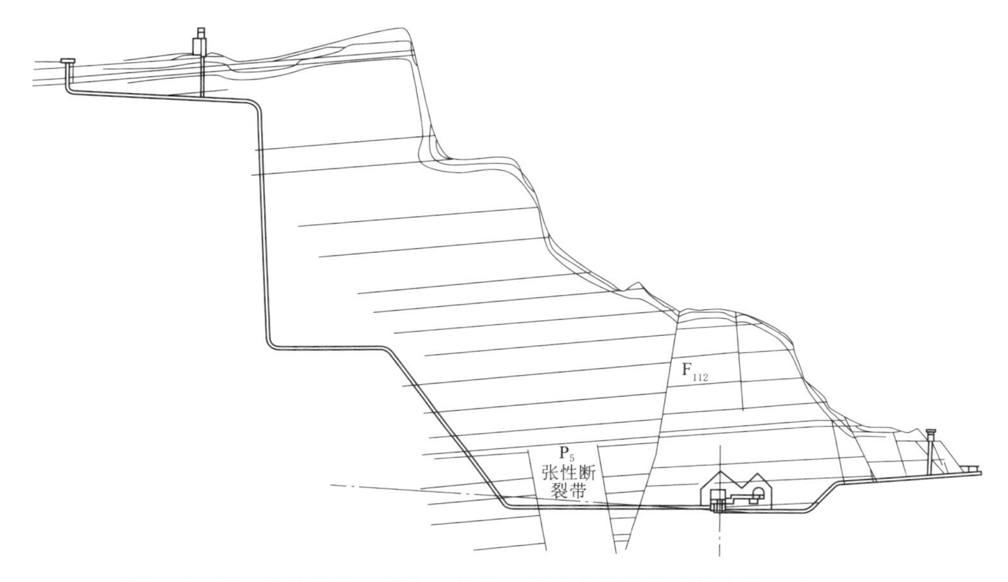


图2.4-15 西龙池抽水蓄能电站输水系统上竖井下斜井布置方案示意图

从输水系统调节性能分析，上竖井下斜井布置方案输水系统的惯性时间常数$T_w$达到2.3s，比较大，处于可不设置调压室的临界状态。斜井布置方案详见图2.4-16，高压管道长度最短，惯性时间常数$T_w$为2.0s。为减小$P_5$张性断裂带、$F_{112}$断层等不利地质构造对输水系统围岩稳定的影响，在布置上、下斜井时采用不同角度，上斜井倾角为56°，下斜井倾角为60°，同时合理确定中平段高程，使$P_5$张性断裂带与中平段相交，$F_{112}$断层与下斜井呈35°左右夹角相交。如此一来，引水洞线与不利地质构造的交角均比较大，围岩稳定条件较好，从经济性来看，斜井布置方案工程投资也是最小的，所以最终推荐采用斜井布置方案。

由于上斜井长达515.5m，且输水系统施工有可能成为电站建设的关键线路，为此在上斜井中部，通过预留岩塞方式布置了1号中支洞，以加快高压管道施工进度。

## 2.4.4 尾水系统

尾水系统立面布置方式与引水系统相近，应根据地形地质条件、厂房位置、水力学条件、施工条件、检修排水条件等，经综合比较后确定。尾水系统在立面上可采用一坡到底

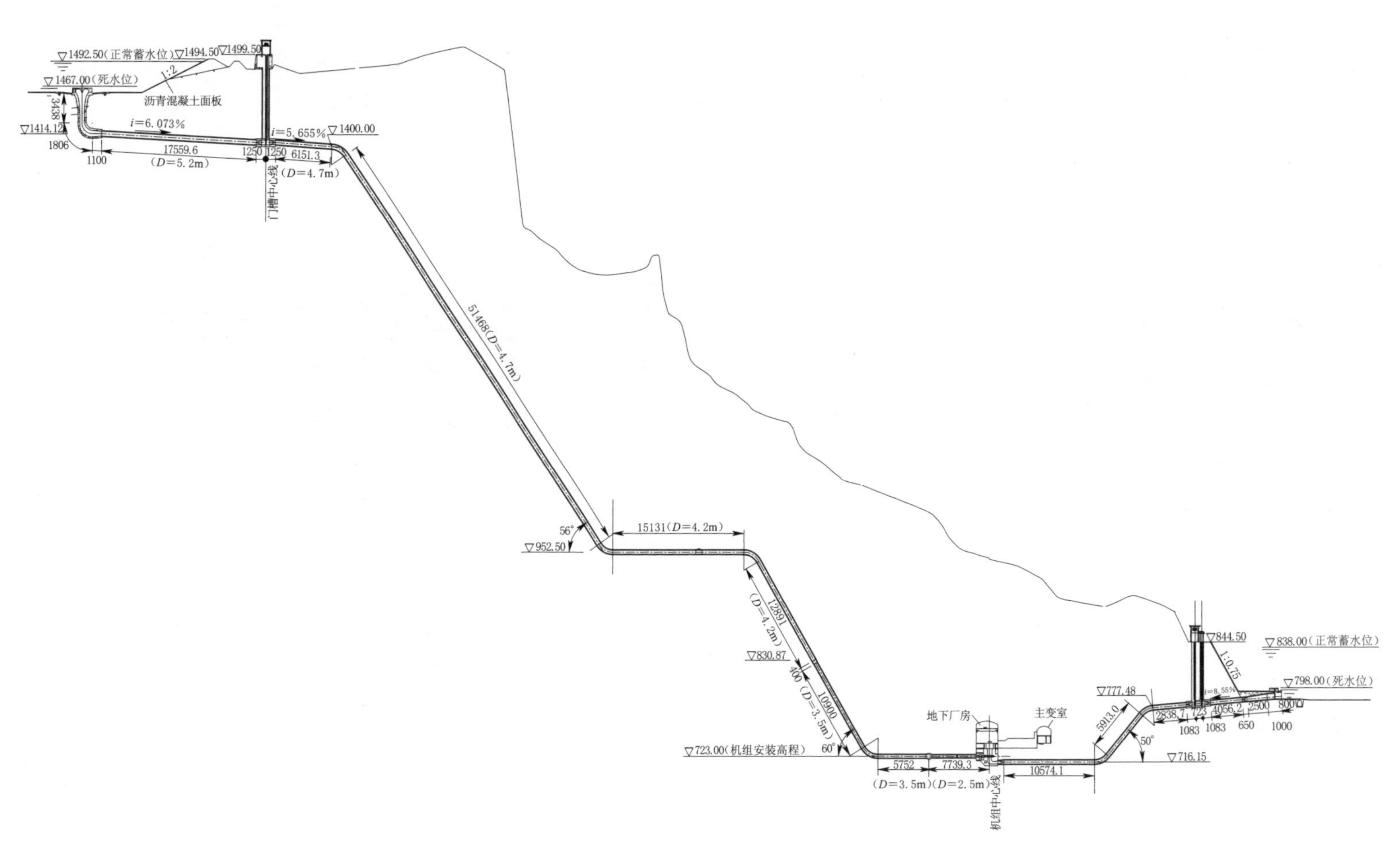


图 2.4-16　西龙池抽水蓄能电站输水系统斜井布置方案示意图（尺寸单位：cm；高程单位：m）

的斜洞，也可采用斜井或竖井。如张河湾抽水蓄能电站采用尾部开发方式，尾水系统较短，采用坡度为19°的斜洞布置方式，详见图2.4-17。西龙池抽水蓄能电站的尾水系统长度在400m左右，采用同一坡度布置斜洞长度较长，且坡度较陡，施工难度较大。另外，由于围岩为近水平的张夏组薄层灰岩，若采用斜洞布置方式，则洞线与层面夹角较小，不利于围岩稳定，因此采用50°斜井布置方式，详见图2.4-18。

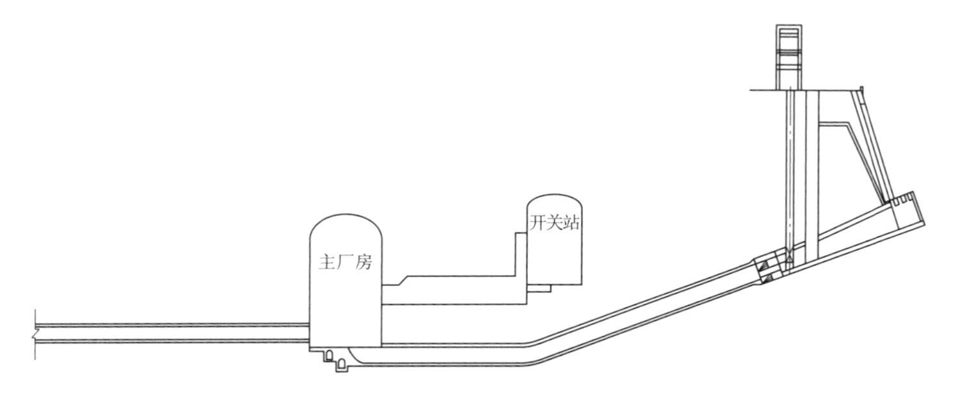


图2.4-17 张河湾抽水蓄能电站尾水系统剖面布置示意图

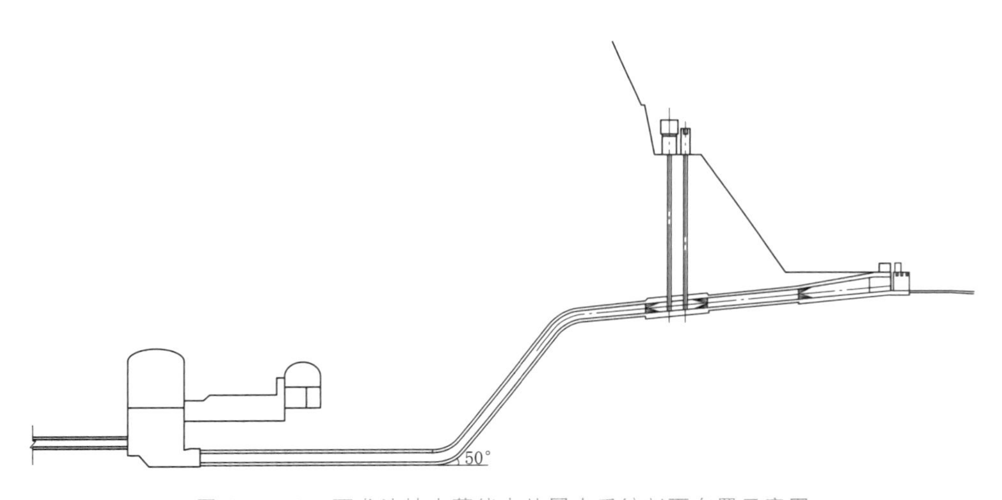


图2.4-18 西龙池抽水蓄能电站尾水系统剖面布置示意图

当厂房采用尾部布置方式时，应尽量避免设置尾水调压室，若采用单管单机供水方式，则可将尾水事故闸门布置在下水库进/出水口处，既可减小厂房地下洞室的布置难度，又可减小闸门的工作水头。单级混流可逆式水泵水轮机组安装高程比常规机组低得多，尾水系统临界长度也比较长，即可不设置尾水调压室的尾水隧洞长度较长，是否需要设置尾水事故闸门，主要取决于检修排水量的要求。根据统计资料，单台机组尾水系统排水量以不超过1.2万$m^3$为宜，详见图2.4-19。当尾水隧洞较长时，尽管通过采取措施，可不设置尾水调压室，但由于检修排水量过大，仍需分析设置尾水事故闸门室的必要性。

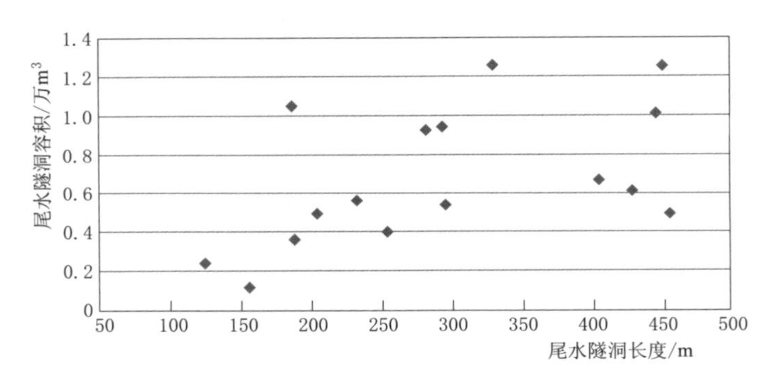


图 2.4-19　不设置尾水事故闸门的尾水隧洞容积统计

## 2.5　管径方案拟定及经济管径比较

在电站装机容量，上、下水库布置，特征水位，输水系统布置确定的条件下，输水系统的不同管径组合方案，工程造价是不同的，水头损失也是不同的。具体来说，管径越小，工程造价越少，但输水系统的水头损失越大。管径减小造成发电量减少，抽水用电量增加，同时使输水系统对水力过渡过程的适应能力下降，电站运行灵活性降低。反之亦然。因此，存在经济管径比较问题。抽水蓄能电站的主要作用是调峰，发电并不是第一任务。通过对日本已建抽水蓄能电站运行时间的统计，大多数电站满负荷的运行时间并不长，一般不超过 1000h，常常带部分负荷运行，担任调频、调相及事故备用任务。另外，抽水蓄能电站的利用水头一般都比较高，即使产生较大的水头损失，占利用水头的比重也比较小。因此，抽水蓄能电站在满足运行灵活性要求的条件下，经济管径对应的断面平均流速往往比常规水电站大。影响抽水蓄能电站输水系统经济管径选择的因素较多，主要有工程地质条件、衬砌型式、水头损失、调节性能、工程造价、电能损失、上网电价、抽水电价、电网对电站运行的要求等。对于大型抽水蓄能电站输水系统经济管径的选择，常采用费用现值最小法。该方法是将不同管径方案的工程投资，以及由于水头损失造成的少发电量和抽水多用电量以替代火电予以补充后，计算各方案的费用现值，费用现值最小的方案即为最优方案。该方法能够较好地反映上述因素的影响。

### 2.5.1　管径方案拟定

抽水蓄能电站输水系统的设计水头一般比较高，特别是采用钢板衬砌的输水系统，为达到经济合理的目的，高压管道应采用不同管径组合方案。管径的变化次数及变化位置应根据输水系统的布置、地形地质条件、水头、施工条件以及输水系统对水力过渡过程的适应性等因素综合考虑确定。根据以往工程经验，管径变化次数以 2～4 次为宜。

对于抽水蓄能电站来讲，其主要任务是调峰、填谷及事故备用，年运行小时数并不多，发电量对电站经济性的影响并不像常规水电站那么敏感。一般抽水蓄能电站的设计水头都比较高，高压管道规模较大，其投资占总投资的比重比较高。同时水头损失占电站设计水头的比重很小，在不影响电站运行灵活性的前提下，适当减小管径往往是经济的。

经济管径可根据经验公式、工程类比等方法进行初拟，并控制输水系统水头损失为电站设计水头的2%～5%，然后以此管径为基础，在其左右确定几组管径方案。输水系统管径方案拟定后，应保证每一组方案的输水系统具有良好的调节性能，即保证方案的可行性。

计算输水系统经济管径的经验公式比较多，在应用时要注意使用条件，尤其要区分高压管道的衬砌型式。法尔布希（Fahlbusch）分析了394个钢板衬砌和混凝土衬砌的常规水电站与抽水蓄能电站的压力管道，并给出了经验公式：抽水蓄能电站的高压钢管经济管径采用式（2.5－1）进行估算，混凝土衬砌的高压管道经济管径采用式（2.5－2）进行估算：

$$D=1.12\left(\frac{Q^{0.45}}{H^{0.12}}\right) \tag{2.5-1}$$

$$D=0.62Q^{0.48} \tag{2.5-2}$$

笔者通过对日本和我国已建抽水蓄能电站统计资料的分析，分段给出了计算抽水蓄能电站钢板衬砌的高压管道经济管径的经验公式，以供参考。

钢筋混凝土衬砌的引水隧洞和尾水隧洞：

$$D=0.67Q^{0.43} \tag{2.5-3}$$

压力钢管：

$$D=0.60Q^{0.41} \tag{2.5-4}$$

以上式中：$D$为输水系统经济管径，m；$Q$为管道中的发电引用流量，$m^3/s$；$H$为电站设计水头，m。

### 2.5.2 经济管径比较

经济管径的确定是通过方案比较来实现的，要想通过有限的方案比较来寻找最优管径几乎是不可能的，但可以尽可能地趋近。比较成果的精度很大程度上取决于管径方案的数量及其合理性。管径方案的数量应根据输水系统的特点及其投资所占比重而确定。管径方案可行性是管径比较的关键，在管径方案拟定过程中，应合理控制输水系统的惯性时间常数$T_w$，并使输水系统的调节性能处于调速性能好的区域内；必要时应进行水力过渡过程分析，使输水系统的压力上升值、机组转速上升值、尾水管真空度、上弯点最小压力等均满足规范要求。为便于理解，以下以西龙池抽水蓄能电站输水系统经济管径比较为例进行说明。

西龙池抽水蓄能电站装设有4台单机容量为300MW的竖轴单级混流可逆式水泵水轮机组，机组额定水头为640m。输水系统由上水库进/出水口、引水事故闸门井、高压管道、尾水隧洞、尾水闸门井、下水库进/出水口等组成。输水系统总长度为1850m左右，引水系统采用一管两机供水方式，共有2根主管，在距厂房54m左右处布置高压岔管。尾水隧洞采用一机一洞的布置方式。在立面上采用斜井布置方式（图2.5－1），在高程952.50m处布置中平段，将斜井分成上、下两部分。上、下斜井与水平面的夹角分别为56°和60°。可行性研究阶段，高压管道上平段、尾水隧洞上平段及斜井采用后张法无黏结预应力混凝土衬砌，其他部分采用钢板衬砌。

根据输水系统的具体情况，在可行性研究阶段将整个输水系统大致分为三段，即上平段及上斜井、下斜井、尾水隧洞。对上述各管段分别拟定3个管径方案，并对其进行组合，详见表2.5－1，经济管径比较结果详见图2.5－2。

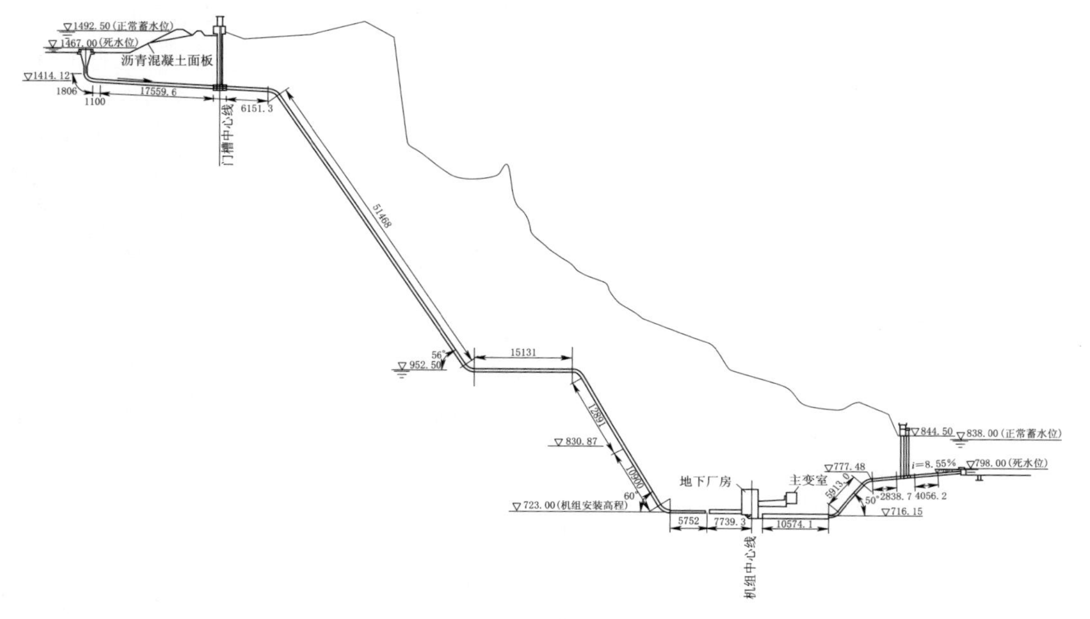


图 2.5-1　西龙池抽水蓄能电站输水系统剖面布置示意图（尺寸单位：cm；高程单位：m）

表 2.5-1　　　　输水系统管径组合方案表

| 方案 | 上斜井管径 $D_1$/m | 下斜井管径 $D_2$/m | 尾水隧洞洞径 $D_3$/m | 加权平均管径 $D_{AV}$/m | 惯性时间常数 $T_w$/s |
|---|---|---|---|---|---|
| 1 | 4.7 | 3.3 | 3.3 | 3.89 | 2.8 |
| 2 | 4.7 | 3.3 | 3.8 | 3.99 | 2.7 |
| 3 | 4.7 | 3.3 | 4.3 | 4.09 | 2.7 |
| 4 | 4.7 | 3.8 | 3.3 | 4.08 | 2.4 |
| 5 | 4.7 | 3.8 | 3.8 | 4.18 | 2.3 |
| 6 | 4.7 | 3.8 | 4.3 | 4.28 | 2.3 |
| 7 | 4.7 | 4.3 | 3.3 | 4.27 | 2.2 |
| 8 | 4.7 | 4.3 | 3.8 | 4.37 | 2.1 |
| 9 | 4.7 | 4.3 | 4.3 | 4.47 | 2.0 |
| 10 | 5.2 | 3.3 | 3.3 | 4.10 | 2.7 |
| 11 | 5.2 | 3.3 | 3.8 | 4.20 | 2.6 |
| 12 | 5.2 | 3.3 | 4.3 | 4.30 | 2.5 |
| 13 | 5.2 | 3.8 | 3.3 | 4.29 | 2.3 |
| 14 | 5.2 | 3.8 | 3.8 | 4.39 | 2.2 |
| 15 | 5.2 | 3.8 | 4.3 | 4.49 | 2.1 |
| 16 | 5.2 | 4.3 | 3.3 | 4.48 | 2.0 |
| 17 | 5.2 | 4.3 | 3.8 | 4.58 | 1.9 |
| 18 | 5.2 | 4.3 | 4.3 | 4.68 | 1.8 |
| 19 | 5.7 | 3.3 | 3.3 | 4.31 | 2.6 |

续表

| 方案 | 上斜井管径 $D_1$/m | 下斜井管径 $D_2$/m | 尾水隧洞洞径 $D_3$/m | 加权平均管径 $D_{AV}$/m | 惯性时间常数 $T_w$/s |
|---|---|---|---|---|---|
| 20 | 5.7 | 3.3 | 3.8 | 4.41 | 2.5 |
| 21 | 5.7 | 3.3 | 4.3 | 4.51 | 2.4 |
| 22 | 5.7 | 3.8 | 3.3 | 4.51 | 2.2 |
| 23 | 5.7 | 3.8 | 3.8 | 4.60 | 2.1 |
| 24 | 5.7 | 3.8 | 4.3 | 4.70 | 2.0 |
| 25 | 5.7 | 4.3 | 3.3 | 4.70 | 1.9 |
| 26 | 5.7 | 4.3 | 3.8 | 4.79 | 1.8 |
| 27 | 5.7 | 4.3 | 4.3 | 4.89 | 1.7 |

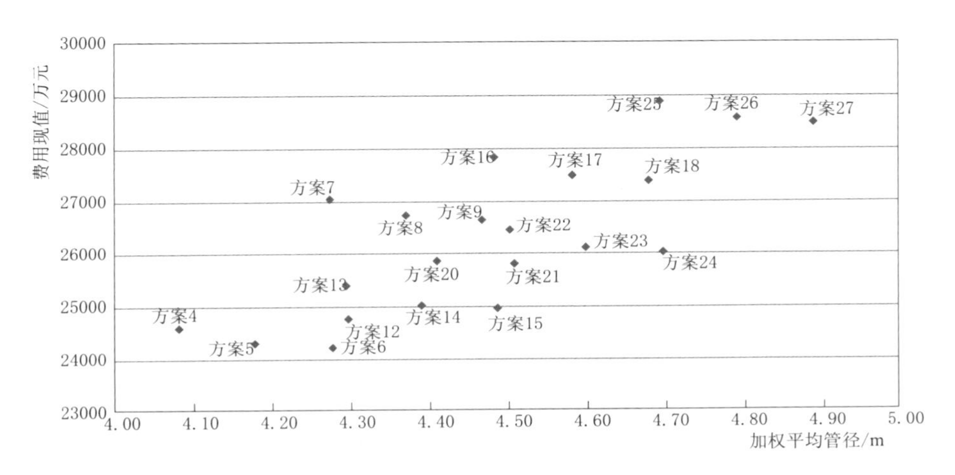


图 2.5-2　可行性研究阶段经济管径比较结果

方案 3 费用现值最小，看似是最经济的方案，但加以分析就可以看出：

（1）方案 3 水头损失为 38.19m，占电站设计水头的 6.1%，电站的综合效率为 0.71。从已建抽水蓄能电站的经验看，输水系统的水头损失一般为电站设计水头的 2%～5%，方案 3 水头损失过大，电站的综合效率偏低。

（2）根据工程类比及与机组制造厂商的技术咨询和交流成果，确定西龙池抽水蓄能电站机组加速时间常数 $T_a$ 为 8.3s 左右，如果使输水系统处于《水电站调压室设计规范》（NB/T 35021—2014）规定的调速性能良好区域内，则输水系统的 $T_w$ 应不大于 2.5s，而方案 3 输水系统的 $T_w$ 为 2.7s，输水系统调节性能位于《水电站调压室设计规范》（NB/T 35021—2014）规定的调速性能良好区域外，该方案可行性较差，不应作为比较方案。

根据上述分析，方案 1、方案 2、方案 3、方案 10、方案 11、方案 19 可行性均较差，不应作为比较方案。这样一来，费用现值最小的方案应为方案 6，相应的加权平均管径为 4.28m。方案 6 输水系统的水头损失为 22.43m，占电站设计水头的 3.6%，输水系统的 $T_w$ 为 2.3s，小于 2.5s。方案 6 输水系统具有良好的调节性能，且具有较好的经济性，是西龙池抽水蓄能电站较优的管径组合方案。

西龙池抽水蓄能电站高压管道的最大设计内水压力高达10MPa以上，钢板衬砌厚度较大。为了降低高压管道的 *HD* 值，降低高压钢管和高压岔管的设计、制造、安装难度及费用，招标设计阶段在适当加大设计内水压力相对较低的上平段、上斜井和尾水隧洞的管径，保证输水系统具有更好的技术可行性的原则下，进行进一步优化，具体方案见表2.5-2，经济管径比较结果见图2.5-3。

表2.5-2　输水系统管径方案拟定表

| 方案 | 引水系统 | | | | 尾水隧洞管径/m | 加权平均管径/m |
|---|---|---|---|---|---|---|
| | 主管管径/m | | | 支管管径/m | | |
| | 上平段及上斜井 | 中平段及下斜井上段 | 下斜井下段及下平段 | | | |
| 1 | 6.0 | 5.0 | 4.0 | 2.8 | 5.1 | 5.36 |
| 2 | 5.8 | 4.8 | 3.5 | 2.5 | 4.9 | 5.13 |
| 3 | 5.6 | 4.6 | 3.5 | 2.5 | 4.7 | 4.95 |
| 4 | 5.4 | 4.4 | 3.5 | 2.5 | 4.5 | 4.78 |
| 5 | 5.2 | 4.2 | 3.5 | 2.5 | 4.3 | 4.60 |
| 6 | 4.7 | 4.2 | 3.5 | 2.5 | 4.3 | 4.35 |
| 7 | 5.0 | 4.0 | 3.5 | 2.5 | 4.0 | 4.40 |
| 8 | 4.5 | 3.8 | 3.2 | 2.2 | 3.8 | 4.05 |
| 9 | 5.0 | 4.2 | 3.5 | 2.5 | 4.3 | 4.50 |

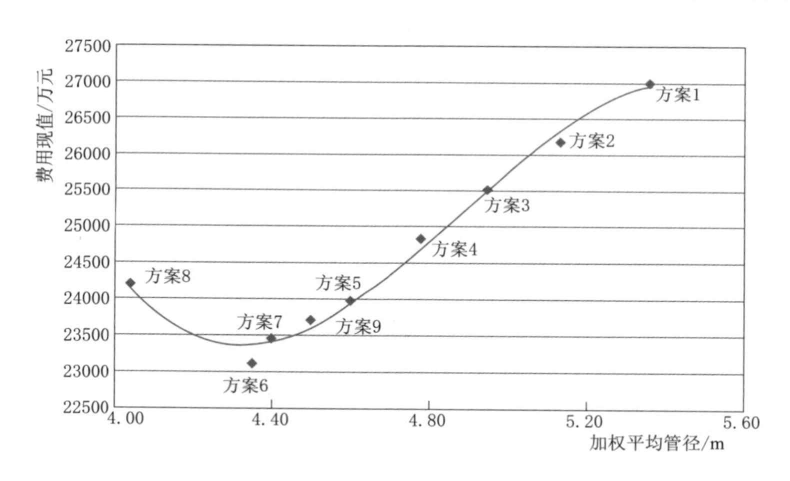


图2.5-3　招标设计阶段经济管径比较结果

由比较结果可以看出，方案6的费用现值最小，说明该方案是比较经济的输水系统管径组合方案。

此外，西龙池抽水蓄能电站可行性研究阶段上水库进/出水口模型试验表明，加大上平段主管管径，降低主管流速，对进一步改善进/出水口的流态是有益的。由于各管段钢板衬砌的工程量对费用的影响较大，仅考虑将方案6水头较低的进/出水口至闸门井之间管段的管径适当增大，为此，在方案6的基础上，又拟定了2个补充方案做进一步的计算分析。方案分段管径组合见表2.5-3，招标设计阶段经济管径补充比较结果见图2.5-4。

表2.5-3 方案分段管径组合表

| 方案 | 分段管径/m | 加权平均管径/m |
|---|---|---|
| 补充1 | 5.2（闸门井前上平段）、4.7（闸门井后上平段及上斜井）、4.2（中平段及下斜井上部）、3.5（下斜井下部及下平段）、2.5（高压支管）、4.3（尾水隧洞） | 4.44 |
| 补充2 | 5.0（闸门井前上平段）、4.7（闸门井后上平段及上斜井）、4.2（中平段及下斜井上部）、3.5（下斜井下部及下平段）、2.5（高压支管）、4.3（尾水隧洞） | 4.40 |

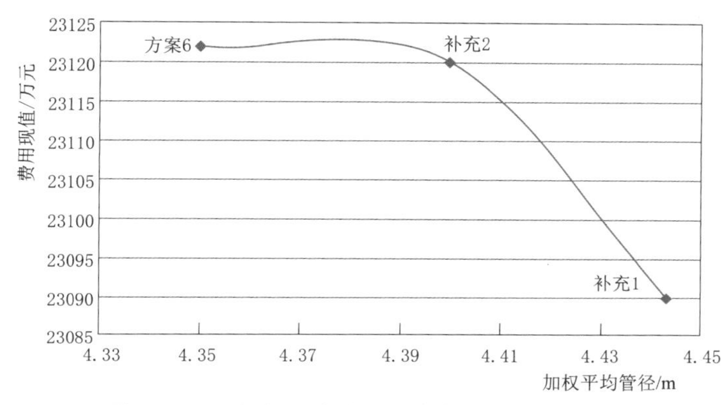


图2.5-4 招标设计阶段经济管径补充比较结果

从比较结果可以看出，将闸门井前上平段管径由4.7m增加到5.2m，其费用现值有所下降，说明该段管径增加到5.2m是经济的，也有利于上水库进/出水口流态的改善。因此，将上平段分为两段是合适的。通过对推荐方案输水系统水力过渡过程的分析可知，最大水击压力上升率为26.5%，机组最大转速上升率为42%，皆在规范允许范围内，满足设计要求。

由于抽水蓄能电站自身的特点，对输水系统的调节性能的要求比常规水电站高，从国内外已建抽水蓄能电站的统计资料可知，各抽水蓄能电站几乎全部位于《水电站调压室设计规范》（NB/T 35021—2014）推荐的调速性能好的区域内。在经济条件允许的前提下，对于高水头电站来说，尤其是电站设计水头大于700m后，机组制造难度加大，输水系统设计应对机组转轮具有较好的适应性，减小输水系统对机组的制约，以达到电站总体最优。

## 2.6 主要建筑物布置

### 2.6.1 进/出水口

进/出水口的布置型式主要受地形地质条件、电站总体枢纽布置条件、水力学条件等的影响。按水库水流与引水道的关系，抽水蓄能电站进/出水口可分为侧式进/出水口和井式进/出水口。侧式进/出水口可分为侧向竖井式进/出水口、侧向岸坡式进/出水口和侧向岸塔式进/出水口；井式进/出水口可分为开敞式进/出水口和盖板式进/出水口。进/出水口底板高程的确定应考虑两方面的因素：一是应防止泥沙进入；二是进/出水口淹没深度应满足要求，保证在最低运行水位不利工况下进流时，不产生有害的吸气漩涡。

1. 侧式进/出水口

侧式进/出水口是采用较多的一种布置方式。当地势较高、山坡较陡、地质条件较好，同时具备布置竖井式闸门井的条件时，宜采用侧向竖井式进/出水口。如我国的十三陵（图2.6-1）、天荒坪（图2.6-2）、琅琊山（图2.6-3），日本的今市（图2.6-4）等

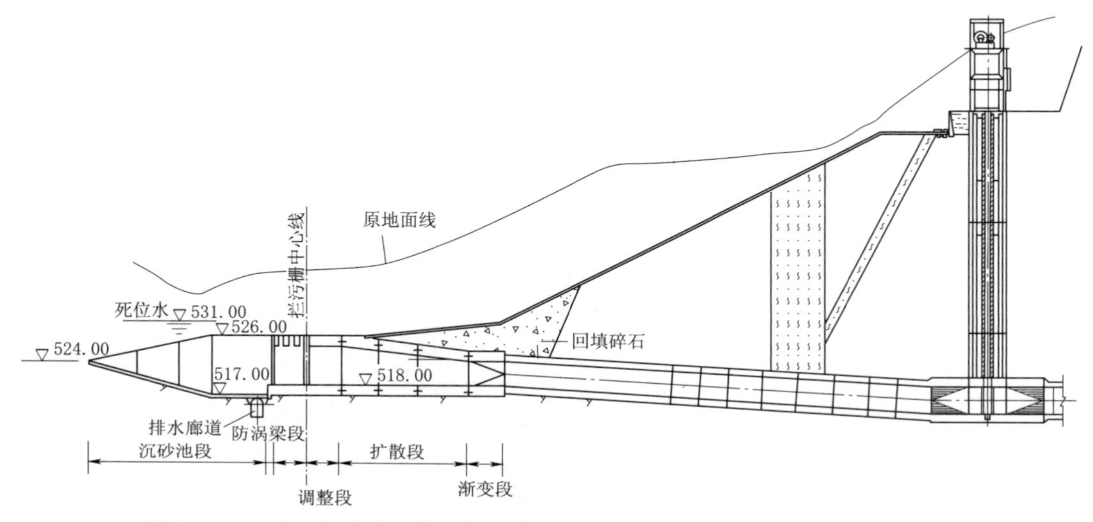


图2.6-1　十三陵抽水蓄能电站上水库进/出水口剖面布置示意图（单位：m）

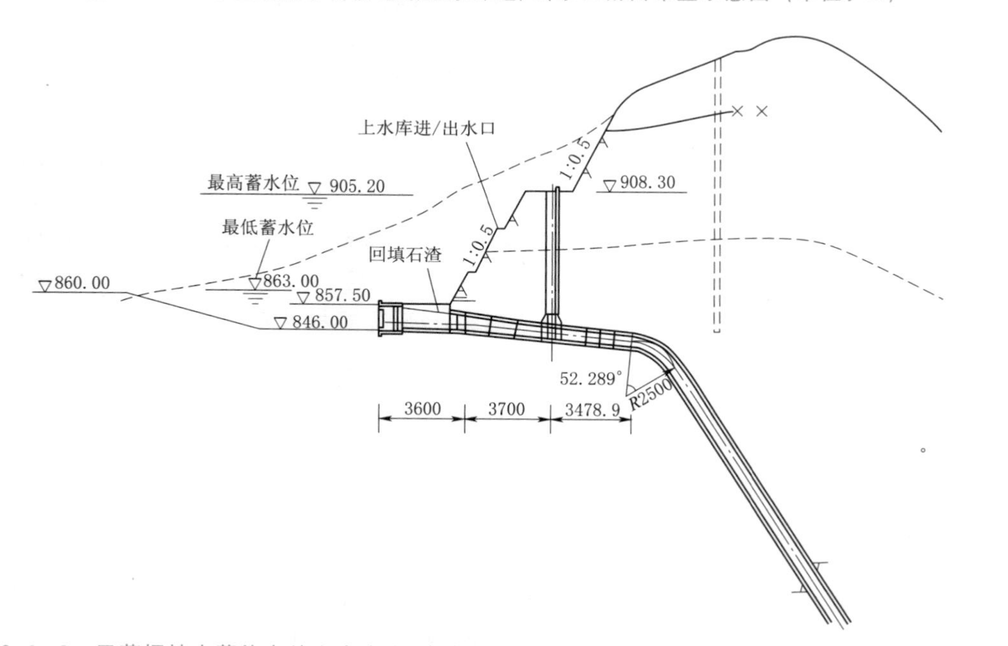


图2.6-2　天荒坪抽水蓄能电站上水库进/出水口剖面布置示意图（尺寸单位：cm；高程单位：m）

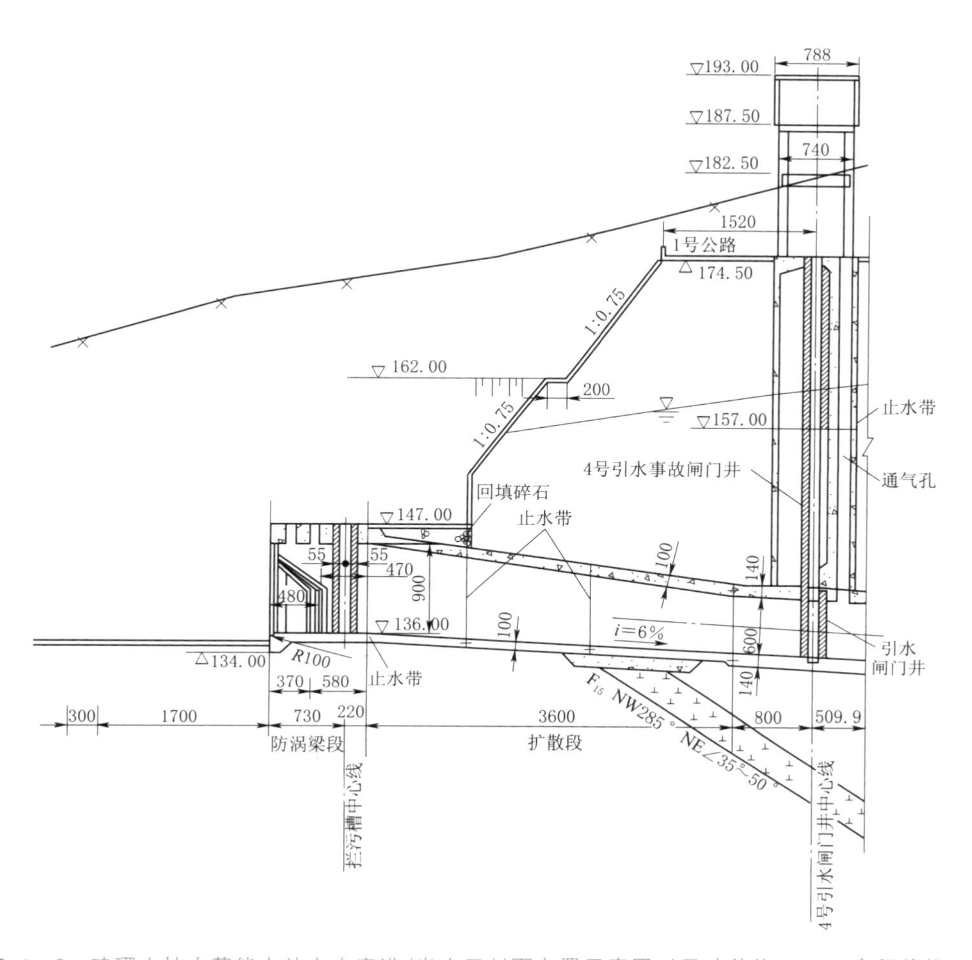


图 2.6-3　琅琊山抽水蓄能电站上水库进/出水口剖面布置示意图（尺寸单位：cm；高程单位：m）

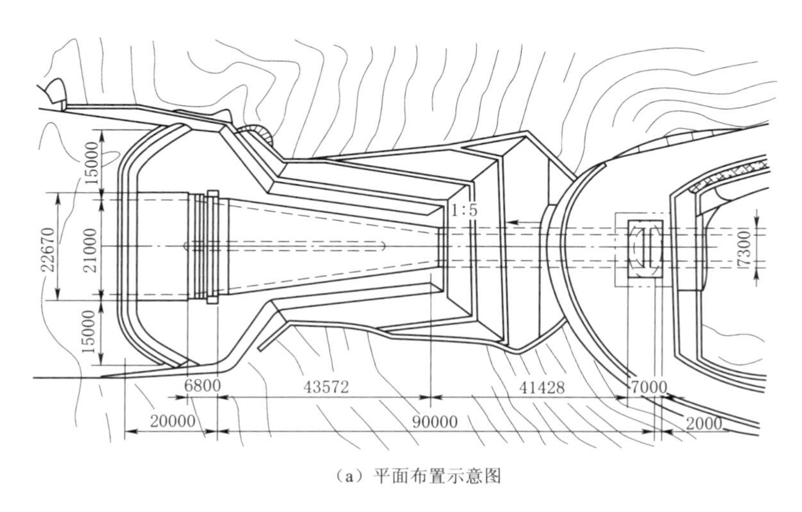


（a）平面布置示意图

图 2.6-4（一）　今市抽水蓄能电站上水库进/出水口布置示意图（尺寸单位：mm；高程单位：m）

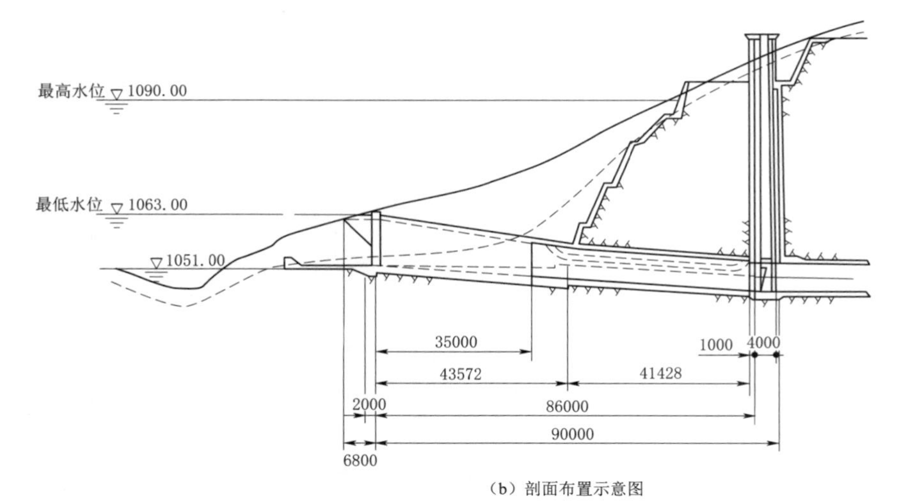


(b) 剖面布置示意图

图 2.6-4 (二) 今市抽水蓄能电站上水库进/出水口布置示意图 (尺寸单位:mm;高程单位:m)

抽水蓄能电站的上水库进/出水口;我国的西龙池(图 2.6-5)、张河湾(图 2.6-6),日本的神流川(图 2.6-7),泰国的拉姆它昆等抽水蓄能电站的下水库进/出水口。

当进/出水口岸坡不具备布置竖井式闸门井条件,或采用竖井式闸门井布置方式不经济时,可采用侧向岸坡式、侧向岸塔式或侧向竖井式与岸塔式相结合的方式。

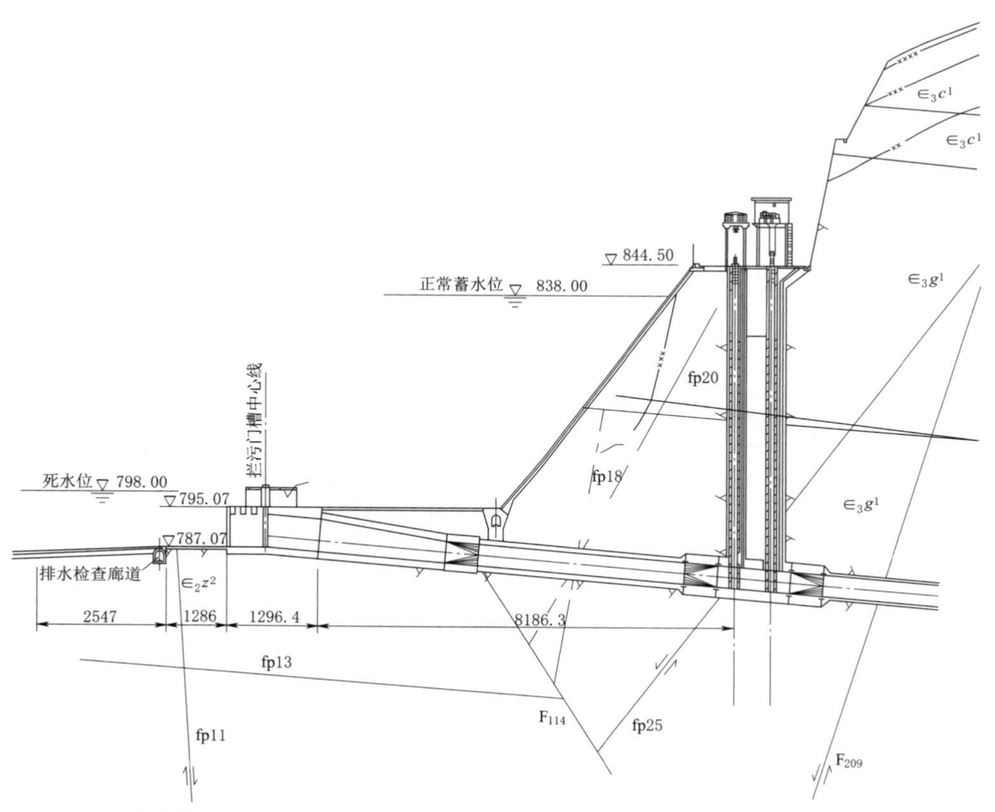


图 2.6-5 西龙池抽水蓄能电站下水库进/出水口剖面布置示意图 (尺寸单位:cm;高程单位:m)

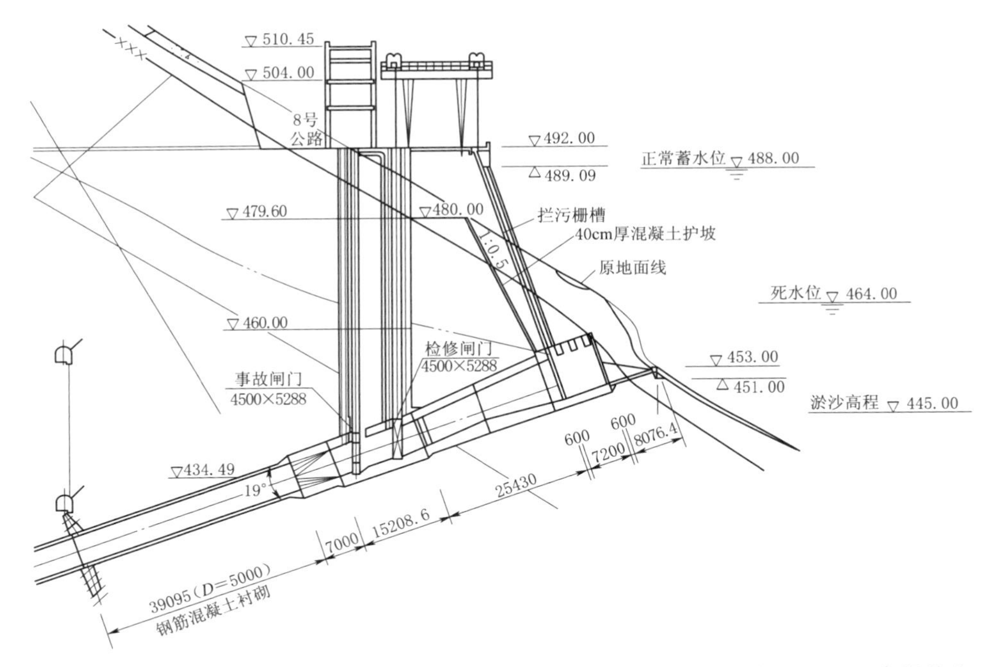


图 2.6-6　张河湾抽水蓄能电站下水库进/出水口剖面布置示意图（尺寸单位：mm；高程单位：m）

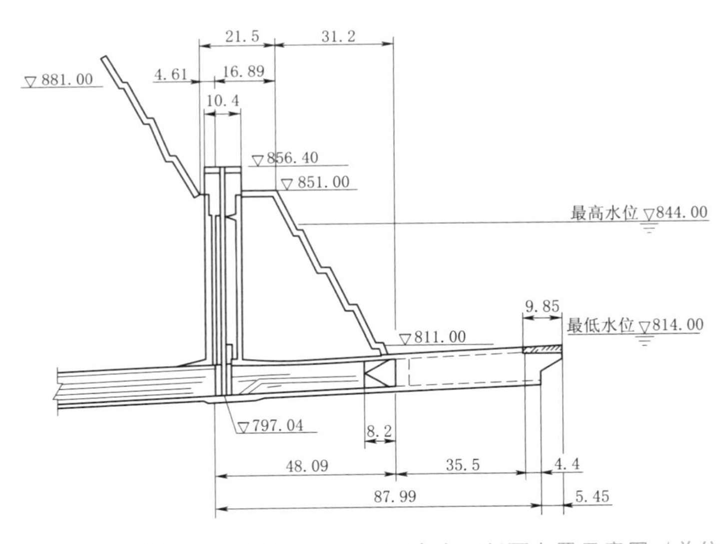


图 2.6-7　神流川抽水蓄能电站下水库进/出水口剖面布置示意图（单位：m）

侧向岸坡式进/出水口的闸门门槽倾斜布置在岸坡上，闸门通过倾斜门槽启闭。如我国的天荒坪抽水蓄能电站、日本的大河内抽水蓄能电站的下水库进/出水口，分别见图 2.6-8 和图 2.6-9。侧向岸塔式进/出水口闸门井采用相对独立的混凝土塔式结构，同时也作为岸坡挡护结构。如泰安抽水蓄能电站的下水库进/出水口地势平缓，且受区域 $F_4$ 断层的影响，山体裂隙发育、岩体破碎、风化深度较大，同时施工期对京沪铁路有影响，因此采用侧向岸塔式进/出水口，具体详见图 2.6-10。广州抽水蓄能电站上（下）水库进/

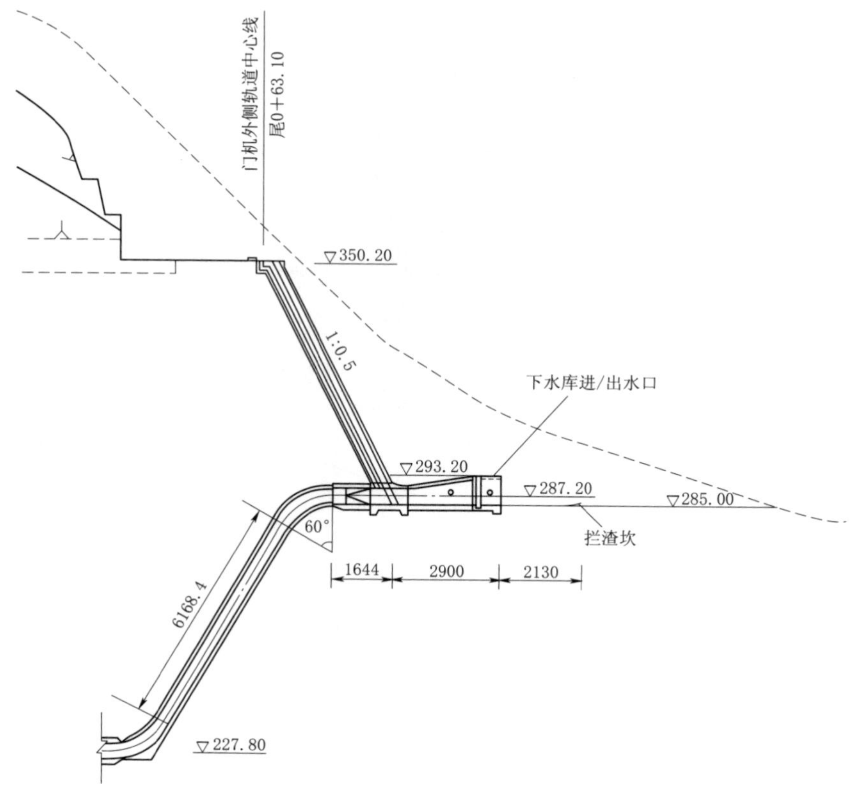


图 2.6-8 天荒坪抽水蓄能电站下水库进/出水口剖面布置示意图（尺寸单位：cm；高程单位：m）

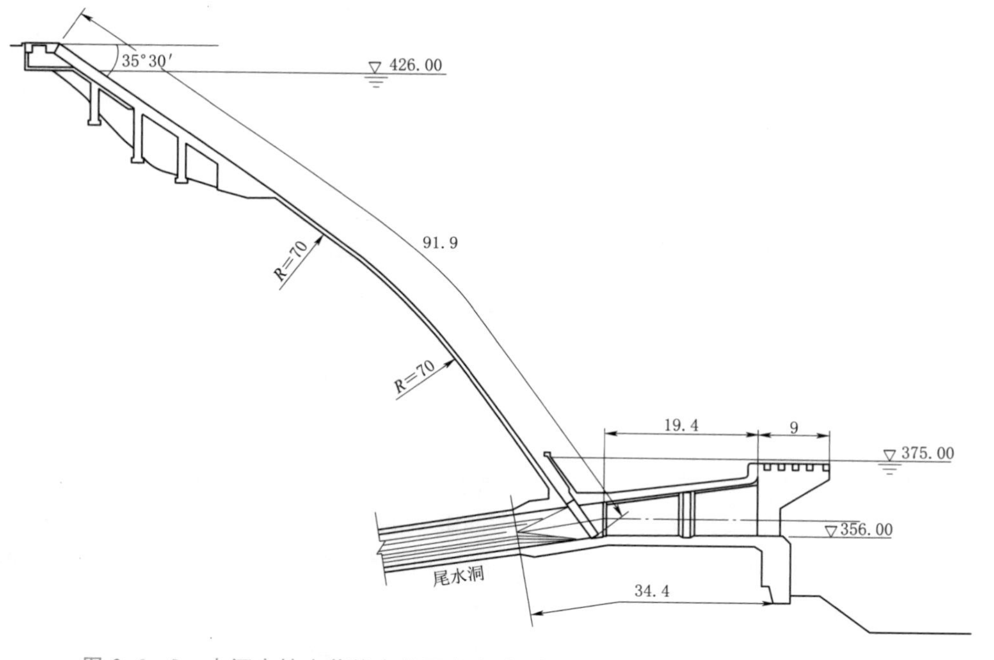


图 2.6-9 大河内抽水蓄能电站下水库进/出水口剖面布置示意图（单位：m）

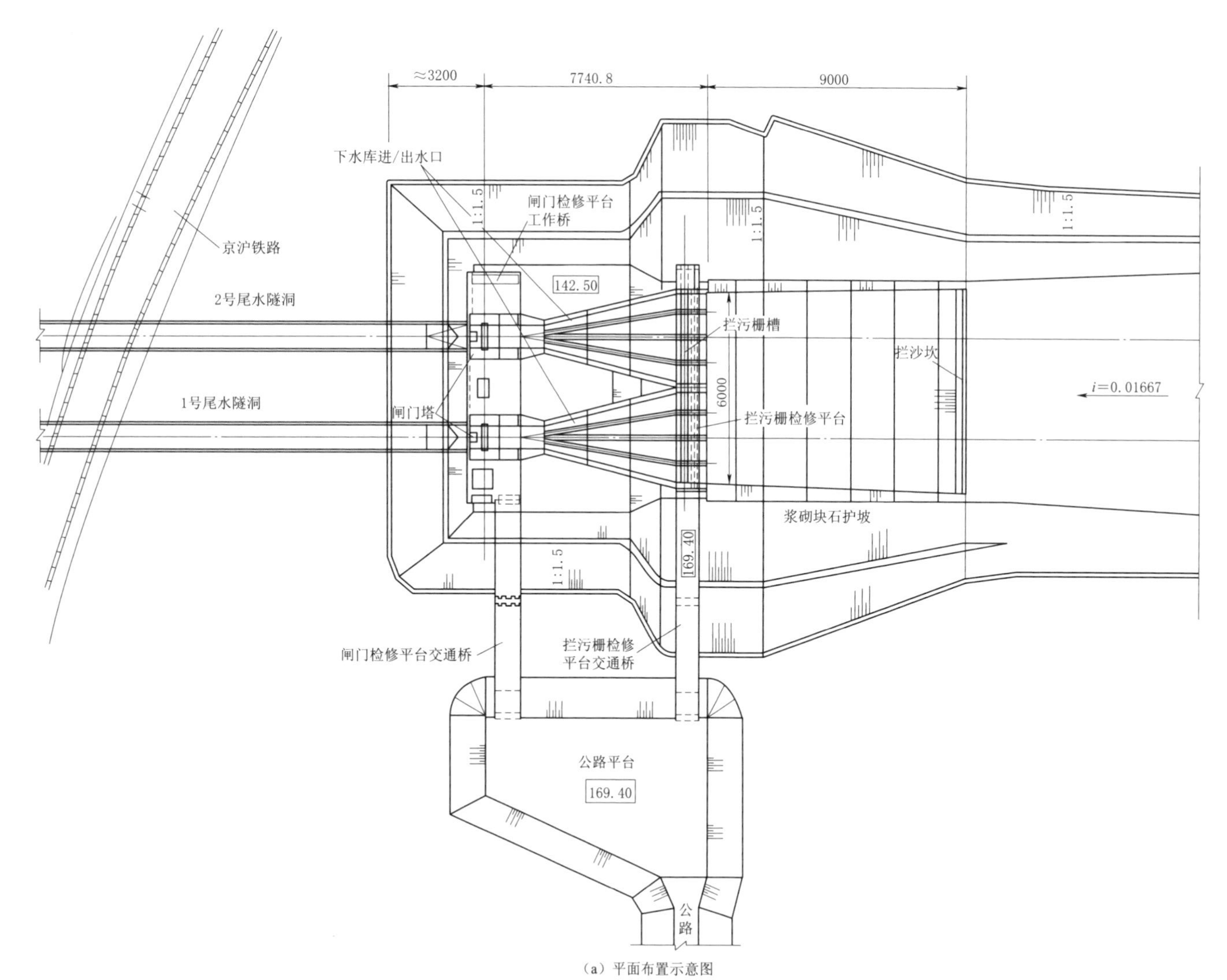


(a) 平面布置示意图

图 2.6-10（一）　泰安抽水蓄能电站下水库进/出水口布置示意图（尺寸单位：cm；高程单位：m）

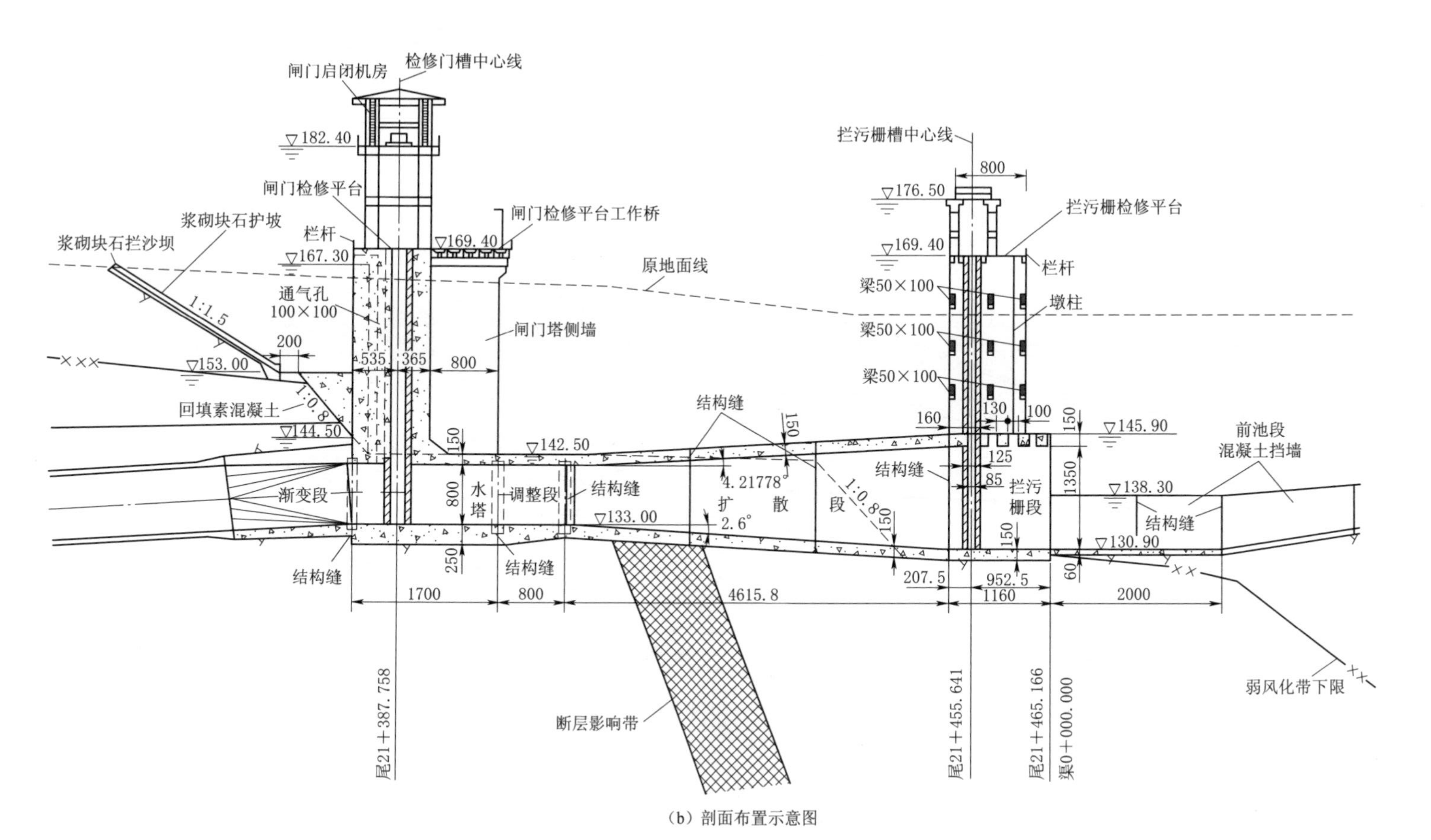


图2.6-10（二） 泰安抽水蓄能电站下水库进/出水口布置示意图（尺寸单位：cm；高程单位：m）

出水口、十三陵抽水蓄能电站下水库进/出水口等也采用了同样的布置，具体分别见图 2.6-11 和图 2.6-12。

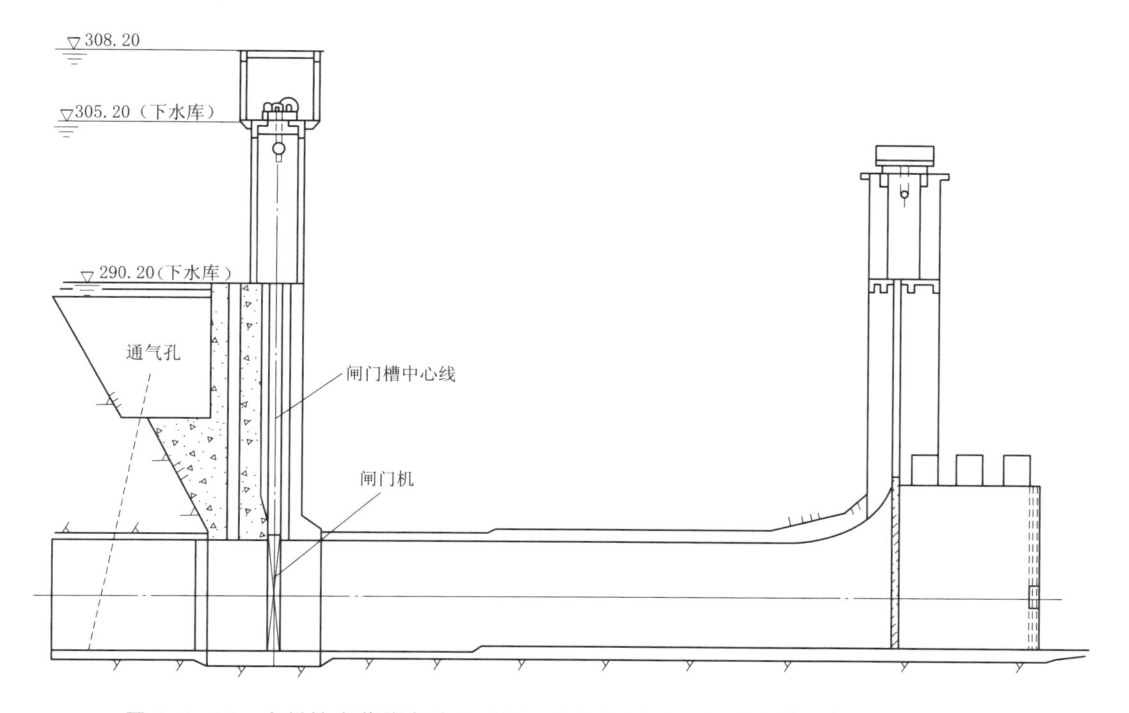


图 2.6-11 广州抽水蓄能电站上（下）水库进/出水口剖面布置示意图（单位：m）

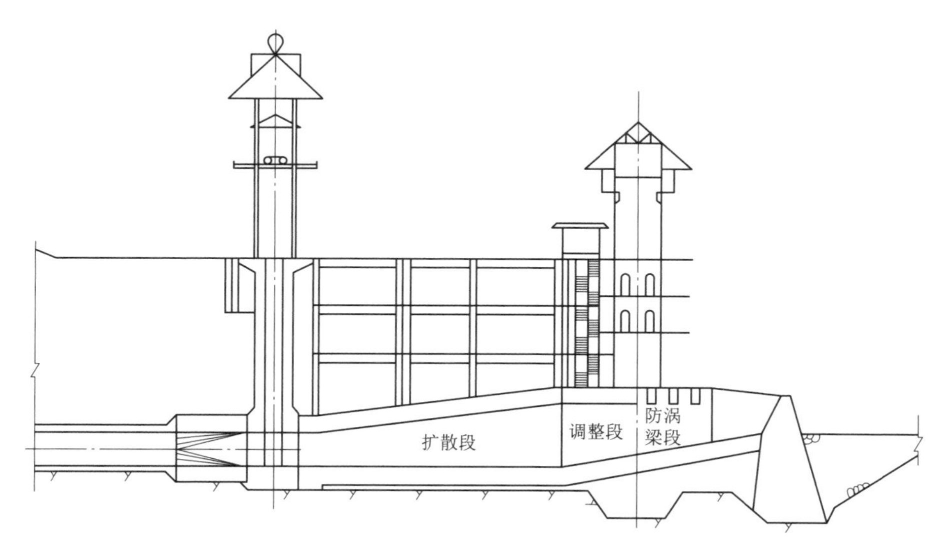


图 2.6-12 十三陵抽水蓄能电站下水库进/出水口剖面布置示意图

当受地形地质条件、枢纽布置条件、水力学条件等限制时，闸门也可采用侧向井式与岸塔式相结合的布置方式。如张河湾抽水蓄能电站的上水库进/出水口，由于上水库与地下厂房距离较近，同时上水库东南库岸地形陡峻，为使上弯段围岩覆盖厚度满足要求，上平段不宜过长，进而限制了上水库闸门井的位置选择，将闸门井布置在左坝肩库内边坡体内，闸门井下半部分为地下井式结构，上半部分为地面塔式结构，具体布置见图 2.6-13。又如美国的巴斯康蒂抽水蓄能电站上水库进/出水口，见图 2.6-14。

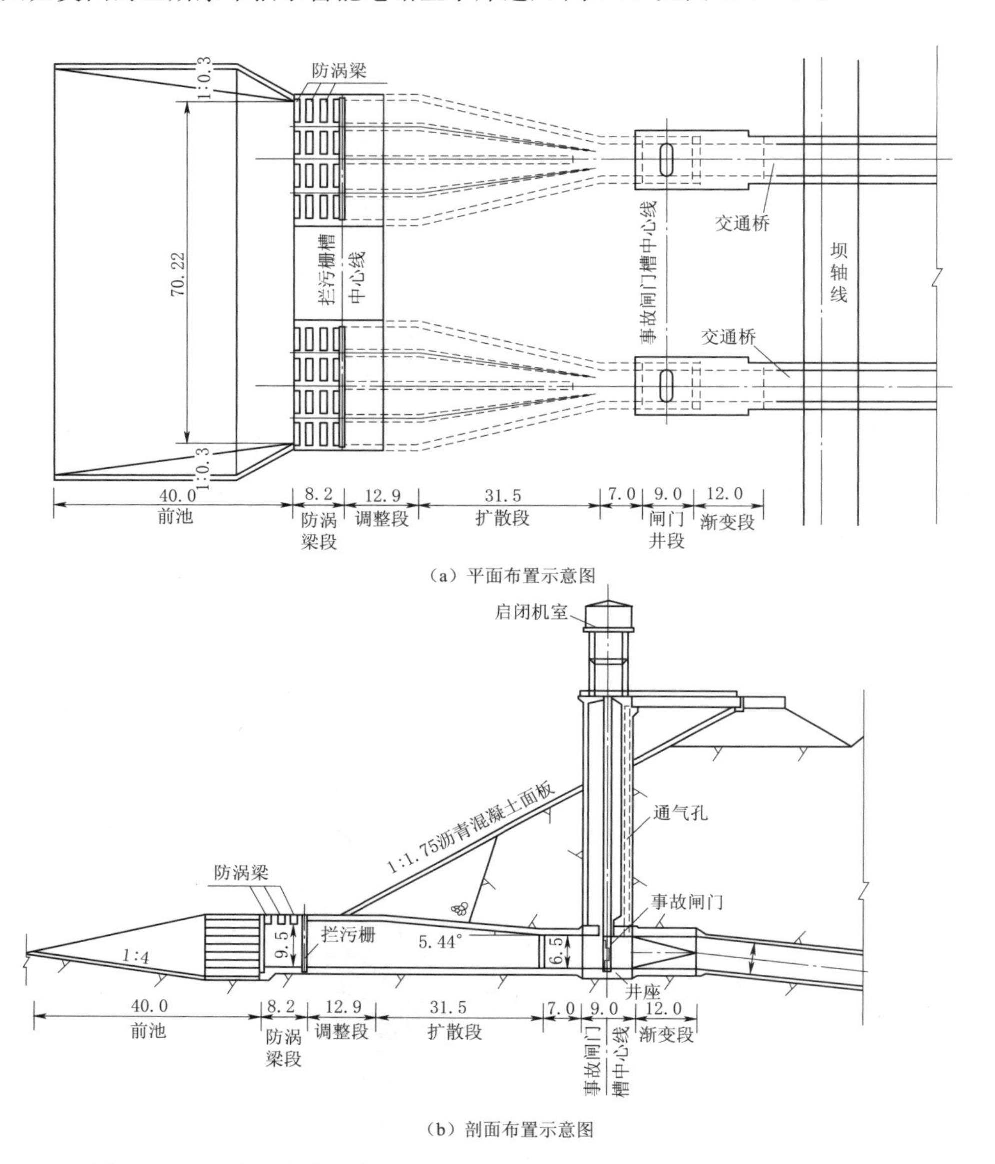


（a）平面布置示意图

（b）剖面布置示意图

图 2.6-13　张河湾抽水蓄能电站上水库进/出水口布置示意图（单位：cm）

2. 井式进/出水口

当水库边坡地势较低、地质条件不理想、输水系统与水库连接不具备水平布置地形地质条件时，采用井式进/出水口通过竖井与引水系统相接，也是一种较好的选择。如西龙池抽水蓄能电站的上水库进/出水口，位于主坝右坝肩，岩层为上马家沟组第 2 组地层（$O_2s^2$），$O_2s^2$ 岩层分为 6 小层，其中 $O_2s^{2-2}$、$O_2s^{2-4}$、$O_2s^{2-6}$ 地层主要为岩性较软的

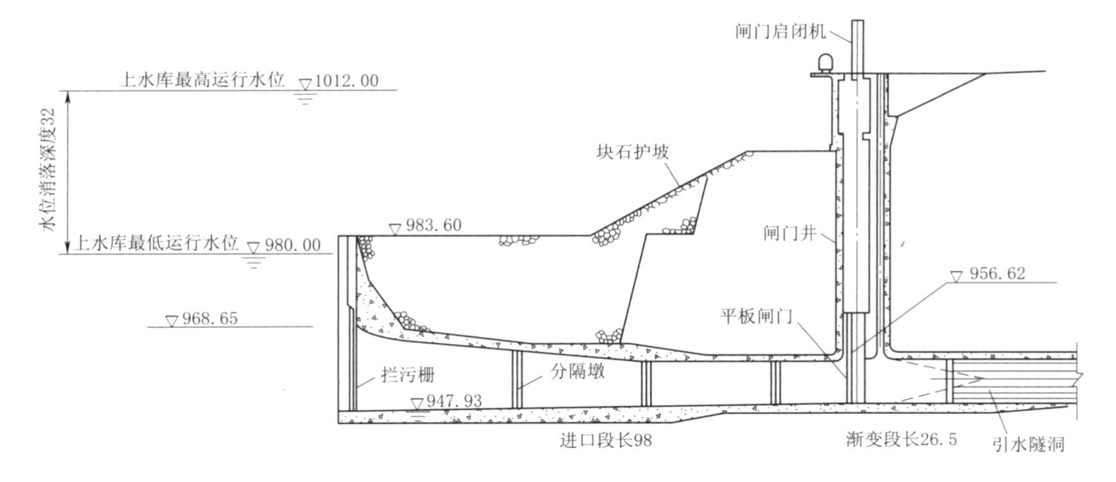


图 2.6-14 巴斯康蒂抽水蓄能电站上水库进/出水口剖面布置示意图（单位：m）

白云岩，并且发育有软弱夹层，如果采用侧式进/出水口，则高压管道上平段上覆岩体厚度只有 15m 左右，且有长 70m 左右的有压隧洞段不能满足上覆岩体厚度的要求，同时高压管道上平段正好位于坝基处，而且进/出水口底板位于岩性较软的 $O_2s^{2-4}$ 岩层，进/出水口和隧洞上面覆盖的是坝体，容易引起坝体的不均匀沉陷，对坝体上游防渗面板安全及隧洞围岩稳定不利。综合考虑输水系统总体布置及上水库进/出水口地形地质条件，采用井式进/出水口，具体布置详见图 2.6-15。

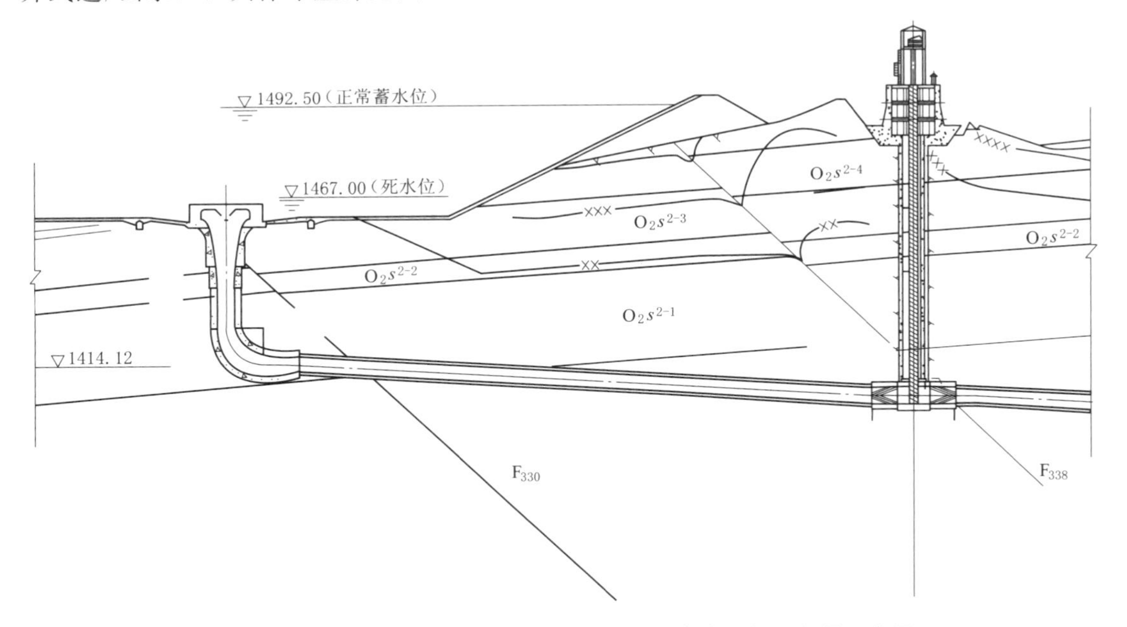


图 2.6-15 西龙池抽水蓄能电站上水库进/出水口剖面布置示意图

又如溧阳抽水蓄能电站，上水库地势较低，基岩主要为志留系上统茅山组上段（$S_3m^3$）地层。进/出水口位于 $S_3m^{3-2}$ 地层，岩性为中—厚层泥质粉砂岩、中—薄层粉砂质泥岩夹中—厚层岩屑石英砂岩或互层，强风化深度较深。如采用侧式进/出水口，为满足最小淹没深度要求，则底板高程要比库底高程低 26m，详见图 2.6-16。因进/出水口底板坐落在强风化岩体上限，还需对强风化下限以上基础进行开挖及混凝土置换，同时上平段上覆围岩厚度不满足要求，上平段大多处于强风化岩石内，成洞条件较差，因此采用井式进/出水口，具体布置详见图 2.6-17。井式进/出水口结构紧凑，上平段埋藏较深，对成洞条件有利，但使闸门布置较为不便，增加了闸门的作用水头，对启闭力要求较大，

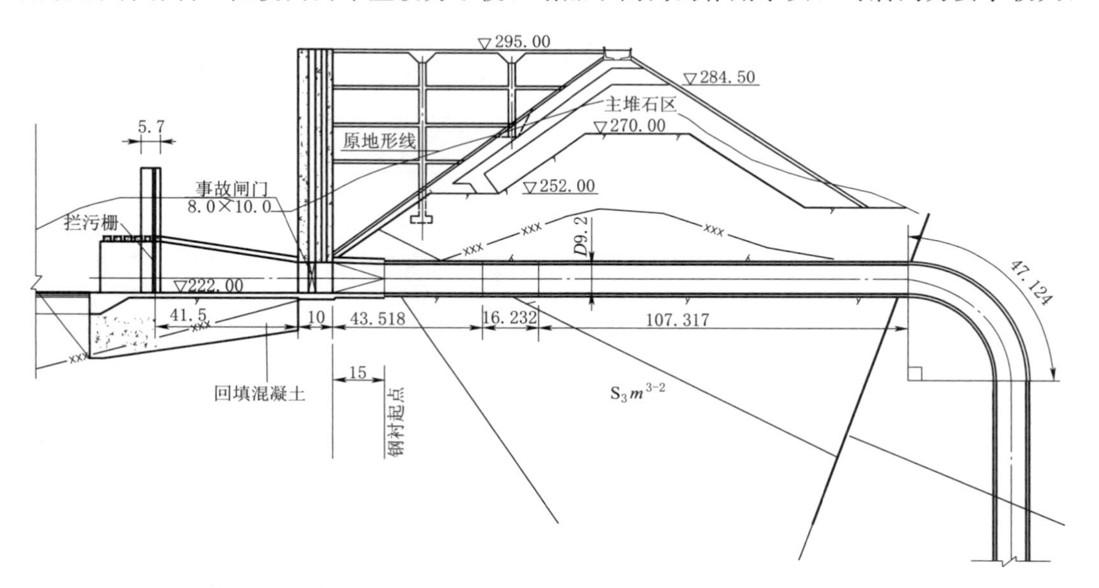


图 2.6-16　溧阳抽水蓄能电站上水库侧式进/出水口剖面布置示意图（单位：m）

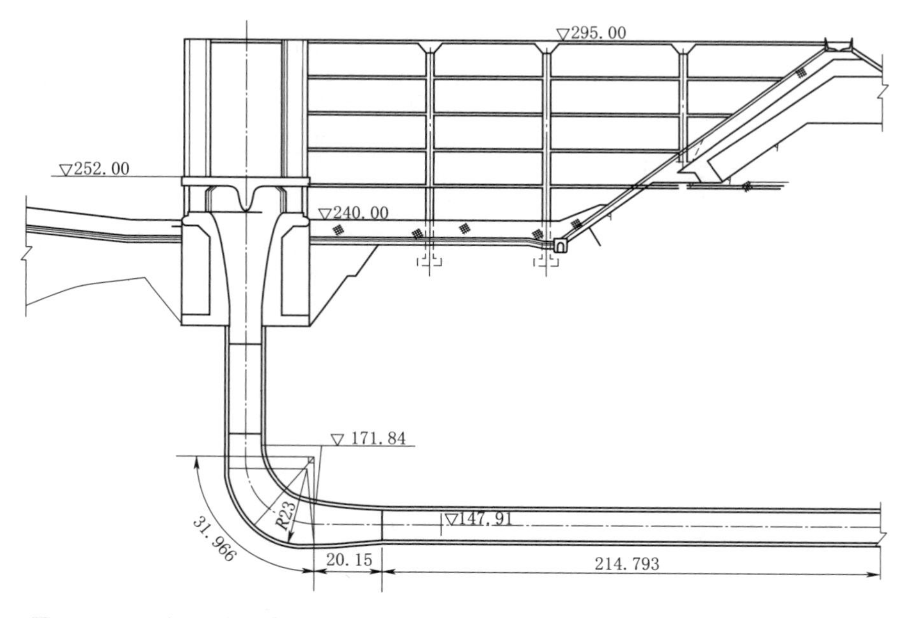


图 2.6-17　溧阳抽水蓄能电站上水库井式进/出水口剖面布置示意图（单位：m）

综合考虑电站运行条件，闸门井采用塔式结构，布置在进/出水口的进口处，设置8孔事故检修闸门。

沂蒙抽水蓄能电站上、下水库总体沿NW320°左右的方向展布，上水库东南侧地形狭窄，且地势较低，可布置进/出水口及引水隧洞的范围不大。如采用侧式进/出水口，则在满足引水系统上平段覆盖层要求的条件下，进/出水口底板高程将大大低于库底高程，进而造成开挖量的增加。经综合比较，推荐采用井式进/出水口，详见图2.6-18。

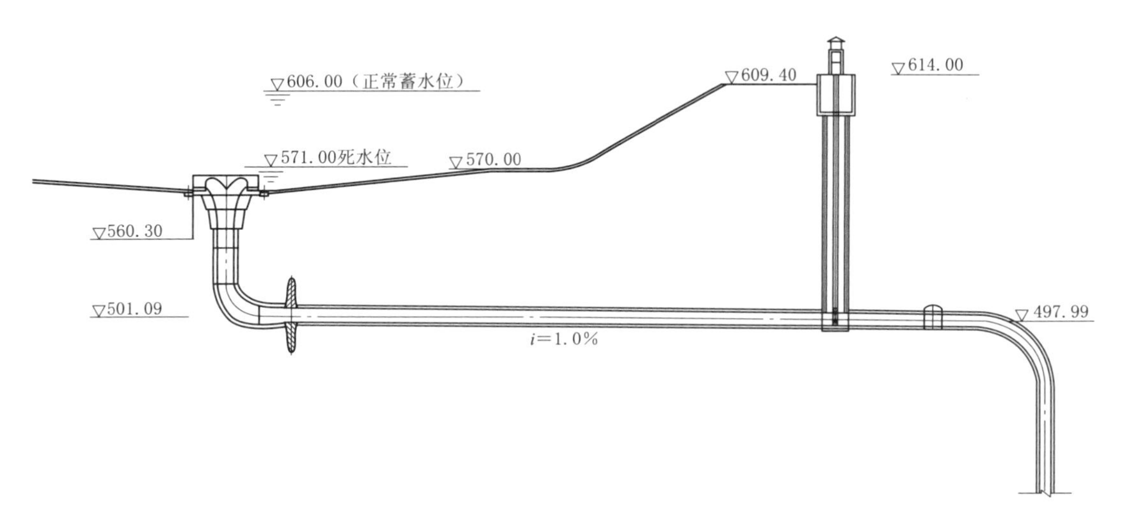


图2.6-18 沂蒙抽水蓄能电站上水库井式进/出水口剖面布置示意图

井式进/出水口由弯管段、竖井直管段、出口扩散段等组成，详见图2.6-19。井式进/出水口水力设计要求与侧式进/出水口基本相同，即进流不产生有害的吸气漩涡，出流时流量、流速分布均匀，水流流态好，水头损失小等。为防止进流时出现有害的吸气漩涡，在出口顶部设置顶盖是一种简单有效的方法。井式进/出水口水力设计的关键是在出流工况下，各孔口流量分配均匀，流速分布相对均匀，不产生负流速。井式进/出水口出流时，水流由水平压力管道流经弯管转成垂直向，然后经出口扩散段折向四周孔口流出。水流流经弯管，受离心力的作用，将集中在弯道的外侧靠近顶板处集中流出，使沿圆周孔口的出流不均匀，即出流流量集中由正对来流的部分孔口流出，而背对来流的孔口流量分配较少。同时，水流在底板处脱壁形成横向漩涡，进而在出口底部形成反向流速。要想将流速调整均匀，需经过较长的竖井直管

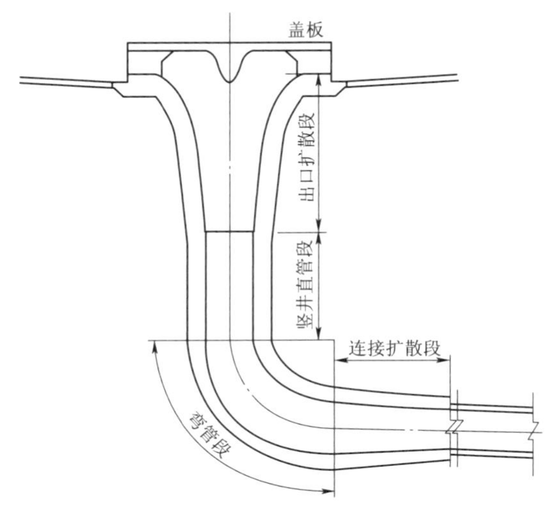


图2.6-19 井式进/出水口体形示意图

段，如此一来将会使上平段的设计水头增加，同时也会使在上平段布置闸门的设计水头增加，进而造成启闭力增加，有时甚至会给启闭设备设计带来困难。靠增加竖井直管段长度来调整流速分布的做法，在实际工程应用中往往难以做到。

如果能将水流流经弯管后的流态调整好，同样可以达到改善出口流态的目的。通过对西龙池抽水蓄能电站上水库进/出水口弯管体形的研究，采用水流在弯管前扩散，适当降低水流经过弯管段的断面平均流速，而弯管采用先扩后缩的肘管型式，同时使肘管内外侧曲率半径尽可能地接近，以减小流经弯管流体内外侧离心力的差异，再经弯管后适当长度的竖井直管段调整，水流在进入进/出口扩散段前，断面流速分布已基本均匀，进而可达到进/出水口各方向孔口出流流量分配均匀的目的，同时也可改善各出流孔口流速的垂直分布及流态。

又如碧敬寺抽水蓄能电站的下水库进/出水口，底板距上平段压力管道轴线距离较短，不足 2.9$D$。当采用等直径弯管，即原设计方案时，详见图 2.6-20，水力模型试验成果显示，出流时各孔口流量与流速分布极不均匀，平面上发生严重偏流，70%以上的流量从正对来流方向的 6 个孔口流出，而通过背对来流的 6 个孔口的流量不足 30%。流速分布也极不均匀，水流经弯管进入喇叭口段产生了很大程度上的偏流现象，详见图 2.6-21。喇叭口正对来流方向一侧的流速最大可达 7.2m/s，而背对来流方向的一侧出现较大的反向流速，最大达－1.6m/s，进而造成 12 个孔口流速分布也相当不均匀，其顶部最大流速可达 6.5m/s，底部则出现负流速，最大值达到了－1.0m/s。针对上述现象，对弯管段体形进行了调整，采用变截面弯道，沿出流方向采用渐变段，将弯道进口断面扩大至 8m 直径，然后沿程缩至出口直径为 6.8m 的断面，详见图 2.6-22。经调整后，出流条件大为改善，各孔口流量分配比较均匀，12 个孔口流量平均分配比例为 8.3%，最大单孔的

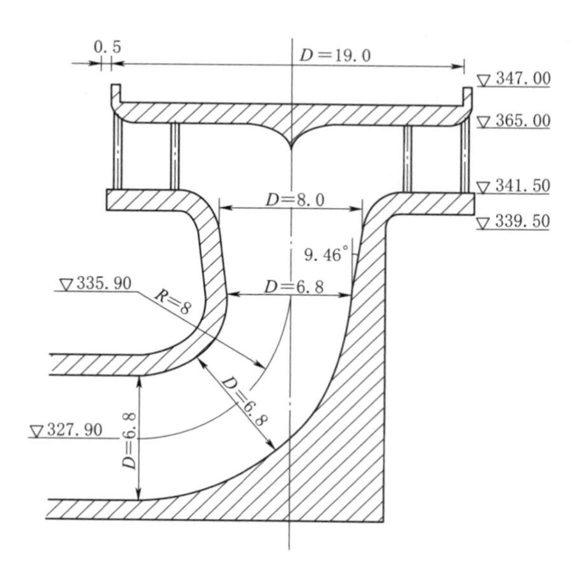


图 2.6-20　碧敬寺抽水蓄能电站井式进/出水口原设计方案体形示意图（单位：m）

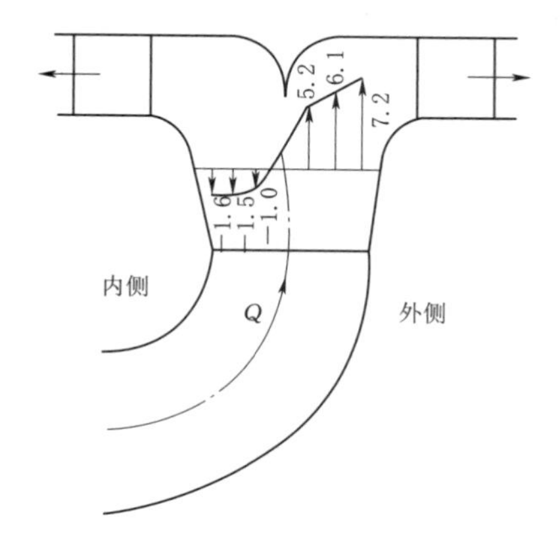


图 2.6-21　碧敬寺抽水蓄能电站井式进/出水口原设计方案流速分布示意图（单位：m/s）

流量分配比例为9.8%，最小为6.8%，离差系数为1.1%。孔口流速分布也均匀得多，底部负流速已全部消除。

离心力与流速的平方成正比，与半径成反比。随转弯半径的增大，弯道水流受离心力的影响逐渐减小，水流经弯道后断面流速分布也会趋于均匀。西龙池抽水蓄能电站进/出水口水力特性的研究成果也证明了这一点。在西龙池抽水蓄能电站进/出水口水力特性的研究过程中，为说明弯道体形对进/出水口水力特性的影响，采用数值计算方法对弯管转弯半径变化对流态的影响进行分析，弯管转弯半径 $R$ 在 $1.5D\sim3D$（$D$ 为与弯管相连引水隧洞的内径）范围内变化，计算方案见图2.6-23，主要成果见图2.6-24和图2.6-25。

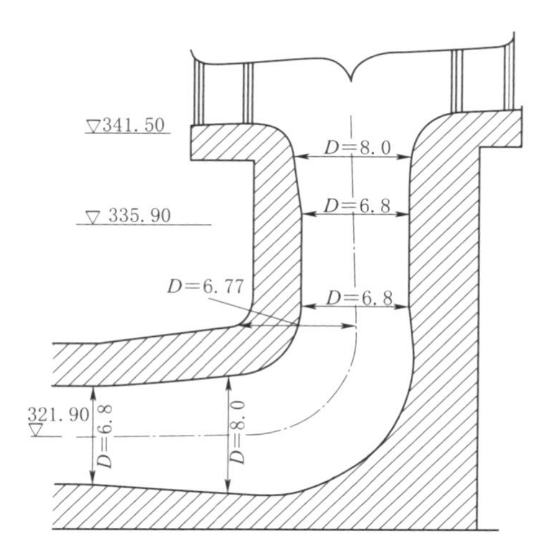


图2.6-22 碧敬寺抽水蓄能电站井式进/出水口选用方案体形示意图（单位：m）

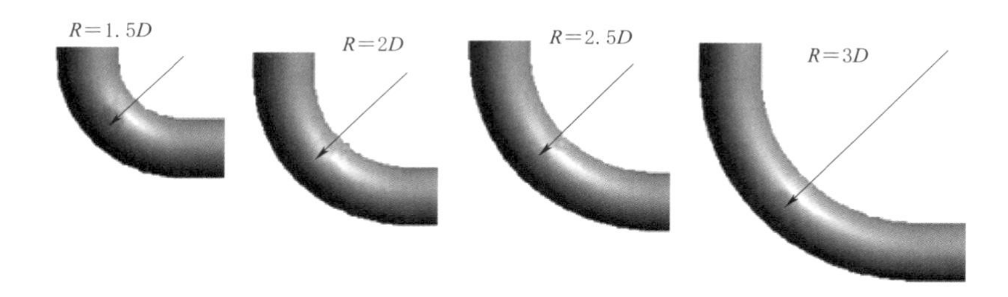


图2.6-23 不同转弯半径弯管方案体形示意图

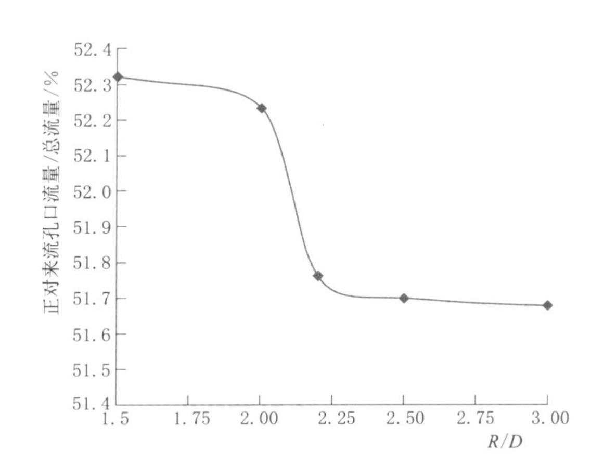


图2.6-24 弯管段不同转弯半径对井式进/出水口出流工况孔口流量分配的影响

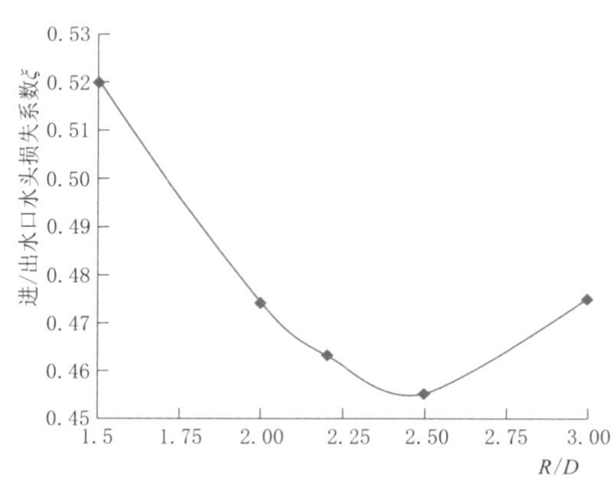


图2.6-25 弯管段不同转弯半径对井式进/出水口进流工况水头损失系数的影响

水力计算结果表明：在抽水（出流）工况下，随着弯道段转弯半径的增加，正对来流4个孔口和背对来流4个孔口的流速趋于一致，流态趋近对称，各孔口流量分配趋于均

匀。从图 2.6-24 可以看出，当转弯半径大于 $2.2D$ 时，转弯半径的增加对进/出水口流量分配的影响不大。从图 2.6-25 可以看出，在发电（进流）工况下，当弯管段半径接近 $2.5D$ 时，水头损失系数最小。综合分析发电工况和抽水工况下的水力特性，弯道段半径 $R$ 在 $2.5D$ 左右选取较为合理。

这一结论与以往的研究成果有较好的一致性。工程上采用的弯管多处于阻力平方区，弯管的水头损失系数主要与弯头的几何参数有关。从以往的研究成果分析，虽然差异较大，但变化规律基本相同，即阻力系数随转弯角度的增加而增大，随曲率半径的增加而减小。但当 $R/D>2.5$ 时，阻力系数受曲率半径的影响较小。因此，转弯半径取 $2.5D$ 比较合适。

为说明弯道体形对水流离心力的影响，以进/出口断面直径相同、转弯半径为 $2.5D$ 的弯道进行研究，弯道的各断面均为圆形，其圆心为弯道轴线与断面的交点，半径按沿弯道轴线从进口断面开始，以一定角度 $\theta$ 沿程扩散至弯道 45°断面处，再以相同角度 $\theta$ 收缩至出口断面的原则确定，详见图 2.6-26。

通过分析可知，当弯道扩散角为 5.2°左右时，内外侧曲率半径可基本相等，详见图 2.6-27。以此为基础，对西龙池抽水蓄能电站进行了多种体形的研究，为说明问题，下面仅以 3 种典型的体形为例进行说明，具体体形见图 2.6-28。

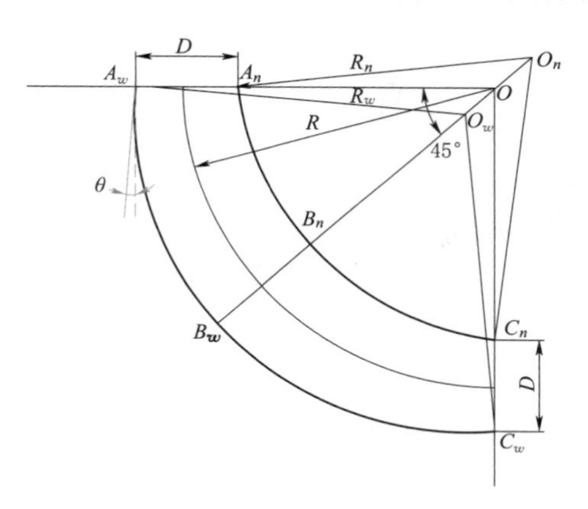


图 2.6-26　弯管体形示意图

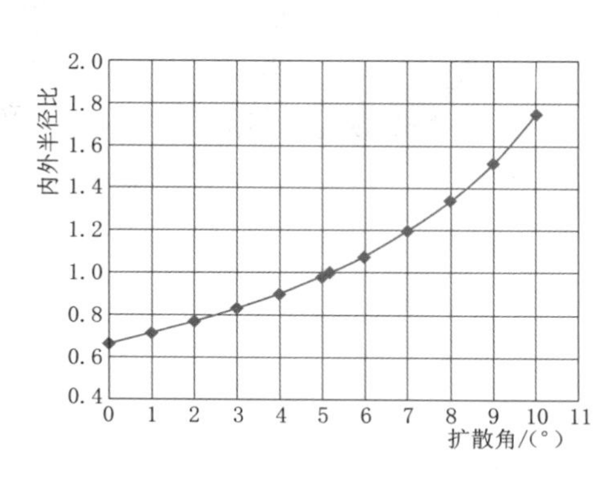


图 2.6-27　扩散角对内外半径的影响

为进一步减小弯道内外侧离心力的差异，在弯道进口前布置扩散段，以减小弯道进口的流速，不失为一种良好的选择。

从计算分析成果来看，等直径弯道［图 2.6-29 (a)］竖井扩散段末端断面的左侧流速明显大于右侧流速，说明等直径弯道水流受离心力的影响较大，没有很好地调整来流，使断面流速分布不均匀；弯道Ⅰ［图 2.6-29 (b)］轴线半径为 14m，扩散角为 3.4°，竖井扩散段末端断面的左侧流速稍大于右侧流速，较等直径弯道情况有所改善；弯道Ⅱ［图 2.6-29 (c)］轴线半径为 11.5m，扩散角为 5.2°，与弯道Ⅰ相比，45°断面流速减小 9%以上，弯道流态得到进一步均化，竖井扩散段末端断面的流速等值线近水平，左侧流速与右侧流速基本相同，说明弯道Ⅱ对来流进行了很好的调整，从而使左右两孔口出流基本均匀。

西龙池抽水蓄能电站上水库进/出水口水工模型试验成果也证明了这一点。表 2.6-1 列出了各方案的体形参数以及双机抽水工况下水力模型试验的主要成果。招标设计阶段推

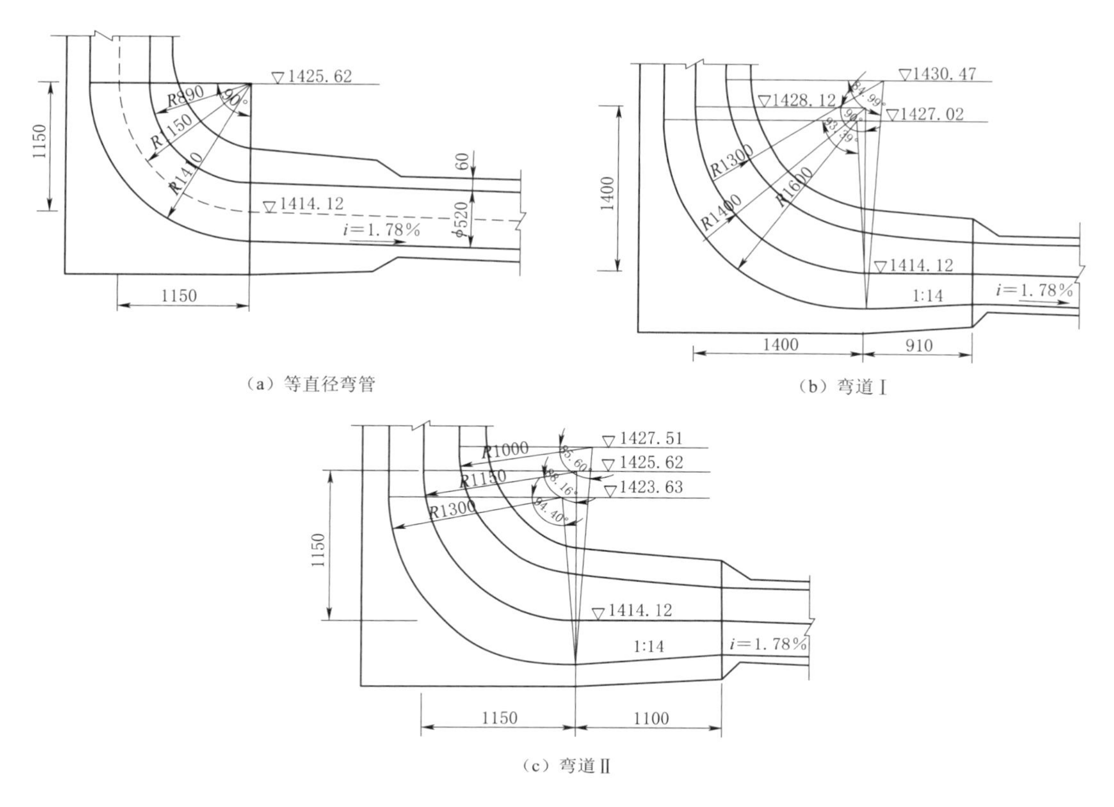


（a）等直径弯管

（b）弯道Ⅰ

（c）弯道Ⅱ

图 2.6-28 西龙池抽水蓄能电站上水库井式进/出水口 3 种弯道体形示意图
（尺寸单位：cm；高程单位：m）

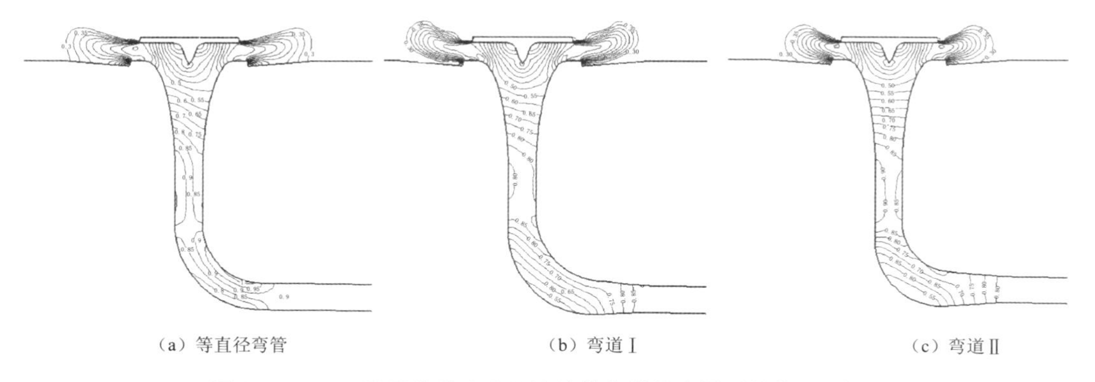

（a）等直径弯管

（b）弯道Ⅰ

（c）弯道Ⅱ

图 2.6-29 3 种弯道段出水口流速等值线示意图（单位：m/s）

荐方案与初拟方案的差别仅为对弯管体形进行了调整，其他参数均没有变化。从试验成果可以看出，推荐方案与初拟方案相比，孔口流量分配要均匀得多，流量均方差由 3.94%降至 1.03%。同时出口反向流速区的高度和流速也有较大程度的降低，但由于弯管段曲率半径减小，致使水头损失有所增加。施工详图阶段方案即最终采用方案，为简化施工，弯管断面型式有所改变，由招标设计阶段推荐的“两个半圆形＋矩形”的组合断面调整为圆形断面，使断面面积有所增加，如此调整对流量分配影响不大，而使水头损失减小较多。通过水

力模型试验成果，再次证明了弯管段体形对井式进/出水口水力特性影响的重要性。

表 2.6－1　西龙池抽水蓄能电站上水库井式进/出水口水力模型试验成果

| 方案 | 轴线半径/m | 内侧曲率半径/m | 外侧曲率半径/m | 高压管道直径/m | 弯道扩散角/(°) | 弯道最大断面面积/高压管道断面面积 | 各孔口流量均方差/% | 最大反向流速/(m/s) | 抽水工况损失/m | 弯道损失/m |
|---|---|---|---|---|---|---|---|---|---|---|
| 可行性研究阶段方案 | 13 | 12 | 15 | 4.7 | 3.7 | 1.5 | 1.39 | －0.47 | 0.57 | 0.17 |
| 招标设计阶段初拟方案 | 14 | 13 | 16 | 5.2 | 3.4 | 1.4 | 3.94 | －0.59 | 0.53 | 0.21 |
| 招标设计阶段推荐方案 | 11.5 | 10 | 13 | 5.2 | 5.2 | 1.6 | 1.03 | －0.44 | 0.64 | 0.31 |
| 施工详图阶段方案 | 11.5 | 8.2 | 14.8 | 5.2 | 5.0 | 2.1 | 1.92 | －0.43 | 0.59 | 0.18 |

综上所述，井式进/出水口要想具有良好的流态，水流在进入出口扩散段前是否能调整均匀至关重要。通过合理确定弯管段体形，在竖井直管段长度不大的条件下仍可较好地满足水力学条件的要求，因此可以说利用弯道体形对其水力特性的影响规律，在一定程度上增加了井式进/出水口立面布置的灵活性。在井式进/出水口压力管道布置时，应根据井式进/出水口的水力特性、地形地质条件、引水发电系统总体布置条件、工程量等，合理确定与弯管段相接的压力管道的高程和轴线方向，使输水系统总体布置更加合理。

## 2.6.2　调压室

抽水蓄能电站主要在电网中承担调峰、填谷、调频、调相及事故备用任务，电站的经济性取决于电站的投资及其在电力系统中的运行能力。电站的运行能力是指电站对电网负荷变化的迅速响应能力。水泵水轮机组转速调节的稳定性除受机组本身的特性影响外，主要受到输水系统的布置方式、流速等的影响。由于经济性的要求，抽水蓄能电站输水系统的流速通常比较大，从而降低了电站的响应能力。较高的流速与电站良好的调节性能和运行灵活性之间构成一对矛盾。流速高，则调节时间长，必要时需布置调压室。要想解决好这对矛盾，在电站可行性研究阶段就应重视这一方面的问题，通过综合比较，合理确定输水系统的布置方式、调压室的位置及型式、机组惯性参数等，使输水系统的水力过渡过程能很好地满足要求。

（1）抽水蓄能电站是否设置调压室的初步判断。调压室根据其位置的不同可分为引水调压室和尾水调压室。抽水蓄能电站是否需要设置引水调压室，除应考虑满足电站本身调节保证计算的要求外，还应考虑电力系统对电站调节性能的要求。

1）引水调压室。在初步判断是否需要设置引水调压室时，可以根据导叶关闭时间 $T_s$ 和高压管道中水击压力允许值来近似判断。从水力学角度分析，常规水电站水头一般低于200m，高压管道水击类型多为末相水击，其简化计算公式为

$$h_m=\frac{2\sigma}{2-\sigma} \tag{2.6-1}$$

式中：$h_m$ 为末相水击压力。

$$\sigma=\frac{\sum LV}{gH_0T_s} \tag{2.6-2}$$

式中：$L$ 为高压管道长度，m；$V$ 为调压室计算容积；$H_0$ 为水轮机工作水头，m。

通过式（2.6－3）可确定惯性时间常数 $T_w$：

$$T_w=\frac{\sum LV}{gH_0}=\frac{2T_s h_m}{2+h_m} \tag{2.6-3}$$

对于抽水蓄能电站，最高水击压力一般是由水轮机甩负荷工况控制的，水力过渡过程计算与常规水电站没有本质区别。抽水蓄能电站设计水头较高，较经济的水头一般为400～600m。对于高水头电站，输水系统水击类型往往是第一相水击，其简化计算公式为

$$h_1=\frac{2\sigma}{1+\mu\tau_0-\sigma} \tag{2.6-4}$$

$$\mu=\frac{aV}{2gH_0} \tag{2.6-5}$$

式中：$h_1$ 为第一相水击压力相对值；$\tau_0$ 为导叶的起始相对开度；$a$ 为水击波波速。

通过式（2.6－2）和式（2.6－4）可确定惯性时间常数 $T_w$：

$$T_w=\frac{\sum LV}{gH_0}=\frac{h_1(1+\mu\tau_0)T_s}{2+h_1} \tag{2.6-6}$$

当 $\mu\tau_0>1$ 时，水击类型为第一相水击；当 $\mu\tau_0<1$ 时，水击类型为末相水击；当 $\mu\tau_0=1$ 时，第一相水击压力与末相水击压力相等。在相同导叶关闭时间、产生相同水击压力的条件下，不同水击类型所要求的输水系统惯性时间常数 $T_w$ 并不相同，第一相水击要求的 $T_w$ 要比末相水击要求的 $T_w$ 小。也就是说，抽水蓄能电站设置调压室的条件要比常规水电站严格。

《水电站调压室设计规范》（NB/T 35021—2014）规定，$T_w$ 允许值［$T_w$］一般取2～4s，具体取值应根据电站在电力系统中的比重分析确定，当机组容量在电力系统中所占的比重超过50%时宜取小值，当比重小于10%～20%时可取大值。通过对我国和日本的大型抽水蓄能电站的分析，$T_w$ 一般不超过2.5s，具体见图2.6－30。

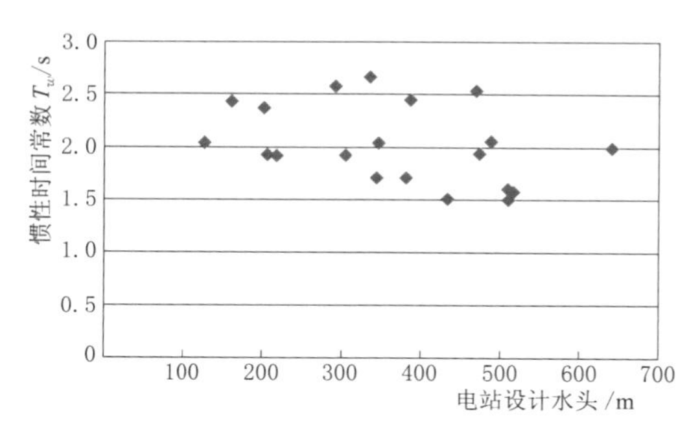


图2.6－30　输水系统惯性时间常数统计成果

从电站调节性能方面分析，抽水蓄能电站对电网负荷变化的迅速响应能力通过合理选择输水系统、机组和控制设备参数来实现。要想使电站具有良好的调节性能，在可行性研究阶段就应注意这一方面的问题。否则方案一旦确定，就无法在后期建设中实现良好的运行方式。在前期设计中，主要通过调整输水系统的惯性时间常数 $T_w$ 和机组加速时间常数 $T_a$ 来解决这一问题。

$$T_a=\frac{GD^2N^2}{365P} \tag{2.6-7}$$

式中：$GD^2$ 为机组飞轮力矩，kg·m²；$N$ 为机组额定转速，r/min；$P$ 为机组额定出力，W。

通过图2.6－31可以看出，各抽水蓄能电站基本全部位于《水电站调压室设计规范》（NB/T 35021—2014）推荐的调速性能好的区域内，这再一次证明了抽水蓄能电站对

电站调节性能的要求要比常规水电站严格。

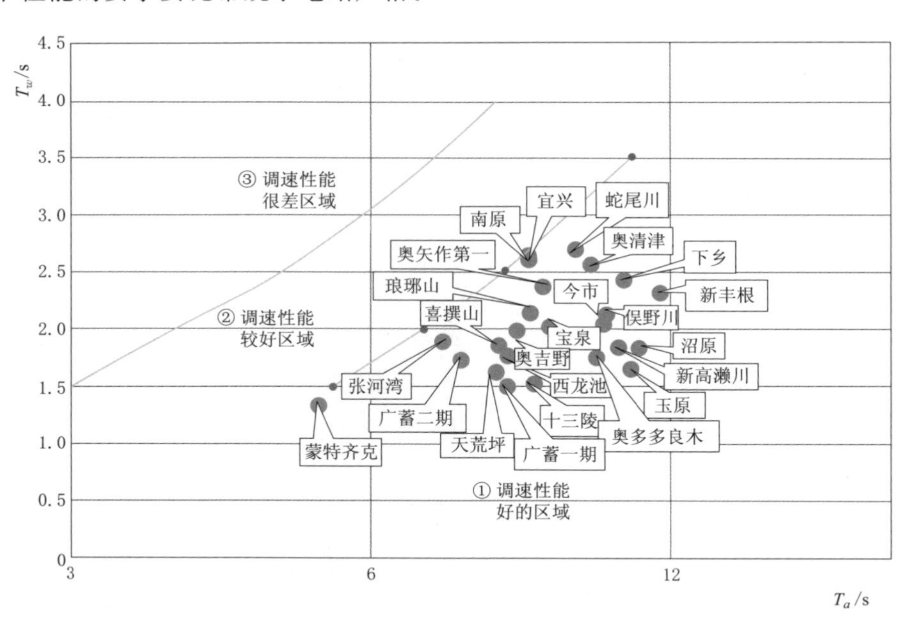


图 2.6-31　$T_w$、$T_a$ 与调速性能关系图

2）尾水调压室。对于常规水电站，判别是否需要设置尾水调压室，是以尾水管内不产生液柱分离为控制条件，推求尾水隧洞临界长度 $L_w$，即

$$L_w > \frac{5T_s}{v_{w0}}\left(8-\frac{\nabla}{900}-\frac{v_{wj}^2}{2g}-H_s\right) \tag{2.6-8}$$

式中：$L_w$ 为尾水隧洞临界长度，m；$T_s$ 为水轮机导叶关闭时间，s；$v_{w0}$ 为稳定运行时压力尾水道中的流速，m/s；$v_{wj}$ 为水轮机转轮后尾水管入口处的流速，m/s；$H_s$ 为吸出高度，m；$\nabla$为机组安装高程。

当水电站有压尾水隧洞实际长度大于其临界长度时，需设置尾水调压室。

对于抽水蓄能电站是否需要设置尾水调压室，《水电站调压室设计规范》（NB/T 35021—2014）给出了以下初步判断公式，最终应通过水力过渡过程计算进行详细论证：

$$T_{ws}=\frac{Lv}{g(-H_s)} \tag{2.6-9}$$

式中：$T_{ws}$ 为压力尾水隧洞时间常数，s；$L$ 为尾水隧洞长度，m；$v$ 为尾水隧洞断面平均流速，m/s；$H_s$ 为吸出高度，m。

$T_{ws}$ 值大，表明水泵水轮机尾水管中水柱分离的可能性高。《水电站调压室设计规范》（NB/T 35021—2014）规定，当 $T_{ws} \leqslant 4$s 时可不设置尾水调压室；当 $T_{ws} \geqslant 6$s 时须设置尾水调压室；当 $4s < T_{ws} < 6s$ 时需要详细研究不设尾水调压室的可能性。

对于抽水蓄能水电站，其水泵水轮机特性对水力过渡过程的影响较大，在导叶直线关闭过程中，机组过流量与常规机组不同，并非按近似直线规律变化，因此抽水蓄能电站直接套用常规水电站尾水调压室设置准则的准确性难以保证。

从我国几个已建抽水蓄能电站的对比分析（图2.6-32）可以看出，按《水电站调压室设计规范》（NB/T 35021—2014）中常规水电站相关公式（以下简称"调压井规范公式"）计算得出的尾水道极限长度均较长，其主要原因是该公式推导过程中假定流量变化时间与导叶关闭时间相同，而对于抽水蓄能电站，影响尾水管最小压力值的流量变化时间远远小于导叶关闭时间，因此由调压室规范公式计算得出的结果偏大很多，按常规水电站方法判断抽水蓄能电站是否需要设置尾水调压室的合理性欠佳。从图2.6-32还可以看出，当尾水隧洞长度大于按 $T_{ws}=4s$ 确定的尾水隧洞长度时，一般都设置了尾水调压室，对于较高水头的抽水蓄能电站，以 $T_{ws}\leqslant 4s$ 作为不设置尾水调压室的初步判断条件相对较为合理。

根据日本水柱分离水力过渡过程模型试验的研究结论，即使水泵水轮机的出口压力大于水的汽化压力，准水柱分离仍会出现。因此，在设计高水头尾水隧洞时应适当留有裕度。

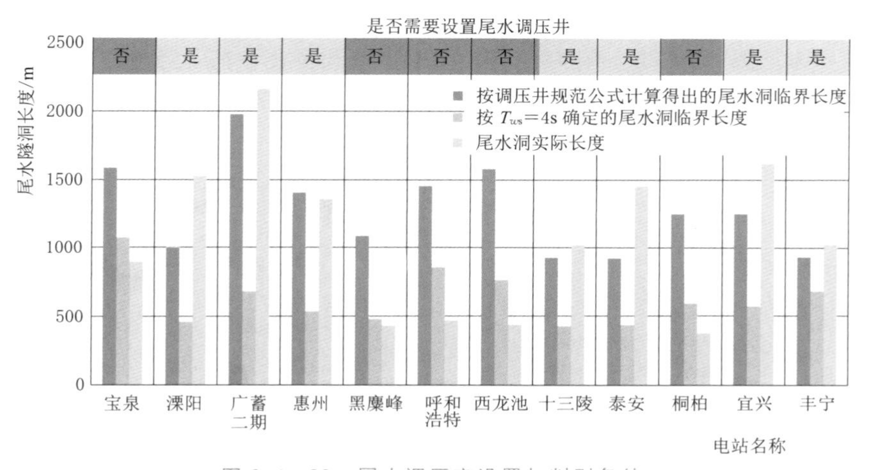


图2.6-32　尾水调压室设置与判别条件

（2）调压室型式。调压室型式有简单式、阻抗式、水室式、溢流式、差动式、气垫式等。调压室型式应根据电站的工作特点，结合地形地质条件、引水发电系统总体布置条件，经综合技术经济比较后确定。对于抽水蓄能电站，设计水头高，引用流量较小，满足大、小波动要求的调压室断面尺寸相对较小，即调压室规模较小。

例如引水调压室上游引水隧洞长1000m，洞径为8m，断面平均流速为3.5m/s，调压室下游的高压管道的水头损失为发电最小静水头的2%的水力单元，其调压室最小稳定断面面积 $A$ 同比引水隧洞断面面积 $A_1$ 与发电最小静水头 $H_0$ 的关系见图2.6-33，当 $H_0$ 较低时，小波动稳定对调压室断面的影响显著，而当 $H_0$ 较高时，小波动稳定的

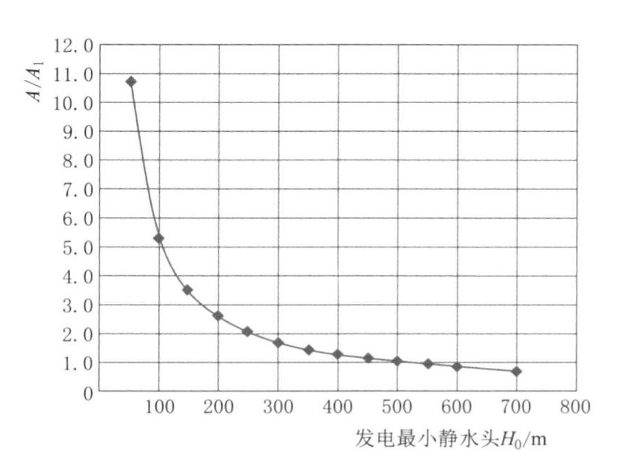


图2.6-33　调压室最小稳定断面面积同比引水隧洞断面面积与发电最小静水头关系图

影响逐渐成为次要因素。当水头约为500m时，调压室的最小稳定断面面积$A$与引水隧洞断面面积$A_1$基本相等，此时调压室的断面尺寸由大波动控制。

由于阻抗式调压室结构简单、施工方便，且阻抗能有效地削减调压室内水位波动幅度，使水位波动衰减快，可较好地适应抽水蓄能电站负荷变化快、工况转换频繁的特点，因此阻抗式调压室在国内外抽水蓄能电站中得以广泛应用。为减小调压室的工程量，阻抗式与水室式的组合式也是常用的一种方式。

(3) 调压室布置。从理论上讲，调压室在地形地质条件允许的前提下，应尽可能靠近厂房布置。引水调压室一般布置在引水隧洞末端，高压管道上弯段上游地形较高的位置。因此，在输水系统线路选择时，应对引水调压室的位置加以考虑，当地势较低，不能满足调压室布置要求时，也可采用连接管方式，将调压室布置在地形满足要求的位置。如日本的奥吉野抽水蓄能电站，采用尾部开发方式，尾水隧洞水平投影长度为156m，仅设置了引水调压室，由于布置调压室处地势较低，故将调压室布置成L形，以解决地形高度不足的问题，具体见图2.6-34。有时为避免引水主洞与调压室施工互相干扰，在平面上将二者错开布置，如我国的蟠龙抽水蓄能电站就是采用如此布置方式，见图2.6-35。

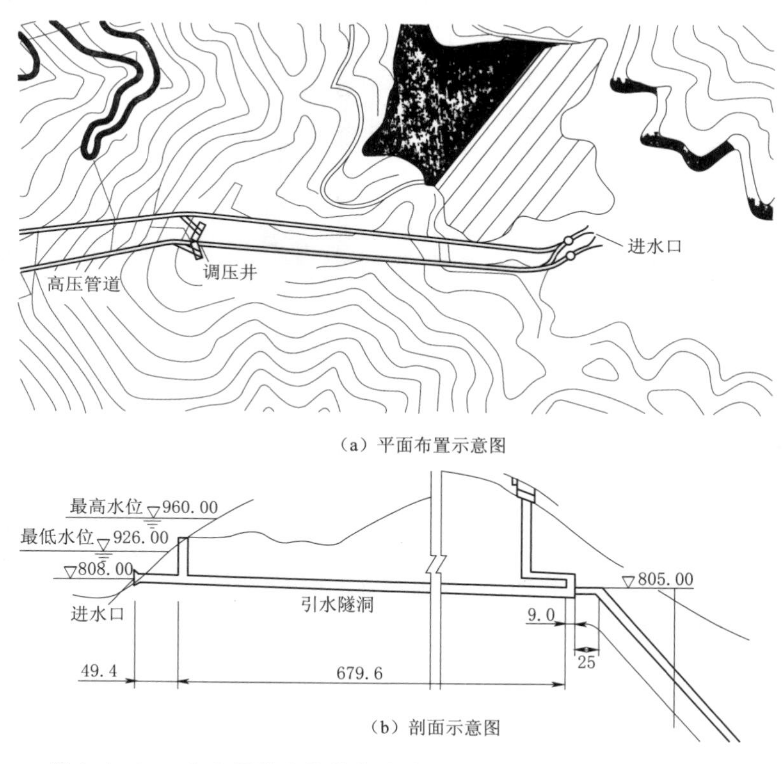


图2.6-34　奥吉野抽水蓄能电站输水系统布置示意图（单位：m）

溪口抽水蓄能电站为充分利用地形条件，采用双室式调压室，下室采用1%纵坡的等截面隧洞，一端通过连接管与引水隧洞相接，另一端与竖井及上室相连，将调压室布置在地形比较合适的位置，上室采用开敞式布置方式，施工方便、工程量小，具体布置见图2.6-36。

尾水调压室的布置应尽量靠近水泵水轮机，以最大限度地减小输水系统水力过渡过程中的负水击压力，避免尾水管产生水柱分离。设置尾水调压室电站的尾水系统一般均比较长，为节省投资，往往采用一洞多机的布置方式，从经济角度考虑，调压室通常布置在主洞上。根据相关规范要求，对于抽水蓄能电站，当采用长尾水隧洞时，除需在尾水隧洞出口处设置检修闸门外，宜在尾水肘管与尾水调压室之间设置一道事故闸门或检修闸门。为节省工程量，可采用集中布置方式，即将尾水调压室布置在尾水分岔处，并将尾水事故闸门布置在尾水调压室内，如我国的琅琊山抽水蓄能电站，日本的大平、小丸川抽水蓄能电站等。

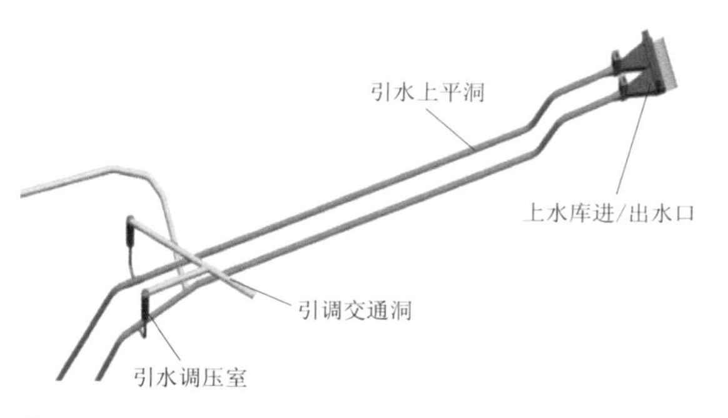


图 2.6－35　蟠龙抽水蓄能电站引水系统布置示意图

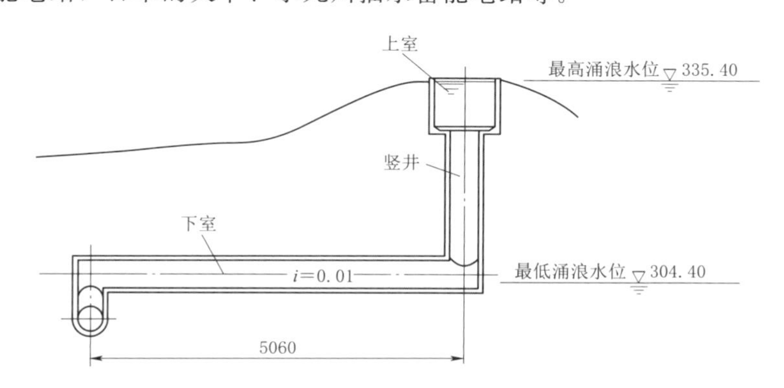


图 2.6－36　溪口抽水蓄能电站双室式调压室布置示意图（尺寸单位：cm；高程单位：m）

## 2.6.3　岔管

岔管是输水系统一管多机供水方式的重要组成部分，根据所采用材料的不同可分为钢筋混凝土岔管和钢岔管。钢筋混凝土岔管可充分利用围岩的承载能力，内水压力主要由围岩承担，当围岩条件较好时，可用于 *HD* 值很大的场合。从一定意义上讲，钢筋混凝土岔管实际上是一种平整衬砌，是一种较为经济的衬砌型式，但是对围岩地质条件要求较高。当围岩地质条件较差、覆盖层厚度不足，不适合采用混凝土衬砌时，往往采用钢岔管。

岔管布置方式应根据地形地质条件、厂房及输水系统布置方式、岔管水力学条件、经济性等因素综合考虑确定。岔管的典型布置可归结为以下 3 种方式：

（1）“卜”形布置，即支管均位于主管中心线的同一侧，见图 2.6－37（a）。

（2）对称 Y 形布置，见图 2.6－37（b）。

（3）三岔形布置，即一根主管分成 3 根支管，见图 2.6－37（c）。

### 2.6.3.1　钢筋混凝土岔管

采用钢筋混凝土岔管时，围岩除要满足“应力条件”外，还应满足“渗漏条件”。“应

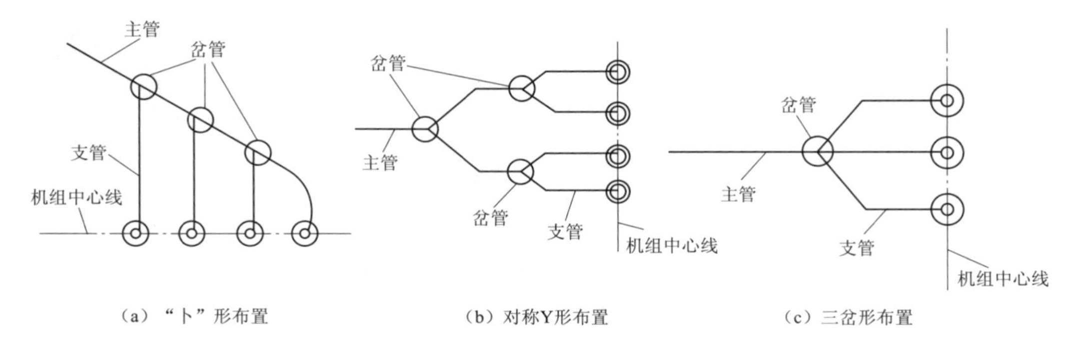


（a）“卜”形布置　　（b）对称Y形布置　　（c）三岔形布置

图 2.6-37　岔管布置示意图

力条件”可以通过结合输水系统布置，合理选择岔管位置来满足。“渗漏条件”是指岔管部位的渗漏量应控制在经济允许范围内，更重要的是渗水不会对岔管、厂房等建筑物的安全运行造成危害。要想使钢筋混凝土岔管满足“应力条件”和“渗漏条件”，埋藏一般应较深，地质勘探工作量往往较大，岔管位置应在取得较全面工程地质、水文地质资料的基础上，结合枢纽总布置合理确定。对于大 $HD$ 值的岔管，由于需承受较高的内水压力，钢筋混凝土岔管方案在地质条件选择上，往往优先于地下厂房。如广蓄一期工程，在岔管位置选择时，优先考虑高压岔管的位置。又如惠州抽水蓄能电站岔管，其位置的选择是与厂房位置的选择统一考虑的，高压岔管处上覆岩体厚度与内水头之比为 0.60～0.66，满足上抬理论。根据地应力资料，在岔管处最小主应力约为 7.8MPa，为最大静水头的 1.24 倍。对高压岔管布置影响较大的构造主要是 $f_{304}$ 断层，为减小内水外渗对 $f_{304}$ 断层的不利影响，岔管与 $f_{304}$ 断层的距离按水力梯度小于 8 控制，最小距离约为 80m。另外，为了不使高压岔管内水外渗影响厂房安全，高压支管采用钢板衬砌，高压岔管与厂房上游边墙的距离以不小于静水头的 20%～30%进行控制，以满足水力梯度的要求。最终确定的岔管位置既要满足渗透条件要求，又要满足覆盖厚度和最小地应力要求。

岔管平面布置可采用对称 Y 形和“卜”形，当输水系统采用一管多机供水方式时，钢筋混凝土岔管多采用“卜”形布置方式。

当输水系统采用多管多机供水方式时，主管间距除应满足结构要求外，还应考虑有合理的水力梯度。要避免当一条洞运行另一条洞施工或一条洞运行另一条洞放空时，高压水从一条洞向相邻空洞渗透，进而威胁压力管道的安全。

在立面布置上，岔管主管与支管轴线可布置在同一平面内，上、下对称布置，体形简单，便于设计与施工，但不利于检修时洞内排水，需设置专用的排水管阀系统，广蓄一期工程岔管就采用了这种布置方式，详见图 2.6-38（a）。岔管主管与支管轴线也可不布置在同一平面内，而将主、支管底部布置在同一高程，形成立面体形不对称的平底岔管，广蓄二期工程、惠州等抽水蓄能电站岔管皆采用此种布置方式，详见图 2.6-38（b）。平底岔管可自流进行检修排水，但是平底岔管体形相对复杂，施工模板、布筋也相对较复杂。平底岔管不仅可省去专门用于检修排水的管阀系统，而且能缩短排水时间，增加检修的有效工时。

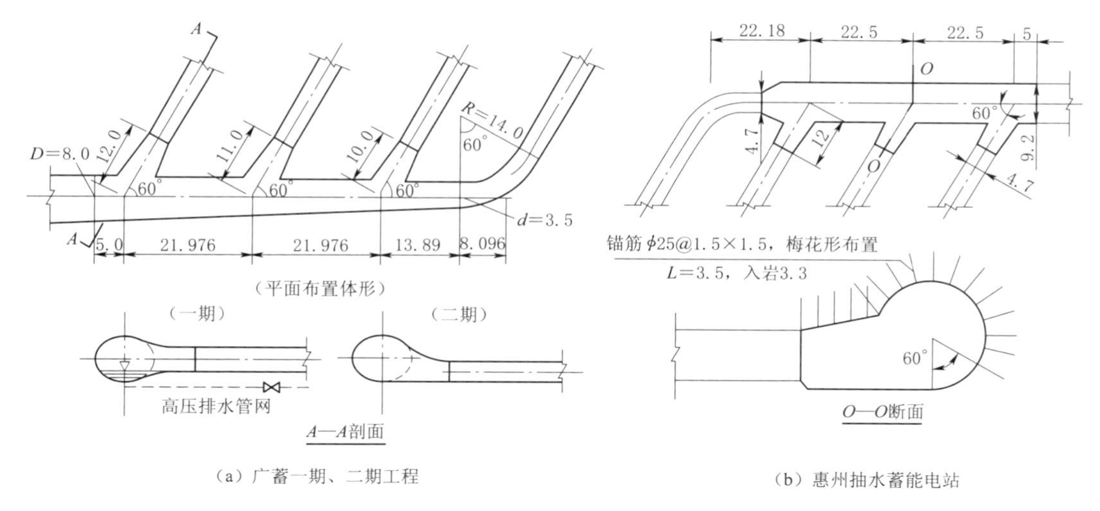


（a）广蓄一期、二期工程　　（b）惠州抽水蓄能电站

图2.6-38　钢筋混凝土岔管体形示意图（单位：m）

### 2.6.3.2　钢岔管

钢岔管从结构型式上可分为球形岔管、三梁岔管、贴边岔管、无梁岔管、月牙肋岔管等。由于月牙肋岔管具有受力明确合理、设计方便、水流流态好、水头损失小、结构可靠、制作安装容易、几何尺寸较小等特点，在国内外大中型抽水蓄能电站和常规水电站中得到了广泛应用。本节重点对月牙肋岔管进行介绍。

（1）对称布置。对于中低水头、*HD* 值不大的岔管，不对称布置除使壳体和肋板厚度有所增大、钢材用量有所增加外，其他影响不大。然而对于高水头、大 *HD* 值的岔管，不对称布置使肋板和钝角区产生较大侧向弯曲，应力分布不均匀，难以充分发挥材料强度，造成壳体和肋板厚度增大，使本来制造、安装难度就很大的岔管的制造、安装更加困难。

如果从水道总体布置上岔管采用对称布置方式不顺畅时，可以通过变锥局部调整主、支管轴线方向，将岔管布置成对称形式，再通过弯管或渐变锥管与主支管连接。由Ruus岔管水头损失研究成果及日本本川电站岔管试验成果可知，岔管与弯管结合布置增加的水头损失是很小的，小于岔管与弯管水头损失之和。另外，由增加弯管产生的水头损失与电站水头之比是非常小的，对电能的影响可以忽略。而从结构方面看，此方式改善了受力条件，壳体和肋板厚度大大减小。如此一来，不仅节约了工程量，而且给施工、制造带来了方便，更有利于结构的安全。

西龙池抽水蓄能电站装设有4台单机容量为300MW的竖轴单级混流可逆式水泵水轮机组，机组额定水头为640m。输水系统主要由上水库进/出水口、引水事故闸门井、高压管道、尾水隧洞、尾水闸门井、下水库进/出水口等组成。引水系统采用一管两机供水方式，共有2根主管，在距厂房54m左右处布置高压岔管。高压管道平面布置示意图见图2.6-39（a）。从输水系统总体布置来看，岔管采用“卜”形或非对称Y形是比较顺畅的。在岔管体形设计时，初步选用非对称Y形岔管。岔管体形详见图2.6-39（b）。主管直径为3.5m，两支管直径为2.5m，两支管轴线夹角为50°，设计内水压力为10.15MPa，*HD* 值为3552.5m·m，为减小岔管的不对称性，在主锥前通过两节圆管进行过渡，将分岔角增大到 72°。通过三维有限元进行多方案优化后，较优体形下主锥最大壁厚为 82mm，肋板最大厚度为 180mm。管壳钝角区内、外侧环向应力分别为 348.6MPa 和 198.9MPa，存在明显的侧向弯曲，肋板最大截面处内侧左、右两边正应力分别为 277.1MPa 和 367.5MPa，也存在很大的侧向弯曲。为减小岔管折角处应力，改善应力分布，最有效的办法是修改体形，减小侧向弯曲，以达到减小钢板厚度的目的。通过对岔管布置进行调整，采用对称 Y 形布置方式，详见图 2.6－39（c）。经多方案优化后，确定主锥最大壁厚为 68mm，肋板最大厚度为 150mm，壳板折角最大环向应力为 433.1MPa，肋板最大截面处内侧正应力为 311.8MPa，基本不存在侧向弯曲。两个布置方案应力水平相当。通过水力数值计算结果可以看出，采用非对称布置方案，双机发电工况下岔管水头损失系数为 0.125，最大水头损失为 0.81m。采用对称加弯管布置方案，双机发电工况下岔管水头损失系数为 0.20，最大水头损失为 1.32m，对称加弯管布置方案比非对称布置方案水头损失绝对值增加不大，但可大大改善岔管的应力状态，减小钢板厚度，降低了岔管制造、安装难度，综合分析是有利的。

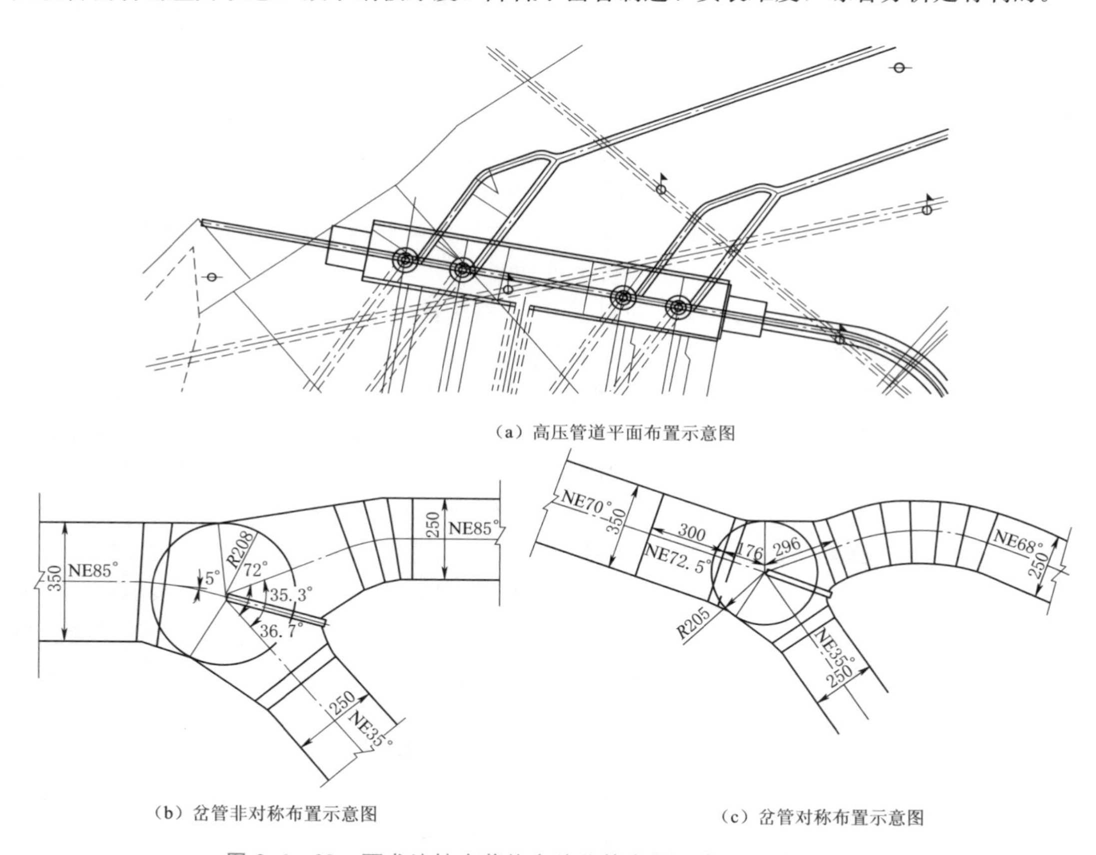


（a）高压管道平面布置示意图

（b）岔管非对称布置示意图

（c）岔管对称布置示意图

图 2.6－39　西龙池抽水蓄能电站岔管布置示意图（单位：cm）

溧阳抽水蓄能电站引水系统采用一洞三机的布置方式，见图 2.6－40（a）。可行性研究阶段，引水钢岔管的布置方式为非对称 Y 形，见图 2.6－40（b），分岔角为 55°，主管管径为 8.5m，支管管径为 6.5m（4.5m），*HD* 值高达 4037m·m。在采用 800MPa 级高强钢的情况下，按与围岩联合承载计算，管壳最大壁厚达 68mm，肋板厚度达 136mm。

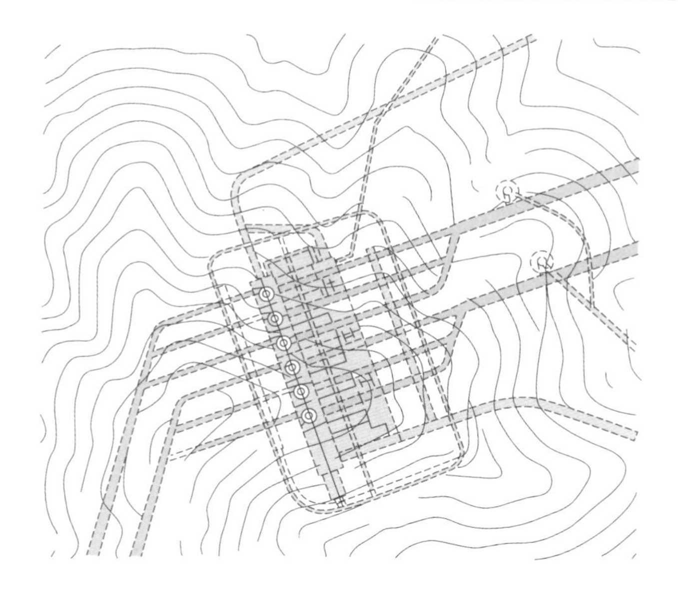

（a）引水系统平面布置示意图

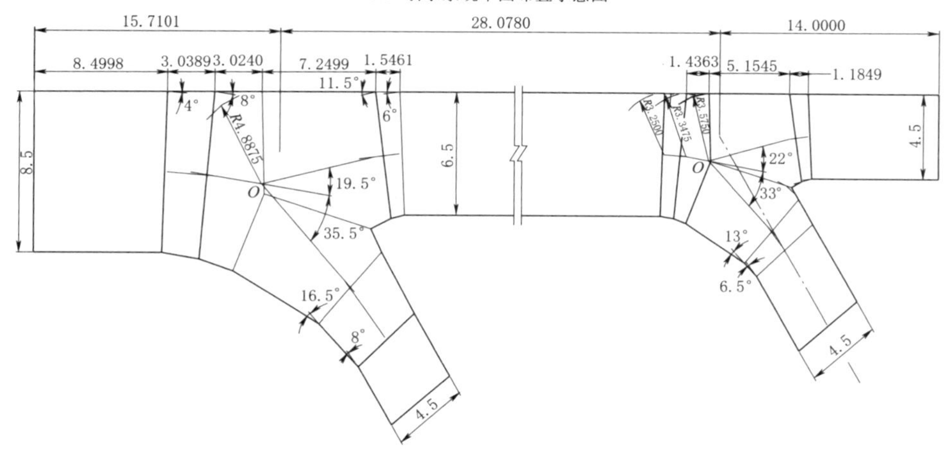


（b）可行性研究阶段岔管平面布置示意图

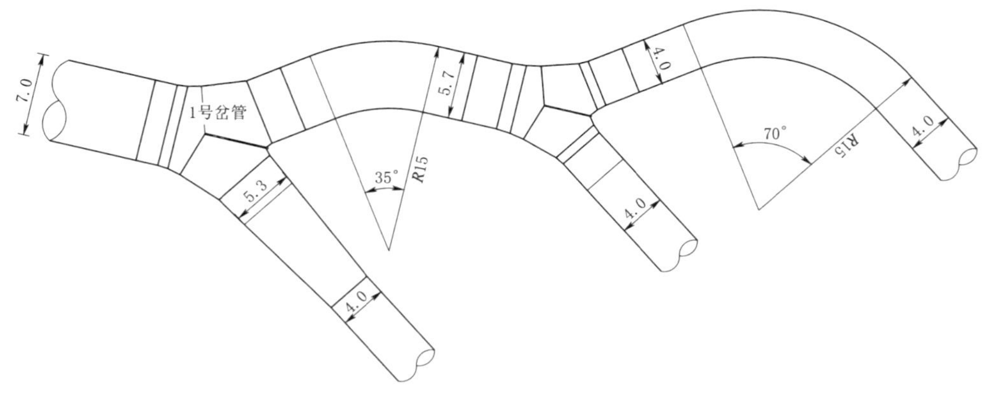


（c）推荐方案岔管平面布置示意图

图 2.6-40　溧阳抽水蓄能电站岔管布置示意图（单位：m）

为尽可能减小管壳和肋板的厚度，充分发挥钢材强度，最大限度地减小侧向弯曲，岔管采用对称Y形加弯管的布置方式，同时通过进一步经济性比较，将1号岔管前主管直径由8.5m改为7.0m，分岔角为70°，最终确定1号岔管管壳厚度为60mm，肋板厚度为120mm，具体体形见图2.6-40（c）。

日本的今市抽水蓄能电站输水系统采用一管三机供水方式，主管内径为5.5m，支管内径分别为4.5m和3.2m，设计内水压力为8.4MPa，尽管两支管管径不同，但岔管主体仍采用对称Y形布置方式，见图2.6-41。支岔锥通过圆锥段过渡，与直径3.2m的1号支管相连接。

统计分析表明，当$HD<2500\mathrm{m\cdot m}$时，根据工程具体条件，岔管既可采用对称Y形布置方式，也可采用非对称Y形布置方式；当$HD\geqslant 2500\mathrm{m\cdot m}$时，岔管常采用对称Y形布置方式，见图2.6-42。因此，对于高水头、大$HD$值的月牙肋岔管，采用对称Y形布置方式可达到较好的技术经济效果。

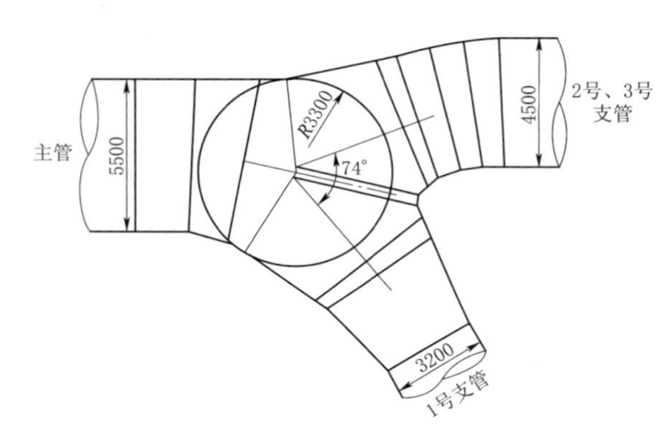


图2.6-41　今市抽水蓄能电站岔管布置示意图（单位：mm）

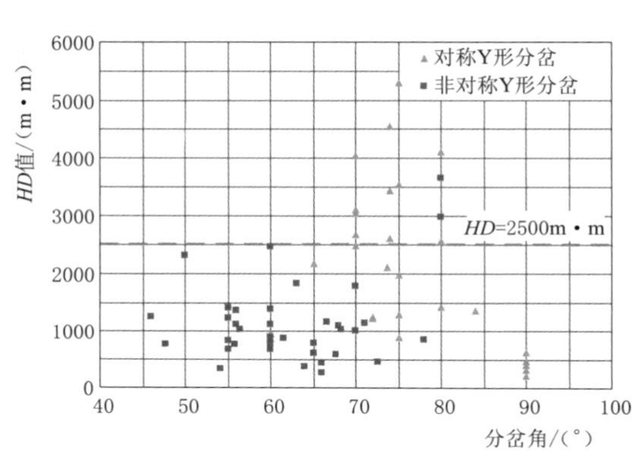


图2.6-42　岔管布置方式与$HD$值关系图

（2）合理确定岔管规模。从理论上讲，当压力钢管引用流量确定后，经济管径随着水头的增加而有所减小。一般来讲，高压岔管越靠近厂房布置，水道系统经济性越好，但岔管承受的水头也越高，为减小岔管厚度和制作、安装难度，除采取对称布置外，还应合理控制岔管规模。

1）合理确定岔管高程。岔管通常靠近厂房布置，一般布置在高压管道的下平段，但当高压管道设计水头比较高、管径较大时，如果布置在下平段使岔管规模较大、技术可行性较差，则可以适当抬高岔管的布置位置，以减小岔管承受的内水压力，合理确定岔管规模。

日本的小丸川抽水蓄能电站，考虑经济性、安装工期等条件，将岔管位置从高程33.50m的下平段抬高至高程148.00m的中平段，详见图2.6-43，即使抬高了114.5m，岔管的$HD$值仍达到$3424\mathrm{m\cdot m}$。

2）合理确定岔管前主管管径。在进行输水系统经济管径比较时，可适当调整管径方案，在不影响电站综合效益的前提下，适当减小岔管前高压管道直径，将岔管规模控制在合理范围内。这种做法往往是经济合理的，对于抽水蓄能电站更是如此。如西龙池抽水蓄能电站输水系统，详见图2.5-1，采用斜井布置方式，斜井高差达677m，为加快施工进

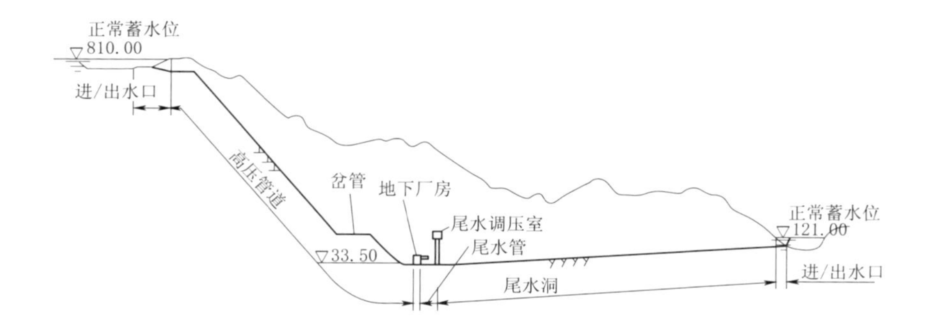


图 2.6-43 小丸川抽水蓄能电站输水系统剖面布置示意图（单位：m）

度，增加施工工作面，在高程 952.50m 处设置了中平段，将斜井分为上斜井和下斜井两部分。通过经济管径比较，确定下斜井的经济管径为 3.8m，相应岔管 *HD* 值为 3857m·m，为减小高压段钢管和岔管规模，将下斜井管径分成两段，上半段直径为 4.2m，下半段直径为 3.5m，不仅减少了高压钢管和岔管钢材用量，更重要的是降低了岔管和钢管的制造、安装难度及费用。

又如日本的葛野川抽水蓄能电站压力管道，详见图 2.6-44，将 1 号岔管布置在上平

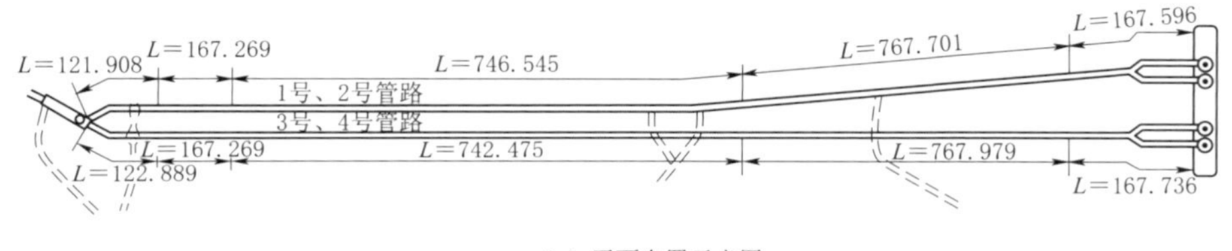


（a）平面布置示意图

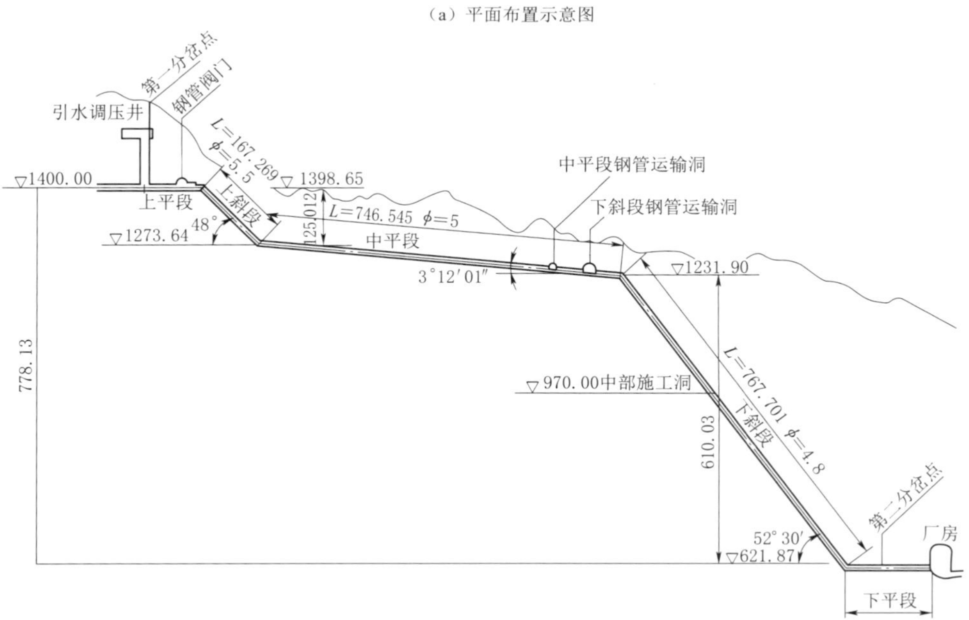


（b）剖面布置示意图

图 2.6-44 葛野川抽水蓄能电站压力管道布置示意图（单位：m）

段引水调压井下游侧，2号岔管布置在下平段。下斜井管径为4.8m，通过下弯段渐缩弯管后，下平段管径减小为4.0m，使2号岔管的*HD*值从5664m·m减小为4720m·m，即使如此，葛野川抽水蓄能电站岔管的*HD*值仍为目前世界之最。

为合理确定岔管规模，适当减小岔管主管、支管直径是最直接有效的方法。从我国已建和在建的大型岔管看，见表2.6-2，岔管前主管断面平均流速一般都比较高，如西龙池抽水蓄能电站岔管达到11.3m/s。

表2.6-2　我国部分大型月牙肋岔管参数统计

| 工程名称 | *HD*值/(m·m) | 设计水头/m | 主管直径/m | 分岔角/(°) | 主管断面平均流速/(m/s) |
|---|---|---|---|---|---|
| 十三陵抽水蓄能电站 | 2560 | 684 | 3.8 | 74 | 9.5 |
| 西龙池抽水蓄能电站 | 3553 | 1015 | 3.5 | 75 | 11.6 |
| 张河湾抽水蓄能电站 | 2678 | 515 | 5.2 | 70 | 8.8 |
| 宜兴抽水蓄能电站 | 3120 | 650 | 4.8 | 70 | 8.7 |
| 鲁布革水电站 | 1978 | 430 | 4.6 | 75 | 6.9 |
| 引子渡水电站（1号岔管） | 1394.6 | 160.3 | 8.7 | 55 | 7.5 |
| 蟠龙抽水蓄能电站 | 4000 | 800 | 5.0 | 70 | 8.3 |
| 呼和浩特抽水蓄能电站 | 4140 | 900 | 4.6 | 70 | 8.0 |
| 仙居抽水蓄能电站 | 3920 | 784 | 5.0 | 75 | 9.8 |
| 洪屏抽水蓄能电站 | 3740 | 850 | 4.4 | 70 | 8.2 |
| 绩溪抽水蓄能电站 | 4048 | 1012 | 4.0 | 70 | 9.2 |
| 丰宁抽水蓄能电站 | 3658 | 762 | 4.8 | 74 | 8.9 |
| 沂蒙抽水蓄能电站 | 3659 | 678 | 5.4 | 70 | 8.0 |
| 敦化抽水蓄能电站 | 4470 | 1176 | 3.8 | 70 | 11.0 |

## 2.6.4　厂前钢衬段

为避免钢筋混凝土衬砌高压管道的渗水影响地下厂房围岩稳定，靠近厂房部位的压力管道，即使上覆岩体覆盖厚度满足要求，也需采用钢板衬砌。确定钢衬段起始位置应考虑的主要因素有：不满足“应力条件”的部位，地下厂房围岩塑性区边界，由混凝土衬砌末端内水外渗至厂房的水力梯度控制值。

根据对广州抽水蓄能电站二期工程输水系统围岩中埋设的渗压计监测资料的分析，详见图2.6-45，当渗流水力梯度小于5时，渗透压力几乎损失殆尽，基本不对地下厂房造成影响。

图2.6-46列举了国内外部分工程的钢衬长度统计资料，从中反映了各工程采用的水力梯度控制值各不相同，但大多数工程钢衬段起点最大静水头与钢衬长度的比大于5.0，可以肯定这与围岩的地形地质条件和工程经验有关。

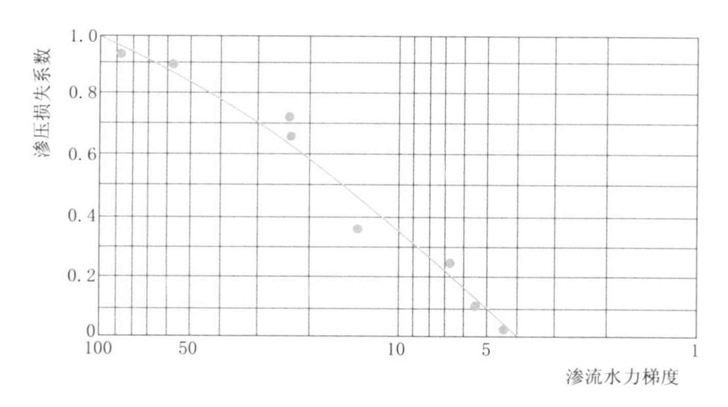


图 2.6-45　广州抽水蓄能电站二期工程渗流水力梯度与渗压损失系数关系曲线

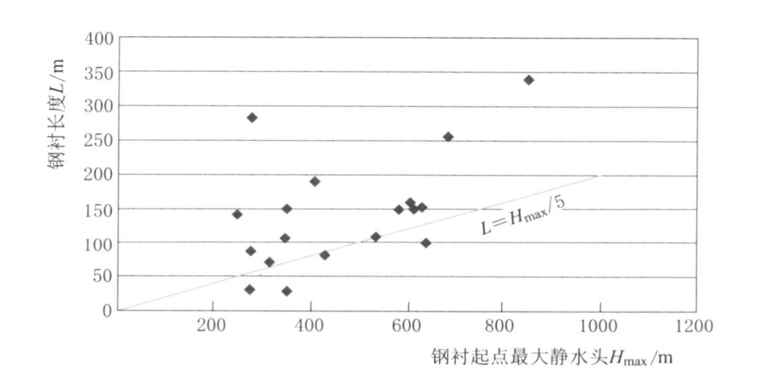


图 2.6-46　国内外钢筋混凝土衬砌高压管道钢衬长度统计

## 2.6.5　尾水事故闸门室

当电站采用尾部或中部开发方式时，根据《水电工程钢闸门设计规范》（NB 35055—2015）的要求，当尾水隧洞较长时，除在尾水隧洞出口处设置检修闸门外，尚宜在尾水肘形管与尾水调压室之间设置一道事故闸门或检修闸门。从工程实践看，尾水闸门布置方式较多，根据闸门在尾水系统的布置位置大体可分为以下 3 种方式。

（1）闸门布置在尾水管内。将闸门布置在尾水管内，在主厂房内布置闸门室，如法国的蒙特齐克（图 2.6-47）、德国的金谷（图 2.6-48）、伊朗的锡亚比舍（图 2.6-49）等抽水蓄能电站。

（2）闸门布置在尾水管下游的尾水支洞上。将闸门布置在尾水管下游的尾水支洞上，在厂房下游侧专设闸室，如我国的十三陵、泰安、宜兴（图 2.6-50），日本的葛野川、神流川、本川，泰国的拉姆它昆（图 2.6-51）等抽水蓄能电站；或将闸门布置在主变洞下方，与主变洞相结合，如日本的新丰根（图 2.6-52）、卢森堡的维安登等抽水蓄能电站。

（3）闸门布置在尾水调压室内。将闸门布置在尾水调压室内，与尾水调压井相结合，如我国的琅琊山（图 2.6-53）、日本的小丸川、美国的腊孔山等抽水蓄能电站。

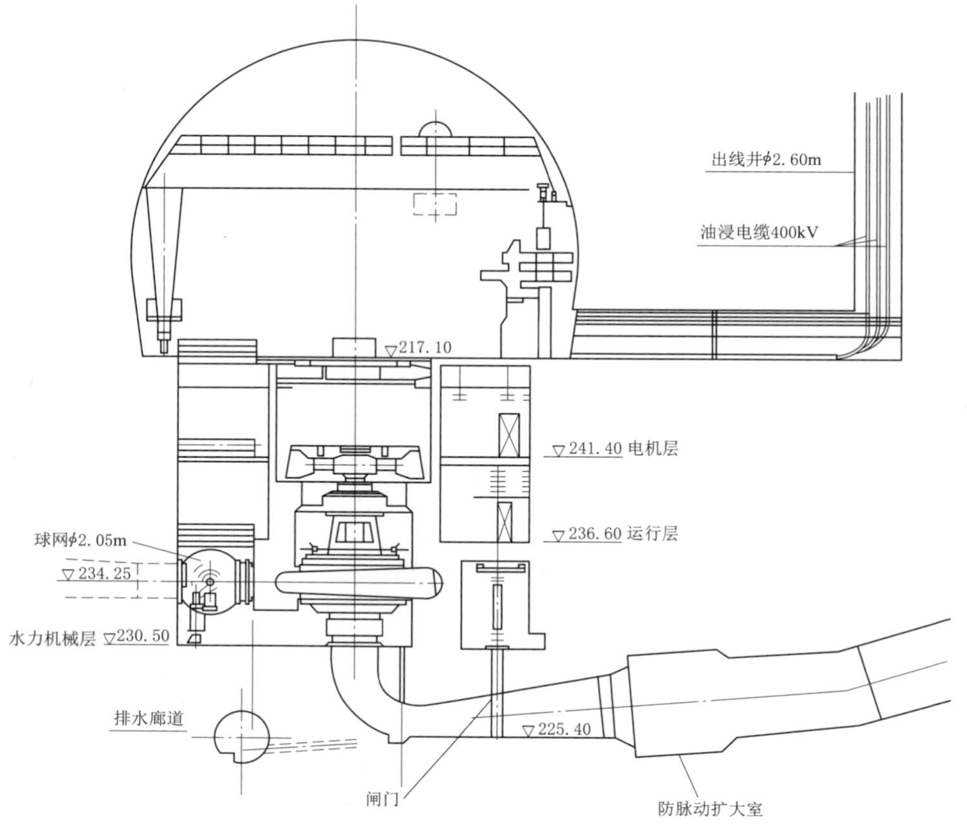


图 2.6-47 蒙特齐克抽水蓄能电站厂房剖面示意图（单位：m）

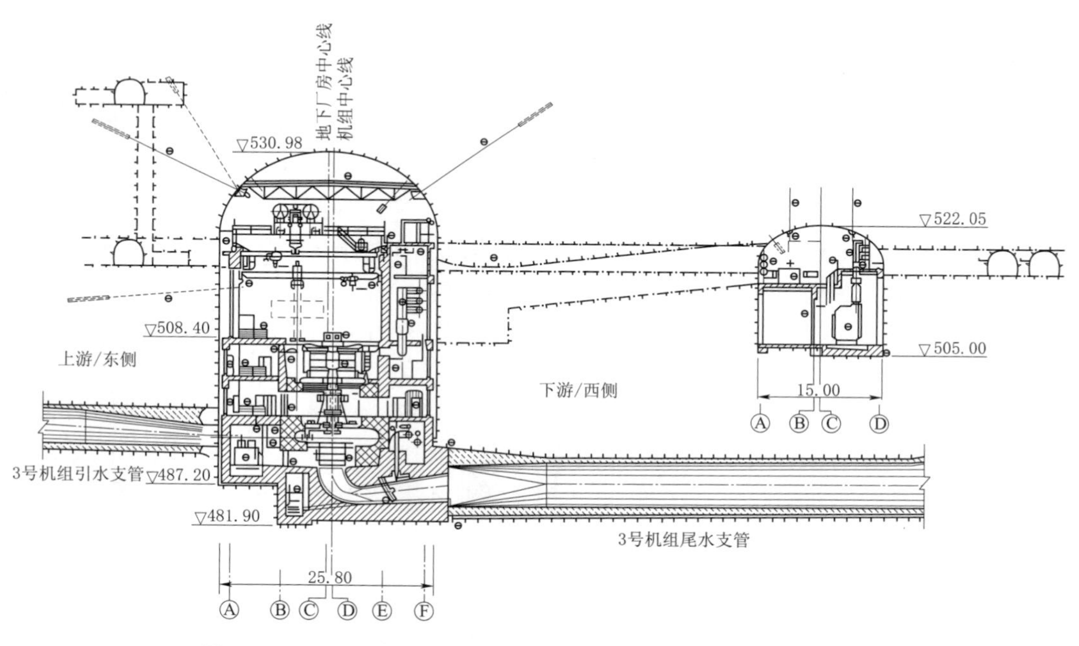


图 2.6-48 金谷抽水蓄能电站尾水闸门布置示意图（单位：m）

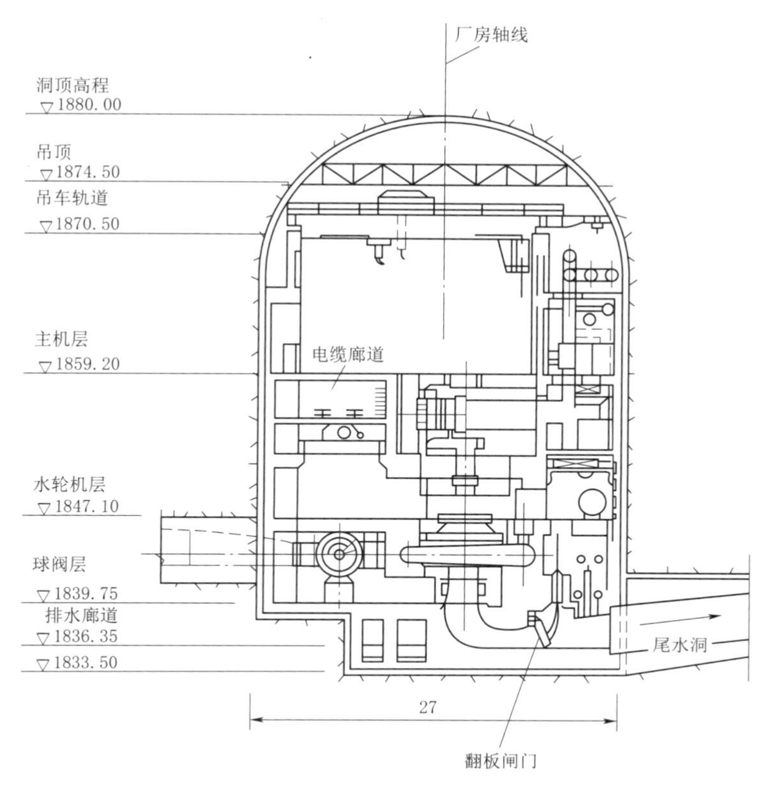


图2.6-49　锡亚比舍抽水蓄能电站地下厂房剖面示意图（单位：m）

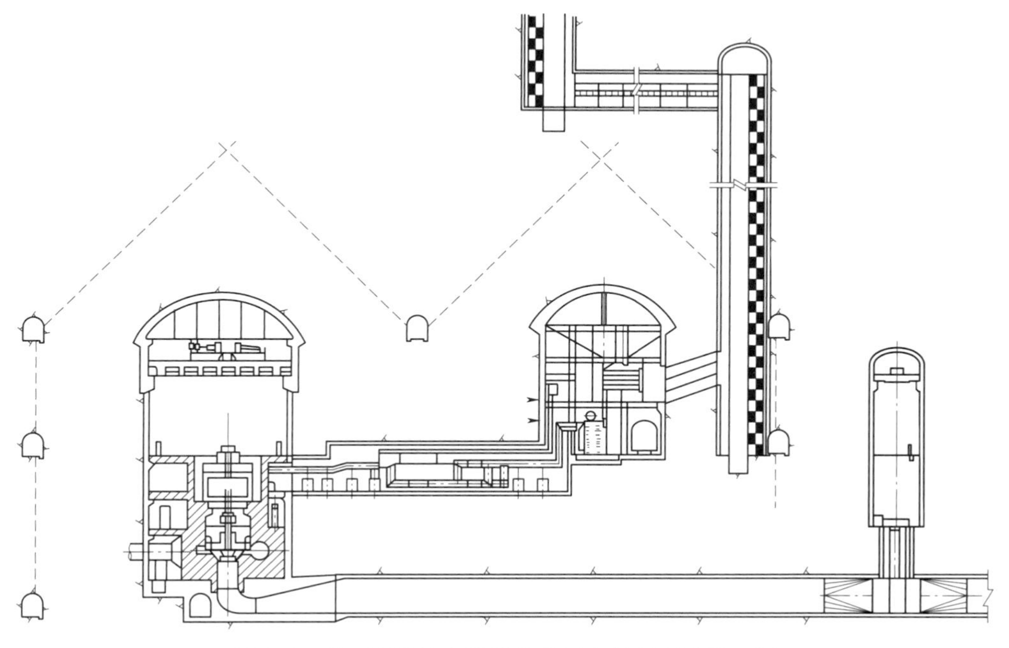

图2.6-50　宜兴抽水蓄能电站尾水闸门布置示意图

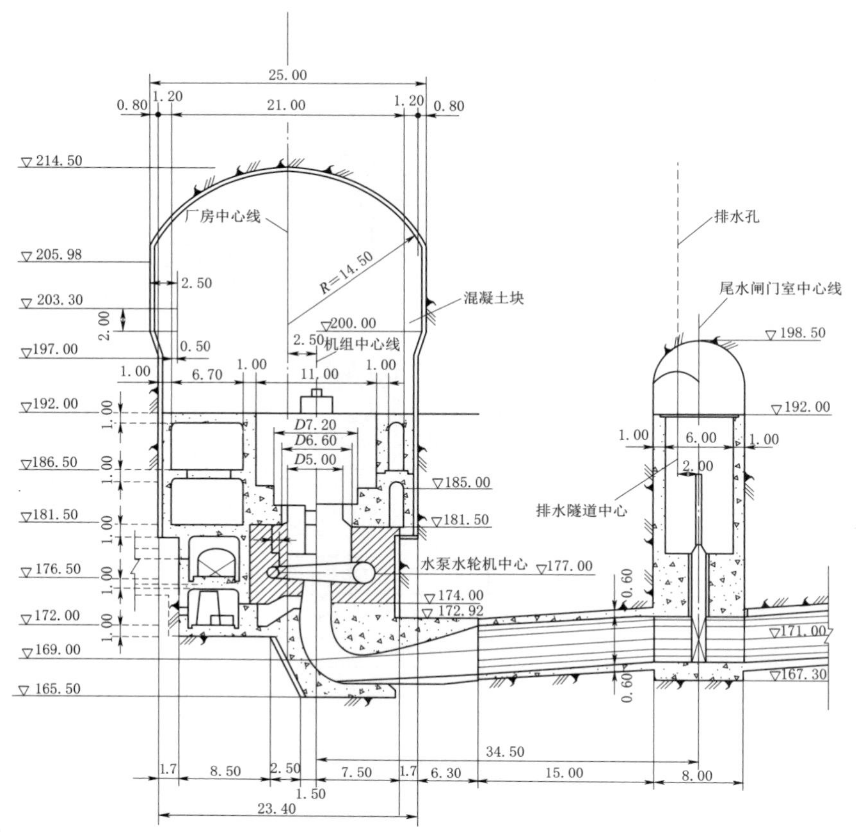


图 2.6－51　拉姆它昆抽水蓄能电站厂房剖面示意图（单位：m）

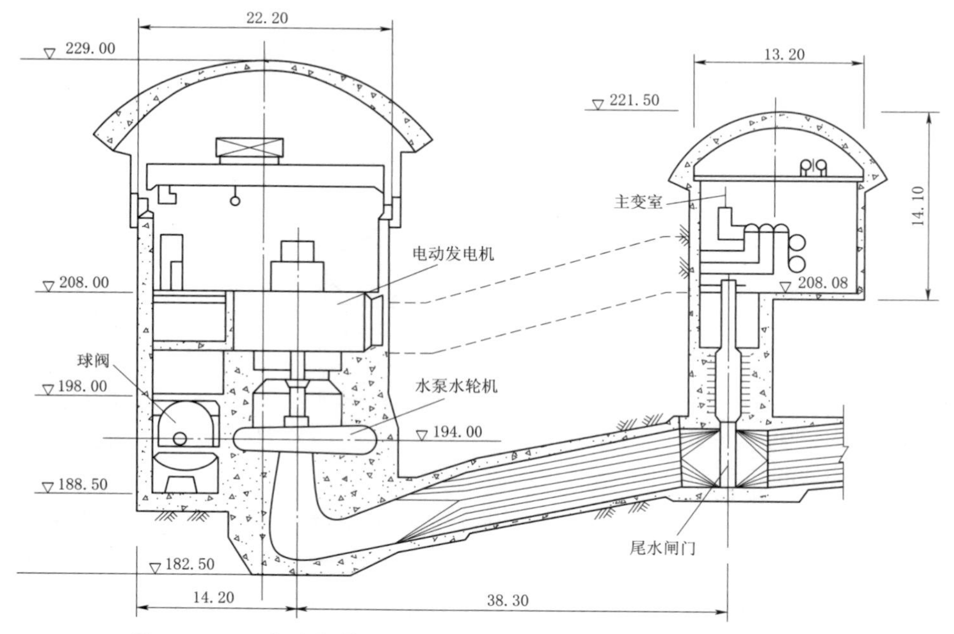


图 2.6－52　新丰根抽水蓄能电站尾水闸门布置示意图（单位：m）

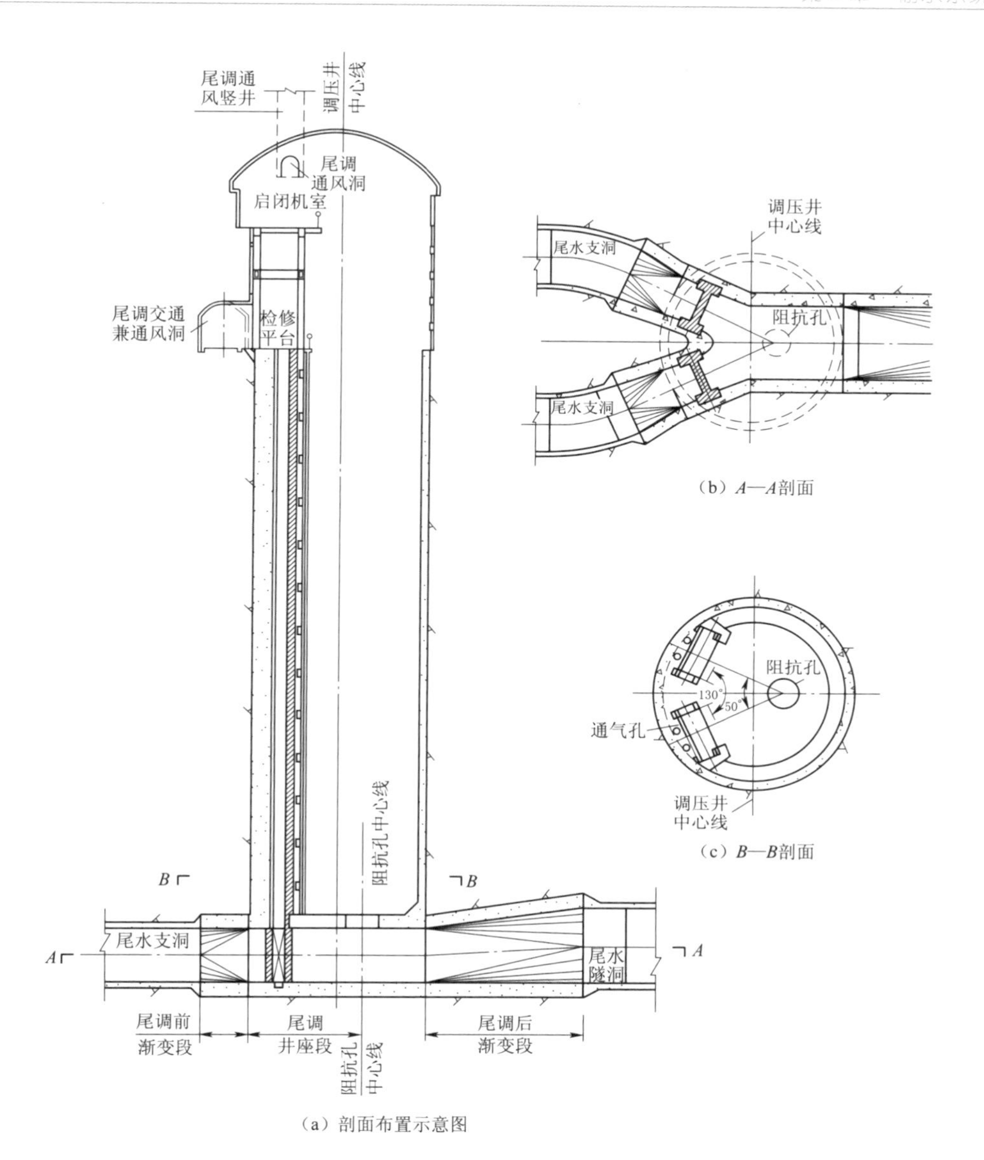


（a）剖面布置示意图

（b）A—A剖面

（c）B—B剖面

图 2.6-53 琅琊山抽水蓄能电站尾水调压井布置示意图

# 第 3 章

# 水力过渡过程

输水系统布置除应适应地形地质条件，满足总体枢纽布置条件、施工条件、水头利用条件等外，还应满足水力学条件。抽水蓄能电站对电网的迅速响应能力和控制灵活性是设计的关键，也是抽水蓄能电站的动态效益所在。电站能否迅速适应负荷变化和工况转换，在很大程度上取决于输水系统特性、机组机械特性和控制设备。在工况变换过程中，输水系统流速和压强均随时间发生变化，机组转速也随时间发生变化。抽水蓄能电站的任务，决定了机组工况变换频繁，且对转换时间也提出了较高的要求。工况转换过程加快，对机组和输水系统均提出了更高的要求。

电站是否有快速响应的需求，以及水力过渡过程中机组在水轮工况下发生水柱分离的可能性，决定了厂房的位置和是否需设置调压室。抽水蓄能电站多采用地下厂房，尾水管中的水力过渡过程应引起足够的重视。

抽水蓄能电站对电网的迅速响应能力和控制灵活性的特点，使其水力过渡过程比常规水电站要复杂得多，同时也重要得多。因此，对于抽水蓄能电站水力过渡过程在设计前期阶段应引起足够的重视，甚至在选址阶段就应对运行方式的限制、厂房的位置、调压室的位置等因素进行必要的定量分析。

对于输水系统设计来讲，水力过渡过程分析的目的主要是确定并设法减轻长输水系统内水体的惯性作用，进而确定控制工况下输水系统的设计压坡线和调压室的位置及尺寸，复核调压室的稳定性。但是，输水系统水击压力的上升与机组转速的上升是矛盾的，若导叶关闭时间短，则输水系统水击压力上升值大，机组转速上升值小；若导叶关闭时间长，则输水系统水击压力上升值小，机组转速上升值大。通过对导叶关闭时间及规律的分析，将水击压力和机组转速上升值均控制在经济合理范围内。如不能满足规范要求，则应对输水系统布置、断面尺寸、机组主要技术参数等进行必要的调整，或采取必要的工程措施。这一过程称为调节保证计算。

在关闭规律确定后，通过对输水系统的水力过渡过程进行分析，确定设计压坡线。设计压坡线包括最高设计压坡线和最低设计压坡线。最高设计压坡线是用来为高压管道结构设计提供荷载条件，最低设计压坡线则是用来分析输水系统立面的布置是否满足水力学条件的要求。根据规范要求，在最不利运行条件下，输水系统沿线洞顶以上应有不小于2.0m的压力水头。也就是说，输水系统应布置在最低设计压坡线之下，尤其是高压管道上弯点，详见图3.0-1。调压室的作用是减小水体的惯性，进而减小水泵、水轮机运行工况下由于水力过渡过程产生的水击压力。对于需设计调压室的输水系统还应对组合工况进行计算，确定调压室的最高、最低涌浪，复核尾水管真空度及调压室的稳定性。当上、下游均设有调压室时，还应关注两调压室间的水力共振问题，当上、下游调压室的计算参数及稳定断面面积相近时尤应注意。

水力过渡过程计算的关键是计算工况的选取，因此本章仅对计算工况进行说明，有关

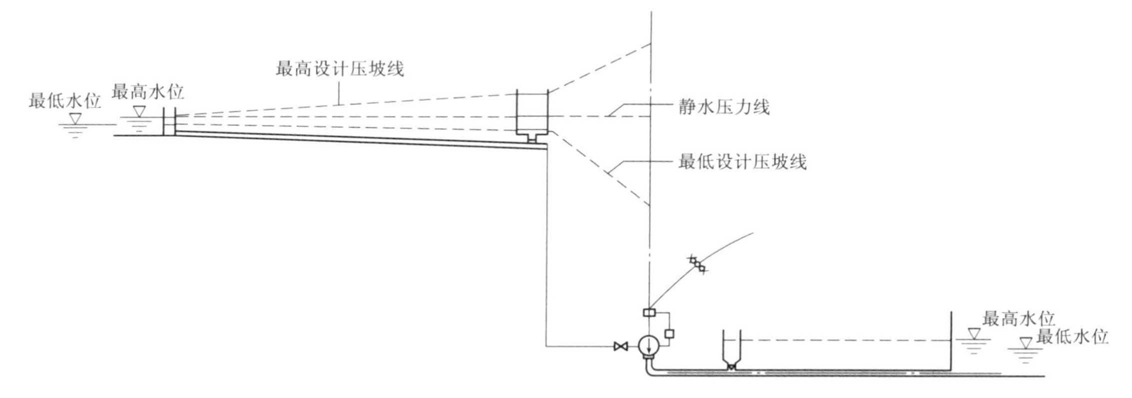


图 3.0-1　输水系统剖面布置与水力过渡过程压力变化示意图

计算理论和方法这里不再赘述。

计算工况应根据输水系统布置、机组特性、主接线方式、电站运行要求等综合考虑确定，对不可能工况不应考虑。为实现输水系统设计的合理性，工况应根据发生概率的大小、危险程度等，分级控制。美国土木工程师协会（ASCE）发布的《水电工程规划设计土木工程导则　第5卷　抽水蓄能和潮汐电站》中，推荐的水力过渡过程设计准则是将工况分为正常运行、发生事故和灾害等。当电站在正常运行工况运行时，高压管道的压力不会超过设计值，设计压坡线按不利的运行工况确定，如机组在水轮机工况和水泵工况下开、停机，水轮机工况甩负荷及水泵工况断电，水轮机、水泵工况相互转换等。发生事故时，高压管道的压力可能会超过设计值，但最大主应力必须小于材料的屈服强度。发生事故工况主要指：机组处于水轮机工况运行，由于事故停机，机组发生飞逸；导叶故障；水轮机在空载工况下运行，当导叶开启或关闭时，机组产生不规则振动；共振等。在设计过程中，还应考虑由于错误操作所带来的后果，此时压力管道的压力在某些工况下会达到极限值，或压力下降达到最低值。输水系统必须避免水柱分离现象的发生。这也就要求在输水系统布置、机组安装高程确定、管径选择时必须加以考虑。

我国在以往的设计中，对水力过渡过程工况并不加以区分，往往采用最不利工况作为控制工况。水电水利规划设计总院颁发的《水电站输水发电系统调节保证设计专题报告编制暂行规定（试行）》（以下简称《规定》）明确了调节保证设计应遵循“确保安全、留有裕度”的原则。为实现输水发电系统设计的技术经济合理性，在进行水力过渡过程大波动计算时，将水力过渡过程工况分为设计工况和校核工况。在设计工况下，输水发电系统运行过程中可能出现的水力过渡过程极值应不超过调节保证设计值；对于校核工况，应控制不出现无法预测后果的运行状态，保证机组与输水建筑物结构不产生破坏。

《规定》首次明确提出了调节保证设计值的概念，在说明此概念之前，需要对水力过渡过程计算控制值的概念进行说明。水力过渡过程计算控制值是以现行规范推荐值为基础，结合工程实际与经验确定的水力过渡过程计算的限制性参数。它是用来协调输水发电系统与机组设计难度之间矛盾的一种方法。换句话说，在输水发电系统的水力过渡过程中，通过合理控制关闭时间和规律，将机组转速上升值和高压管道水击压力上升值均控制在一个经济合理的范围内。机组转速上升高，将对机组制造提出较高的要求，进而造成制造费用增加；高压管道压力上升高，则需增加压力管道结构厚度或提高材料强度，同样造成费用的增加。为协调这一矛盾，《抽水蓄能电站设计规范》（NB/T 10072—2018）、《水力发电厂机电设计规范》（NB/T 10878—2021）对其提出了较明确的要求，具体如下。

（1）机组甩负荷时的最大转速升高率控制值，按以下不同情况选取：

1）当机组容量占电力系统工作总容量的比重较大，或担负调频任务时，宜小于50%。

2）当机组容量占电力系统工作总容量的比重不大，或不担负调频任务时，宜小于60%。

3）对于大容量、高水头/扬程水泵水轮机，宜不超过45%。

（2）水泵水轮机甩负荷和水泵断电时的蜗壳进口最大压力升高率控制值，按以下不同情况选取：

1）额定水头小于20m时，宜为70%～100%。

2）额定水头为20～40m时，宜为50%～70%。

3）额定水头为40～100m时，宜为30%～50%。

4）额定水头为100～300m时，宜为25%～30%。

5）额定水头大于300m时，宜小于25%（可逆式抽水蓄能机组宜小于30%）。

考虑到水力过渡过程计算时所采用的转轮特性、计算理论及程序等的误差，最大转速升高率和最大压力升高率的计算值存在误差，同时，计算值中也没有包括甩负荷时蜗壳中的压力脉动，因此在机组和高压管道设计时，应对计算值进行修正，并留有适当的裕度，此值即为调节保证设计值。

设计工况为在电站正常运行范围内不利的水力过渡过程计算边界条件下，电站正常运行（包括开停机、增减负荷、正常工况转换以及稳定运行等状态）或正常运行时考虑一个偶发事件（设备故障、电力系统故障等）引起的水力过渡过程工况；校核工况为在上述条件下考虑两个相互独立的偶发事件引起的水力过渡过程工况。调节保证设计过程中一般不考虑3个独立的偶发事件或设备故障叠加引起的水力过渡过程工况。

输水系统水工结构设计采用的是承载能力极限状态法，其持久状况的基本组合中的相关参数采用水力过渡过程设计工况成果，其偶然状况的偶然组合中的相关参数采用水力过渡过程校核工况成果。

# 第 4 章

# 衬砌型式的特点及选择

输水系统衬砌型式对其造价有着举足轻重的影响，对于高水头、大 *HD* 值高压管道，衬砌型式的选择尤为重要。目前高水头、大 *HD* 值高压管道常采用的衬砌型式有钢筋混凝土衬砌、预应力混凝土衬砌、钢板衬砌等。

## 4.1 衬砌型式的特点及适用条件

### 4.1.1 钢筋混凝土衬砌

从经济角度来讲，钢筋混凝土衬砌可充分利用围岩的弹性抗力，是比较经济的衬砌型式，但受混凝土材料极限抗拉强度低的限制，在不高的内水压力的作用下，钢筋混凝土衬砌将开裂。天荒坪抽水蓄能电站、广蓄一期工程、广蓄二期工程实测资料显示，当隧洞内水压力大于 120～150m 水头时，钢筋混凝土衬砌将完全开裂。另外，由于混凝土干缩、水化热、围岩不均匀约束、施工等原因，在充水前钢筋混凝土衬砌很可能出现裂缝，因此在较高的内水压力的作用下，钢筋混凝土衬砌是透水的。同时，钢筋混凝土衬砌也对围岩的地形地质条件提出了较高的要求，围岩不仅是承载结构的主体，同时也是防渗的主体。因此，要想使钢筋混凝土衬砌可行，围岩必须同时满足应力条件和渗透条件。

（1）应力条件。应力条件是指沿管线各点的最大静水压力要小于围岩的最小主压应力，其目的是避免围岩水力劈裂的发生。在线路选择和布置方案拟定时，可根据挪威准则、雪山准则、上抬理论等初步确定上覆岩体厚度，再根据地应力资料最终确定输水系统管线布置方式。

众所周知，岩体并非连续介质，岩体中存在断层、节理裂隙等结构面。由于这些结构面的强度与完整岩体相比要弱得多，水力劈裂往往首先发生在这些薄弱结构面上，尤其是那些法向约束不强的结构面，这些结构面上的法向应力是水力劈裂的控制条件。从理论上讲，对结构约束最弱的应是法线方向与最小主应力方向一致的结构面，因此只要高压隧洞沿程各断面最小主应力大于设计静水压力就可避免水力劈裂的发生。

要想了解高压隧洞区域的地应力水平，现场测试是必不可少的。由于围岩地质条件的复杂性，以及测量方法精度问题，地应力量测值存在着较大的波动性。水力劈裂法是量测地应力尤其最小主应力的一种有效方法。通过高压注水，当水压大于节理面上法向压应力时，节理张开，渗漏量增大，从而可测得节理面上的应力。由于受设备和经费的限制，不可能在大范围内进行地应力量测，如何用有限的测点来确定区域的地应力场是设计人员要考虑的问题。地应力回归分析是一种比较好的途径。在已获得地质资料和地应力测试成果的基础上，通过地应力回归分析，即可确定高压隧洞区域的地应力场，进而可判断是否满足应力条件。

由于围岩存在结构面，局部节理较发育的岩体存在应力释放，地应力水平相应较低，但这仅仅是局部现象。由于岩体的总体应力水平较高，将会限制水力劈裂的进一步向外发展，因此围岩仍是稳定的。同时，通过高压灌浆等措施，局部低应力区的应力状况可以得到改善。因此，对于钢筋混凝土衬砌隧洞，高压灌浆是一种有效的工程措施。

对于高水头高压管道，尤其是设计静水头超过 600m 的高压管道，要使高压管道沿程围岩的最小主压应力皆大于设计静水头，即 6MPa 以上，难度还是比较大的。假设围岩地应力以自重应力场为主，如果围岩的泊松比为 0.3，相应的侧压力系数为 0.43，在容重为 2.8t/m$^3$ 的条件下，要想使水平应力不小于 6MPa，则需上覆岩体厚度近 500m。即使在侧压力系数为 1.0 的近静水压力场的条件下，上覆岩体厚度也要超过 210m。如果围岩再发育有不利的裂隙节理等结构面，则还将给洞室布置带来难度。如果洞室间距布置过小，则将使水力梯度过大，对围岩渗透稳定不利，甚至发生水力劈裂。

如广州抽水蓄能电站二期工程，引水系统采用一洞四机供水方式，承受最大静水头为 610m。主洞洞径为 9～8.5m，主洞和高压岔管采用钢筋混凝土衬砌，衬砌厚度分别为 0.6m 和 0.8～1.2m。经岔管后将主管分为 4 条引水支管，引水支管采用钢衬。岔管及引水支管的布置分别见图 4.1-1 和图 4.1-2。在引水系统充水结束稳压 14h 后，南支洞 0+94.00 和 0+125.00 处发育的裂隙出现大量漏水，水压力很高，呈喷射状，部分已汽化并发出阵阵呼啸声。渗水点不断增多，渗水量不断增大。在稳压 16h 左右后，1 号排水廊道上游边墙的岩石面裂隙开始出现喷水，一些肉眼难以看清的裂隙也有雾状的水幕喷射出来。到充完水后的第 6 天，探洞渗水量才趋于稳定。由此判断岩体节理面被高压水挤开，发生了水力劈裂。

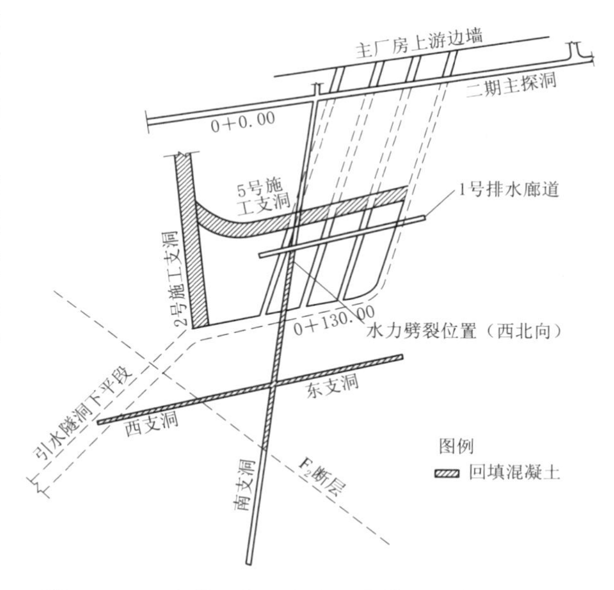


图 4.1-1 广蓄二期工程高压岔管平面布置示意图

与广蓄一期工程相比，广蓄二期工程岔管的地质条件较优，从围岩分类看，广蓄一期工程含有蚀变岩，高压岔管部位的Ⅰ类围岩占 70%，Ⅱ类围岩占 30%；而广蓄二期工程的结构面清晰，不含有蚀变岩，围岩均为Ⅰ类。广蓄一期工程地质探洞也兼排水洞，但其布置高程比广蓄二期工程高 63m，与岔管间岩体的水力梯度为 5.2，引水隧洞投入运行后排水洞的漏水量很小，没有水力劈裂问题。广蓄一期、二期工程引支钢管的长度均约为 150m，岔管至厂房之间岩体的水力梯度为 4.1，充水后厂房上游边墙没有出现渗水现象，渗透稳定是有保证的。而广蓄二期工程高压岔管的排水洞（原探洞）至高压岔管之间岩体的水力梯度为 19，是广蓄一期工程的 3.65 倍，是岔管至厂房之间岩体水力梯度的 4.6 倍，发生了水力劈裂。由此可见，对于钢筋混凝土衬砌，控制水力梯度是要特别关注的问题。

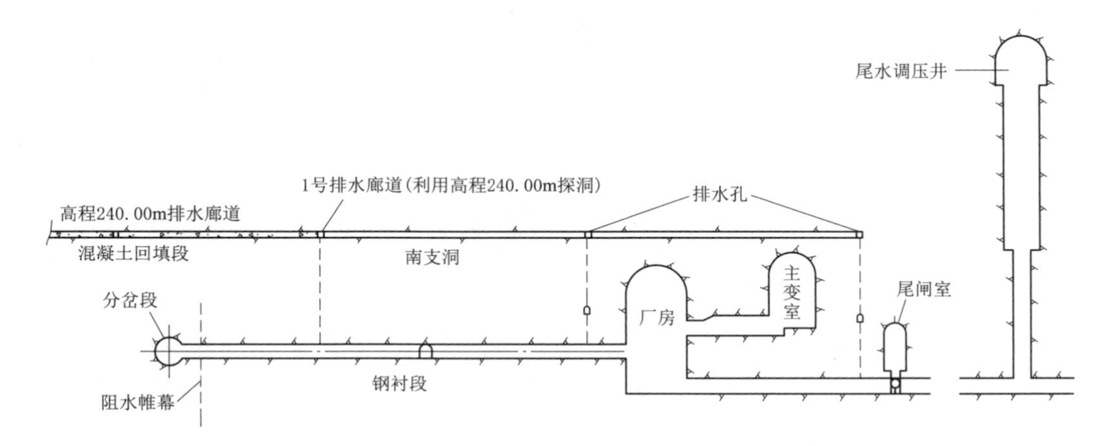


图 4.1-2 广蓄二期工程南支洞轴线剖面示意图

又如美国的巴斯康蒂抽水蓄能电站，引水系统采用三管六机供水方式。高压管道最大静水头为410m，围岩为缓倾角的砂岩和页岩互层，主管直径为8.7m，高压管道上游段大部分采用素混凝土衬砌，竖井下弯段及岔管采用钢筋混凝土衬砌，局部进行了固结灌浆，灌浆压力为0.69MPa。6条支管洞径为5.5m，采用钢板衬砌，在钢管上部46m处布置有排水廊道。在钢板衬砌与钢筋混凝土衬砌接头段设置灌浆帷幕，见图4.1-3。

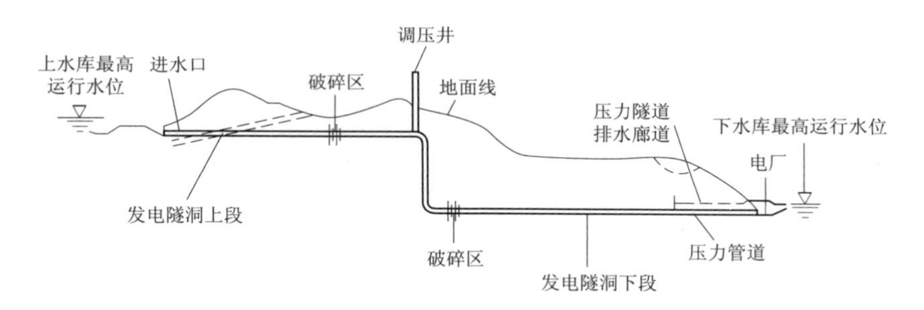


图 4.1-3 巴斯康蒂抽水蓄能电站输水系统剖面示意图

1985年1号高压管道首次充水时，经过两周半时间，高压管道水头达305m，第2天发现相邻的3号压力钢管有13.5m长的钢管发生屈曲破坏。估计破坏时钢管承受的外压约为1.24MPa，最大渗漏量达486L/s。事故发生后采用水力劈法测定最小主应力为3.3MPa，方向大致平行于隧洞轴线。

由此可见，对于高水头钢筋混凝土衬砌的高压管道，满足“应力条件”的难度增加。图4.1-4为国内外钢筋混凝土衬砌的高压管道渗漏情况的统计，可以看出，水头高于600m的高压管道，最小主应力相对最大静水头的安全裕度大大减小，发生水力劈裂、造成严重渗漏的风险大大增加。

（2）渗透条件。满足“应力条件”仅是钢筋混凝土衬砌可行的必要条件，要想使钢筋混凝土衬砌可行，还应同时满足“渗透条件”，即水道系统渗漏量在经济允许范围内，同时渗水不使围岩地质条件恶化，并危及工程安全。

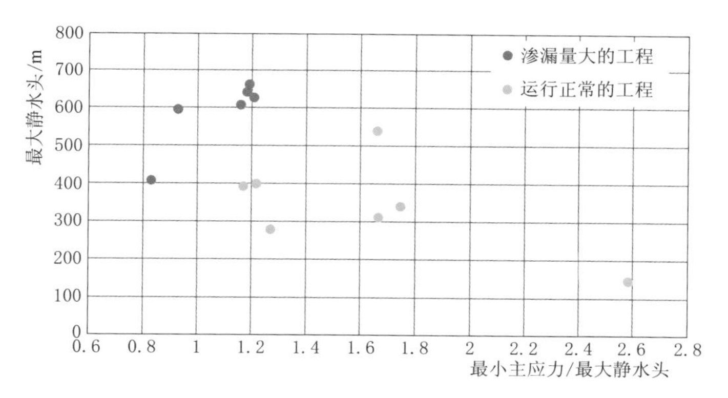


图 4.1-4 钢筋混凝土衬砌事故与最小主应力的关系

在内水压力作用下，随内水压力的升高，钢筋混凝土衬砌将产生裂缝，内水将外渗。钢筋混凝土衬砌要想可行，必须使围岩在高压水的作用下，渗漏量不应过大，同时围岩渗透稳定满足要求，尤其是围岩裂隙、断层等结构面不产生高压水的侵蚀。研究高压隧洞围岩渗透特性常用的手段有高压压水试验、水力劈裂试验、高压渗透试验等。高压渗透试验不仅可以揭示岩体渗透性和稳定性，还可以同时测定地应力和为确定高压灌浆参数提供依据。

围岩在内水压力作用下，当内水压力小于最小主应力时，不发生水力劈裂，渗水量随时间而减小或渗水量维持不变；当内水压力超过岩体地应力时，发生水力劈裂，并向外发展或裂隙受高压水侵蚀，将造成渗水量随时间而增大，围岩在此压力作用下不能满足稳定要求。

### 4.1.2 预应力混凝土衬砌

预应力混凝土具有较好的防渗效果，根据预应力的施加方法，预应力混凝土衬砌可分为两种类型：一是依靠围岩约束，通过高压灌浆来施加预应力的灌浆式预应力混凝土衬砌；二是通过张拉预应力筋来实现预应力的后张法预应力混凝土衬砌，也称为环锚预应力混凝土衬砌。

(1) 灌浆式预应力混凝土衬砌。灌浆式预应力混凝土衬砌是通过对围岩与混凝土衬砌间的接触缝进行高压灌浆，对混凝土衬砌结构预先施加预应力，同时也使围岩得以固结，并产生预压应力，形成了“围岩+混凝土衬砌”联合承载结构，以承载由于内水压力及温度影响等产生的拉应力。目前有关灌浆式预应力混凝土衬砌技术的理论与方法尚不成熟，从国内实践来看，此种衬砌型式预应力灌浆残余应力的大小与灌浆压力、衬砌厚度、围岩地质条件、灌浆方法等有关，且不易控制。

灌浆式预应力混凝土衬砌于20世纪60年代最初在奥地利，之后在澳大利亚、南非、苏联、德国、法国、英国、巴西等有过成功的应用。各工程内水压力从100m至700m水头不等，围岩为Ⅰ～Ⅳ类，灌浆压力为2～10MPa。我国从1976年开始进行中、低水头压力隧洞灌浆式预应力混凝土衬砌结构试验研究工作，国内已建工程有白山、回龙等抽水蓄能电站，具体实例见表4.1-1。

表 4.1-1　国内外采用灌浆式预应力混凝土衬砌的工程实例

| 电站名称 | 国家 | 隧洞特征 | | | | 灌浆参数 | | 备注 |
|---|---|---|---|---|---|---|---|---|
| | | 长度/m | 内径/m | 衬砌厚度/m | 内水压力/m | 孔深/m | 压力/MPa | |
| 英古里 | 苏联 | 1500 | 9.5 | 0.5 | 165 | 6 | 3 | 石灰岩，发育有陡倾层理，$f=6\sim8$，顺层理方向 $k_0=70\text{MPa/cm}$，垂直层理方向 $k_0=30\text{MPa/cm}$，灌浆后岩石 $k_0$ 增加 2～4 倍，渗透系数减小 90% |
| 瓦因别尔格 | 德国 | 1640 | 3.5 | 0.4 | 180 | 3.5 | 4 | 风化片麻岩，运行 6 年后检查无损坏，$E=20\text{GPa}$，渗漏流量为 0.025L/s |
| 雷扎赫 | 德国 | 1319 | 4.9 | 0.4 | 230 | 4.5 | 4 | 风化片麻岩，运行 10 年后检查无损坏 |
| 拉马 | 南斯拉夫 | 9500 | 5.0 | 0.3～0.4 | 100 | 2.0 | 2 | 石灰岩、白云岩化角砾岩、砂岩、页岩和泥化白云岩，裂隙不发育，部分长大裂隙有破碎物充填，岩体呈各向异性，1968 年 10 月运行以来，每年检查，无开裂也无损坏 |
| 戈尔登 | 澳大利亚 | 250 | 8.2 | 0.5 | 300 | — | 3.5 | 坚硬石灰岩 |
| 罗泽兰 | 法国 | 12600 | 4.2 | 0.2～0.3 | 116～163 | 30 | 8 | 页岩、片麻岩、灰岩 |
| 瓦尔德肖特 | 德国 | 400 | 6.0 | 0.6 | 145 | — | 1.8 | 采用接触面预应力灌浆，外层为混凝土砌块，内层为混凝土衬砌 |
| 德拉肯斯堡 | 南非 | 2100 | 5.5 | 0.65～0.85 | — | — | 5 | 采用接触面预应力灌浆 |
| 费斯捷尼奥格 | 英国 | 1150 | 3.25 | 0.6 | 265 | 3.5 | 3.5 | 细粒硬质砂岩 |
| 白山 | 中国 | — | 8.6、7.5 | 0.6 | 150 | 3.0 | 2.0～2.5 | 坚硬致密的混合岩，围岩弹性模量为 19GPa |
| 回龙 | 中国 | — | 3.5 | 0.4 | 560 | — | 4.5～5.0 | 根据渗水观测，引水隧洞渗漏量为 $518\text{m}^3/\text{d}$，小于设计估算的竖井按深层固结灌浆、下弯段和上平段按预应力灌浆的渗漏量 $733\text{m}^3/\text{d}$ |

灌浆式预应力混凝土衬砌由于厚度小，无须配筋，采用群孔灌浆工艺，因此可减少开挖与混凝土方量，施工速度快，一般与按限裂设计的钢筋混凝土衬砌比较可节省投资20%以上，与钢板衬砌比较可节省投资 50%～70%，同时可改善衬砌的工作状态和提高围岩及衬砌的抗渗性。为使衬砌获得较均匀的预应力，常采用群孔灌浆工艺，即将一个灌浆段孔口并联，一次施灌，如此一来对灌浆设备的能力提出了较高要求。由于受高压灌浆所能实现的压力及灌浆工艺的限制，目前这种衬砌已实现规模较大的为南非的德拉肯斯堡抽水蓄能电站，其 *HD* 值达到 3410m·m，详见图 4.1-5。

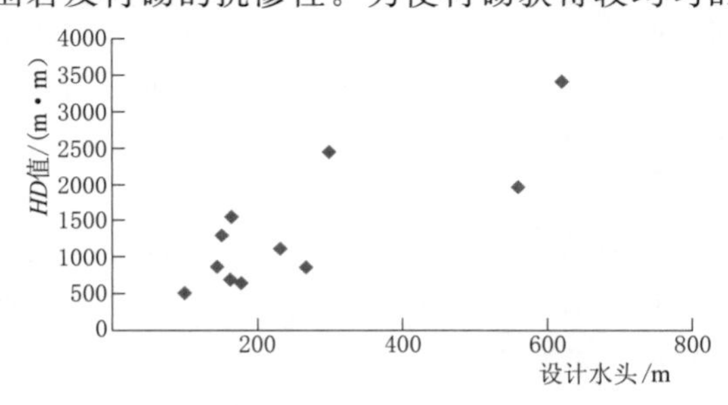

图 4.1-5　国内外部分灌浆式预应力混凝土衬砌规模统计图

苏联英古里水电站压力引水隧洞，预应力混凝土衬砌段长度为 13300m，采用钻孔高压灌浆方式，衬砌厚度为 0.5m。该电站于1979年建成发电，经检测，岩石抗力系数增大了2～4倍，岩石渗透量减少了90%。苏联B.C.埃里斯托夫曾对英古里水电站压力引水隧洞采用预应力混凝土衬砌与采用按限裂设计的钢筋混凝土衬砌进行过比较，结论是采用预应力混凝土衬砌可节约投资20%。

我国白山水电站1号引水道的上平段和斜管段，原按限裂设计和施工，后改用钻孔高压灌浆式预应力混凝土衬砌，节约了28%的投资，直线工期缩短了1个月。

灌浆式预应力混凝土衬砌在国外已有50多年的运用经验。采用这种衬砌型式的压力隧洞所实现的最大洞径为9.5m，所承受的最大内水压力达620m水头。为了观察这种衬砌型式的运行情况，不少工程逐年放水检查，均无发现任何损坏。我国白山水电站做了大量的试验研究工作，试验结果证明：由于通过高压灌浆对混凝土衬砌和围岩施加了预应力，并使浆液在高压下形成结石，因此这种衬砌结构具有承受较高内水压力的能力，使结构在设计内水压力下处于最优的工作状态，减小了衬砌结构产生裂缝的可能性，提高了隧洞的抗渗能力，并且这种衬砌结构设计和施工简便，与钢筋混凝土衬砌和钢板衬砌相比，可以节省大量的钢材，是一种较经济的衬砌型式。

（2）环锚预应力混凝土衬砌。环锚预应力混凝土衬砌是通过张拉混凝土衬砌内的环向锚索使衬砌产生预压应力。根据所使用的预应力筋的不同，可以将环锚预应力混凝土衬砌分为有黏结和无黏结两种形式。有黏结环锚预应力混凝土衬砌是在衬砌混凝土中预埋金属导管，待混凝土达到一定的强度后，将预应力筋束穿入预留管道并进行张拉锚固，最后向空心管道内注入水泥浆。有黏结形式的预应力筋束的摩擦损失大，在管壁混凝土中建立的有效环向预压应力较小，将显著增加预应力筋束的用量，提高工程造价，但有黏结体系比较可靠，受锚具失效影响小。无黏结形式是在预应力筋束外部裹以PE套管，内部空隙以油脂填充，在浇筑混凝土前将其和普通非预应力钢筋一样铺设在模板内，当混凝土达到一定强度后张拉和锚固预应力筋束。

环锚预应力混凝土衬砌一般不考虑与围岩的联合作用。锚环为主动式预应力范畴，是通过张拉预应力锚束对混凝土衬砌起到筒箍作用，进而产生预压应力。这种技术于20世纪40年代中期首先在奥地利卡普伦水电站引水压力隧洞中采用。60年代中后期，在奥地利卢纳西沃克工程竖井中有所改进，但由于锚固方式和施工技术较复杂，没有得以推广。至70年代初，锚固方式得以改进，采用瑞士VSL公司专利方法，即对整环钢绞线进行张拉，在意大利San Fiorino和Brasimone两座水电站的调压室中得以应用。广泛应用于隧洞工程中则是在意大利Piastra－Andonno水电站，自此，此项技术得以广泛应用。与钢材相比，由于预应力钢绞线抗拉强度高，可显著减少钢材用量，同时交货周期短、运输方便，衬砌结构抗外压稳定能力强，具有较好的超载恢复能力等。工程经验表明，采用环锚预应力混凝土衬砌与采用钢板衬砌相比，可节省投资10%～30%。但由于受锚具布置空间限制，环锚预应力混凝土衬砌适用的规模并不大。图4.1－6给出了设计内水压力与直径的关系，图中双曲线簇表示在

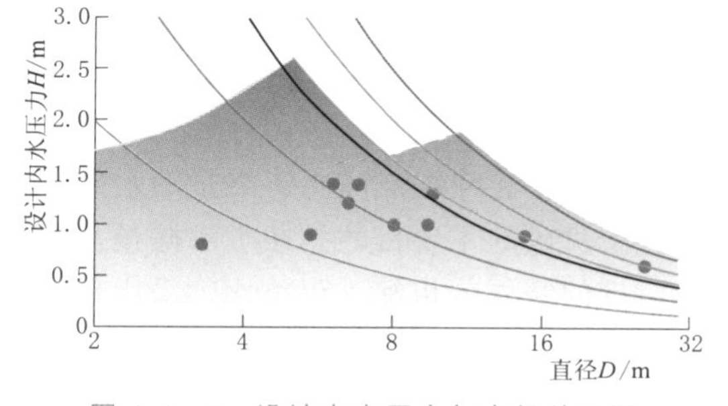


图4.1－6　设计内水压力与直径关系图
（衬砌厚度为1.0m）

不考虑围岩联合作用时，需由预应力单独承担的环向拉应力，上部界线是受锚具布置空间所限确定的。图中阴影部分是可实现预应力的范围。图中点为已建工程，具体见表 4.1-2。

表 4.1-2　　采用环锚预应力混凝土衬砌的工程实例

| 工程名称 | 国家 | 结构型式 | 设计水头 $H$/m | 长度 /m | 内径 $D$/m | 厚度 /m | 类型 | 施工时间 | $HD$ 值 /(m·m) |
|---|---|---|---|---|---|---|---|---|---|
| San Fiorino | 意大利 | 调压室 | 100 | 99 | 8.2 | 0.6～0.8 | 有黏结 | 1971—1973 年 | 820 |
| Brasimone | 意大利 | 调压室 | 60 | 61 | 26 | 0.7 | 有黏结 | 1973—1974 年 | 1560 |
| Piastra - Andonno | 意大利 | 压力隧洞 | 80 | 1140 | 3.3 | 0.25 | 有黏结 | 1973—1974 年 | 264 |
| Taloro | 意大利 | 调压室 | 90 | 90 | 14.9 | 0.8 | 有黏结 | 1975 年 | 1341 |
| Taloro | 意大利 | 压力隧洞 | 90 | 495 | 5.5 | 0.45 | 有黏结 | 1975—1976 年 | 495 |
| Chiotas Piasstra | 意大利 | 压力隧洞 | 140 | 90 | 6.1 | 0.6 | 有黏结 | 1976—1977 年 | 854 |
| 隔河岩 | 中国 | 压力隧洞 | 100 | 700 | 9.5 | 0.75 | 有黏结 | 1991—1993 年 | 950 |
| 天生桥一级 | 中国 | 压力隧洞 | 130 | 390 | 9.7 | 0.7 | 有黏结 | 1997 年始建 | 1261 |
| Grimseltailrace Tunnel | 瑞士 | 压力隧洞 | 140 | 60 | 6.8 | 0.6 | 无黏结 | 1977—1978 年 | 952 |
| 小浪底 | 中国 | 排沙洞 | 122 | 2218.07 | 6.5 | 0.65 | 无黏结 | 1997—1999 年 | 793 |
| 九甸峡 | 中国 | 调压室 | 73 | 75 | 22 | 2.0 | 无黏结 | — | 1610 |
| 南水北调穿黄隧洞 | 中国 | 隧洞 | 50 | 3500 | 7.0 | 0.4 | 有黏结 | 2005—2010 年 | 350 |
| 辽宁供水工程 | 中国 | 隧洞 | 60 | 8000 | 6.0 | 0.5 | 无黏结 | 2006—2012 年 | 360 |
| 东深供水工程 | 中国 | 调压室 | 30 | 3420 | 4.8 | 0.35 | 无黏结 | 2004—2005 年 | 144 |

环锚预应力混凝土衬砌采用抗裂设计，具有较好的防渗性能，与钢板衬砌相比，预应力筋的抗拉强度比钢板高得多。预应力筋多采用高强度低松弛钢绞线，抗拉强度多采用 1860MPa，而钢板衬砌用钢板强度不高，与环锚预应力混凝土衬砌规模相当的钢板衬砌采用 500MPa 级钢板即可满足要求，前者强度是后者的 3.7 倍。因此，采用环锚预应力混凝土衬砌可减少钢材的用量。预应力筋不存在超限运输问题，运输更方便，对于通常处于偏远地区、交通不便的压力隧洞来说，运输问题亦可简化，费用也可适当降低。因钢板交货周期较长，施工期间钢板须提前采购，而预应力筋则不然，甚至有可能在隧洞开挖后，根据围岩条件，对设计方案进行调整，使设计方案与围岩地质条件具有较好的适应性。预应力混凝土具有一定的超载能力，在超载过程中即使暂时出现裂缝，卸荷后也会闭合。同时，环锚预应力混凝土衬砌具有较强的抗外压能力和较好的防渗性能，可充分发挥钢材强度，具有明显的经济性。

西龙池抽水蓄能电站可行性研究阶段，根据输水系统的地形地质条件和电站综合效益分析，采用了无渗漏或减少渗漏量的衬砌型式。引水系统上平段及尾水隧洞采用环锚预应力混凝土衬砌的主要目的是减少渗漏量。通过对引水系统上平段及尾水隧洞环锚预应力混凝土衬砌的结构分析和工程类比，采用环锚衬预应力混凝土衬砌在技术上是可行的，同时也是经济的。但是，如果施工措施不当、工艺不合理等，则可能会产生裂缝，降低防渗效果，尤其是尾水隧洞斜井段和弯管段，施工难度较引水系统上平段大，产生裂缝的可能性较大。为此，在施工详图阶段对引水系统上平段和尾水隧洞是采用钢板衬砌还是采用环锚预应力混凝土衬砌进行了较全面的综合技术经济比较。

西龙池抽水蓄能电站引水系统上平段、尾水隧洞洞径分别为5.2m和4.3m，采用钢板衬砌时，钢管制安工程量分别为1076t和752t；采用环锚预应力混凝土衬砌时，所需环锚预应力筋分别为1207束和737束。从施工工期角度分析，两方案均可满足施工总进度要求。考虑到环锚预应力混凝土衬砌方案需要进行预应力现场工艺试验，引水系统上平段及尾水隧洞采用环锚预应力混凝土衬砌与采用钢板衬砌相比，投资节省24%，在一般工程经验范围内，费用增加数值并不大，最终采用钢板衬砌。

### 4.1.3　钢板衬砌

钢板衬砌即地下埋管，由钢管、外围混凝土、围岩联合作用，共同承担内水压力。因此，对围岩条件的要求比混凝土衬砌低得多。对于大*HD*值的高压管道，采用普通低碳钢或低合金钢是难以满足要求的，需采用高强钢，在目前生产、制作、安装工艺条件下，可实现的规模较大。据不完全统计，已建最大规模高压钢管的*HD*值超过5500m·m，如日本的葛野川抽水蓄能电站，最大*HD*值可达5600m·m。我国已建规模较大的有：西龙池抽水蓄能电站，最大*HD*值为3552.5m·m；呼和浩特抽水蓄能电站，最大*HD*值为4140m·m；仙居抽水蓄能电站，最大*HD*值为3920m·m等。

## 4.2　衬砌型式选择

抽水蓄能电站输水系统衬砌型式应根据地形地质条件、水文地质条件、运行条件、断面尺寸、施工工艺等，结合各种衬砌型式的特点和适用条件，经综合技术经济比较后确定。在衬砌方案选择时，保证方案技术可行是方案技术经济比较的基础。对于地质条件良好，围岩以Ⅰ类、Ⅱ类为主，且同时满足“应力条件”和“渗漏条件”的输水系统，应优先考虑采用钢筋混凝土衬砌型式。当不能同时满足“应力条件”和“渗漏条件”时，应采取措施或选择无渗漏的衬砌型式。

抽水蓄能电站输水系统的设计水头往往较高，沿线地质条件也存在一定差异，因此应根据各部位的具体条件，选择不同的砌衬型式，以达到安全可靠、技术可行、环境友好、经济合理的目的。

## 4.3　工程实例——西龙池抽水蓄能电站

西龙池抽水蓄能电站输水系统的设计水头高，地下水埋藏较深，在衬砌型式选择时，对钢筋混凝土衬砌、预应力混凝土初砌、钢板衬砌进行了较全面的分析和综合技术经济比较。

### 4.3.1　地形地质条件

西龙池抽水蓄能电站输水系统沿线地形陡缓相间，冲沟较发育，高差大。自上而下依次通过中奥陶系上马家沟组（$O_2s$），岩性为灰岩、白云质灰岩、白云岩与泥质角砾状白云岩；中奥陶系下马家沟组（$O_2x$），下奥陶系亮甲山组（$O_1l$）、冶里组（$O_1y$）；上寒武系凤山组（$\in_3f$）灰岩、白云岩；上寒武系长山组（$\in_3c$）页岩、崮山组（$\in_3g$）；中寒武系张夏组（$\in_2z$）云岩、灰岩、砂岩、鲕状灰岩地层。

上马家沟组（$O_2s^2$）、下马家沟组（$O_2x^1$）、冶里组（$O_1y$）、凤山组（$\in_3f$）、崮山组（$\in_3g$）地层岩溶相对比较发育，属中等透水—弱透水，占高压管道混凝土衬砌段长度的77%左右，渗透系数为（0.8～1.2）$\times10^{-5}$cm/s。尾水隧洞及高压管道下平段，断层较发育，容易形成集中渗流通道。地下水以基岩裂隙水为主，局部有少量的岩溶裂隙水，主要接受大气降水的补给。$\in_2z^2$、$\in_3c^1$、$O_1l^{2-1}$、$O_2x^1$、$O_2s^{1-1}$岩层为区域性岩溶作用的相对隔水层，其间为相对含水层，相对隔水层与相对含水层呈“互层”状，并且常在含水层底部形成少量上层滞水。由于输水系统位于西河—耿家庄宽缓背斜的轴部附近，不利于地下水的赋存，故地下水水位很低。

### 4.3.2 钢筋混凝土衬砌方案

钢筋混凝土衬砌方案对围岩覆盖厚度要求较高，按满足挪威准则进行初步布置，再根据地应力测试成果进行复核，最终确定的钢筋混凝土衬砌方案的立面布置见图2.4-15。

钢筋混凝土衬砌方案要想成立，应同时满足“应力条件”和“渗漏条件”，对于西龙池抽水蓄能电站的输水系统，渗水对工程危害不大，但该工程上、下水库皆为人工库，无天然径流补给，且下水库为悬库，高出滹沱河河床180m左右，补水费用比较高。鉴于以上特点，如何减少或控制水量损失是关键。

输水系统沿线大部分岩层属中等透水—弱透水，且地下水水位比较低，为减少渗漏量，输水系统钢筋混凝土衬砌采用限裂设计，最大裂缝开展宽度为0.2mm。在可行性研究阶段，按围岩与钢筋混凝土衬砌厚壁组合圆筒进行渗漏量估算。从计算结果来看，整个输水系统渗漏流量较大。招标设计阶段对输水系统进行了三维渗流场分析，从分析成果看，整个输水系统渗漏流量近0.9$m^3/s$，日渗漏量为7.6万$m^3$，占总库容的16‰。内水压力较低的上平段及尾水隧洞的日渗漏量分别为0.52万$m^3$（占总库容的1.1‰）和0.08万$m^3$（占总库容的0.16‰），也是比较大的。依据国内外已建无天然径流补给的上水库的全库防渗渗流控制的工程实例分析，防渗效果好的工程，基本可控制日渗漏量不大于总库容0.2‰～0.3‰，而西龙池抽水蓄能电站的输水系统即使是上平段及尾水隧洞采用钢筋混凝土衬砌，渗漏量也大大超出此范围。如此一来，不仅电量损失过大，且补水系统规模和投资也较大，因此钢筋混凝土衬砌方案的可行性较差，应采用预应力混凝土衬砌或钢板衬砌等无渗漏衬砌型式。

### 4.3.3 灌浆式预应力混凝土衬砌方案

灌浆式预应力混凝土衬砌灌浆压力的确定是以在设计内水压力作用下混凝土衬砌不产生拉应力为原则，考虑灌浆时灌浆压力损失、混凝土徐变、结石收缩、围岩流变等因素引起的预应力损失后，即使压力不太高的中平段，所需灌浆压力也达11.72MPa，灌浆压力作用下，混凝土衬砌的压应力为51.3MPa，即使采用C60混凝土也不能满足强度要求。目前大规模群孔灌浆所实现的压力为8～9MPa，11.72MPa以上的灌浆压力实现难度比较大，所以整个输水系统采用灌浆式预应力混凝土衬砌的实现难度比较大，只能根据各段的不同条件，采用不同的衬砌型式。

上平段围岩为上马家沟组上段第一层（$O_2s^{2-1}$）和上马家沟组下段第二层（$O_2s^{1-2}$）厚层—巨厚层灰岩、白云质灰岩夹白云岩，岩石条件较好，呈微风化状态，裂隙发育主要有NNE、NE、NW三组，围岩类别属Ⅲ$_b$类。$O_2s^{2-1}$和$O_2s^{1-2}$厚层灰岩与白云岩溶蚀较强烈，以水平向溶洞和垂直向的溶蚀宽缝为主，溶洞内有少量的土和碎石充填，宽缝内多充填红色泥质夹碎石。尾水隧洞围岩为张夏组薄层灰岩、薄层钙质石英粉砂岩、中厚层—厚层鲕状灰岩、柱状灰岩，岩石呈微风化—新鲜状态；断层、裂隙较发育，围岩类别以Ⅲ$_b$类为主。

虽然上平段及尾水隧洞设计内水压力比较低，所需最大灌浆压力也不大，但考虑到上平段位于上马家沟组地层，岩溶比较发育，高压灌浆难度比较大；尾水隧洞位于张夏组地层中，构造比较发育，围岩条件较差，且洞间距不大。因此，对于上平段及尾水隧洞，也不推荐采用灌浆式预应力混凝土衬砌型式。

### 4.3.4 环锚预应力混凝土衬砌方案

环锚预应力混凝土衬砌由于受锚具布置空间所限，所能实现的*HD*值不高，一般在1600m·m以下，而该工程最大*HD*值在3500m·m以上，整个输水系统采用环锚预应力混凝土衬砌是难以实现的，只有*HD*值不高的部位可以实现。

引水系统上平段环锚预应力混凝土衬砌部分长度约175m，洞径为5.2m。尾水隧洞采用一洞一机供水方式，长度为362.2～434.7m，洞径为4.3m。

引水系统上平段*HD*值约为520m·m，尾水下平段、斜井段及上平段最大*HD*值约为720m·m，据小浪底无黏结预应力混凝土衬砌及隔河岩有黏结预应力混凝土衬砌的工程经验，环锚预应力混凝土衬砌相比钢板衬砌投资可节约30%，国外高压管道工程实践也证明了这一点。经工程类比认为，引水系统上平段及尾水隧洞采用环锚预应力混凝土衬砌是可行的。

### 4.3.5 钢板衬砌方案

钢板衬砌也就是地下埋管，对围岩条件的要求比混凝土衬砌低得多。地下埋管结构是按钢板衬砌—外围混凝土—围岩联合作用，共同承担内水压力来设计的。通过水力过渡过程计算确定的最大设计内水压力为10.15MPa，高压管道最大*HD*值为3553m·m。经过计算，高压管道最大钢板衬砌厚度为60mm（800MPa级）。钢板衬砌厚度大于60mm的工程实例比较多，高压管道采用钢板衬砌在技术上是可行的。

### 4.3.6 衬砌型式选择

西龙池抽水蓄能电站输水系统规模较大，围岩类别以Ⅲ$_b$类为主，地下水以基岩裂隙水为主，相对含水层与相对隔水层相间分布，地下水埋藏较深。通过对采用钢筋混凝土衬砌、灌浆式预应力混凝土衬砌、环锚预应力混凝土衬砌、钢板衬砌的可行性分析，分段采用不同衬砌型式是经济合理的。钢筋混凝土衬砌渗漏量较大，技术可行性差，不能满足设计要求。引水系统上平段和尾水隧洞围岩条件较差，且岩溶较发育，采用灌浆式预应力混凝土衬砌的条件较差，但采用环锚预应力混凝土衬砌有一定的经济性。压力管道采用钢板衬砌是可行的，但投资较大。经综合技术经济比较后，可行性研究阶段推荐：引水系统上平段、尾水隧洞采用环锚预应力混凝土衬砌，高压管道采用钢板衬砌。

招标设计阶段，为分析环锚预应力混凝土衬砌的可行性，分别对引水系统上平段和尾水隧洞进行了三维有限元计算分析。通过三维有限元计算分析可知，对于引水系统上平段、尾水斜井上半段及尾水上平段，在各计算工况下均能满足结构要求和工程需要；尾水斜井下半段及尾水下平段，除检修期和施工期局部出现了超过混凝土允许抗压强度的压应力外，其余各计算工况下均满足结构要求和工程需要。针对局部出现的超出混凝土允许抗压强度的压应力问题，可以通过加强配筋来解决。

因此，通过工程类比，结合三维有限元计算分析，引水系统上平段、尾水隧洞采用钢板衬砌或环锚预应力混凝土衬砌在技术上都是可行的。

施工详图阶段考虑到尾水斜井段、弯管段采用环锚预应力混凝土衬砌时工艺较为复杂，技术要求高，设计和施工难度较大，存在一定的工程风险，应业主要求进行了进一步的比较。环锚预应力混凝土衬砌与钢板衬砌虽然施工方法不同，但两方案施工均不影响工程发电工期。引水系统上平段和尾水隧洞如采用钢板衬砌，则需分别增加钢管制安工程量1076t和752t，相应地减少了环锚预应力筋1207束和737束。现有施工条件完全可满足钢管制作安装、运输要求。从经济角度分析，引水系统上平段和尾水隧洞采用钢板衬砌与采用环锚预应力混凝土衬砌相比，投资分别增加32%和33%。考虑到环锚预应力混凝土衬砌方案需要进行预应力现场工艺试验，则引水系统上平段和尾水隧洞由环锚预应力混凝土衬砌改为钢板衬砌后，共需增加投资约24%。这一结论与以往工程经验基本一致。

考虑到环锚预应力混凝土衬砌技术难度、工程风险较大，且改为钢板衬砌后投资增加幅度并不大，最终采用钢板衬砌。

# 第 5 章

# 钢筋混凝土衬砌

抽水蓄能电站具有水头高、单机容量大的特点，进而使引水系统向高水头、大 *HD* 值方向发展。

## 5.1 设计现状及受力特点

目前，我国抽水蓄能电站引水隧洞按照《水工隧洞设计规范》（NB/T 10391—2020）采用限裂设计，具体做法是将内水压力作为作用在衬砌内侧的面力来处理，对于地质条件复杂的大型高压隧洞，宜采用有限元法进行结构分析的设计方法。由此得出的配筋量往往较大，尤其是高水头、大直径的隧洞。然而从原型观测资料可知，钢筋和混凝土的应力都远小于计算值。

对于大 *HD* 值的隧洞，在内水压力作用下，随内水压力的增高，混凝土衬砌将会产生裂缝。混凝土衬砌开裂后，内水外渗。实践表明，高压隧洞混凝土衬砌裂缝和施工缝等部位将是渗漏的主要通道，因此当混凝土衬砌按限裂设计时，混凝土衬砌和围岩将成为渗透介质，并在这些介质中形成稳定的渗流场，内水压力将以渗透体力的形式作用在混凝土衬砌及围岩上，由此提出了透水隧洞的设计理念。透水隧洞的设计理念是内水压力以渗透体力的形式作用在衬砌及围岩上，围岩将承载绝大部分荷载，而衬砌的主要作用是保护围岩、减小过流面糙率、提高发电效率。为控制衬砌裂缝扩展在允许裂缝宽度范围内，增强衬砌整体性和安全性，往往在衬砌内配置单层钢筋。

基于透水隧洞的设计理念，对混凝土衬砌和围岩进行渗流场和应力场的耦合分析，进而进行衬砌的结构设计是一种比较合理的选择。

为研究水工隧洞结构特性，原中国水电顾问集团贵阳勘测设计研究院教授级高级工程师郑治等进行了结构模型试验研究。结合实际工程，选取圆形断面水工隧洞进行结构试验，并假定围岩类别为Ⅳ类，制作 6.5m×5.5m×5.7m（长×宽×高）的试验模型，模拟固结灌浆圈和围岩裂隙等构造。试验采用真实水压力直接加载。衬砌结构采用 C20 混凝土浇筑。衬砌结构模型内径为 0.8m，外径为 0.92m，壁厚 0.06m，长 5.50m。沿长度方向分为两部分，A 部分配置双层 $\phi$8@100 配筋，B 部分配置单层 $\phi$8@100 配筋，纵向筋为 8$\phi$8，两部分长均为 2.4m，中间结合部的长度为 0.7m，见图 5.1－1。Ⅳ类围岩采用垒砌的 C20 混凝土试块模拟裂隙，衬砌模型四周间距均为 0.5m 的范围内浇筑 C10 混凝土，模拟衬砌外围的固结灌浆圈，见图 5.1－2。

通过对试验成果的分析，在内水压力作用下，衬砌开裂前，钢筋应力随着内水压力的增加呈线性增长；衬砌开裂后，随着内水压力的增加，未开裂处的钢筋应力增幅减缓，甚至出现负增长；开裂处的钢筋应力和裂缝宽度随内水压力的增加而增长，但增速减缓。这主要是由于衬砌开裂后，内水外渗，内水沿着裂缝进入围岩，在衬砌围岩中形成渗流场，

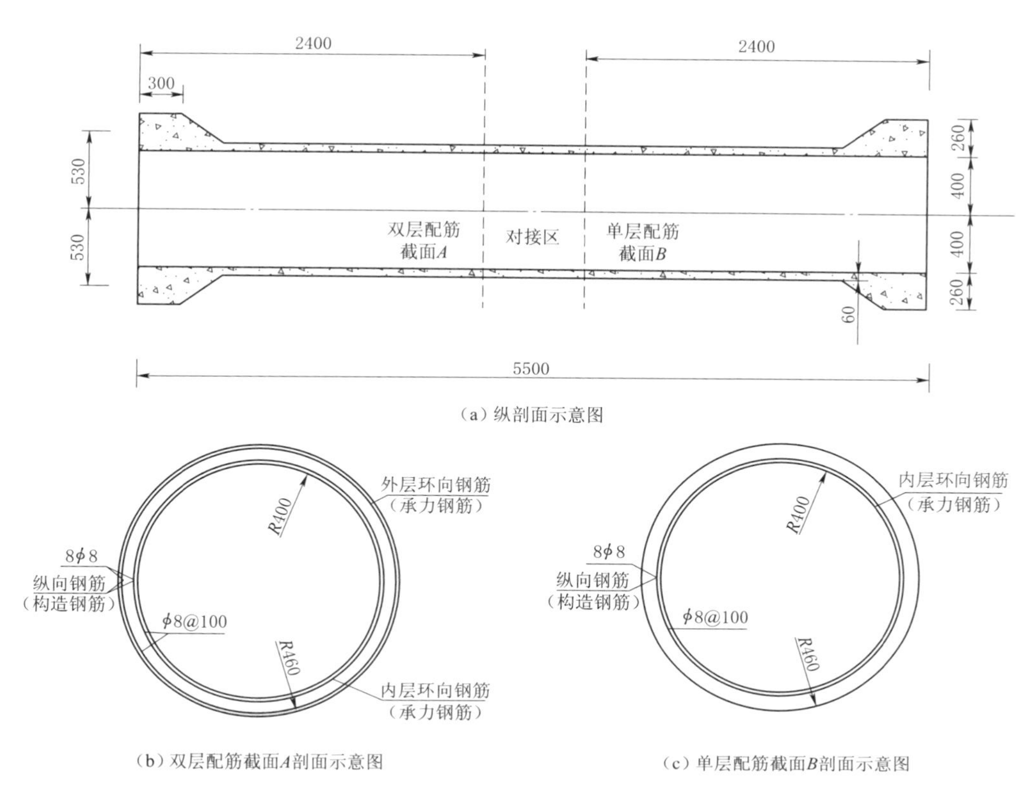


图 5.1-1　衬砌模型剖面示意图（单位：mm）

此时内水压力以渗透体力（即衬砌内外侧的渗透压力差）的形式作用在衬砌上，衬砌所承担的内水载荷逐渐减小，钢筋应力普遍出现了“回缩”现象。

围岩固结灌浆圈在内水压力作用下发挥了重要的承载作用，衬砌在开裂前承担了 20%～40%的内水载荷，在开裂后则小于 30%，极个别处不足 5%，且随着内水压力的增加，围岩承载比例不断增加，说明围岩是承载主体。

另外，围岩固结灌浆圈能承受较大的外水压力，加强围岩固结灌浆对衬砌抵抗内、外水压均有效，尤其是对于较差岩体中的隧洞。

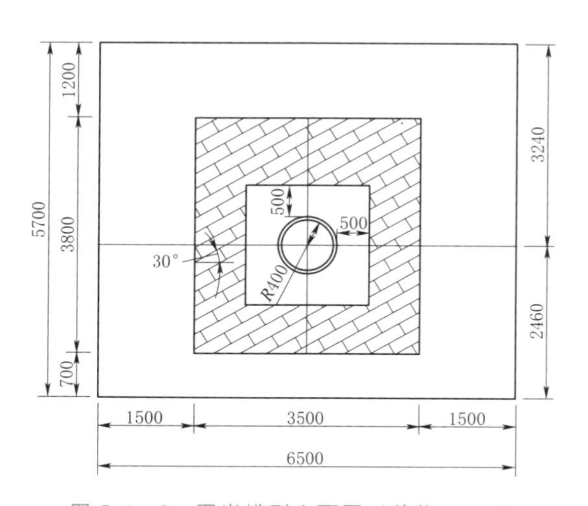


图 5.1-2　围岩模型立面图（单位：mm）

衬砌裂缝形态有异于普通钢筋混凝土结构，数量少，也不等距，但钢筋的限裂作用较明显，双筋衬砌缝宽明显小于单筋衬砌缝宽。

采用《水工隧洞设计规范》（NB/T 10391—2020）中的方法对试验模型的钢筋应力和

裂缝宽度进行计算，在衬砌开裂前，内水压力分别为0.3MPa和0.44MPa，钢筋应力试验结果与计算结果见表5.1-1。由表5.1-1可以看出，在相同荷载条件下，试验模型的钢筋应力和计算得出的钢筋应力尽管差别较大，但应力数值并不大。

表5.1-1　衬砌开裂前结构模型试验结果与规范（NB/T 10391—2020）方法计算结果表

| 项　　目 | 内水压力0.3MPa | | 内水压力0.44MPa | |
|---|---|---|---|---|
| | 单筋 | 双筋 | 单筋 | 双筋 |
| 钢筋应力试验结果/MPa | 3.746 | 1.752 | 4.932 | 2.25 |
| 钢筋应力计算结果/MPa | 36.739 | 32.999 | 48.78 | 43.649 |

衬砌开裂后，最大内水压力为1.7MPa，钢筋应力和裂缝宽度的试验结果与计算结果见表5.1-2。由表5.1-2可以看出，衬砌开裂后，单、双筋断面试验确定的钢筋应力均不大，而计算得出的钢筋应力远大于试验结果。从裂缝宽度来看，计算得出的裂缝宽度也远大于试验结果。这说明衬砌开裂后由规范方法计算得出的结果与实际工程差别很大。

表5.1-2　衬砌开裂后结构模型试验结果与规范（NB/T 10391—2020）方法计算结果表

| 项　目 | 钢筋应力/MPa | | 裂缝宽度/mm | |
|---|---|---|---|---|
| | 单筋 | 双筋 | 单筋 | 双筋 |
| 试验结果 | 99.587 | 40.789 | 0.05985 | 0.02347 |
| 计算结果 | 215.227 | 191.184 | 0.15 | 0.13 |

在内水压力作用下，衬砌与围岩联合受力。衬砌开裂前，结构处于弹性阶段，内水外渗不明显，内水压力按面力考虑，按弹性力学方法进行结构分析，可以在一定程度上反映实际受力特征，但应合理确定弹性抗力系数的取值，以便合理反映联合受力特性。衬砌开裂后，内水外渗，将在围岩中形成渗流场，衬砌承受的荷载仅为衬砌内外侧渗透压力差，而围岩将成为承担内水压力的主体，因此混凝土衬砌的钢筋应力水平并不高。

从天荒坪抽水蓄能电站压力隧洞充水试验中发现的现象也能说明衬砌受力的特点。在充水过程中发现，当衬砌和围岩初始缝隙较大时，衬砌容易开裂，衬砌受力反而变小，内水压力主要由围岩承担，围岩的受力变形相对大；当初始缝隙小时，衬砌与围岩联合作用效果相对较好，衬砌不易开裂或裂缝微小，衬砌受力反而相对较大。这主要是由于衬砌开裂后，渗透系数增加，衬砌水力坡降减小，致使衬砌所分担的内水压力降低，围岩分担的内水压力增加。

综上所述，混凝土衬砌在内水压力作用下，当内水压力较小且未开裂时，内水压力按面力施加，并按弹性力学法、有限元法计算，能够一定程度地反映工程实际。但随着内水压力的增加，混凝土产生裂缝，渗透系数大幅度增加，在衬砌和围岩中形成渗流场，内水压力将以渗透体力的形式作用于衬砌及围岩上。随着混凝土衬砌透水性的增加，其水力坡降降低，作用在混凝土衬砌上的渗透压力也随之降低，围岩将成为受力主体。

对于透水隧洞，围岩及混凝土力学参数、渗透参数对混凝土受力状态都有较大的影响。随着围岩和灌浆圈弹性模量的提高，混凝土应变将显著减小，裂缝宽度和渗漏量也相应减小。随着围岩及灌浆圈渗透系数的减小，作用在混凝土衬砌上的渗透压力减小，进而使混凝土衬砌的应变、裂缝宽度和渗漏量也相应减小。

## 5.2 结构设计

根据高压隧洞内水压力的作用特点，在高压隧洞结构设计时，通过渗流场分析或流固耦合计算确定混凝土衬砌在设计内水压力作用下所承受的体力，再通过结构分析进行配筋计算。

### 5.2.1 饱和、非饱和渗流的基本微分方程

对于稳定渗流问题，饱和、非饱和状态的基本微分方程可写为

$$\frac{}{x}\left[K(H)\frac{H}{x}\right]+\frac{}{y}\left[K(H)\frac{H}{y}\right]+\frac{}{z}\left[K(H)\frac{H}{z}\right]=0 \tag{5.2-1}$$

式中：$K(H)$ 为与水头有关的渗透系数，在非饱和区为非饱和渗透系数，在饱和区则为饱和渗透系数。

对二维平面问题，其微分方程和初边值条件可表示为

$$\begin{cases}\frac{}{x}\left(MK_x\frac{H}{x}\right)+\frac{}{z}\left(MK_z\frac{H}{z}\right)+Q_{\epsilon}=0\\ H(x,z)\Gamma_1=H_1(x,k)\qquad(x,z\in\Omega)\\ MK_x\frac{H}{x}\frac{dz}{ds}+MK_z\frac{H}{z}\frac{dx}{ds}\Gamma_2=MK_n\frac{H}{n}\Gamma_2=q\end{cases} \tag{5.2-2}$$

式中：$H$、$H_1$ 分别为渗流场水头和 $\Gamma_1$ 类边界上的已知水头；$M$ 为含水层平均厚度；$K_x$、$K_z$ 分别为 $x$ 和 $z$ 方向的渗透系数；$Q_{\epsilon}$ 为单位时间单位面积的灌水量（令为正）或泄水量（取为负）；$q$ 为 $\Gamma_2$ 类边界单位宽度上的渗水补给量。

上述偏微分方程的定解问题可转变为泛函求极值的问题。将泛函令为地下渗流计算区的总势能，则由泛函求极值与欧拉方程等价的原理可导得有限元计算的基本方程，据以求得各结点的水头值。

### 5.2.2 渗流体积力

渗流体积力与水压力梯度成比例，如将渗透水头 $H$ 表示为

$$H=Z'+\frac{P}{\gamma} \tag{5.2-3}$$

则对二维平面问题，有

$$\begin{cases}X=-\frac{P}{X}=-\gamma\frac{H}{X}\\ Z=-\frac{P}{Z}=-\gamma\frac{H}{Z}+r\end{cases} \tag{5.2-4}$$

式中：$Z'$为位置水头；$P$ 为水压力；$\gamma$ 为水容重；$X$、$Z$ 分别为在水平方向和竖直方向上的渗流体积力；$r$ 为浮力，在水下空间为一常数，并有 $r=\gamma$。

### 5.2.3 岩体弹塑性有限元分析

二维问题的有限元计算一般采用增量变刚度迭代法，材料性态按弹塑性体考虑，屈服准则选为德鲁克-普拉格准则。对线弹性问题的计算，则有

$$[K]\{\delta\}=\{P\} \tag{5.2-5}$$

增量加载时，平衡方程的通式为

$$[K]_{i-1}\{\Delta\delta\}_i=\{\Delta P\}_i \tag{5.2-6}$$

而

$$\begin{cases}\{\delta\}_i=\{\delta\}_{i-1}+\{\Delta\delta\}_i\\ \{\in\}_i=\{\in\}_{i-1}+\{\Delta\in\}_i\\ \{\sigma\}_i=\{\sigma\}_{i-1}+\{\Delta\sigma\}_i\end{cases} \tag{5.2-7}$$

对弹性区域中的单元，其单元刚度矩阵为

$$[K]^e=\iiint_v[B]^{\mathrm{T}}[D_e][B]\mathrm{d}v \tag{5.2-8}$$

对塑性区域中的单元，第 $i$ 次迭代计算中任意单元的刚度矩阵为

$$K_{i-1}^e=\iiint_v[B]^{\mathrm{T}}[D_{ep}][B]\mathrm{d}v \tag{5.2-9}$$

### 5.2.4 应力状态对渗流场影响的计算

应力状态对渗流场影响的计算主要靠对渗透系数引入与应力水平有关的修正系数来实现。

通过对室内试验结果的统计分析可知，在工程常见的应力水平范围内，岩石和混凝土材料的渗透系数随应力变化的规律可表示为

$$K=K_0\mathrm{e}^{\alpha\sigma} \tag{5.2-10}$$

式（5.2-10）中的回归系数 $\alpha$ 和 $K_0$ 均为可同时反映岩体材料特性和应力状态对渗透系数影响的综合系数。由于目前尚不清楚剪应力对渗透系数的影响程度，故假设在整个渗流耦合作用过程中，渗透主轴与应力主轴始终保持一致。

### 5.2.5 耦合分析原理

渗流场作用效果的耦合主要靠荷载的耦合来实现。计算时先通过渗流场计算求得各单元结点的水头值，进而求出相应的渗流体积力及等效结点力，并将它叠加到与初始地应力相应的荷载项上。求得应力值后依据当前应力水平修正渗透系数，并按以上步骤进行重复计算。

### 5.2.6、结构设计方法

在高压隧洞结构设计时，可根据高压隧洞内水压力的性质，采取不同的施加方式。静水压力长期作用在衬砌和围岩结构上，按渗透体力施加比较合理。而由于负荷变化、工况转换、事故等偶发事件产生的水击压力，即动水压力，按面力施加较为合适。因此，在高

压隧洞结构设计时，通过渗流场分析，或流固耦合计算，确定混凝土衬砌在设计静水头作用下所承受的体力，再与动水压力叠加后，近似按均匀受拉或偏心受拉构件进行配筋计算，并进行抗裂验算。当衬砌配筋较大时，可适当调整配筋参数，不足部分可通过高压固结灌浆施加预应力来补偿，固结灌浆在施加预应力的同时，还具有加固围岩，改善其渗透性的效果，有利于混凝土衬砌渗透压力的减小。

限裂设计是通过控制钢筋应力来实现的，有关裂缝宽度的计算公式较多，美国ACI公式是经过多年试验研究得出的理论经验公式，详见式（5.2-11）。该公式适用于包括隧洞在内的各种地下结构混凝土构件，作为最大裂缝宽度的控制条件，比我国钢筋混凝土规范建议的计算方法适用性更好，从广州抽水蓄能电站隧洞放空检查情况看，裂缝扩展基本在该公式的控制范围内，应用是安全的。

$$w_{max}=0.145\times10^{-3}f_s(2d_c^2S)^{1/3} \tag{5.2-11}$$

式中：$w_{max}$ 为最大裂缝宽度，m；$f_s$ 为钢筋应力，MPa；$d_c$ 为钢筋中心距衬砌表面的距离，m；$S$ 为钢筋间距，m。

透水隧洞的设计思想是依靠围岩承载绝大部分内水压力荷载，配置单层钢筋控制衬砌裂缝扩展在允许裂缝宽度范围内。按式（5.2-11）确定满足限裂要求的钢筋应力 $f_s$，通过式（5.2-12）可求解钢筋所分担的内水压力 $P_s$。

$$P_s=\frac{f_sA_s}{R_s} \tag{5.2-12}$$

式中：$P_s$ 为钢筋所分担的内水压力，MPa；$f_s$ 为钢筋应力，MPa；$A_s$ 为衬砌单位长度钢筋面积，$mm^2/mm$；$R_s$ 为钢筋中心半径，mm。

通过高压灌浆，对混凝土衬砌施加预应力，以使钢筋应力控制在所要求的范围内，满足限制裂缝开展宽度的要求。有效灌浆压力可按式（5.2-13）确定：

$$P_b=P_c-P_s \tag{5.2-13}$$

式中：$P_b$ 为有效灌浆压力，MPa；$P_c$ 为混凝土衬砌所承受的渗透压力，MPa；$P_s$ 为钢筋所分担的内水压力，MPa。

灌浆孔口压力的确定还应考虑混凝土徐变、围岩流变、浆液结石收缩等产生的预应力的损失，同时还应关注围岩的灌浆效果。根据工程经验，灌浆压力一般取内水压力的1.5～2.0倍，同时还不宜大于围岩的最小主压应力。

外水压力取值是衬砌抗外压设计的关键。根据我国水工隧洞设计规范，外水压力可以采用地下水水位线水头控制，并根据地下水活动状态以及排水措施考虑折减系数。这种方法对于承受高压的混凝土衬砌隧洞来说就不一定适用了，至少不够合理。根据广州抽水蓄能电站运行观测成果的分析，详见图5.2-1，外水压力与原勘探钻孔观测得到的地下水水位线无明显联系，而是与隧洞内水外渗直接相关。通过钻孔埋设的渗压计实测成果可知，外水压力随隧洞充水和放空时内水升降稍有滞后地上升和消落。上述观测成果说明外水压力受内水外渗影响较大，是受内水外渗条件控制的。因此，外水压力是以渗透压力即体力的形式作用于衬砌上的，故外水压力按渗流场分析方法进行确定是比较合适的。

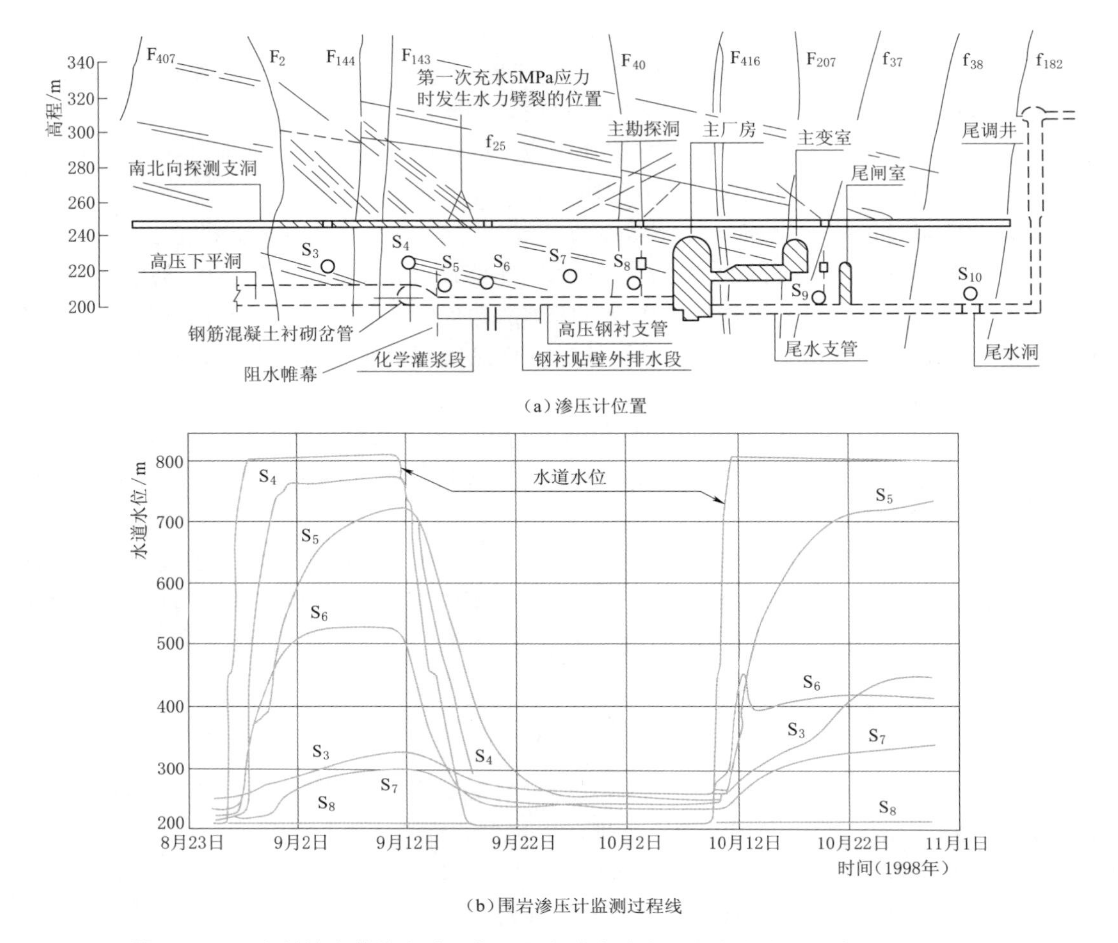

(a)渗压计位置

(b)围岩渗压计监测过程线

图 5.2-1　广州抽水蓄能电站二期工程水道充放水及内水外渗围岩渗压计监测成果

## 5.3　工程实例

### 5.3.1　广州抽水蓄能电站高压管道设计

广州抽水蓄能电站总装机容量为 2400MW，分为一期工程和二期工程。广蓄一期工程于 1994 年 3 月投产发电，广蓄二期工程于 2000 年 3 月竣工。

（1）广蓄一期工程高压管道设计。广蓄一期工程引水系统采用一洞四机供水方式。广蓄一期工程高压隧洞采用两级斜井布置，倾角为 50°，总长度为 1293m，包括上斜井、中平洞、下斜井和下平洞。高压主管洞径为 8.5m，在岔管主管进口渐缩为 8.0m。高压管道最大静水头为 610m。

广蓄一期工程高压隧洞的结构设计，如果按传统的结构力学法进行计算，随着水压力的加大，在满足限裂值不大于 0.2mm 的条件下，在Ⅳ类围岩中的衬砌配筋量将非常大。当洞内水压力为 636m 水头时，环向配筋量高达 1056cm²/m，即使把衬砌厚度由 60cm 加厚到80cm，断面配筋量仍达807cm²/m，难以实现。而采用平面有限元法进行结构设计，计算得到的裂缝宽度为0.159～0.49mm，大部分超过限裂值，尤其对有大断层通过的Ⅳ类围岩高压隧洞段，必须局部加大衬砌厚度并设置双层钢筋方能满足限裂设计要求。

为此，提出了以下设计原则：①Ⅰ类、Ⅱ类围岩按结构力学法中的限裂计算进行设计，Ⅲ类围岩除少数洞段外，基本上是按结构力学法进行设计。②对Ⅳ类围岩，在有断层蚀变带通过的地段，利用各向异性材料的平面有限元法进行设计；对Ⅳ类围岩的其他洞段，则利用平面有限元计算成果类比选用。

对裂缝宽度超过0.2mm的洞段，如果在断层蚀变带洞段加大混凝土衬砌厚度或配置双层钢筋，将给滑模施工带来一定困难。考虑到高压隧洞的内水压力将由混凝土和经过固结灌浆后的围岩共同承担，且经高压灌浆后围岩弹性模量提高以及分担效果改善等因素，将断层蚀变带洞段由双层钢筋改为单层钢筋。经多次放空检验，整个引水系统运行良好。通过高压隧洞埋设的钢筋计实测得到的最大钢筋应力为52MPa，大部分钢筋应力小于40MPa，远小于计算得到的钢筋应力。实践说明，广蓄一期工程高压隧洞的结构按透水隧洞原理进行设计是合理的。

（2）广蓄二期工程高压管道设计。广蓄二期工程与广蓄一期工程共用上、下水库，引水系统相距150～200m，也采用一洞四机的布置方式。广蓄二期工程的高压隧洞采用两级斜井布置，倾角为50°，总长度为1097.8m，包括上斜井、中平洞、下斜井和下平洞。高压隧洞的设计水头为610m，考虑水锤压力后，最大设计水头为725m，混凝土衬砌隧洞洞径为8.0～8.5m，采用C28混凝土，衬砌厚度为60cm。广蓄二期工程高压隧洞位于地下80～550m深的燕山三期中粗粒黑云母花岗岩中，整个高压隧洞沿线山体地形起伏变化不大。隧洞大部分覆盖厚度与对应内水压力之比为0.8～0.85，侧向围岩厚度远大于垂直厚度，因此具有足够的埋深条件，岩体重力能够承受全部的内水压力，满足上抬理论要求。整个高压隧洞Ⅰ类、Ⅱ类围岩占83.2%，Ⅲ类、Ⅳ类围岩占16.8%。两条较大的断层$F_{145}$、$F_2$分别在中平洞、下平洞通过，地下裂隙水丰富。

广蓄一期工程高压隧洞的设计考虑了衬砌的开裂及其透水性，但仅是一种尝试。广蓄二期工程高压隧洞的地形地质条件以及引水系统平立面布置、隧洞尺寸、运行条件等与广蓄一期工程引水系统非常相似，在分析借鉴广蓄一期工程成功经验和实测资料的基础上，广蓄二期工程高压隧洞采用透水隧洞原理进行结构设计。

广蓄二期工程高压隧洞采用非均质、任意主渗方向的三维各向异性渗流有限元模型，模拟大直径、高内压的钢筋混凝土衬砌隧洞，通过应力场和渗流场的耦合计算出混凝土衬体及钢筋应力，确定混凝土开裂后的裂缝开展宽度范围。内水压力取静水头610m，外水头边界按广蓄一期工程8点、9点渗压计的读数121m和256m作用在模型相应高程的位置上，地质条件按Ⅱ类、Ⅲ类围岩考虑，并根据由室内试验获得的渗透系数随应力大小而变化的关系，或考虑应力场对渗流场的影响，经过渗流场和应力场的耦合计算得到以下结果：

1）在内水压力作用下得到渗透压力等势线，当把内水压力全部按渗透体积力考虑，且无水锤作用时，计算得到的钢筋应力远小于将内水压力作为面力处理时的钢筋应力，且应力水平与广蓄一期工程充水实测成果基本一致。根据这一计算得到的钢筋应力（表5.3-

1)，按《水工钢筋混凝土结构设计规范》(DL/T 5057—2009) 计算得到的混凝土裂缝宽度，均满足设计要求的限裂值。

表 5.3-1　　渗透体积力作用下广蓄二期工程高压隧洞混凝土衬体及钢筋应力

| 围岩类别 | 混凝土衬体切向拉应力/MPa | 混凝土衬体径向压应力/MPa | 钢筋应力/MPa |
|---|---|---|---|
| Ⅱ | 0.014 | −1.24 | 98.4 |
| Ⅲ | 0.02 | −1.58 | 131.2 |

2) 在外水压力作用下计算得到的混凝土衬体及钢筋应力见表 5.3-2，混凝土应力远小于其抗压强度。

表 5.3-2　　外水压力作用下广蓄二期工程高压隧洞混凝土衬体及钢筋应力

| 序号 | 围岩类别 | 混凝土衬体应力/MPa | | 钢筋应力/MPa | |
|---|---|---|---|---|---|
| | | 最大压应力 | 最大拉应力 | 最大压应力 | 最大拉应力 |
| 1 | Ⅱ | −2.61 | 0.12 | −33.9 | 2.6 |
| 2 | Ⅱ | −4.38 | 0.28 | −59.7 | 5.58 |
| 3 | Ⅱ | −14.0 | — | −102.2 | — |
| 4 | Ⅱ | −3.24 | 0.3 | −26.4 | — |
| 5 | Ⅲ | −9.5 | — | −71.4 | — |

针对广蓄二期工程高压隧洞 $F_2$ 断层洞段的复杂性，采用三维边界元法建立包括混凝土开裂后各向异性材料单元、钢筋单元、围岩及断层单元模拟上述洞段，采用了英国 BEASY 程序进行计算。三维边界元法计算得到的渗流场势值及渗流量比有限元法计算得到的结果小约 3%，最大钢筋应力比有限元法计算得到的结果小约 17%，原因是三维边界元法的固体力学模型钢筋单元与混凝土共面，能模拟钢筋与混凝土的黏结作用，而有限元法模型是用钢筋杆件单元连接混凝土单元的环向内侧结点，故钢筋应力要大些。广蓄二期工程高压隧洞衬砌的配筋，采用了高压透水衬砌的计算成果，与广蓄一期工程相同工作条件的洞段相比，环向钢筋大幅度削减，如承受最大水头的下平洞，由 $\phi$32@10cm 减至 $\phi$25@12.5cm，纵向钢筋基本上按构造配筋 ($\phi$16@20cm) 配置，并全部采用了单层钢筋。

(3) 高压管道运行情况。广蓄一期工程高压管道于 1993 年 2 月进行充水试验，充水过程的监测成果表明，除局部有出水和出水量增加外，绝大部分测点渗水和渗漏量变化不大，水道系统渗漏量很小。

广蓄二期工程上游水道于 1998 年 8 月开始充水，充水后，在高压岔管和 1 号排水廊道一带出现了很高的渗透压力且渗漏量较大，其总渗漏量基本稳定在 31～32L/s。经放空检查找出原因后，对渗漏段高压管道进行化学灌浆处理，并对部分地质探洞进行封堵。处理后于 1998 年 10 月对高压隧洞进行二次充水，经观测，总渗漏量稳定在 5～6L/s，且有减小趋势，而后逐步稳定在 2.3L/s。

钢筋计读数均小于钢筋的抗拉强度，钢筋均处于弹性状态，高压隧洞受力条件良好，处于安全状态。

### 5.3.2　天荒坪抽水蓄能电站高压管道设计

天荒坪抽水蓄能电站总装机容量为1800MW，工程于1998年9月首台机组投产。天荒坪抽水蓄能电站引水系统采用一洞三机供水方式，由高压斜井、岔管、支管组成，总长度为1159.58m。高压管道采用斜井布置，倾角为58°，高压主管洞径为7.0m，最大静水头为680m。

（1）结构设计。天荒坪抽水蓄能电站高压管道地质条件较好，Ⅰ类、Ⅱ类围岩占80%以上，采用钢筋混凝土衬砌。衬砌厚度为50～60cm。设计基本原则是钢筋混凝土衬砌为透水衬砌，内外水压力基本平衡。高压斜井在高程510.00m施工支洞以上衬砌厚度为0.4m（后因施工原因改为0.5m），按构造配筋。高程510.00m施工支洞以下衬砌厚度为0.6m，也按构造配筋，但核算裂缝宽度不超过0.2mm，如果超过，则按限裂设计加大配筋量。限裂设计不计水击压力。按此原则，上平段及上弯段配置$\phi$25@20cm的环向筋及$\phi$16@30cm的纵向筋，斜井配置$\phi$25@20cm和$\phi$28@20cm的环向筋及$\phi$22@25cm的纵向筋。

岔管结构的设计原则与高压管道类似，围岩是高压钢筋混凝土岔管的主要承载和防渗结构。钢筋混凝土衬砌的作用只是平顺水流、减小糙率，保护围岩，保证灌浆顺利进行。在高压内水压力作用下，混凝土衬砌开裂，内水外渗，衬砌本身承受的内水压力并不大，原型观测成果也证明了这一点。因此，岔管按限制裂缝宽度0.2mm计算配筋量，再通过工程类比最终确定配筋方案。最终采用的配筋方案为：主管配置$\phi$32@15cm的环向筋及$\phi$22@25cm的纵向筋，支管配置$\phi$28@15cm的环向筋及$\phi$22@25cm的纵向筋。整个岔管区域内设有$\phi$28@100cm×100cm锚杆兼作锚筋，以利于围岩和混凝土衬砌联合作用，共同抵抗外水压力。设计时还对岔管进行了内、外水压力作用下的三维有限元计算，内水压力作为面力作用在衬砌上，计算结果表明，在岔管岔裆钝角、锐角处均出现较大的应力集中。在680m水头作用下，锐角处最大拉应力为10.77MPa，钝角处最大拉应力为6.09MPa。主、支管拉应力最大值发生在腰线处，主管为3.43MPa，支管为5.43MPa。环向拉应力大大超过了混凝土的抗拉强度，充水后，这些部位首先开裂。开裂后，内水外渗，在长期内水压力作用下形成稳定渗流场，围岩将承受大部分荷载，衬砌内应力将重新调整。外水压力作用下，将衬砌作为脱离体计算，取单位计算荷载，以确定衬砌所能独力承担的外压荷载，这种计算模式只能作为一种估算，实际受力机理与之相去甚远。

（2）原型观测成果。分别在压力管道1号及2号斜井、下弯管、岔管布置监测断面，监测项目有外水压力、钢筋应力、混凝土衬砌与围岩间的缝隙。埋设的仪器有渗压计、钢筋计、测缝计。

1）渗透压力。在1号输水系统充、放水过程中，1号斜井、下弯段及岔管外水压力均较大，如岔管部位各点外水压力测值为612～648m水头，与内水压力相差不大，且外水压力与内水压力变化同步，压力管道充水时，外水压力随水位上升而明显增加，放水时，外水压力随水位下降而明显减小。2号高压管道投运前，当1号高压管道持续高水位运行时，2号高压管道的渗透压力明显增大，其中斜井处（高程502.00m）水压约为27m水头，下弯管处水压约为55m水头。上述结果表明，钢筋混凝土衬砌是透水的，在长期运行工况下，在混凝土衬砌与围岩中可形成稳定的渗流场。

2）缝隙。斜井、下弯管、岔管的混凝土衬砌与围岩间的接缝，在充水前顶拱处于张开状态，张开量为0.5～5mm，底部处于压缩闭合状态。隧洞充水后，各洞段混凝土衬砌与围岩间的缝隙基本处于闭合状态。

3）钢筋应力。钢筋应力主要受内水压力变化的影响，受温度变化的影响相对较小。在充水期间，1号斜井充水后，钢筋拉应力明显增加，如斜井观测断面钢筋计RXH1－2（约高程502.00m处）的应力从1997年11月充水前的17.7MPa，增加至充水后的170.7MPa，此时相应的水位增幅为350m。斜井放水后，应力减小并保持在66MPa左右。1985年1月，当斜井再次充水后，钢筋应力又增至174MPa左右，此后在水压作用下，一般稳定在160MPa以上。

高压岔管部分钢筋计测值与内水压力有较好的相关性，随水位的变化呈正相关关系。充水期间，岔管钝角区腰部环向钢筋计RCH－5的最大拉应力达282.54MPa。

从混凝土衬砌受力特点分析，在高水压作用下，混凝土衬砌是透水的，在围岩和混凝土衬砌间形成渗流场，内水压力转化成渗透压力，作用在围岩和混凝土衬砌上，围岩成为渗透压力承担的主体。由1号斜井、2号斜井、岔管相同部位监测成果可以看出，尽管岔管体形、结构尺寸、内水压力相同，但钢筋应力却相差较大。如1号斜井腰部环向钢筋应力（PXH1－2）最大值为179.1MPa，而相同条件下，2号斜井同部位的环向钢筋应力（RXH2－2）最大值仅为60MPa左右。上述结果说明，结构的钢筋应力不完全由内水压力决定，还与围岩结构特性、渗透特性、隧洞超欠挖、衬砌与围岩接触密实程度等有关。

### 5.3.3 惠州抽水蓄能电站高压管道设计

惠州抽水蓄能电站总装机容量为2400MW，分A厂、B厂两座地下厂房，详见图2.4－6，A厂机组于2009年12月全部投产，2011年5月B厂最后一台机组投产。两条输水系统均采用一洞四机供水方式。电站引水系统由上水库进/出水口、闸门井、引水隧洞、上游调压室、高压隧洞、高压岔管、高压支管等主要建筑物组成。受上游调压室地形条件的限制，输水系统在平面上采用折线布置方式。A厂、B厂输水系统水平长度分别为4250.8m和4225.5m。高压管道采用3级斜井布置，设有两个中平段，倾角为50°，高压主管洞径为8.5m，在岔管主管进口渐缩为8.0m，最大静水头为630m。

惠州抽水蓄能电站高压隧洞及岔管按透水隧洞原理进行设计，首先计算开裂后混凝土衬砌与围岩形成的渗流场，再将渗透压力以体力形式、水击压力以面力形式施加到混凝土衬砌和围岩上，通过有限元结构分析进行配筋设计与抗裂验算。最终确定引水隧洞、高压隧洞及岔管采用钢筋混凝土衬砌，厚度为60cm，尾水隧洞采用钢筋混凝土衬砌，厚度为40cm，引水支管及尾水支管采用钢板衬砌，外填厚度为60cm的素混凝土。

从理论上讲，高压隧洞在内水压力的作用下，随内水压力的增加，混凝土衬砌开裂，内水沿混凝土衬砌和围岩向外渗透形成稳定的渗流场。渗流荷载作用在混凝土衬砌和围岩结构上，而混凝土衬砌和围岩的应力应变损伤程度变化又反过来影响材料渗透系数，进而影响渗流场，形成一个耦合过程。

以下以惠州抽水蓄能电站下平洞末端 10m 长的Ⅳ类围岩隧洞段断面为例，对考虑渗流场与应力场耦合效应与否对计算成果的影响进行了分析，从计算结果看，在充水运行工况下，考虑与不考虑耦合效应时，每米隧洞渗漏量分别为 49L/s 和 45L/s。可见由于耦合效果，衬砌渗透系数受应力状态的影响，导致每米隧洞渗漏量有所增加。同时耦合效应也使衬砌水力坡降减小，衬砌承担的内水压力也相应减小，进而使衬砌最大拉应变有所减小。但是，由于计算是针对衬砌和围岩整体进行的，围岩和衬砌共同承担内水压力，对整个结构而言，考虑耦合效应与否对计算结果数值的影响较小。惠州抽水蓄能电站岔管采用数值法进行充水运行期的稳定渗流场分析，确定内水外渗后作用于混凝土岔管上的渗透压力，并据此进行结构分析。通过结构分析成果及工程类比，最终确定岔管采用的配筋为 $2\times\phi25@10cm$。

惠州抽水蓄能电站 A 厂高压管道于 2008 年 5 月进行首次充水试验，试验揭示渗漏量较大，约为 220L/s，部分洞段混凝土衬砌裂缝密集。水道放空后对部分洞段进行加强灌浆处理，同时也对部分探洞进行回填处理。2008 年 9 月，对 A 厂高压管道进行二次充水，渗漏量有了大幅度的削减。通过监测，渗漏量仅为 5.33L/s。2009 年 2 月，对 A 厂高压隧洞进行放空检查，并对其渗漏量进行测量，渗漏量为 22.2L/s。

B 厂引水系统于 2010 年 3 月进行首次充水，充水期间，探洞、厂区排水廊道、隧洞堵头等部位新增渗漏量很小，新增总渗漏量约为 1.2L/s，根据监测成果，B 厂引水系统渗漏量约为 5.7L/s。

钢筋计读数均小于钢筋的抗拉强度，钢筋均处于弹性状态，高压隧洞受力条件良好，处于安全状态。

# 第 6 章

# 灌浆式预应力混凝土衬砌

众所周知，混凝土具有较高的抗压能力，但抗拉能力很低。隧洞混凝土衬砌在内水压力作用下，为受拉结构。当结构中的拉应力超过混凝土抗拉强度限值后，衬砌结构将产生裂缝。混凝土一旦开裂，裂缝将成为渗漏的主要通道，其防渗性能将大大降低。按抗裂设计，未能充分发挥钢筋强度，往往使钢筋混凝土很厚，经济性很差。灌浆式预应力混凝土衬砌是通过高压灌浆，在加固围岩的同时，利用围岩的约束作用，使衬砌形成一定的预压应力，可较充分地发挥混凝土的抗压能力及围岩的弹性抗力，克服混凝土抗拉强度低和极限拉伸率小的弱点，具有较高的承载能力及抗裂、防渗性能，且造价低、经济效益明显，设计、施工简便等。这种衬砌结构的关键是预应力高压灌浆，高压灌浆的作用主要体现在两个方面：一是通过对混凝土衬砌与围岩间的缝隙进行高压灌浆，对混凝土衬砌施加径向压力，进而使混凝土衬砌产生压应变，形成预压应力；二是通过高压灌浆对围岩进行加固。对于围岩可灌性较好的裂隙，在高压作用下加大裂隙宽度，并被水泥结石充填，而可灌性差的细小裂隙则被压密。由此可见，高压灌浆不仅使衬砌形成预压应力，同时也使围岩得以加固，进而使混凝土衬砌的约束作用得以加强，并使高压灌浆形成的预应力得以固化和保存。同时，也使衬砌和围岩形成了一个具有一定预应力的共同承受内水压力的结构体。

## 6.1 衬砌类型

灌浆式预应力是利用高压灌浆在使松弛围岩得以有效固结的同时，在混凝土衬砌内产生预压应力。由此可见，高压灌浆工艺是实现这种衬砌的关键，根据高压灌浆的方式及方法，可将灌浆式预应力混凝土衬砌分为以下 3 种型式：

（1）内圈环形灌浆式预应力混凝土衬砌。这种型式需要有两层衬砌，外圈叫“围岩衬砌”，起平整层作用；内圈叫“内圈环形衬砌”。两层衬砌之间预留环形缝隙，供灌注高压水泥浆之用。环形缝隙一般是在内环上预制或由施工模板上的凸棱在外圈衬砌浇筑时形成凹形槽而成，典型剖面见图 6.1－1（a）。

这种型式的主要优点是内圈衬砌可以获得均匀的预压应力，但因施工要求精度高，灌浆时止浆困难，围岩固结效果差，一般只适用于地质条件好的和直径较小的隧洞，故适用性较差。法国的罗泽兰水电站隧洞（$D=4.2$m）已有应用，我国于 20 世纪 50 年代曾在古田水电站试验过，但没有被采用。

（2）环形管灌浆式预应力混凝土衬砌。这种型式是在混凝土衬砌浇筑的同时，在衬砌外侧贴紧岩壁处预埋环形灌浆管，然后通过环形灌浆管向围岩及混凝土衬砌与围岩间的接触缝内进行高压灌浆。为提高预应力灌浆效果，常在浇筑混凝土之前在岩面上喷涂一层石灰乳剂，以便在灌浆时利于围岩与衬砌的分开。此种型式施工较为简便，预应力效果也较佳，但对围岩条件要求仍较高，典型剖面见图 6.1－1（b）。澳大利亚的戈尔登水电站隧洞（$D$=8.2m）、南非的德拉肯斯堡水电站隧洞（$D$=5.5m）采用了此型式。

（3）钻孔高压灌浆式预应力混凝土衬砌。这种型式是通过隧洞向钻孔进行高压灌浆，在衬砌获得预压应力的同时，围岩也被压缩和固结，成为衬砌预应力的约束圈，典型剖面见图6.1-1（c）。此种型式对围岩条件要求较低，适用范围较广且施工方便，预应力效果也比较好。

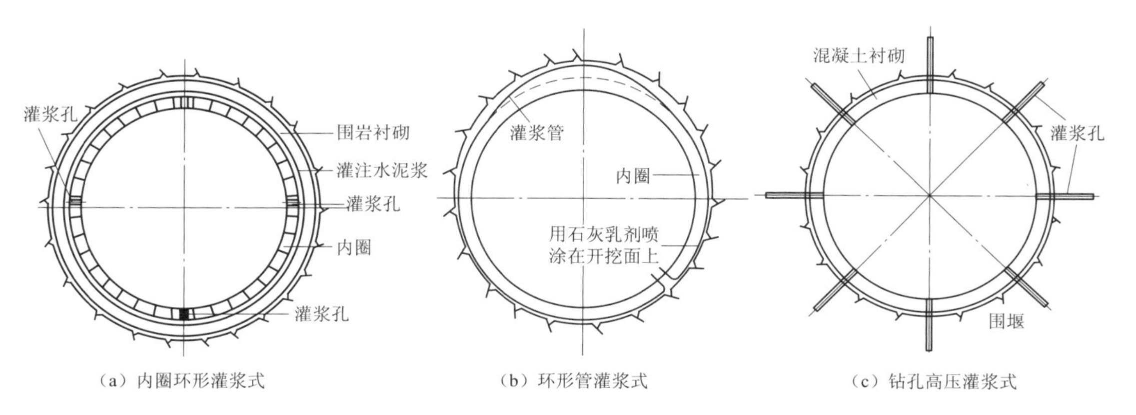


图6.1-1 灌浆式预应力混凝土衬砌类型示意图

采用该型式的工程较多，如我国的白山水电站1号引水隧洞（$D$=8.6m）采用深孔高压灌浆法，使衬砌能获得平均预应力达6.8～7.5MPa的良好效果，满足了设计要求。南斯拉夫的拉马水电站隧洞（$D$=5m）和德国的雷扎赫水电站隧洞（$D$=4.9m）、苏联的英古里水电站隧洞（$D$=9.5m）也是采用了深孔高压灌浆方法，同样获得了良好的预应力效果。

## 6.2 结构设计及基本原则

灌浆式预应力混凝土衬砌结构设计要解决的主要问题有：衬砌厚度、灌浆压力、预应力损失的确定，灌浆工艺的可靠性，预应力分布的合理性，预应力长期保持的可靠性等。

### 6.2.1 设计基本原则

灌浆式预应力混凝土衬砌按不允许出现裂缝进行设计，在结构设计中可不计混凝土自重、干缩、湿胀的影响。在不考虑温度影响的条件下，内水压力作用下在衬砌内缘产生的环向拉应力应不大于灌浆压力作用下在衬砌内缘产生的环向压应力，即衬砌按全预应力设计，应满足式（6.2-1）：

$$\sigma_{tp}+\sigma_{tq}\leqslant 0 \tag{6.2-1}$$

式中：$\sigma_{tp}$ 为内水压力作用下在衬砌内缘产生的环向拉应力；$\sigma_{tq}$ 为灌浆压力作用下在衬砌内缘产生的环向压应力。

若计入温度影响，混凝土衬砌允许承受不大于混凝土抗拉限值的拉应力，即

$$\sigma_{tp}+\sigma_{tq}+\sigma_{tt}\leqslant f_t/\gamma_d \tag{6.2-2}$$

式中：$\sigma_{tp}$ 为内水压力作用下在衬砌内缘产生的环向拉应力；$\sigma_{tq}$ 为灌浆压力作用下在衬砌内缘产生的环向压应力；$\sigma_{tt}$ 为由于温度作用产生的环向压应力；$f_t$ 为衬砌混凝土抗拉强度设计值；$\gamma_d$ 为结构系数。

灌浆过程中，应保证混凝土衬砌不因灌浆压力过大而破坏，要求衬砌结构的内缘环向压应力小于混凝土轴心抗压设计强度标准值的 80%，即

$$\sigma_{tq} < 0.8 f'_{ck} \tag{6.2-3}$$

式中：$f'_{ck}$ 为混凝土轴心抗压设计强度标准值。

## 6.2.2 结构设计

### 6.2.2.1 衬砌厚度的确定

对于灌浆式预应力混凝土衬砌，在高压灌浆压力作用下，衬砌获得预应力的同时，围岩也被压缩（预变形）和固结，进而形成衬砌预应力约束圈。从混凝土衬砌的受力特点分析，当衬砌预应力较大时，衬砌的内外侧压力梯度较小。因此，在设计内水压力作用下，衬砌应力状态接近无内水压力的情况。从预应力效果分析，衬砌越薄越好，但是在施工期，即在高压灌浆压力作用下，衬砌要有足够的抗力。

混凝土衬砌厚度除与其所承受的内水压力、洞径有关外，还与围岩力学性能有关。根据国内外相关资料及已建工程的统计分析，混凝土衬砌厚度一般为洞径的 1/18～1/12，洞径小时用大值，反之用小值。图 6.2-1 给出了围岩单位弹性抗力系数 $k_0$ 为 20MPa/cm、40MPa/cm、60MPa/cm 时，不同衬砌厚度与灌浆压力的关系曲线，图中横坐标为衬砌外半径 $r_o$ 与内半径 $r_i$ 之比，纵坐标为内水压力作用下，混凝土衬砌不产生拉应力所需的最小灌浆压力 $q$ 与隧洞所承受的内水压力 $p$ 之比。从图 6.2-1 可以看出，衬砌厚度相同的条件下，围岩条件越好，所需要的灌浆压力越小；围岩条件相同时，在内水压力作用下，衬砌厚度越小，衬砌获得相同预应力所需的灌浆压力越小，即在相同灌浆压力作用下，衬砌越薄预应力效果越好。因此，衬砌厚度应在满足施工要求的条件下，尽可能采用较小值。施工要求包括最小厚度要求及施加预应力时的抗压能力。

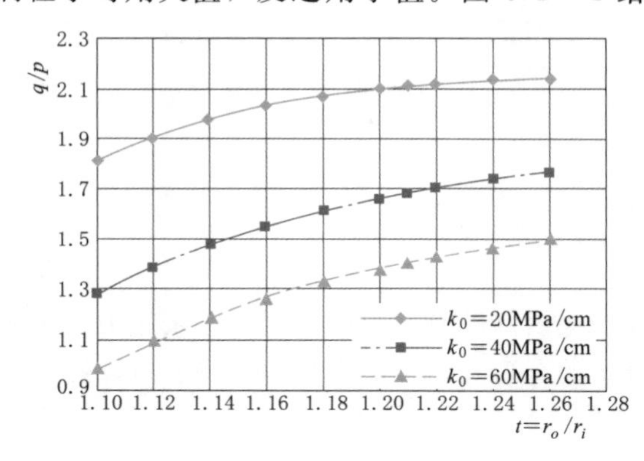


图 6.2-1 衬砌厚度与灌浆压力关系曲线

### 6.2.2.2 灌浆压力的确定

1. 灌浆压力作用应力计算

将灌浆压力视为均匀外压作用于衬砌上，最大环向压应力发生在衬砌内缘。根据梅拉公式，灌浆压力作用下在衬砌内缘产生的环向压应力为

$$\sigma_{tq} = -2q\frac{t^2}{t^2-1} \tag{6.2-4}$$

$$t=\frac{r_o}{r_i} \tag{6.2-5}$$

式中：$\sigma_{tq}$ 为灌浆压力作用下在衬砌内缘产生的环向压应力；$r_i$ 为衬砌内半径；$r_o$ 为衬砌外半径；$q$ 为有效灌浆压力。

2. 内水压力作用应力计算

将衬砌视为位于均匀弹性介质中的厚壁圆筒，内水压力作用下在衬砌内缘产生的环向拉应力为

$$\sigma_{tp}=2p\frac{t^2+A}{t^2-A} \tag{6.2-6}$$

$$A=\frac{E_c-(1+\mu_c)k_0}{E_c+(1+\mu_c)(1-2\mu_c)k_0} \tag{6.2-7}$$

式中：$\sigma_{tp}$ 为内水压力作用下在衬砌内缘产生的环向拉应力；$E_c$ 为混凝土弹性模量；$\mu_c$ 为混凝土泊松比；$k_0$ 为围岩单位弹性抗力系数；$p$ 为内水压力。

3. 温度应力计算

温度变化对混凝土衬砌的不利影响，主要是指冬季水温降低使衬砌及围岩收缩，进而使衬砌产生压应力的情况。由于温度变化在衬砌内缘产生的环向应力采用稳定温度场来分析，具体计算如下：

$$\sigma_{tt}=2p_t\frac{t^2}{t^2-1} \tag{6.2-8}$$

$$p_t=\frac{[\Delta r_0]}{r_o\left[\frac{1}{E_c}\left(\frac{r_o^2+r_i^2}{r_o^2-r_i^2}-\mu_c\right)+\frac{1}{E_c}(1+\mu_r)\right]} \tag{6.2-9}$$

$$[\Delta r_o]=\Delta r_{co}-\Delta r_{r-o} \tag{6.2-10}$$

$$\Delta r_{co}=\alpha_c\Delta T r_o \tag{6.2-11}$$

$$\Delta r_o=-\frac{2r_o^2}{R^2-r_o^2}\alpha_r(T_r-t_o)\left[\frac{\frac{R}{r_o}-1}{\ln\left(\frac{R}{r_o}\right)}-1\right] \tag{6.2-12}$$

其中
$$\frac{R}{r_o}=f\left(\frac{2C\tau}{\beta r_o}\right)$$

式中：$\sigma_{tt}$ 为温度作用产生的环向应力；$p_t$ 为温降后衬砌产生的向外的均匀吸入力；$\mu_r$ 为围岩泊松比；$[\Delta r_o]$ 为温降后衬砌与围岩的总变位；$\Delta r_o$ 为温降后围岩开挖面半径增加值；$\Delta r_{co}$ 为温降后衬砌外半径减小值；$\alpha_c$ 为混凝土的线膨胀系数；$\Delta T$ 为混凝土衬砌的计算温差；$\alpha_r$ 为围岩的线膨胀系数；$T_r$ 为半径 $R$ 处常年不变的岩石温度；$t_o$ 为衬砌外缘温度；$R$ 为围岩的温降半径；$C$ 为围岩的导热系数；$\tau$ 为年内最低温度持续时间；$\beta$ 为围岩的单位体积比热。

只要计算出 $\frac{2C\tau}{\beta r_o}$，查表 6.2-1 即可得出 $\frac{R}{r_o}$。

表 6.2-1　　函数 $f\left(\frac{2C\tau}{\beta r_o}\right)$ 的值

| $R/r_o$ | 1.6 | 2.5 | 3.5 | 4.5 | 5.5 | 6.5 | 7.5 | 8.5 | 9.5 | 10.5 | 11.5 | 12.5 | 13.5 |
|---|---|---|---|---|---|---|---|---|---|---|---|---|---|
| $\frac{2C\tau}{\beta r_o}$ | 0.35 | 1.61 | 3.77 | 6.8 | 10.76 | 15.53 | 21.19 | 27.66 | 35.25 | 43.32 | 52.51 | 62.49 | 73.21 |

4. 有效灌浆压力的确定

根据设计基本原则，预应力混凝土衬砌在内水压力作用下不应产生拉应力，应满足下式：

$$-2q\frac{t^2}{t^2-1}+p\frac{t^2+A}{t^2-A}\leqslant 0 \tag{6.2-13}$$

考虑温度应力的影响，预应力混凝土衬砌不应开裂，即拉应力不应大于混凝土衬砌的抗拉能力，应满足下式：

$$-2q\frac{t^2}{t^2-1}+p\frac{t^2+A}{t^2-A}+2p_t\frac{t^2}{t^2-1}\leqslant\frac{f_t}{\gamma} \tag{6.2-14}$$

根据以上两式，可以分别求出在内水压力作用下不产生拉应力，以及叠加温度影响后不产生裂缝时的预应力混凝土衬砌所需的有效灌浆压力，取其大值即为衬砌的有效灌浆压力。

**6.2.2.3　预应力损失**

有效灌浆压力确定后，即可确定施灌过程中的孔口灌浆压力。孔口灌浆压力等于作用在衬砌上的有效灌浆压力扣除因施工期预应力高压灌浆产生的浆液压力损失，以及混凝土衬砌在长期运行中因徐变、水泥浆液结石收缩、围岩流变等产生的压力损失。

施工期浆液压力损失主要与衬砌和围岩间的接触缝隙的可灌性、单孔所承担的灌浆面积、浆液的稠度及可灌性、孔口灌浆压力的大小、灌浆管路的长短等多种因素有关，损失系数一般取 0.6～0.8。混凝土徐变、水泥浆液结石收缩以及围岩流变对预应力的影响可以根据经验公式估算，并结合试验修正，损失系数一般取 0.4～0.7，预应力综合损失系数取 0.3～0.6，则孔口灌浆压力为

$$q_0=\frac{q}{h_p} \tag{6.2-15}$$

式中：$q_0$ 为孔口灌浆压力；$q$ 为有效灌浆压力；$h_p$ 为预应力综合损失系数。

1. 混凝土徐变

混凝土衬砌在长期内水压力作用下的徐变将引起应力松弛。徐变引起的灌浆压力降低值 $\Delta q_t$ 可由下式求得：

$$\Delta q_t=q_0\frac{k\lambda m(1-\mathrm{e}^{-t})}{1+k\lambda[1+0.5m(1+\mathrm{e}^{-2t})-(1+m)\mathrm{e}^{-t}]} \tag{6.2-16}$$

$$k=\frac{k_0}{r} \tag{6.2-17}$$

$$\lambda=\frac{r_o}{E_c}\left(\frac{r_o^2+r_i^2}{r_o^2-r_i^2}-v\right) \tag{6.2-18}$$

当时间 $t\rightarrow\infty$ 时，则

$$\Delta q_t = q_0 \frac{k\lambda m}{1+k\lambda(1+0.5m)} \tag{6.2-19}$$

式中：$\Delta q_t$ 为徐变引起的灌浆压力降低值；$m$ 为混凝土极限徐变特征值；$k$ 为围岩弹性抗力系数；$\lambda$ 为衬砌变形率。

从上述公式可以看出，当围岩弹性抗力系数 $k$ 较大时，因混凝土徐变而产生的衬砌应力松弛量会大些。同样可以看出，当衬砌变厚，外径增大时，松弛量也会略有增加。

2. 水泥浆液结石收缩

水泥浆液结石收缩也将引起预应力损失，在采用无膨胀性水泥灌浆的条件下，衬砌与围岩接触面上的水泥浆液结石收缩后使灌浆压力降低的值，可按下式求得：

$$\Delta q_s = q_0 \frac{q_0 A' - h_a(1+\mu_s)(r_s^2 - r_o^2)}{A' + \frac{1}{E_s}[1-\mu_s(1+2\mu_s)](r_s^2 - r_o^2)} \tag{6.2-20}$$

$$A' = \frac{r_s^2}{E_r}(1+\mu_r) + \frac{r_o}{E_c}\left(\frac{r_o^2 + r_i^2}{r_o^2 - r_i^2} - \mu_c\right) \tag{6.2-21}$$

式中：$\Delta q_s$ 为水泥浆液结石收缩引起的灌浆压力降低值；$E_r$、$\mu_r$ 分别为岩石的弹性模量和泊松比；$h_a$ 为水泥浆液在挤压状态硬化时的相对收缩变形，其值取 $1\times10^{-7}$；$r_s$ 为灌浆结石的外半径；$E_s$、$\mu_s$ 分别为水泥浆液结石的弹性模量和泊松比。

衬砌与围岩的接触缝隙水泥浆液结石厚度较小，如白山水电站清水开环后衬砌与围岩间隙平均值在1mm（最大2.8mm，平均0.65mm）以下，根据计算，浆液结石收缩对预应力影响很小，可忽略。此外，衬砌混凝土的干湿变形及其自生体积变形，也将对预应力产生影响，但一般影响不大。对于过水隧洞来讲，由干变湿一般不引起应力减小，自生体积变形有膨胀也有收缩，一般发生在灌浆之前。

3. 围岩流变

围岩流变的影响可根据流变的方向来确定。一般情况下，当岩体的初始应力大于灌浆压力时，会产生指向洞内的流变，因而使预应力增加。这一数值一般不大，因此常可忽略。

#### 6.2.2.4　施工期混凝土强度复核

灌浆过程中，衬砌结构的内缘切向压应力应小于混凝土轴心抗压设计强度标准值的80%，即满足下式要求：

$$\sigma_{\theta(灌浆)} = -2q_0 \frac{t^2}{t^2-1} \leqslant 0.8 f'_{ck} \tag{6.2-22}$$

式中：$f'_{ck}$ 为混凝土轴心抗压设计强度标准值。

如不满足上述要求，则应提高混凝土标号或增加衬砌厚度，并重新进行上述计算。

## 6.3　灌浆

灌浆式预应力混凝土衬砌的预应力是通过高压灌浆得以实现的。从理论上讲，在内水压力作用下，混凝土衬砌的应力是均匀的，因此要求通过高压灌浆在衬砌内产生的预压应力也应是均匀的，为此对灌浆布置、工艺及参数等提出了特殊的要求。

（1）灌浆压力。内水压力的大小是设计灌浆压力的主要依据，但不是唯一的依据。灌浆压力过小，则预应力不易形成，且不均匀系数大，松弛系数大，结构工作条件不好；灌浆压力太大，则施工困难，迸浆时间长，降低经济效果，二者应统一考虑。灌浆压力一般为内水压力的 2～3 倍。

（2）灌浆段长度。为使预应力沿洞周分布均匀，一般均采用群孔灌浆方式，若干个剖面同时施灌。灌浆施工段的长度不宜太小，如直径小于 6m 的隧洞，灌浆段的长度取 2～3 倍的洞径为宜；直径大于 7m 的隧洞，取 1.5～2 倍的洞径为宜，具体长度应综合考虑温度、围岩地质条件、设备布置及能力等因素。例如，南斯拉夫的拉马水电站采取 32 个孔组成（即 4 个灌浆断面，每个断面 8 个孔）同时灌注段，这样可使 9m 长的隧洞衬砌同时受到预压应力。白山水电站一次灌注 48～56 个孔，最多有 60 个孔同时灌注，灌浆段长 12m。

（3）灌浆孔间排距。灌浆孔间排距要根据单孔灌浆的有效面积来确定。根据国内外的经验，灌浆孔间排距一般为 2.5～3m。直径 5m 以下的隧洞，每排灌浆孔数为 8～12 个；直径 5～10m 的隧洞，每排灌浆孔数为 12～18 个。总之，灌浆孔间排距的控制标准是一个孔的有效灌浆面积为 3.5～7m$^2$，具体到每个工程，其有效灌浆面积最好通过现场试验来确定。

（4）灌浆孔深度。灌浆孔深度据统计一般为隧洞直径的 1/2 至 1 倍。具体可根据围岩条件来确定，对于节理裂隙发育的围岩，孔深可取大值，而对于完整性较好、裂隙不发育的围岩，孔深可取小值。同时，灌浆孔的深度不宜小于围岩松动区的厚度。总之，对孔深的要求，主要目的是通过灌浆使围岩在一定厚度范围内充分固结，使之成为一个刚性承载环，以便对衬砌预应力产生有效的约束，同时具有足够的抗渗性能。

（5）灌浆孔方向。在岩体结构均匀的围岩中，灌浆孔可以径向布置成放射状，表面呈均匀的梅花形。对于岩体结构不均匀的，要根据岩体的结构特性，使灌浆孔的方向和主要裂隙的交角尽可能大一些，但考虑到衬砌背面的浆压要均匀，灌浆孔在衬砌表面的分布仍应是均匀的梅花形。

（6）灌浆孔直径。灌浆孔直径一般采用小孔径，因为小孔径钻孔效率高，且钻孔横截面面积不大，浆液在孔内流速大，不易在孔内沉淀。通常采用的孔径为 40～50mm，白山水电站及国外工程的实践经验表明，最优孔径为 46mm。

（7）灌浆浆液的选择。灌浆材料主要是水泥，水泥质量和浆液配比是影响灌浆效果的重要因素之一。为此要求水泥高强、新鲜、颗粒较细。应通过试验选择可灌性好、析水少、稳定性好、凝结时间短、结石早期强度高、变形收缩及徐变性均要小的浆液配比。此外，在浆液中加入少量的早强剂、占水泥总量 3%的膨润土，以改善其析水性。如南斯拉夫的拉马水电站，通过试验选择的配比为 350 号硅酸盐水泥加 3%的膨润土，外加一定量的氯化钙速凝剂，浆液浓度为 6∶1～2∶1。又如我国的白山水电站通过 132 组配比试验，选用了 525 号硅酸盐水泥加 3%的膨润土，浆液浓度 10∶1～1∶1。

（8）钻孔高压灌浆的工艺。为使因高压灌浆而产生的预应力分布均匀，应采用全并联孔内循环式群孔灌浆工艺，快速升压，并延长迸浆时间，以提高灌浆效果。

（9）灌浆温度的选择。温度变化对衬砌应力的影响是比较大的。当温度降低时，衬砌拉应力增大，预应力相应减小。由白山水电站实测成果可知，以灌浆时温度为基准，温度每降低1℃，预应力松弛0.2～0.3MPa。而当温度升高时，衬砌膨胀受到围岩约束，衬砌压应力增大，预应力也得以相应增大。因此，在工期安排允许且不影响灌浆效果的前提下，尽量选择围岩温度较低时进行高压灌浆。

## 6.4 施工要求

通过上述理论分析可知，在其他条件相同时，衬砌越薄预应力效果越好。要想使预应力分布均匀，除采用合理灌浆工艺外，衬砌等厚是必要条件，因此对施工提出了特殊的要求，尤其是在开挖、支护、混凝土浇筑、高压灌浆工序方面。

(1) 开挖、支护。严格按设计要求，采用光面爆破，尽可能减小超挖和岩面起伏差，以为衬砌厚度均匀提供保证。同时还要采取措施，适时支护，有效地控制松弛区的发展、缩小松动圈的深度，以利于提高预应力效果及减小灌浆工作量，为衬砌预应力的形成提供良好的约束条件。

(2) 混凝土浇筑。衬砌混凝土较薄，同时还要承受较高的灌浆压力，因此混凝土施工难度较大，要求也较高。混凝土质量的好坏是提高预应力灌浆速度、缩短工期的控制因素之一。若混凝土浇筑质量差，如存在裂缝、蜂窝狗洞等缺陷，则会增加处理工序，加大工作量，甚至占用直线工期，同时也不利于预应力的保持。因此，应严格控制混凝土浇筑质量，保证其强度和密实性，避免高压灌浆时发生漏浆，甚至局部破坏。另外，根据工程进度总体安排，合理确定浇筑时机，尽可能在较低温度时段进行混凝土浇筑，以减小温度应力。

(3) 高压灌浆。高压灌浆效果如何是此种衬砌成功与否的关键。灌浆工艺及参数应结合围岩地质条件、隧洞尺寸、内水压力、运行要求等，通过现场试验综合确定。灌浆时机也是需要特别关注的问题，与混凝土浇筑一样，灌浆尽可能在较低温度时段进行。

群孔灌浆工艺是实现预应力灌浆技术的关键，一个灌浆段内的灌浆孔应采用全并联管路式高压灌浆，要求灌浆孔内的水泥浆液要有一定的循环速度，还要保证连续施灌。预应力高压灌浆一般分两步进行：第一步，清水开环，采用清水逐级加压，主要目的是冲洗缝隙，并使衬砌与围岩脱开，这称为开环。开环后，利于水泥浆均匀进入缝隙，沿衬砌周边形成均匀的预应力。开环时的压力称为开环压力，为能准确确定开环压力，一般是在清水加压的同时，对衬砌内表面环向应力进行测试，当洞周环向应力分布趋于均匀时即已开环，此时的压力即为开环压力。如白山水电站1号引水隧洞，洞径为8.6m，开环压力为1.2～1.6MPa，经过3～4次清水升降压后，可达到充分开环，衬砌与围岩接触缝的最大开度为2.8mm，平均开度为0.65mm。第二步，进行水泥高压灌浆，送水泥浆前先送清水，逐级升压至设计灌浆压力，然后保持最高压力送入水泥浆，直至闭浆。灌浆开始后，要保持连续送浆，避免中断。带压闭浆也是预应力高压灌浆的一个特点，有利于提高预应力的保持程度和结石强度。如白山水电站的施灌步骤为：第一步，清水开环，即以设计压力（2.0～2.5MPa）先灌注清水，使衬砌与围岩充分脱开（开环），若开环不充分，则可反复升降压几次，直至开环充分为止。当清水开环至最大压力时，改送水泥浆，一旦送浆，要求尽快达到设计压力。第二步，带压闭浆，其标准是在设计最大压力下，吸浆量小于0.2L/min，并延续2h。闭浆后，当孔口压力降至0时，及时拆卸、清洗管路。第三步，连续施灌，中途不准停机，如有停机事故发生，在连续灌浆12h以内，停机不超过2h，可不洗孔复灌，但若复灌后，吸浆量比停机前减少很多，并在极短的时间内就停止吸浆，则须重新钻孔补灌。一般情况下，以10∶1稀浆灌到底，若遇特殊情况（如混凝土裂缝漏浆严重），可按规范逐级变换水灰比。

## 6.5 预应力效果

灌浆在衬砌上产生的环向预压应力沿圆周分布是否合理，随时间增长和在荷载长期作用下是否能衰减，是这种衬砌成功与否的关键。有关这一问题可以通过现场模型试验研究成果及电站运行观测成果来说明。

为研究白山水电站压力隧洞灌浆式预应力混凝土衬砌施工工艺及灌浆参数，预应力大小、分布、形成过程及松弛情况，内水压力作用下衬砌及围岩的应力状态和防渗性能等，进行了现场模型试验。

根据白山水电站压力隧洞的地质条件，在地下厂房的上层排水廊道内布置两个试验洞，详见图6.5-1。

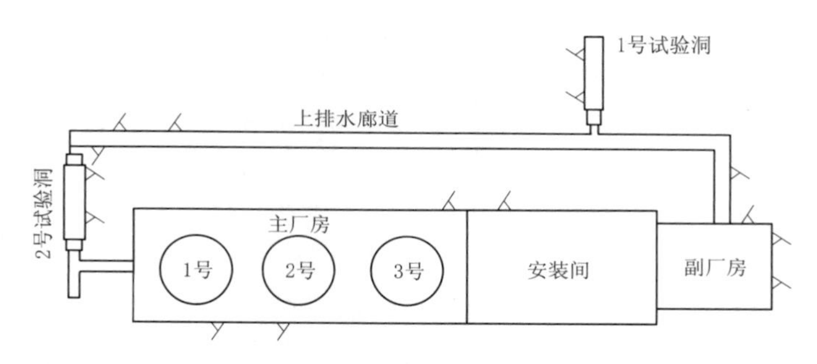


图6.5-1　白山水电站压力隧洞现场模型试验布置示意图

1号试验洞长15m，2号试验洞长19.75m，洞径均为3.0m。设计衬砌厚度为0.3m，1号、2号试验洞实际平均衬砌厚度分别为0.37m和0.44m。两个试验洞的岩石均为黑灰色及灰白色新鲜混合岩，粗粒似花岗结构、片麻状构造。1号试验洞，围岩为整块状结构体，完整均一，除两条贯穿性节理外，仅局部存有爆破裂隙，围岩的变形模量为40GPa。2号试验洞，围岩中节理裂隙较发育，局部地段呈块状构造，节理面有风化现象，围岩的变形模量取值为20GPa。1号、2号试验洞高压灌浆压力分别为1.0MPa和3.0MPa。两个试验洞的水压试验分别进行，压力为0.4～3.0MPa，分8个梯级14个循环。

预应力分布是否均匀与灌浆工艺、效果，洞室开挖的超挖情况，衬砌实际厚度的变化情况等因素有关。通过试验洞高压灌浆后预应力观测成果可以看出，预应力分布比较均匀，1号、2号试验洞不均匀系数（最大应力与最小应力之比）分别为2.0和2.6，详见图6.5-2。

衬砌承受内水压力后，预应力分布是否会改变，预应力分布是否合理，即在内水压力

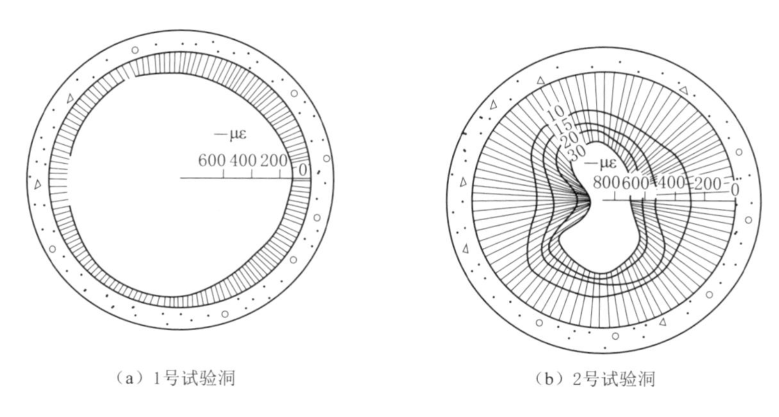


（a）1号试验洞　　（b）2号试验洞

图 6.5-2 白山水电站压力隧洞现场模型试验洞衬砌内缘切向应变分布图

作用下是否产生拉应力或拉应力是否大于混凝土抗拉限值，也是该种衬砌成功与否的关键。从试验结果（图 6.5-3）可以看出，在不同的内水压力作用下，其应变和内径变化分布的不均匀系数基本不变。1 号试验洞虽然只进行了 1MPa 的压力灌浆，但衬砌所获得的平均环向压应力为 2.4MPa，在 2.5MPa 的内水压力作用下，衬砌平均环向应力为 0，虽然存在局部拉应变，但不大于衬砌的抗拉强度。2 号试验洞在 3.0MPa 的灌浆压力作用下，衬砌所获得的平均环向压应力为 15MPa，当内水压力为 3.0MPa 时，衬砌内缘仍然保存着 12MPa 的压应力。

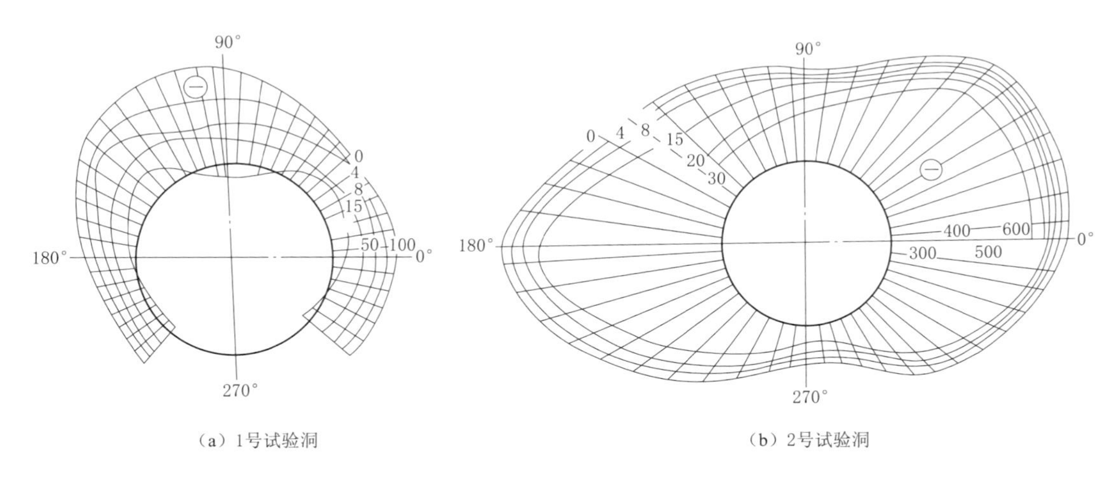


（a）1号试验洞　　（b）2号试验洞

图 6.5-3 白山水电站压力隧洞现场模型试验洞内水压力作用下衬砌内缘切向应变分布图
（图中等值线数字表示压力级别，单位为 0.1MPa）

从上述试验成果可以看出，衬砌应力分布基本合理，但这种预应力是否可长期保存，也是问题的关键所在。由试验成果可知，1 号试验洞在闭浆 5d 后预应力保存了 65%，经 20d 的观测，数值基本稳定。2 号试验洞观测了 95d，灌浆时获得的预应力值全部保存并略有增加。

在水压试验中，衬砌经受了0.4～3.0MPa 8个梯级14个循环的内水压力作用，历时10d，预应力值无明显变化，表明在灌浆过程中衬砌所获得的预应力是能够保存的，见图6.5－4。

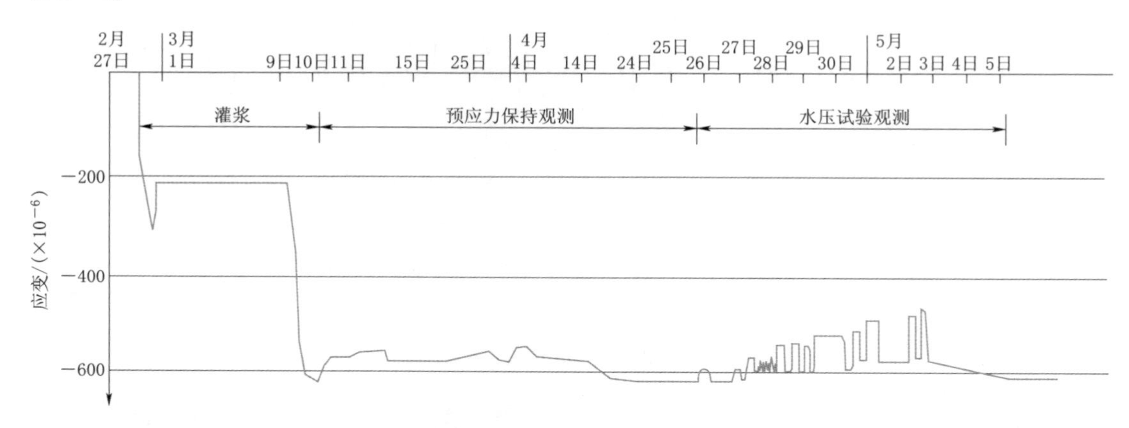


图6.5－4　白山水电站压力隧洞现场模型试验1号试验洞衬砌内缘切向应变过程线

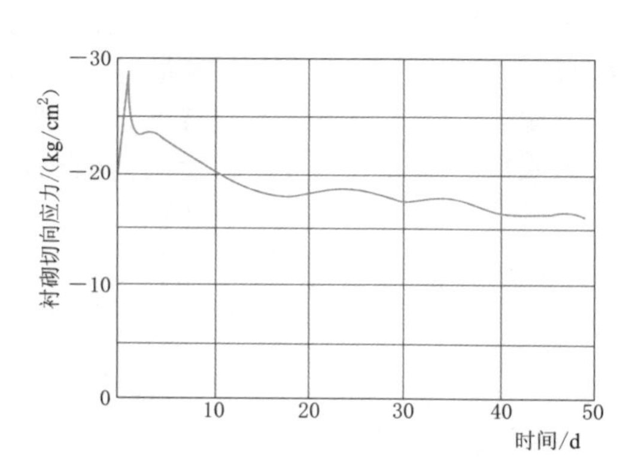


图6.5－5　拉马水电站衬砌预应力松弛过程线
（试验洞洞径为5m，衬砌厚度为0.3m，灌浆压力为2.0MPa，岩性为石灰岩，变形模量为24GPa）

从南斯拉夫的拉马水电站试验洞3个断面的实测资料来看，在2.0MPa的灌浆压力下，衬砌以及围岩均产生了预压应力，但应力沿洞周分布有不均匀现象。所获得的预压应力随时间有所减小，平均减小30%。在围岩变形模量为10～16GPa的条件下，施加预应力后，经过1个多月的松弛逐渐趋于稳定，具体应力变化过程见图6.5－5。经松弛后，衬砌中3个断面的应力平均值分别为1.29MPa、0.54MPa、1.23MPa，应力最大值分别为2.5MPa、1.0MPa、1.8MPa。

苏联的英古里水电站进行了模型试验，当灌浆压力为1MPa时，第Ⅱ断面衬砌内缘的最大压应力为0.7～0.9MPa，经过3个多月的应力松弛后为0.3～0.55MPa；第Ⅲ断面衬砌内缘的最大压应力为0.75～0.85MPa，应力松弛后为0.3～0.55MPa。预压应力沿洞周分布较为均匀。从试验所得的成果看，预压应力松弛绝大部分发生在最初的10d内，3个月后预压应力已达到稳定数值。

根据白山水电站1号引水隧洞上平段现场工业性试验成果，引水上平段长168.68m，衬砌后洞径为8.6m，衬砌厚度为0.6m，实际为0.9m。现场试验选择长48m的洞段，灌浆施工分4段进行，每段长12m，设计灌浆压力为2.0MPa，试验段剖面布置见图6.5－6。灌浆后，混凝土衬砌获得比较均匀的预应力，第Ⅰ、第Ⅱ断面的预应力分布详见图6.5－7。第Ⅰ断面获得的预压应力平均为7.2MPa，第Ⅱ断面为6.8MPa，两个断面的应力分布不均匀系数为2.0。

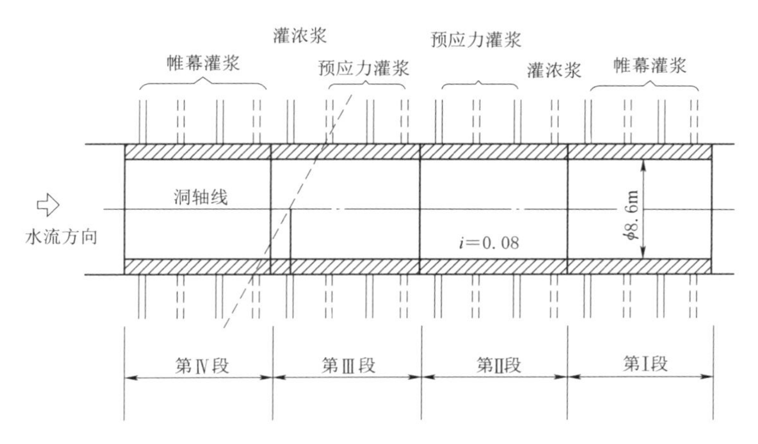


图 6.5-6　试验段剖面布置图

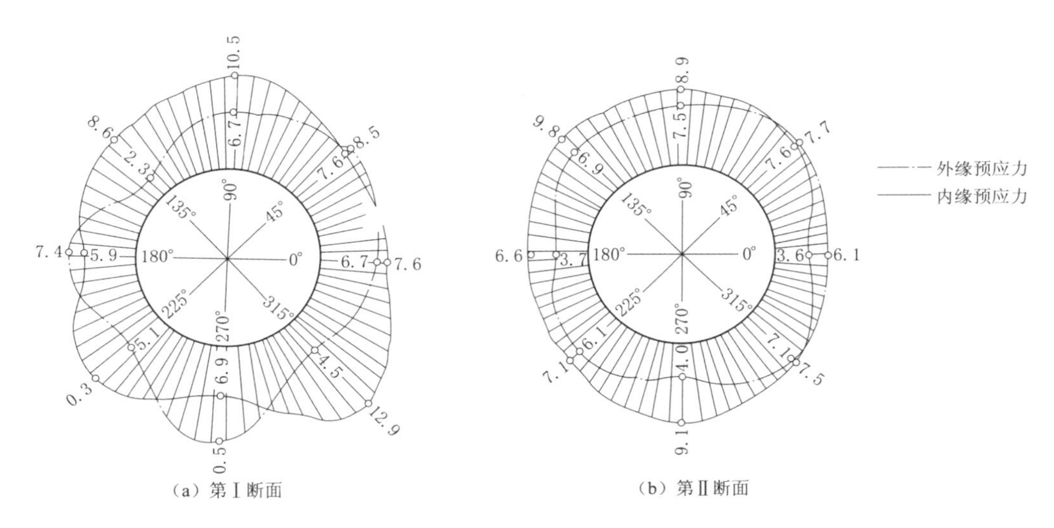


图 6.5-7　白山水电站1号引水隧洞第Ⅰ、第Ⅱ断面预应力分布图（单位：MPa）

闭浆后，混凝土衬砌预应力是可以保持的，7d后趋于稳定。经过1年的观测，第Ⅰ断面预应力平均减小10%，预应力变化过程见图6.5-8，第Ⅱ断面预应力平均减小8%。第Ⅲ断面灌浆压力为2.5MPa，平均获得9.6MPa的预应力，7d后趋于稳定，观测3个月没有变化，应力分布不均匀系数为1.5。

澳大利亚的戈尔登水电站引水隧洞长250m，洞径为8.2m，实际衬砌厚度为0.6m（设计为0.4m），内水压力为3MPa，有150m长的一段进行高压灌浆，灌浆压力开始为3.5MPa，后来为2.1～2.8MPa。衬砌层被压缩450$\mu\varepsilon$，灌浆结束11个月后压应变没有减小，而且稍有增大。

综上所述，试验研究成果与电站运行观测成果具有基本相同的规律，通过高压灌浆，衬砌能够获得沿圆周分布相对均匀的预压环向应力。在灌浆结束后，预应力松弛衰减很快，根据相关试验成果，预应力松弛绝大部分在最初的10d内完成，3个月后基本达到相对稳定的状态。由于混凝土收缩、徐变以及岩石流变等因素的影响，灌浆形成的预应力一

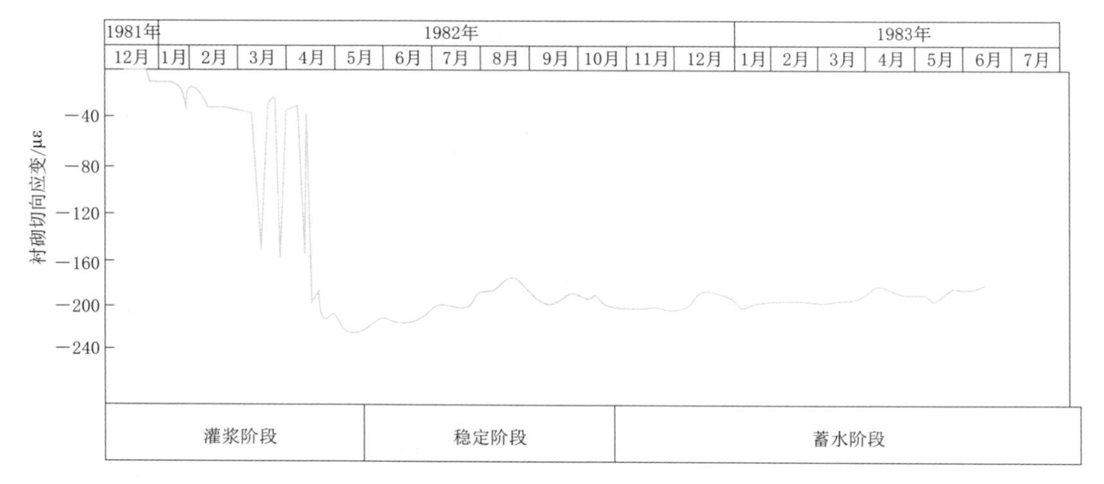


图 6.5-8　白山水电站 1 号引水隧洞第Ⅰ断面衬砌切向应变过程线

般可以保存 40%～70%。

由于围岩的约束作用，预应力能够长期保存。灌浆式预应力混凝土衬砌能够满足隧洞运行要求，即在内水压力作用下不产生拉应力，叠加温度应力后不开裂的要求。

## 6.6　运行效果

已有工程实验成果和已建工程运行情况证实，在内水压力作用下，灌浆式预应力混凝土衬砌结构的工作状态优于钢筋混凝土衬砌结构。拉马水电站试验洞，在与内水压力产生的应力叠加后，衬砌总应力仍为压应力，仅在个别地方发生 0.6MPa 以下的拉应力。德国的阳新水电站两条隧洞均采用素混凝土高压灌浆衬砌，运行 6 年和 10 年后检查均无损坏。白山水电站 1 号试验洞，在 2.5MPa 的内水压力作用下，衬砌内平均预压应力才降为 0，局部产生 0.24MPa 的拉应力。白山水电站压力隧洞的预应力混凝土衬砌建成后，工作正常。

由于预应力的存在，使混凝土衬砌处于受压状态，混凝土衬砌不产生裂缝，隧洞抗渗性能得以充分发挥，同时由于高压灌浆不仅固结岩石，而且填实了衬砌混凝土的孔隙和缝隙，因此抗渗性能提高效果显著。从高压灌浆前后隧洞渗漏量的对比来看：拉马水电站高压灌浆后，隧洞每 $1000m^2$ 渗漏量由 4L/s 降至 1.5L/s；英古里水电站高压灌浆后，隧洞每 $1000m^2$ 渗漏量由 6L/s 降至 0.4L/s；阳新水电站在工作压力（$18kg/cm^2$ 和 $23kg/cm^2$）作用下，$1000m^2$ 渗漏量降至 0.025L/s；白山水电站在 150m 水头作用下，$1000m^2$ 渗漏量降至 0.025L/s。回龙水电站下弯段和下平段采用灌浆式预应力混凝土衬砌，于 2004 年 6—8 月开始进行预应力灌浆施工，2004 年 11 月进行了充排水试验，试验水头为设计运行水头的 90%。从试验结果看，衬砌未发现纵向裂缝。2005 年 10 月，在电站进行了 1 个月全水头考核试运行后，引水隧洞再次放空，洞内衬砌完整，近百米长度内没有环向裂缝和纵向裂缝，混凝土岔管运行良好。高压隧洞运行效果表明，在衬砌中施加的预应力起到了限制衬砌裂缝产生及发展的效果。

# 第 7 章

# 环锚预应力混凝土衬砌

环锚预应力混凝土衬砌是一种主动预应力结构，它是通过张拉混凝土衬砌内的锚索使衬砌产生预压应力，以此来抵消内水压力产生的拉应力，使衬砌成为抗裂结构，满足防渗与承载要求，其可充分利用混凝土抗压强度，弥补了混凝土抗拉强度低的缺点。同时环锚预应力混凝土衬砌可单独承受内水压力，对围岩地质条件要求较低。环锚预应力混凝土衬砌适用于压力水头较高、围岩厚度较薄、围岩地质条件较差、衬砌开裂后渗水可能对相近建筑物或边坡稳定产生危害的水工隧洞、调压室等工程。

## 7.1 结构型式

环锚预应力混凝土衬砌按预应力筋束与混凝土的相互关系和施工工艺可分为有黏结体系和无黏结体系。

### 7.1.1 有黏结环锚预应力混凝土衬砌体系

有黏结环锚预应力混凝土衬砌体系是指通过在混凝土结构预留孔道内穿入预应力筋，预应力筋张拉时可在孔道内自由滑动，张拉完成后锚固并对孔道注浆使预应力筋与混凝土永久黏结不产生滑动的环形预应力技术体系。有黏结环锚预应力混凝土衬砌体系主要由预留孔道、预应力筋、锚具、孔道灌浆和锚固区回填处理等组成，见图 7.1-1。

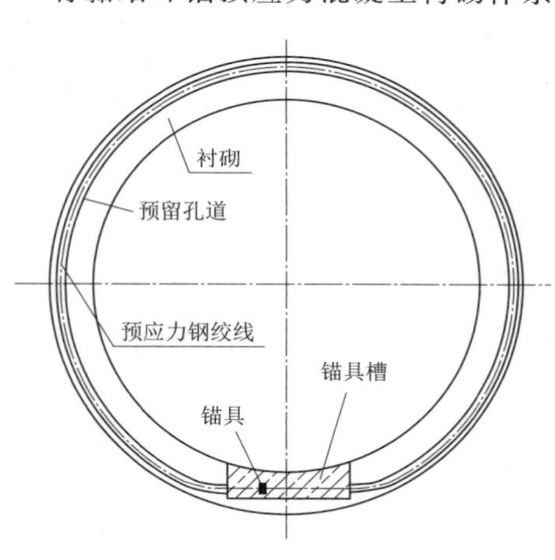


图 7.1-1 有黏结环锚预应力混凝土衬砌体系组成

孔道灌浆是保证该体系耐久性的关键工序，应确保预应力筋与管道内壁紧密黏结，可改善构件的抗裂性能，保护预应力筋不被锈蚀。由于预应力筋呈环向布置，在张拉过程中存在预应力筋挤压孔道内壁的现象，孔道灌浆不易饱满密实，硬化后浆体结石与孔道结合不够紧密，而且环形预应力筋的孔道摩擦损失大，在混凝土管壁中建立的有效环向预压应力较小，且均匀性较差。

### 7.1.2 无黏结环锚预应力混凝土衬砌体系

无黏结环锚预应力混凝土衬砌体系是指通过张拉无黏结预应力筋对管壁施加环形预压应力，由锚具锚固但与管壁混凝土不产生黏结的环形预应力技术体系。无黏结环锚预应力混凝土衬砌体系主要由无黏结预应力筋、锚具和锚固区回填处理等组成，见图 7.1-2。

无黏结预应力筋外部裹以高密度塑料套管，内部空隙以防腐油脂填充，在浇筑混凝土前将其和非预应力筋一样定位铺设在模板内，当混凝土达到合适强度后进行张拉和锚固。与有黏结体系相比，施工简便，不需要预留孔洞、穿筋、灌浆等烦琐工序。无黏结预应力在结构中可较为均匀地分布，由于张拉时预应力筋与其外包的PE套管间的摩阻小，故混凝土管壁中建立的有效环向预压应力较大，且均匀性较好。但是，锚具是环向无黏结预应力混凝土体系的关键所在，一旦失效，预应力筋将丧失全部预应力。因此，锚具及锚固区的防腐处理是保证该体系完整性和耐久性的关键工序。

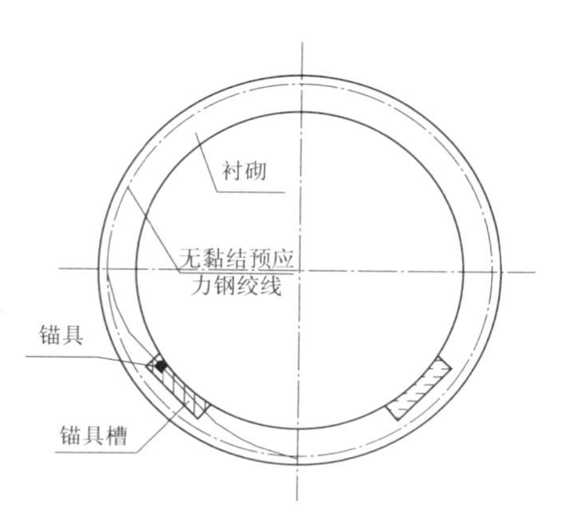


图7.1-2 无黏结环锚预应力混凝土衬砌体系组成

### 7.1.3 锚固体系的特点

有黏结锚固体系和无黏结锚固体系所形成的环锚衬砌结构各具特点，具体如下：

(1) 无黏结预应力筋束的摩擦损失小，预应力分布相对均匀，相同张拉吨位条件下，无黏结锚索的有效预应力要比有黏结锚索大得多，大大提高了锚索预应力效率，且有效地降低了锚具槽附近小圆弧处的应力集中程度，节约了锚索用量。

(2) 对于圆形的衬砌结构，有黏结环锚预应力混凝土衬砌锚索包角一般为360°，而无黏结环锚预应力混凝土衬砌结构，由于摩阻小，可将每束钢绞线沿衬砌绕两圈后锁定，即采用双圈环绕法，此时锚索包角可为720°，这样就使得混凝土衬砌结构的环向有效预应力分布更加均匀，同时也可将锚具槽及锚具的数量减少一半，经济性较好。

(3) 无黏结环锚预应力混凝土衬砌结构的预压应力分布比较均匀，预压应力分布的均匀性受锚具槽位置的影响相对较小，所以可将锚具槽设置在便于锚索张拉及混凝土回填的位置，利于保证锚固的可靠性。相比无黏结环锚预应力混凝土衬砌而言，有黏结环锚预应力混凝土衬砌锚具槽的布置需考虑其对衬砌应力分布均匀性的影响，若锚具槽沿环向采用分散布置，将给锚索张拉、锚固、锚具槽回填带来难度。

(4) 有黏结锚索在张拉过程中摩擦损失大，应力集中现象严重，锚索钢丝的滑丝率和断丝率较高，且易引起混凝土产生裂缝。而无黏结锚索则克服了这种缺点，断丝率很低。如在小浪底排沙洞有黏结和无黏结方案对比的模型试验中，发现了先张钢绞线压住后张钢绞线的现象；天生桥和隔河岩工程也发现了锚索预张拉过程中啪啪作响，后张钢绞线突然松动的现象。小浪底排沙洞环锚施工过程中4320束无黏结锚索仅有3股钢丝因夹片问题发生断丝或滑丝现象，断丝率只有0.0012%。

(5) 无黏结锚索在施工时不需要预留灌浆孔道，避免了穿索及灌浆等复杂施工工艺，不仅节约了波纹管用量，而且也消除了堵塞孔道和灌浆不密实引起的工程质量事故隐患，但其绑扎工作量大，定位要求高，混凝土浇筑难度较大。而有黏结锚索由于孔道间距大，便于混凝土浇筑。

（6）就环锚体系整体可靠性而言，有黏结体系在回填灌浆后，预应力锚索与混凝土衬砌形成整体，个别钢绞线出现问题也不会严重影响预压应力的分布，有黏结体系比较可靠，受锚具失效影响小。而无黏结钢绞线虽然自身保护可靠，但锁定部位的锚固保护至关重要，一旦锚固失效，将导致整束锚索失效。

为了说明有黏结方案的可靠性，在小浪底排沙洞有黏结环锚室外模型试验中分别于180°和90°位置先后将钢绞线钻断。布置在锚索张拉端的测力设备显示，当距张拉端90°位置钻断后，仍没有预应力损失发生。由此可见，砂浆具有较好的固化预应力的效果。

（7）在工程造价方面，无黏结钢绞线的摩擦损失小，无须使用波纹管，同时采用双圈环绕布置的方法还能够使锚具数量减少一半，大大简化了施工工艺，加快了施工速度，具有明显的经济优势。

综上所述，无黏结环锚预应力混凝土衬砌具有经济合理、施工简便等特点，故宜优先选用无黏结环锚预应力混凝土衬砌。《水工隧洞设计规范》（NB/T 10391—2020）也是这么规定的。

## 7.2 结构设计

环锚预应力混凝土衬砌结构设计需解决的主要问题有：锚固体系的选择以及预应力筋数量、锚索布置方式、锚具槽布置方式、张拉方式的确定等。

目前环锚衬砌结构设计通常采用的方法是根据隧洞所承受的内水压力和地质情况，首先假定衬砌的厚度，再假定锚索的张拉控制应力以及锚具槽的间距，同时假定内水压力引起的环向应力完全由锚索产生的预应力承担，按厚壁圆筒理论，初步确定锚索数量、张拉吨位及其布置方式。然后将预应力作为外荷载之一施加于衬砌环上，同时考虑其他作用的荷载，采用结构力学法或有限元法进行结构分析，并对结构进行优化。为合理确定设计参数和工艺的可行性，往往需要进行现场试验。

### 7.2.1 设计基本原则

从输水系统运行特点分析，其所承受的设计内水压力由两部分组成：一部分是静水压力；另一部分是由水力过渡过程产生的水击压力。静水压力是长期作用荷载，而水击压力是瞬时荷载，作用时间短。从防渗意义上讲，即使发生裂缝，由于水击压力作用时间有限，难以形成稳定的渗流场，故渗漏量是非常有限的，当水力过渡过程完成后，水击压力削减，衬砌在预应力作用下，裂缝会重新闭合。因此，环锚衬砌结构设计的基本原则如下：

（1）在运行情况下，环锚衬砌在预应力、内水压力、外水压力、衬砌自重、围岩压力、温度等荷载作用下产生的拉应力不大于混凝土的抗拉强度限值。当不计水击压力时，混凝土不应产生拉应力。

（2）无水压作用时，即施工、检修工况下，在预应力及其他荷载作用下衬砌中的压应力小于混凝土抗压强度限值。

### 7.2.2 衬砌厚度确定

环锚衬砌是通过张拉高强低松弛预应力筋对衬砌施加预压应力的。预应力作用效果可以用厚壁圆筒理论来说明。在内水压力和预应力作用下，若要使衬砌内表面环向不产生拉应力，则应满足以下条件：

$$p_y \geqslant \frac{1+t^2}{2t^2} p \tag{7.2-1}$$

$$p_y = \frac{A_y \sigma_{AV}}{r_s} \tag{7.2-2}$$

$$t = \frac{r_o}{r_i} \tag{7.2-3}$$

式中：$p_y$ 为预应力引起的径向外压；$A_y$ 为环锚衬砌单位长度预应力锚索面积；$\sigma_{AV}$ 为预应力锚索的有效预应力；$r_s$ 为锚索外半径；$r_i$ 为衬砌内半径；$r_o$ 为衬砌外半径；$p$ 为内水压力。

为便于说明问题，将上述各式绘制成 $p_y/p-t$ 关系曲线，见图 7.2-1。在内水压力作用下，满足衬砌不产生环向拉应力条件下，由于锚索张拉而产生的径向外压与内水压力的比值随衬砌厚度的增大而减小。

厚壁圆筒理论是按理想状态计算的，没有考虑锚具槽、锚索布置方式及小半径等因素的影响。现考虑这些因素的影响，按洞径为 5.2m，锚索钢绞线根数为 8 根，锚索间距为 0.5m，在运行工况下，分别对 0.5m、0.55m、0.6m、0.65m 和 0.7m 的不同衬砌厚度进行有限元计算，计算结果见图 7.2-2。在内水压力作用下，衬砌将产生环向拉应力，最大值出现在衬砌内侧表面，并且随着衬砌厚度的增大而逐渐减小；锚索张拉在衬砌中产生环向压应力，最小值出现在相邻锚索中间作用面锚具槽附近，随衬砌厚度的增大而逐渐减小。从曲线的变化趋势看，内水压力产生的环向拉应力呈减小趋势，随衬砌厚度增大减小趋势更为明显，这一规律与理论分析基本相同。

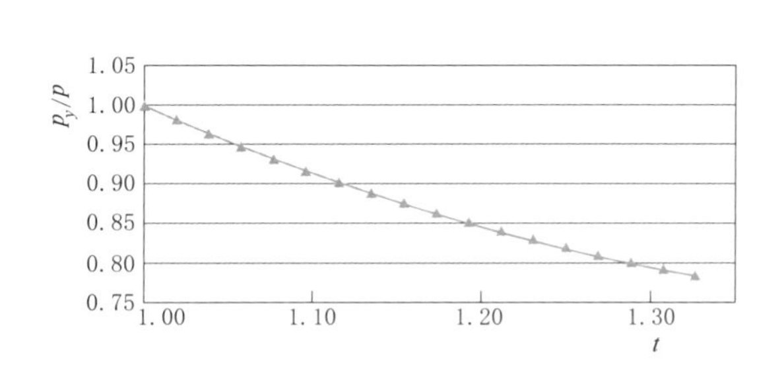


图 7.2-1　在内水压力和预应力作用下使衬砌内表面环向拉应力为 0 时的 $p_y/p-t$ 关系曲线

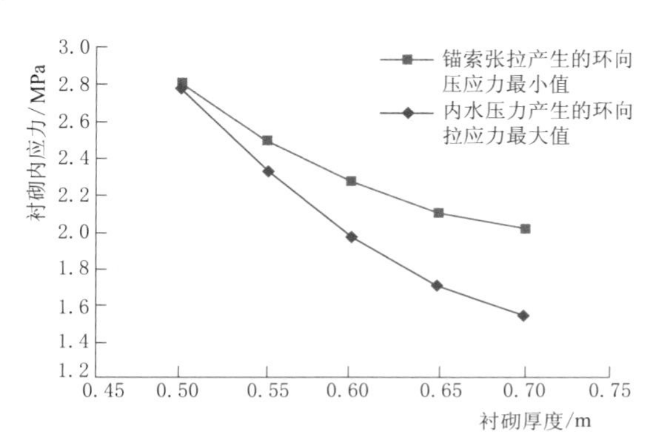


图 7.2-2　衬砌厚度与衬砌内应力关系变化曲线

内水压力产生的环向拉应力和锚索产生的环向拉应力相互抵消后，即为衬砌运行中的环向应力值。对于环锚预应力混凝土衬砌，衬砌厚度的确定首先应保证衬砌混凝土在施工期和运行期满足强度要求。如果衬砌厚度较大，则岩石开挖量和混凝土量也较大，因此在满足强度和构造要求的前提下，可优先考虑较薄的衬砌。从已建工程统计资料分析，环锚衬砌厚度一般为内径的1/10～1/18，见图7.2-3。

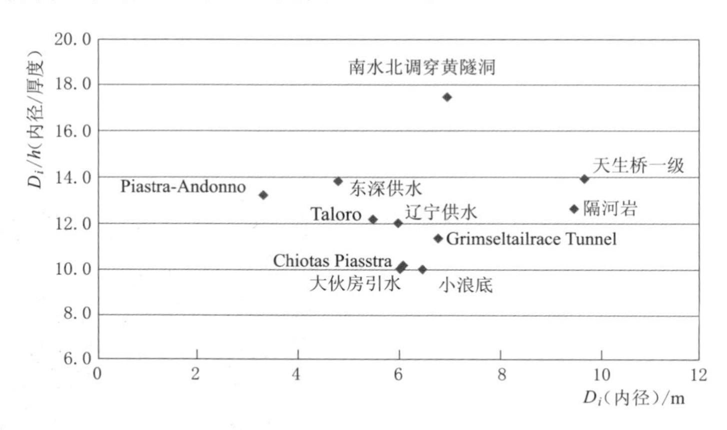


图7.2-3　已建工程衬砌厚度与内径的关系

## 7.2.3　锚索数量确定

### 7.2.3.1　张拉控制应力

张拉控制应力是指张拉时预应力筋所达到的最大应力，也就是张拉设备所控制的总拉力除以预应力筋面积所得的值，通常用$\sigma_{con}$表示。从经济角度出发，对于相同截面的预应力筋束，采用的张拉控制应力越大，将会使混凝土衬砌建立的预应力越高。也可以说，要达到同样的预应力效果，所需的预应力筋束的面积越小。然而，张拉控制应力过高将会使材料强度过分地发挥，对结构安全产生隐患，主要表现在以下几个方面：

（1）$\sigma_{con}$越高，预应力筋的松弛损失越大。

（2）由于预应力筋质量的离散性，尤其是强度的离散性，以及张拉过程中超张拉、误操作等，$\sigma_{con}$过高，可能使预应力筋接近甚至进入屈服阶段，产生塑性变形，反而达不到预期预应力效果，甚至可能发生脆断现象。

（3）因张拉力的测量不够准确，易发生安全事故。

因此，预应力筋的张拉控制应力选取不宜过高，应适当留有裕度。预应力筋的张拉控制应力与采用品种有关。对于预应力钢绞线，根据《水工混凝土结构设计规范》（NB/T 11011—2022），锚索张拉控制应力以$0.75f_{ptk}$为宜，$f_{ptk}$为预应力钢绞线的标准强度值。

当考虑部分补偿由于应力松弛、孔道摩阻、分批张拉等而产生的预应力损失时，可适当提高张拉控制应力，进行补偿张拉，但张拉控制应力不宜超过$0.8f_{ptk}$。

### 7.2.3.2　锚索预应力损失

环锚预应力混凝土衬砌在张拉、锁定、运行过程中会产生预应力损失，其损失主要有：弧形垫座张拉摩阻损失，沿程摩阻损失，锚具变形和预应力筋回缩引起的预应力损失，钢绞线应力松弛损失，混凝土收缩、徐变引起的预应力损失等。各项损失的计算如下：

（1）弧形垫座张拉摩阻损失。为减小锚具槽对压力管道受力性能的影响，预应力锚索需采用变角张拉工艺，其关键装置为弧形垫座，也可称为偏转器，见图7.2-4和图7.2-5。弧形垫座可以是整体的，也可以是分块的，其中整体弧形垫座需为某特定工程专门设计，分块弧形垫座为通用型。分块弧形垫座采用阶梯形定位方式搭接，通过叠加不同数量的楔形垫块满足相应的变角要求。由于弧形垫座的变角作用，张拉千斤顶将位于槽口之外，使所需的预留槽口尺寸大为减小，只有普通张拉方式的1/2～1/5。

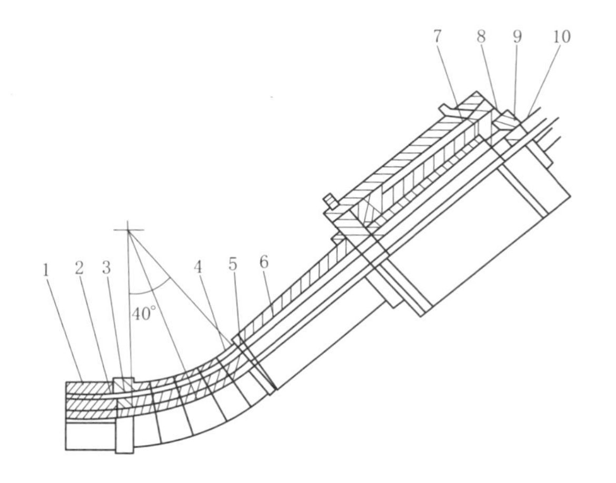


图7.2-4　环形锚索变角张拉装置示意图
1—锚板；2—夹片；3—限位；4—弧形垫座；
5—过渡块；6—延长筒；7—千斤顶；
8—工具锚板；9—工具夹片；10—钢绞线

图7.2-5　施工中的环形锚索变角张拉装置

张拉过程中，经偏转器摩阻损失后，锚具处剩余的张拉应力为

$$\sigma_1=(1-\alpha)\sigma_{con} \tag{7.2-4}$$

式中：$\sigma_1$为考虑偏转器摩阻损失后的剩余张拉应力；$\alpha$为偏转器的摩阻损失系数，不大于钢绞线张拉控制应力值的8%；$\sigma_{con}$为张拉控制应力。

（2）沿程摩阻损失。锚束张拉时沿程预应力损失$\sigma_{l1}$按下式计算：

$$\sigma_{l1}=\sigma_1\left[1-e^{-(kx+\mu\theta)}\right] \tag{7.2-5}$$

式中：$\sigma_1$为考虑偏转器摩阻损失后的剩余张拉应力；$x$为从张拉端至计算断面的孔道（无黏结预应力筋）长度；$\theta$为从张拉端至计算断面孔道（无黏结预应力筋）部分切线的夹角；$\mu$为钢绞线与孔道（无黏结预应力筋护套）管壁的摩擦系数；$k$为钢绞线与孔道（无黏结预应力筋护套）管壁每米长度局部偏差的摩擦影响系数（也可称为摆动系数）。

从式（7.2-5）可以看出，预应力锚索沿程摩阻损失值主要取决于$\mu$、$k$两个参数，$\mu$、$k$值的大小与预应力筋的种类、孔道和预应力筋的布设有关，设计过程中，往往根据相关规范和工程类比确定，对于一些重要的工程还应通过试验进行验证。

《水工混凝土结构设计规范》（NB/T 11011—2022）中规定，预埋波纹管与钢索间的

$\mu=0.25$、$k=0.0015$。通过对清江隔河岩工程1～4号预应力隧洞中的1380根钢索施工张拉测试结果的计算分析可知，4条洞中的平均摩擦系数$\mu_{cp}=0.153\sim0.220$。小浪底排沙洞原设计采用有黏结环锚预应力混凝土衬砌方案，摩阻系数采用$\mu=0.2$、$k=0.0015$。南水北调穿黄隧洞内直径为7m，采用双层衬砌，外衬为拼接式钢筋混凝土管片结构，内衬为环锚预应力混凝土衬砌结构，混凝土强度等级为C40，厚度为45cm。内、外衬由弹性防排水垫衬分隔，采用有黏结预应力方案，通过对模型试验结果的分析，确定锚索与孔道间的摩擦系数$\mu=0.25$。

无黏结环锚衬砌是将用防腐润滑油和塑料涂包保护的无黏结钢绞线直接浇筑在衬砌中，不需要预留孔道。无黏结钢绞线的摩阻系数要小得多。《无黏结预应力混凝土结构技术规程》（JGJ 92—2016）规定，$\mu=0.09$、$k=0.004$，也可根据实测数据确定。小浪底排沙洞最终采用无黏结环锚衬砌，$\mu$、$k$的设计采用值分别为0.05和0.0007。

通过对式（7.2-5）的敏感性分析可知，当$k$值一定时，$\mu$增加10%，预应力损失约增加8%；当$\mu$值一定时，$k$增加50%，预应力损失仅增加0.2%。由此可见，预应力筋沿程摩阻损失对$k$并不敏感。在小浪底排沙洞环锚衬砌模型试验中，假定有黏结和无黏结方案的摩擦影响系数$k$分别为0.001和0.0007，通过试验成果分析得到相应方案的摩擦系数$\mu$分别为0.22（钢绞线与波纹管）和0.04。

大伙房水库输水二期工程隧洞段为有压洞，隧洞总长度为24.5km，内径为6m，最大压力为0.55MPa。考虑隧洞多为浅埋段，地质条件较差，在隧洞Ⅳ类、Ⅴ类围岩段采用无黏结环锚预应力混凝土衬砌。在无黏结预应力混凝土衬砌施工前，为确定施工工艺、施工工序及操作方法等进行了现场工艺试验。试验分两段，每段长10.5m，混凝土强度等级为C40，衬砌厚度为0.5m，钢绞线采用环氧涂层无黏结筋，双层双圈布置。第一、第二试验段锚具槽距底圆中心角度分别为40°、45°，交错布置。经张拉试验，摩擦系数$\mu$和摩擦影响系数$k$为：第一试验段$\mu_1=0.0425$、$k_1=0.004$，第二试验段$\mu_2=0.054$、$k_2=0.004$。

（3）锚具变形和预应力筋回缩引起的预应力损失。在预应力锚索张拉锚固后，锚具变形和预应力筋回缩引起的预应力损失$\sigma_{l2}$按下式计算：

$$\sigma_{l2}=2\sigma_1 l_f\left(\frac{\mu}{r_c+k}\right)\left(1-\frac{x}{l_f}\right) \tag{7.2-6}$$

其中

$$l_f=\sqrt{\frac{\alpha E_s}{1000\sigma_1\left(\frac{\mu}{r_c}+k\right)}} \tag{7.2-7}$$

式中：$\sigma_{l2}$为锚具变形和预应力筋回缩引起的预应力损失；$\sigma_1$为考虑偏转器摩阻损失后的剩余张拉应力；$r_c$为预应筋的曲率半径；$\mu$为钢绞线与孔道（无黏结预应力筋护套）管壁的摩擦系数；$k$为钢绞线与孔道（无黏结预应力筋护套）管壁每米长度局部偏差的摩擦影响系数；$x$为张拉端至计算断面的距离，$x\leqslant l_f$；$l_f$为反向摩阻影响长度；$\alpha$为张拉端锚具变形和预应力筋回缩值；$E_s$为预应力筋弹性模量。

影响锚具变形和预应力筋回缩引起的预应力损失值大小的参数，除预应力筋与孔道的摩阻系数$\mu$、$k$外，主要是张拉端锚具变形和预应力筋回缩值$\alpha$。其值的大小与采用的锚具系统有关，环锚采用夹片锚具，张拉端锚具变形和预应力筋回缩值，根据《无黏结预应力混凝土结构技术规程》（JGJ 92—2016），当有顶压板时不应大于5mm，无顶压板时为6～8mm。

顶压板是与锚具、千斤顶配套使用的专用锁定机具，作用是使锚具上的夹片在锁定过程中能够整齐地推入锚板上的锥形孔，完成锁定。与采用限位板，靠锚索张拉至锁定吨位，千斤顶回油，钢绞线回缩，将夹片带入锚孔，进而完成锁定的方式相比，更为主动。采用顶压板可使锚固回缩值减小1mm左右。从工程实践看，基本在此范围。

例如小浪底排沙洞，采用无黏结环锚预应力混凝土衬砌，内径为6.50m，衬砌厚度为0.65m。为了研究这一新型结构型式的力学变形性能及施工工艺，正式施工之前进行了1：1结构模型试验和生产性现场试验，从环锚衬砌结构模型试验测试成果看，锚具变形值为5.6～9.6mm。

南水北调穿黄隧洞地处黄河典型游荡性河段，位于Ⅶ度地震区，地质条件复杂，采用盾构法施工，穿越黄河覆盖层。穿黄隧洞采用双线布置，内径为7m，外径为8.7m，设计内水压力为0.5MPa。根据1：1仿真模型试验的环锚锚具性能检验结果，环锚锚索锚固时回缩值为5.18～5.52mm。

（4）钢绞线应力松弛损失。环锚预应力筋宜采用高强低松弛钢绞线，张拉控制应力$\sigma_{con}$一般为$0.75f_{tpk}$，采用补偿张拉后也不超过$0.8f_{tpk}$，因此钢绞线应力松弛损失$\sigma_{l4}$可按下式计算：

$$\sigma_{l4}=0.2\left(\frac{\sigma_1}{f_{ptk}}-0.575\right)\sigma_{con} \tag{7.2-8}$$

式中：$f_{tpk}$为预应力筋的标准强度值；$\sigma_1$为考虑偏转器摩阻损失后的剩余张拉应力。

（5）混凝土收缩、徐变引起的预应力损失。根据环锚衬砌设计原则，衬砌混凝土处于受压状态，混凝土收缩、徐变引起的预应力损失$\sigma_{l5}$按下式计算：

$$\sigma_{l5}=\frac{55+300\dfrac{\sigma'_{cp}}{f'_{cu}}}{1+15\rho} \tag{7.2-9}$$

式中：$\sigma'_{cp}$为预应力筋合力点处的混凝土法向压应力；$f'_{cu}$为施加预应力时衬砌混凝土立方体的抗压强度；$\rho$为预应力筋和非预应力筋的配筋率。

在锚索张拉完毕以后，锚索预应力随时间的增加而变化，这主要是由混凝土的徐变、钢绞线的应力松弛所引起的。小浪底排沙洞环锚衬砌设计采用的钢绞线应力松弛损失$\sigma_{l4}$为沿程损失的5%，混凝土收缩、徐变引起的预应力损失$\sigma_{l5}$为70MPa，这两项损失为8.2%。由小浪底3号排沙洞下游监测断面$C$的观测成果可知，见图7.2-6，预应力施加完成后，锚索预应力的损失随时间的增长而逐渐增加，但并非呈线性关系。在张拉完成初期的几天内，锚索预应力损失比较明显，1个月后逐渐趋于稳定，锚索预应力损失为6.7%，在设计范围内。混凝土徐变系数与预应力损失具有相同的变化规律，见图7.2-7。

#### 7.2.3.3　锚索有效预应力

锚索有效预应力$\sigma_{AV}$可根据锚索张力分布来确定。在锚索张拉过程中，扣除偏转器造成的预应力损失后，即为工作锚张拉端的张力$\sigma_1$。工作锚的锚具变形和钢绞线回缩引起的预应力损失$\sigma_{l2}$，仅发生在预应力回缩影响范围内，见图7.2-8。钢绞线与孔道（管壁）摩阻损失$\sigma_{l1}$沿程为线性分布。$\sigma_{l1}$、$\sigma_{l2}$是锚索张拉过程中产生的预应力损失，称为第一

批预应力损失。第一批预应力损失发生后的有效预应力 $\sigma'_{AV}$ 为图中 $ABCDEF$ 组成的多边形面积等效矩形面积的高度，即图中阴影部分的高度。预应力施加后，钢绞线将产生应力松弛，衬砌混凝土将发生收缩、徐变，进而引起预应力损失 $\sigma_{l4}$、$\sigma_{l5}$，$\sigma_{l4}$、$\sigma_{l5}$ 随时间的增加而变化，可以认为沿程是均匀分布的。因此，锚索的有效预应力 $\sigma_{AV}$ 为 $\sigma'_{AV}$ 减去 $\sigma_{l4}$ 和 $\sigma_{l5}$ 的差值。

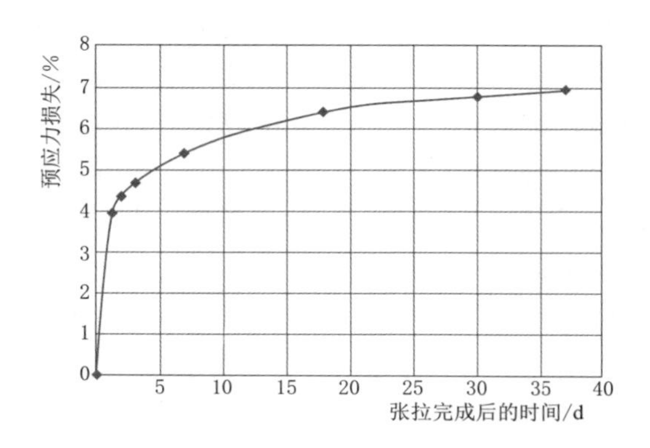


图 7.2-6　小浪底 3 号排沙洞下游监测断面 C 锚索张拉后预应力损失随时间的变化

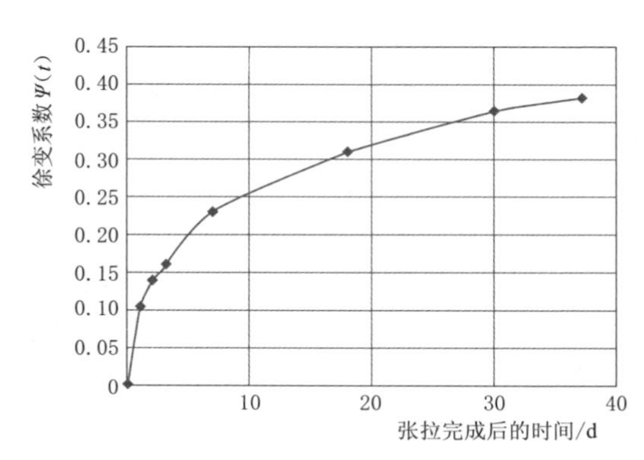


图 7.2-7　小浪底 3 号排沙洞下游监测断面 C 锚索张拉后混凝土徐变系数随时间的变化

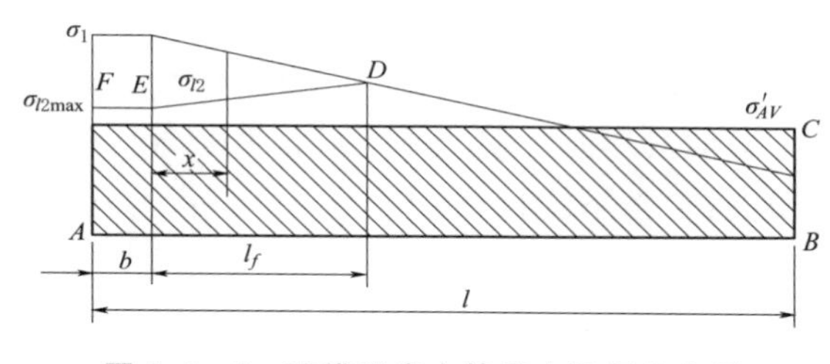


图 7.2-8　环锚预应力筋应力沿程分布图

小浪底排沙洞采用无黏结环锚预应力混凝土衬砌，设计采用的有效预应力 $\sigma'_{AV}=0.63\sigma_{con}$，相应的总预应力损失为 37%。

#### 7.2.3.4　锚索数量

压力隧洞的衬砌在实际使用过程中受到多种荷载的作用，在施工期主要受到锚索预应力、衬砌自重、外水压力、松动山岩压力等荷载的作用。外水压力和松动山岩压力对于衬砌抵抗内水压力是有利的，为方便设计，假定其由钢筋混凝土衬砌承担。预应力锚索仅承受由内水压力产生的拉应力。

内水压力由预应力锚索承担，根据平衡条件，单位长度衬砌锚索所要承受的拉应力 $T$ 为

$$T=Pr_i \tag{7.2-10}$$

单位长度衬砌所需的锚索面积为

$$A_s=\frac{T}{\sigma_{AV}} \tag{7.2-11}$$

式中：$T$ 为单位长度衬砌锚索所要承受的拉应力；$P$ 为隧洞断面的设计内水压力；$r_i$ 为隧洞内半径；$A_s$ 为单位长度衬砌所需锚索面积；$\sigma_{AV}$ 为锚索有效预应力。

### 7.2.4　锚索布置

隧洞衬砌预应力是通过对布置在衬砌内部的环状锚索进行张拉来实现的。锚索布置方

式对衬砌的预应力效果及经济性等起着至关重要的作用。锚索在衬砌内的布置方式为同心圆，为了提高预应力度，钢绞线应靠近衬砌的外侧布置。但在锚具附近，由于加载的需要，钢绞线要在锚具槽口附近，通过一段小半径圆弧向内弯曲并且与大半径圆弧及连接锚具的直线段锚索相切。因此，锚索布置的主要内容包括：锚索在衬砌断面中的布置，即锚索外半径的确定及小半径的确定；锚索间距的确定等。

（1）锚索在衬砌断面中的布置。根据理论分析及工程经验，钢绞线越靠近衬砌外侧布置，预应力效果越好。由于锚具槽的大小是由所选用的锚具及其配套的张拉设备决定的，故锚索越靠近衬砌外侧布置，其所需相接的小半径圆弧范围越大，应力集中现象越明显。另外，小半径的大小还与钢绞线的根数有关，根数越多小半径越大。

从环锚结构的特点分析，可将其简化为以锚索环面为界的内、外双层圆筒，按轴对称平面应变问题进行分析。双层圆筒由内向外半径分别为 $r_i$、$r_s$ 和 $r_o$，内水压力为 $p$，预应力引起的径向外压为 $q_y$，两圆筒间的接触面压力为 $q_c$，$p$、$q_y$、$q_c$ 均以指向管体混凝土内部为正。计算模型见图 7.2-9。

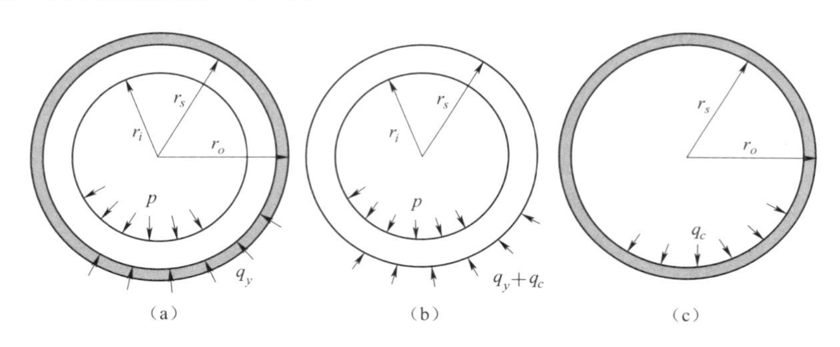


图 7.2-9　环锚预应力混凝土衬砌双层圆筒计算模型示意图

对内、外层圆筒分别取脱离体，并分别按厚壁圆筒进行结构计算，圆筒组合作用下，$p$、$q_y$ 已知，两层圆筒的接触应力 $\sigma_c$ 可通过接触面变形协调确定，计算公式如下：

$$\sigma_c=\frac{t_2^2-1}{2}\left[\left(\frac{\mu}{1-\mu}\cdot\frac{t_1^2-1}{t^2-1}-\frac{t_1^2+1}{t^2-1}\right)q_y+\frac{2p}{t^2-1}\right] \tag{7.2-12}$$

其中
$$t_1=\frac{r_s}{r_i}\quad t_2=\frac{r_o}{r_s}\quad t=\frac{r_o}{r_i}$$

式中：$\sigma_c$ 为两层圆筒的接触应力；$p$ 为内水压力；$q_y$ 为预应力引起的径向外压；$r_o$ 为衬砌外半径；$r_s$ 为锚索外半径；$r_i$ 为衬砌内半径；$\mu$ 为材料泊松比。

上述 $\sigma_c$ 的计算尚未考虑锚索（孔道）对截面的削弱作用和锚索（孔道）边缘应力集中的影响。两层筒体的最大接触应力 $\sigma_{c\max}$ 可近似按下式考虑：

$$\sigma_{c\max}=\beta\zeta\sigma_c \tag{7.2-13}$$

其中
$$\beta=s/(s-d)$$

式中：$\beta$ 为截面换算系数；$s$、$d$ 分别为锚索间距和孔道直径；$\zeta$ 为孔道应力集中系数，可按 3.0 考虑。

为研究预应力筋在衬砌剖面中的位置对预应力效果的影响，以隔河岩水电站压力隧洞环锚布置为例进行说明。隔河岩水电站装机 4 台，总装机容量为 1200MW，为岸边引水式电站。沿江布置有4条内径为9.5m的压力引水隧洞，采用环锚预应力混凝土衬砌，设计厚度为0.75m。根据工程实际情况，环锚预应力混凝土衬砌采用QM和HM两类预锚系统。其中，HM锚段锚索平均间距为44cm，单束锚索由12束公称直径为15.2mm的钢绞线集合而成，其极限强度平均为1870N/mm²。张拉过程中不同锚索布置方案产生的预应力度λ，即由于环向锚索张拉在衬砌内缘产生的环向预压应力$\sigma_y$与由内水压力产生的环向拉应力$\sigma_p$的比值，见图7.2-10。在单束锚索设计吨位不变的条件下，预应力度λ随锚索外半径$r_s$的减小而减小，即锚索越靠近内侧布置，由于锚索张拉在衬砌中产生的预压应力也就越小，主要原因是，锚索越靠近内侧布置，由于锚索张拉受锚索外侧混凝土衬砌约束而产生的径向拉应力越大。

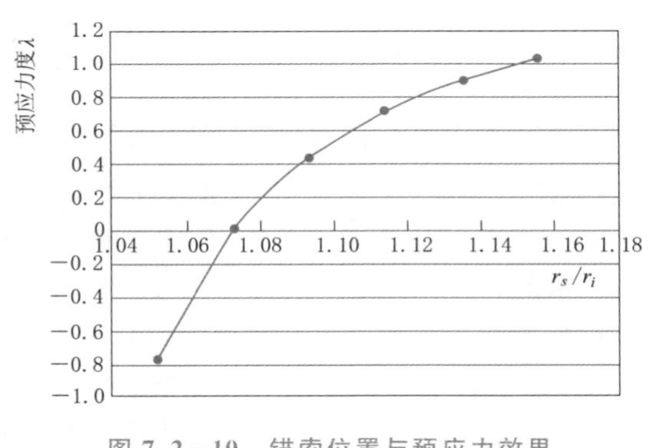

图7.2-10 锚索位置与预应力效果

如九甸峡水利枢纽工程阻抗圆筒式调压室，井筒直径为22m，为分析锚索布置对预应力效果的影响，分别对钢绞线布置在距离衬砌外侧0.25m、0.5m和0.75m处3种方案进行比选。从锚具槽以外部分的预应力施加效果来看：0.25m方案，施加预应力在−2.07～0.50MPa之间；0.5m方案，施加预应力在−1.80～0.21MPa之间；0.75m方案，施加预应力在−1.59～−0.06MPa之间。从计算成果分析，0.25m方案预应力效果最好，随着锚索内移，预应力效果逐渐变差。

经比较分析，0.75m方案虽然拉应力较小，但是预应力施加效果较差，0.25m方案与0.5m方案预应力施加效果相对比较接近，但0.5m方案拉应力较小，故选择了0.5m方案。

预应力锚索在进入锚具槽口时要经过一个向内侧弯曲的小半径圆弧段与锚具槽内的直线段相切，受小半径圆弧段的影响，锚索张拉将会在小半径圆弧范围的混凝土衬砌内产生应力集中，在锚具槽两端一定范围内沿衬砌厚度方向产生较大的径向拉应力。因此，为减小应力集中，使锚索张拉应力分布趋于均匀，结合锚具槽大小及单束锚索根数合理选择小半径数值，也是锚索布置的关键。

从天津大学亢景付教授等基于小浪底2号排沙洞穿越断层段的有限元计算成果（图7.2-11）可知，在锚具槽中心断面$A—A$剖面，拉应力区的范围与小半径圆弧段长度基本吻合，最大径向拉应力出现在锚索出露端；锚具槽的边缘$B—B$剖面，拉应力区的范围与$A—A$剖面相近，但最大径向拉应力的数值明显减小；位于距锚具槽长边5cm处的$C—C$剖面，拉应力区的范围和数值接近于0。由此可见，受小半径圆弧段及锚具槽的影响，锚索张拉产生的径向应力集中范围较小，沿环向基本为小圆弧段长度范围，沿轴向基本为锚具槽宽度范围。

根据已建工程统计资料，小半径$r$与锚索外半径$r_s$的比值一般在0.65～0.80范围内。

（2）锚索间距的确定。对于环锚预应力混凝土衬砌结构，在内水压力一定的条件下，

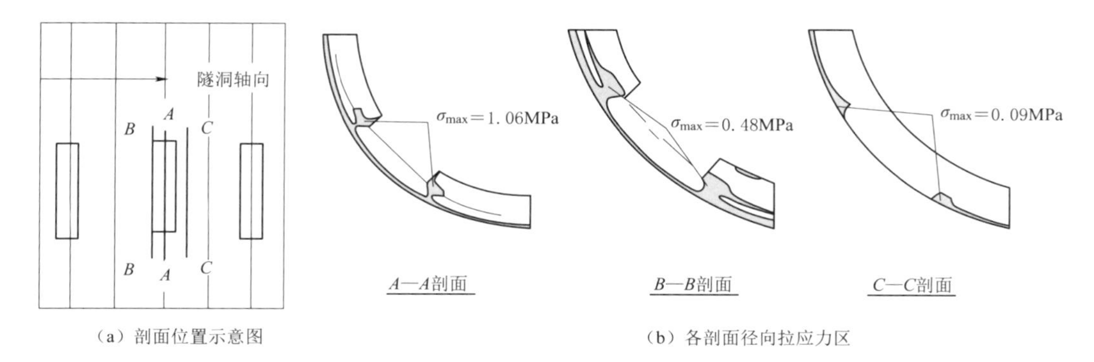


（a）剖面位置示意图　　（b）各剖面径向拉应力区

图 7.2-11　锚具槽处径向拉应力区

锚索间距大，单束锚索设计吨位就大，由于单束锚索预压作用范围有限，当锚索间距过大时，将会导致环向预应力沿轴向分布不均匀，即锚索所在断面预应力较大，而两束锚索间断面预应力不足，同时还会产成较大的轴向拉应力，甚至可能产生裂缝；当锚索间距较小时，单束锚索设计吨位也相应较小，且可使沿洞轴线各断面预应力分布较均匀，但所需锚具数量增加，施工难度增大，当锚索间距过小时，将无法布置锚具槽，难以实现预应力张拉。因此，锚索间距是决定结构预应力效果和工程造价的主要因素，是结构设计的关键参数之一。锚索间距的选择需符合以下要求：①建立能满足强度需要的预应力；②能使环向预应力沿轴向分布较为均匀；③满足施工要求，工程造价较低。

环锚预应力混凝土衬砌结构的预应力是通过对一束束锚索张拉来实现的。对于环锚预应力混凝土衬砌整体结构来讲，预应力分布均匀是结构安全和材料强度充分发挥的关键。张拉成束布置的锚索而使整个结构的预应力实现较均匀分布，锚索间距是关键。锚索间距取决于单束锚索的预压作用沿衬砌轴向的影响范围。为进一步说明问题，将环锚预应力混凝土衬砌视为圆筒结构，可按弹性力学柱壳无矩理论进行分析。

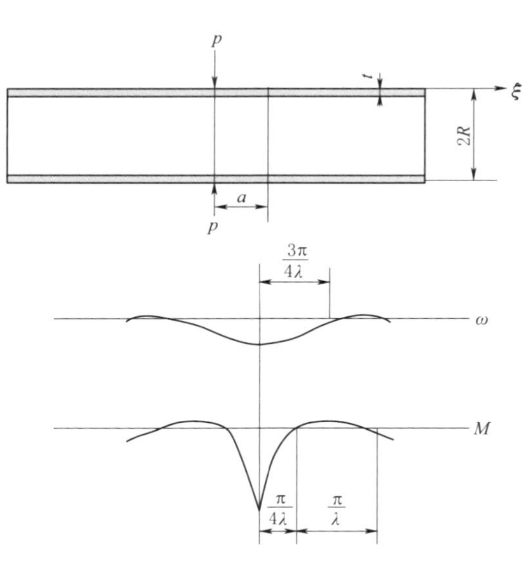


图 7.2-12　单束锚索作用下计算简图及径向位移、弯矩沿轴向分布示意图

设圆筒结构的长度为 $L$，中面半径为 $R$，壁厚为 $t$，假设某束锚索的预应力 $p$ 沿环向均匀分布，如无黏结预应力锚索的摩擦系数较小，则预应力可近似认为沿环向均匀分布，计算简图见图 7.2-12。根据弹性力学柱壳无矩理论，靠近锚索任意断面的力学参数为

$$M=M_0 f_1(\xi)+\frac{p}{2\lambda}f_2(\xi) \tag{7.2-14}$$

$$\omega=\frac{p}{8\lambda^{3}D}f_{1}(\xi) \tag{7.2-15}$$

$$\theta=\frac{p}{4\lambda^{2}D}f_{2}(\xi) \tag{7.2-16}$$

$$Q=\frac{p}{2}f_{3}(\xi)-2\lambda M_{0}f_{2}(\xi) \tag{7.2-17}$$

$$f_{1}(\xi)=\mathrm{e}^{-\xi}(\cos\xi+\sin\xi) \tag{7.2-18}$$

$$f_{2}(\xi)=\mathrm{e}^{-\xi}\sin\xi \tag{7.2-19}$$

$$f_{3}(\xi)=\mathrm{e}^{-\xi}(\cos\xi-\sin\xi) \tag{7.2-20}$$

$$\xi=\lambda a \tag{7.2-21}$$

$$D=\frac{Et^{3}}{12(1-\mu^{2})} \tag{7.2-22}$$

$$\lambda=\left(\frac{Et^{3}}{4R^{3}D}\right)^{1/4}=\left[\frac{3(1-\mu^{2})}{R^{2}t^{2}}\right]^{1/4} \tag{7.2-23}$$

式中：$M$ 为距锚索作用点距离为 $a$ 处的径向弯矩；$\omega$ 为距锚索作用点距离为 $a$ 处的位移；$\theta$ 为距锚索作用点距离为 $a$ 处的转角；$Q$ 为距锚索作用点距离为 $a$ 处的剪力；$E$ 为衬砌混凝土弹性模量；$\mu$ 为衬砌混凝土泊松比。

当 $\xi=\lambda a$ 充分大时，$f_1(x)$、$f_2(x)$、$f_3(x)$ 的取值都很小，表明单束锚索产生的径向位移和弯曲内力仅仅为局部。当 $\xi=\lambda a>\pi$ 时，上述每个函数的绝对值与其最大值相差皆不足 5%。若取衬砌混凝土泊松比 $\mu=1/6$，则有

$$a=\frac{\pi}{\lambda}=\pi\left[\frac{R^{2}t^{2}}{3(1-\mu^{2})}\right]^{1/4}=2.4\sqrt{Rt} \tag{7.2-24}$$

由此可知，单束锚索的影响范围为锚索两侧 $2.4\sqrt{Rt}$ 范围，超出此范围时对衬砌内力及变位影响不大。从西龙池抽水蓄能电站高压管道引水上平段环锚方案有限元计算成果（图 7.2-13）可以看出，标准环锚衬砌段中间一束锚索张拉时，混凝土衬砌轴向应力分布规律与解析法计算成果具有较好的一致性。

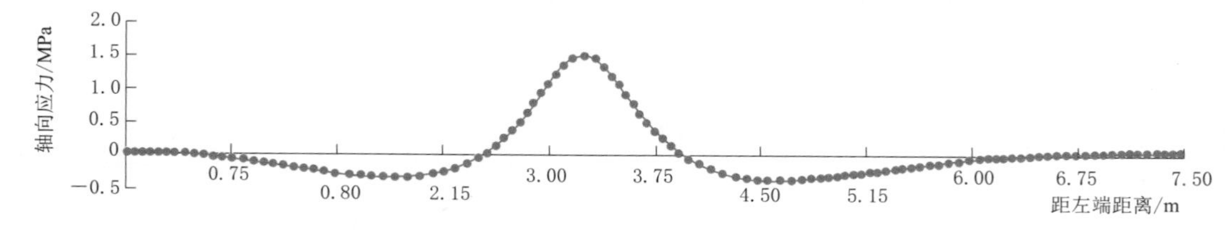


图 7.2-13　西龙池抽水蓄能电站高压管道引水上平段第 7 束锚索单独张拉时衬砌顶部内表面轴向应力分布图

筒壁内任意一点的预应力是一定范围内的几束锚索共同作用的结果，这种由于相邻锚索的张拉而对其变位和应力状态产生影响的现象称为临锚效应，影响范围称为临锚效应区。对锚索间距为 $s$ 的圆筒结构，结构中两束锚索之间某点处（$a\leqslant s$）的径向位移、弯矩和剪力是临锚效应区，即 $2.4\sqrt{Rt}$ 范围内所有锚索共同作用的结果，计算点的位移及内力可采用下述公式利用试错法求得：

$$\omega=-\frac{p}{8\lambda^3 D}\sum_{i=1}^{n}[f_1(\xi_i)+f_1(\zeta_i)] \tag{7.2-25}$$

$$\theta=-\frac{p}{4\lambda^2 D}[f_2(\xi_i)+f_2(\zeta_i)] \tag{7.2-26}$$

$$M=-\frac{p}{4\lambda}\sum_{i=1}^{n}[f_3(\xi_i)+f_3(\zeta_i)] \tag{7.2-27}$$

$$Q=-\frac{p}{2}\sum_{i=1}^{n}[f_4(\xi_i)+f_4(\zeta_i)] \tag{7.2-28}$$

$$i=1,2,3,\cdots,n \quad f_4(\zeta_i)=e^{\xi}\cos\xi_i$$

$$\xi_1=\lambda a,\zeta_1=\lambda(s-a)$$

$$\xi_2=\lambda(a+s),\zeta_2=\lambda(2s-a)$$

$$\xi_3=\lambda(a+2s),\zeta_3=\lambda(3s-a)$$

……

对于环锚预应力混凝土衬砌来讲，理想的受力状态是当所有锚索张拉完毕后，对于任意的距锚索作用点距离为 $a$ 的断面都有 $Q=0$，$M=0$，$\omega$ 为常数，而实际上很难做到。但可通过合理确定锚索间距 $s$，尽可能使任一点的径向位移趋于均匀，进而减小 $M$ 和 $Q$，并将其控制在允许范围内。根据上述公式，在不同的锚索间距 $s$ 条件下，进行了锚索断面径向位移 $\omega$ 与两锚索中间断面径向位移 $\omega_m$ 的变化趋势分析，结果见图 7.2-14。在实际工程中，混凝土衬砌的厚度通常在 (1/10～1/18)$D$ 范围内，锚索间距以不超过 (0.15～0.2)$r_i$ 为宜。当锚索间距小于 (0.15～0.2)$r_i$ 时，锚索断面的 $\omega$ 与两锚索中间断面的 $\omega_m$ 基本相等，即在锚索预应力的作用下，衬砌结构径向变位沿洞轴线分布是均匀的，则预应力产生的环向应力分布也是均匀的，$M$、$Q$ 趋于 0。因此，从理论上讲，锚索间距以不超过 0.2$r_i$ 为宜。从对工程统计资料的分析可知，锚索间距多数在 (0.08～0.15)$r_i$ 范围内，一般不超过 0.2$r_i$，见图 7.2-15。

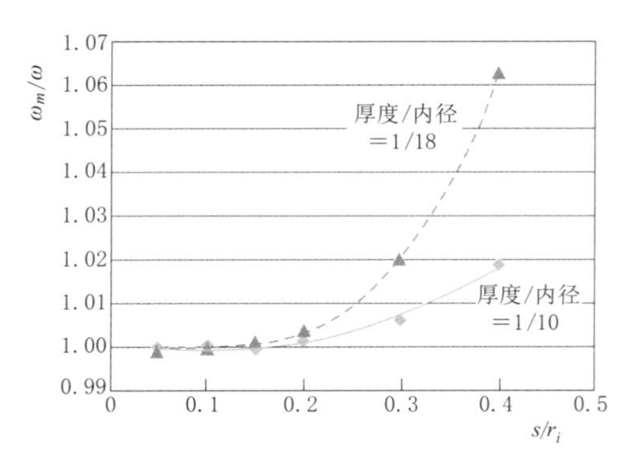


图 7.2-14 锚索间距与圆筒结构径向变形均匀程度关系图

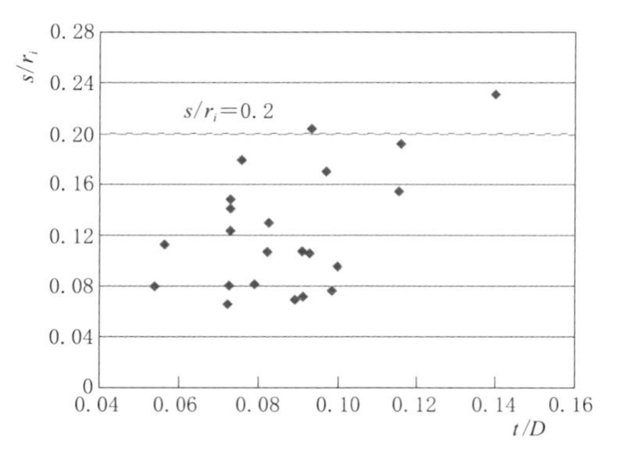


图 7.2-15 环锚衬砌工程锚索间距统计图

环锚预应力混凝土衬砌隧洞洞径一般为5～10m。要想使锚索产生的预应力分布均匀，同时不产生过大的轴向应力，相应的锚索间距不宜大于0.3～0.75m。《水工隧洞设计规范》（NB/T 10391—2020）也对锚索间距进行了规定，以不大于0.5m为宜。这一规定对于5～10m洞径的结构是比较合适的，但对于洞径较大的结构则不尽合理，应适当放宽。如九甸峡水利枢纽工程调压室，井筒内径为22m，高程2179.40m以下采用环锚预应力混凝土衬砌，壁厚为2.0m，锚索间距为0.8～1.2m。又如意大利的Talom抽水能电站引水调压室，内径为14.8m，采用有黏结环锚预应力混凝土衬砌，厚度为0.8m，调压室上部1/3高度锚索间距为0.75m，下部2/3高度锚索间距为0.25～0.75m。

### 7.2.5 锚具槽布置

锚具槽沿洞轴线的布置是由锚索间距决定的，沿环向的布置是本节讨论的重点。由于锚具槽对衬砌的削弱作用以及对张拉过程中预应力损失分布的影响，故锚具槽的环向布置对混凝土衬砌应力状态的影响较大，对于有黏结方案更是如此。锚索通过小半径偏转段进入锚具槽，锚具槽区域预应力效果较差，应力状态复杂，受锚具槽对截面削弱的影响，锚具槽部位是受力最不利的部位，同时预应力损失分布也是不均匀的，因此为了避免不利部位在隧洞各断面同一方位集中出现，使衬砌中预应力分布尽可能均匀，同时也为便于施工，锚具槽往往在底部采取逐环错开的布置方式。

在西龙池抽水蓄能电站输水系统衬砌型式研究过程中，对引水系统上平段、尾水系统下平段、斜井曾推荐采用环锚衬砌方案，并进行了较深入的研究。引水系统上平段洞径为5.2m，衬砌厚度为0.6m，锚索间距为0.5m，每束锚索由6$\phi$15.2mm的钢绞线组成。曾对上平段两排（夹角90°）和单排锚具槽方案进行研究。从三维有限元计算成果可以看出，上半圆应力分布比较均匀，状态基本相似，数值也比较接近；下半圆受锚具槽布置的影响，区别较大，值得关注的是径向应力的变化，单排锚具槽方案锚索小圆弧弯起处的外侧出现了较大的径向拉应力，最大值为4.27MPa，两束锚索中间断面衬砌底部外侧出现了较大的径向压应力，具体见图7.2-16，而两排锚具槽方案最大径向拉应力出现在锚具槽长度方向的两端槽口附近，其值为0.47MPa，见图7.2-17。造成这种现象的主要原因是，单排锚具槽方案锚索的小半径圆弧段处于同一方位，应力集中程度高，受力不利的因素集中。

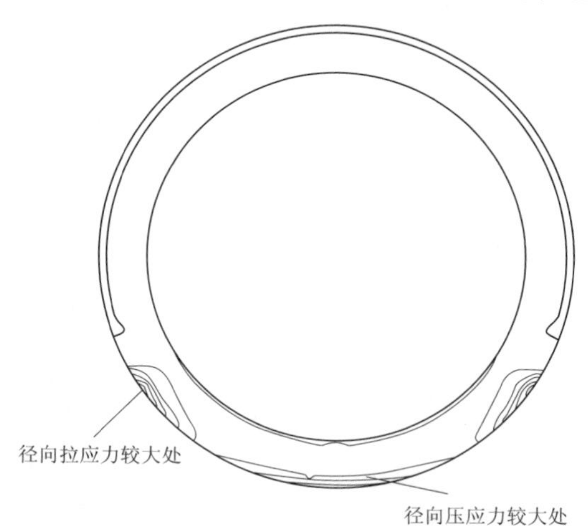

图7.2-16　单排锚具槽方案径向应力等值线图

从施工期衬砌应力状态的特点看，衬砌的上半部环向应力分布较均匀，受锚具槽布置影响较小。衬砌的下半部由于锚具槽的存在使得应力分布较复杂。其复杂性主要表现在：锚索张拉完毕后，衬砌下半部的受力不均匀，锚具槽区域衬砌受到的预压应力大小相差较大，且衬砌的最大、最小环向压应力多出现在锚具槽部位；由于在锚具槽边角位置出现不利的受力状态，使得锚具槽边角部位容易出现边角裂缝；受预应力锚索在进入锚具槽口时小半径圆弧段的影响，在锚具槽两端一定范围内沿衬砌厚度方向产生了较大的径向拉应力。

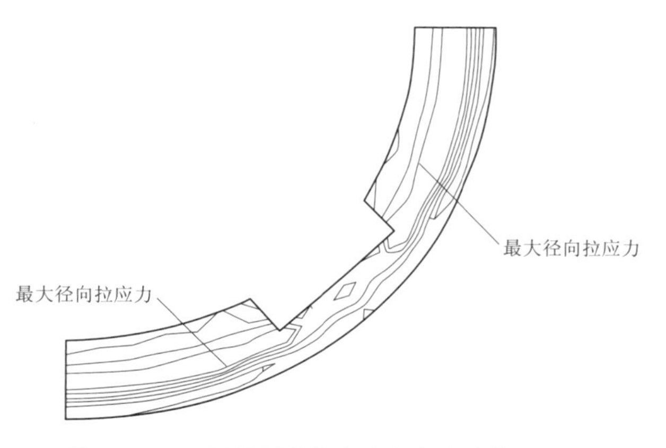


图 7.2-17 双排锚具槽方案径向应力等值线图

锚具槽布置主要关注以下两方面的问题：

(1) 在使应力分布合理的前提下，尽量降低锚具槽布置对其所在区域混凝土衬砌的削弱程度。锚具槽虽在平面上采取逐环错开的布置方式，但为方便施工，将其集中布置在底部一较小区域内，使该区域衬砌断面有较大程度的削弱，进而使应力分布不均匀程度增加，同时也产生更大的应力集中，尤其是采用多排布置方式时，应给予特别关注。小浪底排沙洞预应力混凝土室外试验无黏结方案试验段长 1.925m，内径为 6.5m，厚度为 0.65m，布置 4 束预应力锚索，间距为 0.45m，4 个锚具槽在底部 120°范围内分 4 排错开布置，见图 7.2-18。4 束锚索全部张拉完成后的环向应力分布和轴向应力分布分别见图 7.2-19 和图 7.2-20。为研究锚具槽布置对混凝土衬砌应力状态的影响，还对两排锚具槽方案进行了计算，计算成果见图 7.2-21 和图 7.2-22。从有限元模拟计算成果可以看出，锚索张拉完成后，4 排和两排锚具槽方案上半圆环向预应力分布是比较均匀的，数值也基本相当，多在 7MPa 左右。而下半圆应力分布较复杂，4 排锚具槽方案拉应力范围较大，锚具槽部位最大轴向应力为 2.57MPa。两排锚具槽方案仅在锚具槽较小的范围内出现拉应力，锚具槽部位最大轴向应力为 0.85MPa。从小浪底排沙洞预应力混凝土室外试验仿真模拟分析成果可以看出，在隧洞底部 120°范围内布置的 4 排锚具槽，不同程度上削弱了洞底纵横向刚度，使隧洞结构变形复杂化，同时也使隧洞内侧表面轴向应力分布复杂化和数值增加。

(2) 相邻锚具槽间距，即两锚具槽圆心角的大小，对下半圆环混凝土衬砌的内力分布影响比较大。如大伙房水库输水二期工程，对地质条件较差的Ⅳ类、Ⅴ类围岩段采用无黏结环锚预应力混凝土衬砌，洞径为 6m，采用两排锚具槽布置方式。通过有限元分析可知，两排锚具槽 80°夹角方案下半圆环向应力分布优于 90°夹角方案。通过试验，考虑到方便施工，最终采用 80°夹角方案，即锚具槽采用距底圆中心角度为 40°的交错布置方式。

如果相邻锚具槽圆心角过小，则会导致隧洞底部环向压应力过大，且底部混凝土浇筑不易密实。因此，在锚具槽布置时应考虑其对于应力状态的影响，同时也要方便施工。

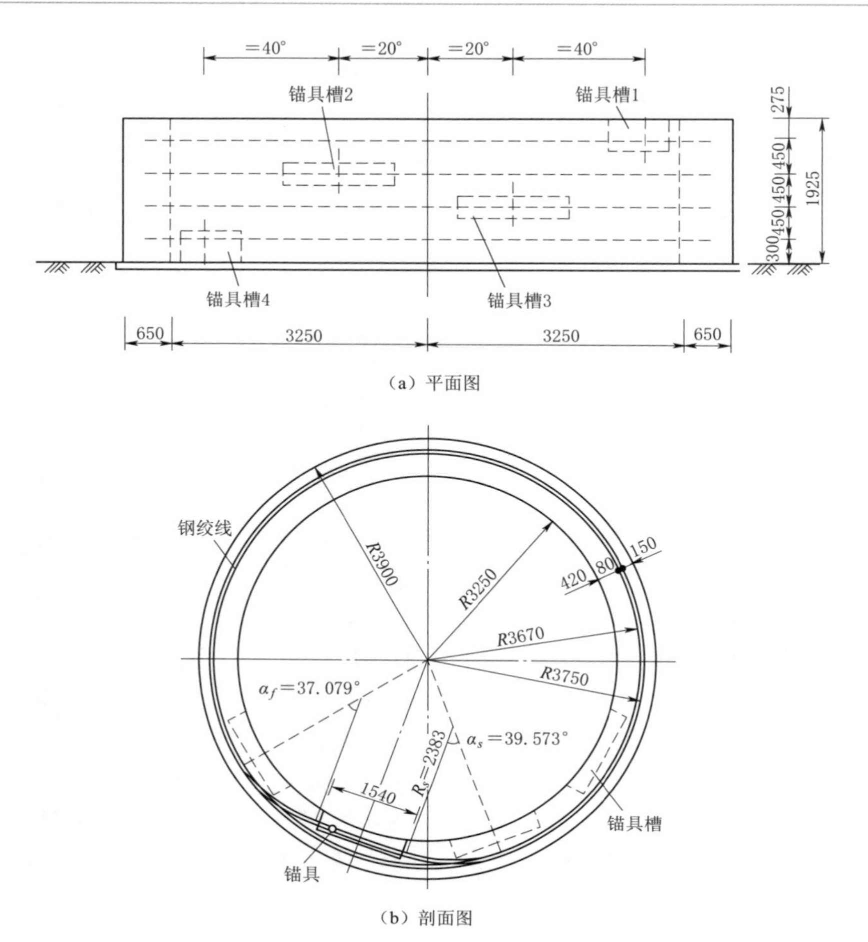


图 7.2-18 小浪底排沙洞无黏结方案试验模型示意图（单位：mm）

## 7.2.6 张拉方式

锚索张拉过程中，在混凝土衬砌内侧表面和个别锚具槽内侧角点会产生较大的轴向拉应力。如果锚索预应力施加程序控制不当，将会导致在张拉过程中出现环向裂缝和发生角点开裂。最大轴向拉应力出现在衬砌顶部的内侧表面，轴向拉应力的产生是相邻锚索间的环向荷载梯度过大所致，因此合理控制相邻锚索的荷载梯度是确定张拉程序的关键。在小浪底排沙洞预应力混凝土衬砌模型试验过程中，当第一序锚索张拉至设计荷载的100%时，锚索所在位置的衬砌内侧表面出现了环形不连续裂缝，同时在锚具槽出现了应

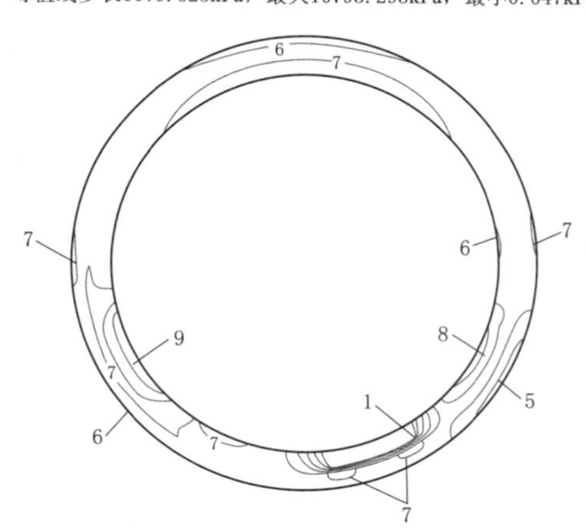


图 7.2-19 小浪底排沙洞无黏结 4 排锚具槽方案环向应力等值线图

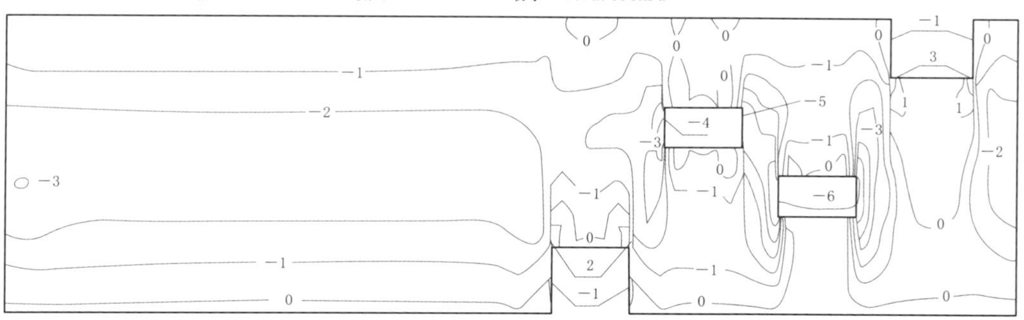


图 7.2-20 小浪底排沙洞无黏结 4 排锚具槽方案轴向应力等值线图

力集中造成的裂缝。分步张拉是降低轴向应力梯度的有效措施，可避免环向裂缝的产生以及减少锚具槽周围的槽口裂缝。如在小浪底排沙洞预应力混凝土衬砌现场试验段的张拉施工中，采用预应力分步施加方案，即首先依次张拉左侧一排锚具槽中的锚索至设计荷载的 50%，然后依次张拉右侧一排锚具槽中的锚索至设计荷载的 100%，最后再将左侧锚具槽中的锚索由 50%的设计荷载张拉至 100%的设计荷载。试验结果表明，除个别锚具槽角点部位出现较小的角点裂缝外，整个试验段没有环向裂缝出现，采用分步张拉法是防止产生环向裂缝的有效措施。

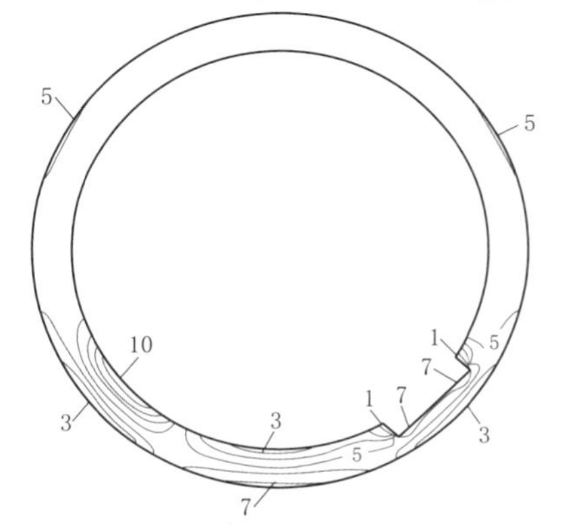


图 7.2-21 小浪底排沙洞无黏结两排锚具槽方案环向应力等值线图

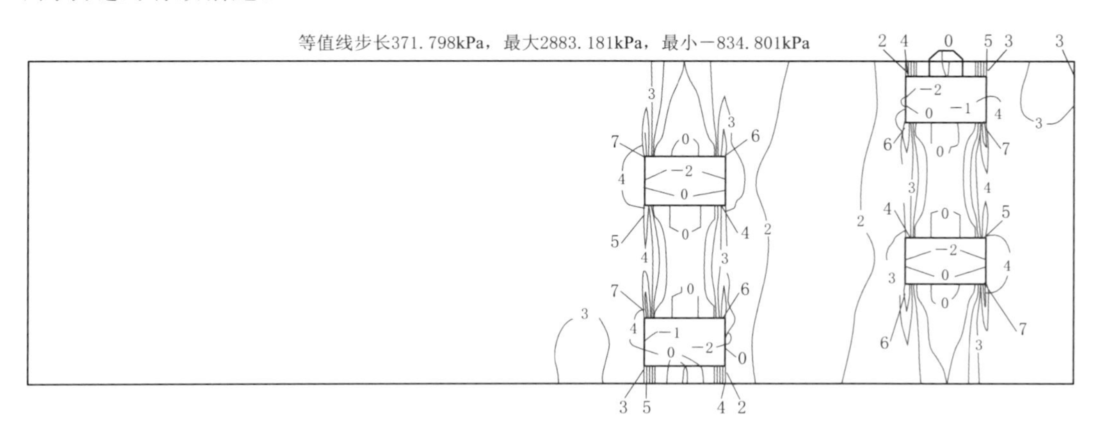


图 7.2-22 小浪底排沙洞无黏结两排锚具槽方案轴向应力等值线图

在西龙池抽水蓄能电站输水系统上平段环锚衬砌研究过程中，对锚索张拉程序进行了研究。由于每个浇筑段为有限长度结构，故端部与中间锚索张拉在混凝土衬砌中产生的应力状态不尽相同，为此在计算过程中，对每束锚索单独张拉及连续张拉过程中的混凝土衬砌的应力状态进行了分析。计算模型的锚索编号见图 7.2－23。

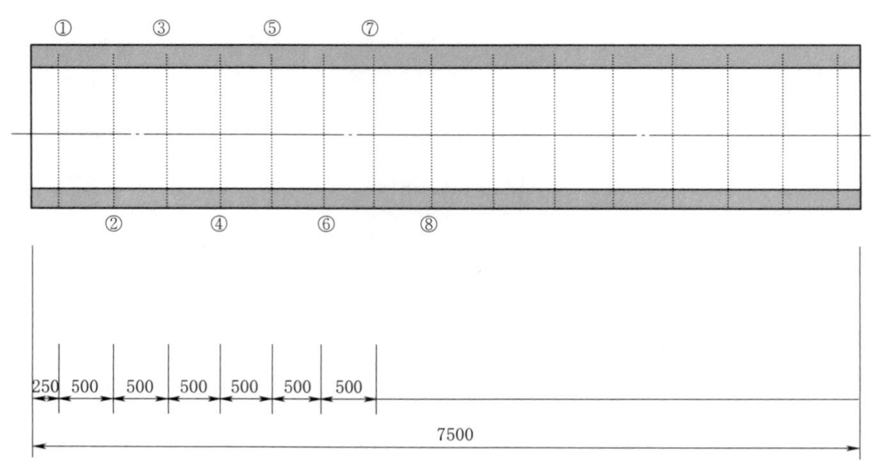


图 7.2－23　计算模型的锚索编号（单位：mm）

（1）当单独张拉单根锚索至设计荷载的 50%时，最大轴向拉应力出现在单独张拉浇筑段端部第③根锚索向内的中间锚索时的相应锚索作用面上，其值达到 1.61MPa，详见图 7.2－24。

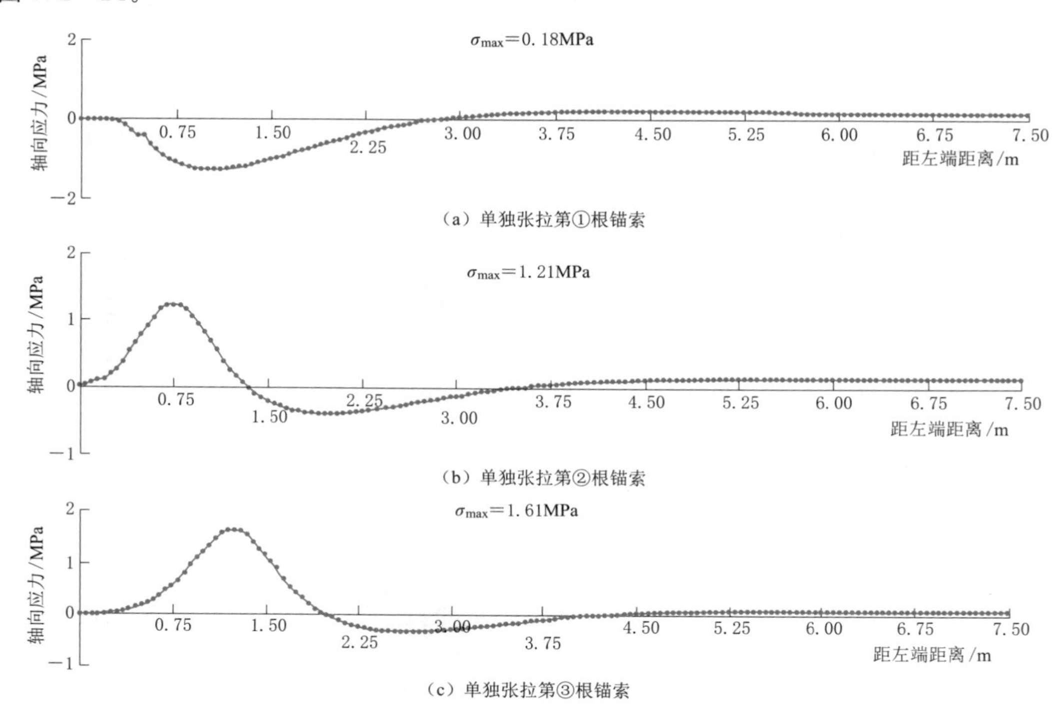


图 7.2－24（一）　单独张拉单根锚索至设计荷载的 50%时衬砌顶部内侧表面的轴向应力变化

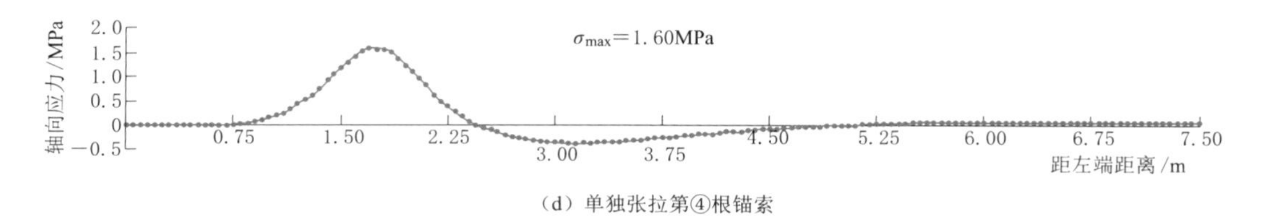


(d) 单独张拉第④根锚索

图 7.2-24（二）　单独张拉单根锚索至设计荷载的50%时衬砌顶部内侧表面的轴向应力变化

(2) 当逐根张拉第①、第③、第⑤、第⑦根锚索至设计荷载的50%时，最大轴向拉应力出现在衬砌顶部内侧表面，其值为0.96MPa，详见图7.2-25。

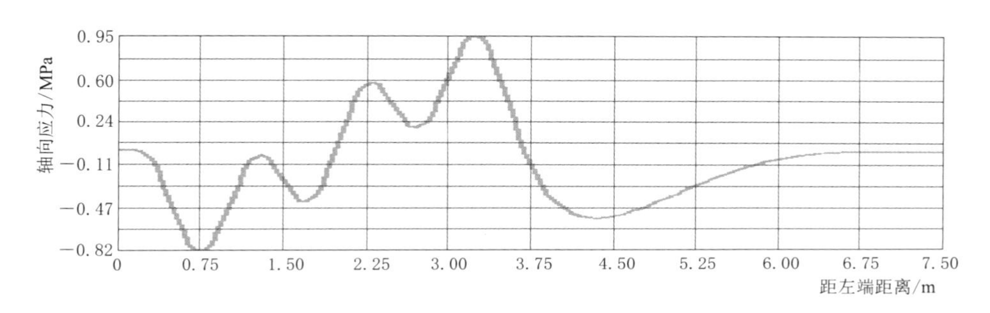


图 7.2-25　逐根张拉第①、第③、第⑤、第⑦根锚索至设计荷载的50%时衬砌顶部内侧表面的轴向应力变化

(3) 当左侧一排锚索即奇数锚索全部张拉至设计荷载的50%时，最大轴向拉应力为0.27MPa，出现在浇筑段的中部，详见图7.2-26。

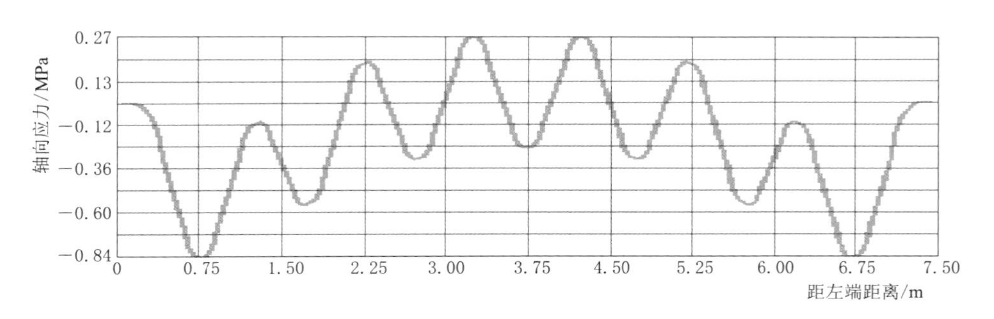


图 7.2-26　左侧一排锚索全部张拉至设计荷载的50%时衬砌顶部内侧表面的轴向应力变化

(4) 当左侧一排锚索全部张拉至设计荷载的50%后，再将第②、第④、第⑥根锚索张拉至设计荷载的100%，最大轴向拉应力为1.53MPa，尚未超过混凝土的抗拉强度，详见图7.2-27。

(5) 当左侧一排锚索张拉至设计荷载的50%，右侧一排锚索张拉至设计荷载的100%时，再张拉第①、第③、第⑤、第⑦根锚索由设计荷载的50%至设计荷载的100%，最大轴向拉应力为1.1MPa，详见图7.2-28。

(6) 当全部锚索张拉至设计荷载的100%时，最大轴向应力为0.28MPa，出现在靠近

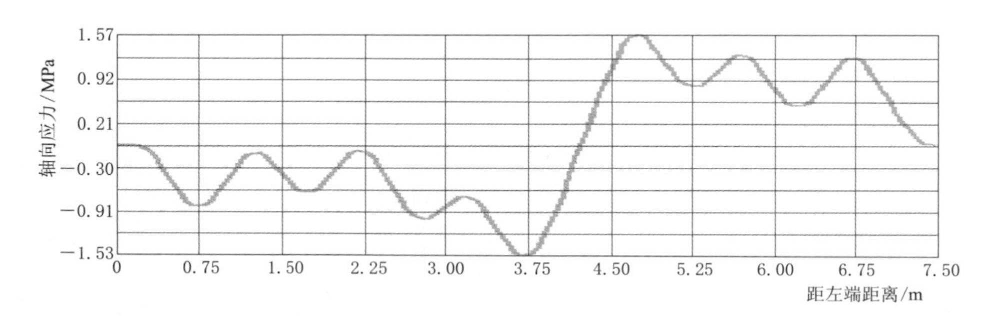


图 7.2-27　左侧一排锚索全部张拉至设计荷载的 50%后，张拉第②、第④、第⑥根锚索至设计荷载的 100%时衬砌顶部内侧表面的轴向应力变化

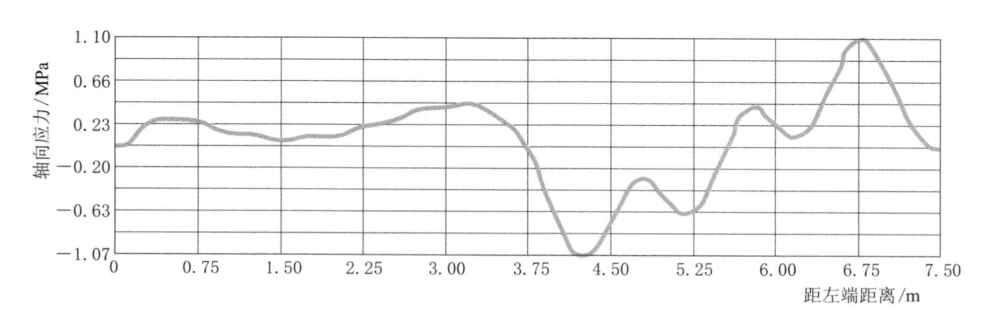


图 7.2-28　左侧一排锚索张拉至设计荷载的 50%，右侧一排锚索张拉至设计荷载的 100%，再张拉第①、第③、第⑤、第⑦根锚索由设计荷载的 50%至设计荷载的 100%时衬砌顶部内侧表面的轴向应力变化

两端 0.3m 左右的部位。随着距浇筑块端部距离的增加，最大轴向拉应力逐渐减小，在距端部约 1.5m 的地方，轴向应力由拉应力变为压应力，即 9m 长浇筑段中部约 6m 范围内的轴向应力为压应力，详见图 7.2-29。

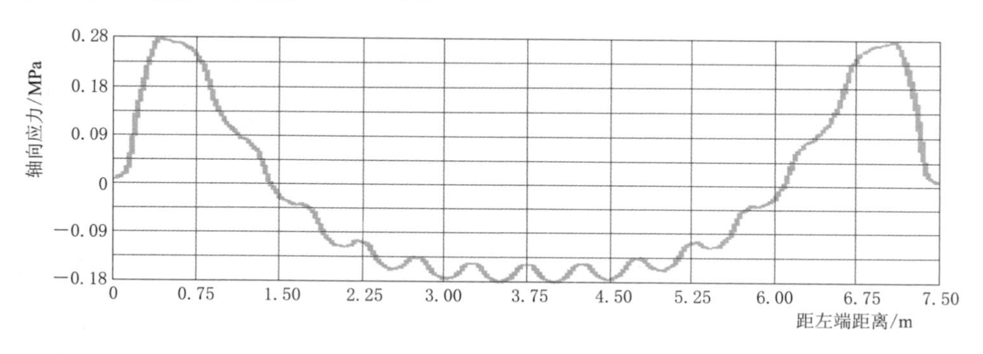


图 7.2-29　全部锚索张拉至设计荷载的 100%时衬砌顶部内侧表面的轴向应力变化

从上述分析结果可以看出，锚索张拉时，应从靠近端部的第①根锚索开始。在锚索张拉过程中，最大轴向拉应力出现在混凝土衬砌顶部的内侧表面。依次张拉左侧第①、第③、第⑤、第⑦根锚索时，将锚索张拉力控制在 50%的设计张拉力是合适的。当左侧一排锚索张拉至 50%的设计张拉力后，依次张拉第②、第④、第⑥根锚索至 100%的设计张拉力，最大轴向拉应力为 1.53MPa，已接近混凝土抗拉强度 1.80MPa。因此，右侧一排

锚索不宜一次性张拉至 100%的设计张拉力。为了既方便锚索张拉操作，又保证不出现超过混凝土抗拉强度的轴向拉应力，建议采用图 7.2－30 所示的锚索张拉程序。

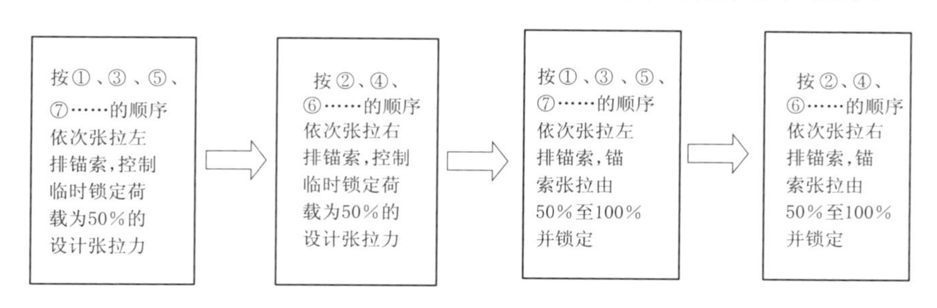


图 7.2－30　锚索张拉程序

## 7.2.7　结构复核

在实际工程设计过程中，当环锚预应力混凝土衬砌厚度、设计吨位、锚索布置方式等主要参数拟定后，还应按弹性理论进行结构应力分析，必要时还应通过有限元计算或模型试验加以复核。环锚预应力混凝土衬砌结构除要进行承载力极限状态和正常使用状态计算外，尚应进行预应力施工阶段的复核。环锚预应力混凝土衬砌结构的作用荷载包括内水压力、满水重、水锤压力、围岩压力、衬砌自重、温度荷载、灌浆压力和预应力等。除预应力外，其他均为常规荷载，可按《水工隧洞设计规范》（NB/T 10391—2020）进行计算。关于环锚预应力混凝土衬砌承载力极限状态和正常使用状态的计算，这里不再赘述。

对于环锚预应力混凝土衬砌，在预应力施工阶段一般不允许出现裂缝，因此应复核在结构自重、预应力及施工荷载标准值作用下，截面边缘混凝土法向应力是否符合以下要求：

$$\sigma_{ct} \leqslant 0.7 f'_{tk} \tag{7.2-29}$$

$$\sigma_{cc} \leqslant 0.9 f'_{ck} \tag{7.2-30}$$

式中：$\sigma_{ct}$、$\sigma_{cc}$ 分别为相应施工阶段计算截面边缘混凝土拉应力、压应力；$f'_{tk}$、$f'_{ck}$ 分别为与各施工阶段混凝土立方体抗压强度 $f_{cu}$ 相应的轴向抗拉强度、抗压强度标准值。

采用弹性理论进行结构应力分析时通常采用以锚索环面为界的内、外双层圆筒，按轴对称平面应变问题进行分析。该方法不能反映受力较为复杂的锚具槽及小半径圆弧段的应力状态。为此，在实际工程设计中，均进行三维有限元结构分析。

有限元计算的关键是计算原则的确定、范围的选取、边界条件的选择等。模型中的预应力是通过锚索作用面径向作用力的施加来实现的，这样充分考虑每束锚索的作用范围是十分必要的。若模型长度小于锚索的影响范围，会使得到的衬砌预应力值偏大，预应力的分布范围偏小，但若模型长度取得过大，不仅没必要，而且计算时间大为增加。因此，在模型长度选取时，应综合考虑计算精度和计算效率，可在单束锚索作用影响范围内和浇筑段长度范围内进行选择。

根据工程经验，在环锚预应力混凝土衬砌施工过程中，当锚索张拉至一定程度时，混凝土衬砌与围岩间将会形成一定的缝隙。因此，在进行施工期预应力结构计算时，将衬砌

作为一个独立的结构来考虑。从已建环锚预应力混凝土衬砌工程的结构设计实例看，内水压力基本由预应力承担，围岩对衬砌内水压力的分担作用仅作为安全储备。

从环锚预应力混凝土衬砌结构的受力特点分析，有限元计算模型宜采用三维实体单元模拟衬砌与围岩。如果考虑围岩分担内水压力作用，应合理拟定围岩计算范围，模型围岩厚度一般不宜小于3倍的开挖半径。围岩与衬砌之间应满足位移协调条件，围岩与衬砌的结合面宜采用接触单元进行模拟。为简化计算，可不考虑预应力筋的刚度和非预应力筋的影响。预应力筋张拉力的等效荷载作用在假想的作用界面上，界面上仅有径向荷载的传递。

### 7.2.8 考虑围岩联合作用

由环锚预应力混凝土衬砌的特点及适用条件可知，与传统混凝土衬砌相比，环锚预应力混凝土衬砌围岩地质条件一般较差、围岩厚度较薄，通常不考虑围岩分担内水压力作用。环锚预应力混凝土衬砌采用抗裂设计，在设计荷载及预应力作用下，最大拉应变不应超过混凝土的极限拉伸应变。混凝土属脆性材料，极限拉伸应变 $\varepsilon_t$ 很小。由于在衬砌承受内水压力前，已施加预应力，故产生了相应的压应变 $\varepsilon_u$。在内水压力作用下，使环锚预应力混凝土衬砌不产生裂缝的最大应变应为 $\varepsilon_t$ 与 $\varepsilon_u$ 之和。如果在预应力施加完成后采取接缝灌浆等工程措施，使围岩与衬砌接触紧密，在混凝土衬砌不开裂的条件下，围岩可能分担的最大荷载，将是使围岩发生 $\varepsilon_t+\varepsilon_u$ 应变所产生的抗力。因此，环锚预应力混凝土衬砌围岩分担内水压力作用效果要比抗裂设计的混凝土衬砌好。根据工程经验，锚索张拉过程中，当锚索张拉至一定程度时，混凝土衬砌与围岩间将会形成一定的缝隙，且范围较大。预应力和自重应力便是在此状态下形成的，张拉完成后进行固结和回填灌浆，这种应力状态将被固定下来。在运行期内水压力作用下，衬砌变形受到围岩较好的约束，围岩将产生抗力，抵消部分内水压力作用，实现围岩与衬砌共同分担内水压力的目的。因此，在围岩地质条件允许的条件下，环锚预应力混凝土衬砌考虑围岩分担内水压力作用的设计是可行的。

我国已建环锚预应力混凝土衬砌的设计中，基本不考虑围岩分担内水压力作用，内水压力完全由预应力承担，这使得衬砌设计原则是偏安全的。小浪底排沙洞已安全运行多年，积累了大量的实测资料。参考文献《环锚预应力混凝土衬砌围岩作用探讨》，并结合小浪底排沙洞工程实例，从运行期模拟分析的成果可以看出，衬砌与围岩结合良好时，在最高运行水头下，不同围岩弹性模量对衬砌中产生的环向应力有影响。计算时选取衬砌腰部作为控制截面，图7.2-31给出了不同围岩弹性模量时，在内水压力作用下所产生的腰部环向拉应力 $\sigma_t$ 与不考虑围岩联合作用时腰部环向拉应力 $\sigma_t'$ 的比值。从图中可以看出，围岩弹性模量越大，围岩对内水压力的分担作用也越大，当围岩弹性模量为8GPa时，计算断面内侧环向应力削减了54%，围岩对内水压力的分担作用比较明显。

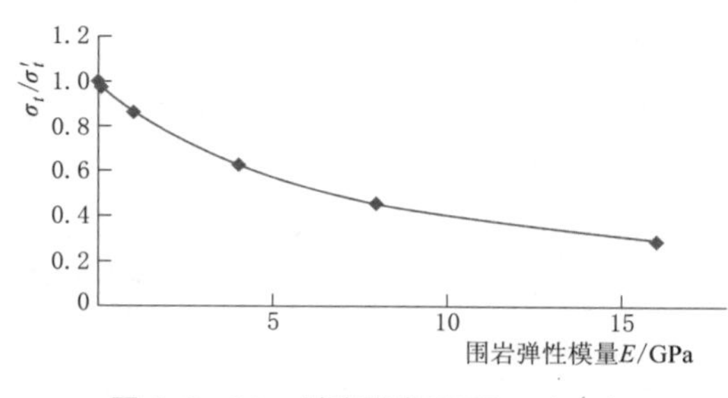


图7.2-31 衬砌腰部断面 $\sigma_t/\sigma_t'$ 与围岩弹性模量 $E$ 的关系曲线

从分析成果还可以看出，围岩的作用不仅是分担部分内水压力，同时也使衬砌应力分布趋于均匀。通过对小浪底3号排沙洞上游观测段上半环内侧混凝土应变计观测成果的分析得出，当围岩弹性模量取8GPa时，实测数据所得的水头影响系数与有限元计算结果一致。所谓的水头影响系数是指水头每增加1m，在衬砌内侧所产生的应变数值。因此，可以得出小浪底排沙洞围岩的弹性模量为8GPa，这与小浪底静弹试验结果和Ⅲ类围岩地质条件相符。

环锚预应力混凝土衬砌按抗裂设计，不允许出现拉应力或拉应力大于混凝土抗拉强度限值。因此，可假设其处于弹性工作状态，将其简化为弹性厚壁圆筒。根据拉密定理可求出衬砌外缘径向变位$\mu_o$。衬砌与围岩是通过变形协调实现内水压力分担的。假设围岩是均质体，按轴对称平面应变问题进行求解。围岩在分担的内水压力$p_r$作用下，产生均匀径向变位$\mu_r$，变位$\mu_r$与荷载$p_r$呈线性关系，即满足文克尔假定。根据衬砌与围岩边界变形协调条件，即$\mu_o=\mu_r$，可求出围岩分担的内水压力$p_r$：

$$p_r=\frac{2(1-\mu_c^2)k_0}{E_c(t^2-1)+k_0(1+\mu_c)[t^2(1-2\mu_c)+1]}p_i \tag{7.2-31}$$

式中：$p_r$为围岩分担的内水压力；$E_c$为混凝土弹性模量；$\mu_c$为混凝土泊松比；$k_0$为围岩单位弹性抗力系数；$t$为衬砌外半径$r_o$与内半径$r_i$之比，$t=r_o/r_i$；$p_i$为设计内水压力。

环锚预应力混凝土衬砌所分担的内水压力$p$则为设计内水压力$p_i$与围岩分担的内水压力$p_r$之差，即$p=p_i-p_r$。环锚预应力混凝土衬砌可按内水压力为$p$的结构初拟锚索布置方式、张拉吨位等参数，再通过有限元结构计算，复核各工况下应力状态是否合理，衬砌是否出现拉应力或拉应力是否满足要求。

围岩单位弹性抗力系数$k_0$对内水压力分担效果影响较大，因此在设计过程中应对其进行必要的敏感性分析，合理选择围岩的地质力学参数。衬砌与围岩的结合程度也是影响围岩分担内水压力效果的主要因素之一，加强衬砌混凝土浇筑质量控制，做好回填、固结灌浆，使围岩对衬砌变形具有较好的约束作用，是保证围岩分担内水压力效果的重要措施。

## 7.3 预应力锚固系统的防腐

预应力钢绞线张拉锚固后，应对锚具及钢绞线端头进行防腐处理。对于有黏结锚固体系，锚具及钢绞线端头可直接采用锚具槽二期混凝土进行防腐。对于无黏结锚固体系，锚具及钢绞线端头应在锚具槽二期混凝土回填前，设置附加防腐措施。环锚锚固体系有分散防腐和整体防腐两种方法。分散防腐可用固定于锚板上的钢夹板（带密封橡胶板）封闭主动张拉端面与被动张拉端面，并在主动张拉端面加设钢绞线防腐套管，在被动张拉端面加设钢绞线塑料帽，内充防腐油脂。整体防腐是采用特制的塑料盒将锚具和裸露的钢绞线一起套住，内充防腐油脂或环氧树脂等材料。

如小浪底排沙洞环锚预应力混凝土衬砌锚具槽预应力锚固系统的防腐，通过对德国DSI系统和我国OVM系统的试验比较可知：DSI系统采用单根防腐的新防腐形式，有着保险系数高、锚板受力均匀，一旦单根失效对其他锚索不会产生不良影响的优点，但施工难度较大，人工涂油不易保证施工质量；OVM系统采用的是目前国际国内通常使用的防腐形式，分固定端防腐、张拉端防腐和锚具防腐段三部分。固定端和张拉端均在筋束张拉固定后使用保护套管，利用机械注油后用保护帽和塑料盖进行封盖。OVM系统一方面可保证防腐质量，另一方面也可使施工更为简便，但由于张拉端和固定端锚孔布置与DSI系统的梅花形间隔布置不同，故其锚板受力不均匀，整体防腐易由于一根失效而对整束锚索产生较大的影响。

鉴于上述特点，经综合考虑后采用DSI系统。在锚索张拉锚固后，锚具槽两侧采用橡胶板、钢夹板进行防腐处理，因锚具安装和张拉操作的需要，需割除防护套管外露部分的钢绞线，重新加装高密度聚酯乙烯（HDPE）防护套管并注入防腐油进行处理。通过套管和密封件形成钢绞线束的防腐体系，见图7.3-1。锚具及锚具槽内钢绞线防腐处理施工工序是：清理钢绞线和锚具→张拉端钢绞线加PE防护套管→向PE套管内灌注防腐油脂→钢绞线端头加防护帽→锚具表面涂5mm厚的防腐油脂→防护罩密封→燕尾槽加工→锚具槽混凝土回填。

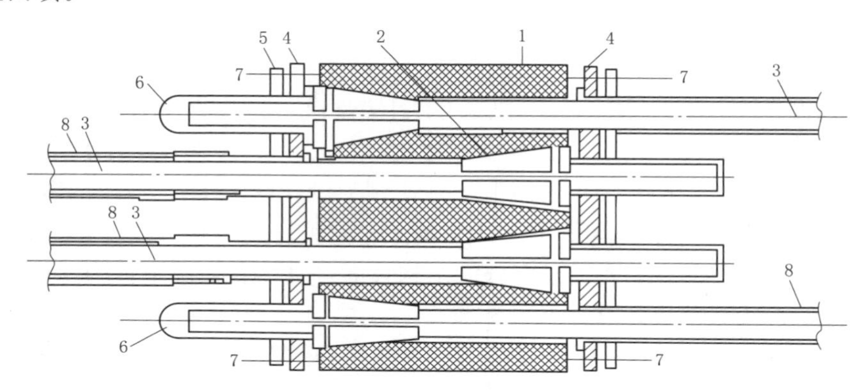

（a）处理方案示意图

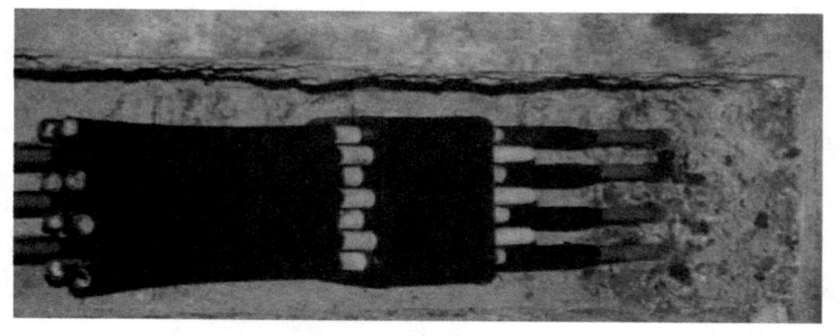
（b）现场照片

图7.3-1　锚具及锚具槽内钢绞线防腐处理示意图

1—锚具；2—楔形夹片；3—钢绞线；4—橡胶垫片；5—钢垫板；6—塑料帽；7—固定螺栓；8—连接管

## 7.4　锚具槽混凝土回填

预留锚具槽为环锚预应力混凝土衬砌特殊而重要的区域，回填混凝土对锚具槽及预应力筋的防腐具有重要的作用。锚具槽内的回填混凝土也可称为锚固区二期混凝土。为保证结构的整体性，改善锚具槽区域混凝土应力分布状态，锚固区二期混凝土应具有补偿收缩或微膨胀性能。同时，混凝土强度等级不应低于主体结构，回填混凝土骨料最大粒径的选择应考虑锚具和预应力筋的净距。在锚固区二期混凝土回填之前，应对锚具槽新老混凝土接触面进行凿毛，并加涂界面剂（水泥净浆、丙乳净浆、环氧树脂类黏结剂等）。

小浪底排沙洞环锚衬砌锚具槽采用与主体结构强度等级相同的C40无收缩混凝土回填。根据锚具槽的大小，经试验研究，确定骨料的最大粒径为14mm，添加13%的微膨胀剂（UEA），控制28d混凝土膨胀量为$(1.0\sim2.0)\times10^{-4}$。在锚具槽混凝土回填前，先用切割机将锚具槽口加工成燕尾槽型式，再用丙乳胶涂刷在经凿毛后的新老混凝土界面上，然后回填混凝土。

## 7.5 工程实例

### 7.5.1 隔河岩水电站引水隧洞

隔河岩水电站安装有4台单机容量为300MW的水轮发电机组，总装机容量为1200MW。电站采用岸式厂房，引水系统沿江布置，采用单管单机供水方式，具体布置见图7.5-1。4条引水隧洞内径均为9.5m，洞长均为446m，隧洞以坝轴线防渗帷幕为界，划分为上游洞段和下游洞段，见图7.5-2。上游洞段采用普通钢筋混凝土衬砌，下游洞段因穿越大坝右拱座且出口处为百余米高差的厂房高边坡，故需要重点关注的问题除提高衬砌的承载能力外，还应严格防止内水外渗，以免影响拱座及高边坡的稳定。经综合比较，采用环锚预应力混凝土衬砌型式。

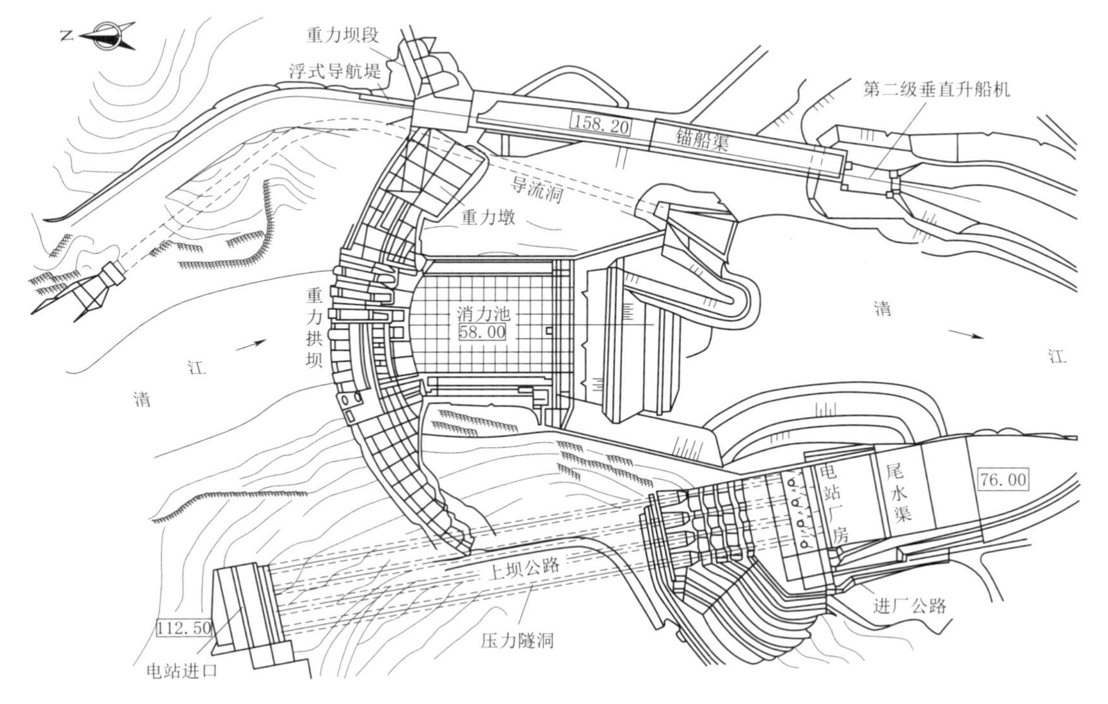


图7.5-1 隔河岩水利枢纽平面布置图（单位：m）

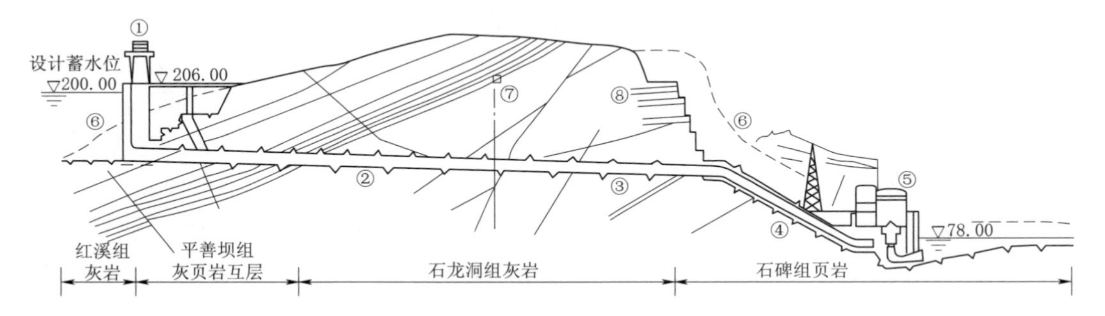


图 7.5-2　隔河岩引水发电系统剖面示意图（单位：m）

①—进水口建筑物；②—普通钢筋混凝土衬砌段；③—预应力混凝土衬砌段；④—压力钢管；
⑤—电站厂房；⑥—原地面线；⑦—坝址防渗帷幕线；⑧—厂房高边坡预应力锚索

根据工程实际情况，有黏结环锚预应力混凝土衬砌采用两类预锚系统：其一为台座式的群锚系统（简称为QM锚），见图7.5-3，主要用于前期施工的1号、3号隧洞，实施段长度分别为144m和158m；其二为无台座张拉的环锚系统（简称为HM锚），见图7.5-4，用于后续施工的2号、4号隧洞，实施段长度均为150m。4条隧洞衬砌的混凝土强度等级均为C35。1号、3号、2号和4号隧洞已分别于1993年6月、11月和1994年6月、11月投入运行，曾停机进洞进行检查，检查结果表明，衬砌满足运行承载要求，衬砌表面无裂缝，防渗性能好，设计是成功的。

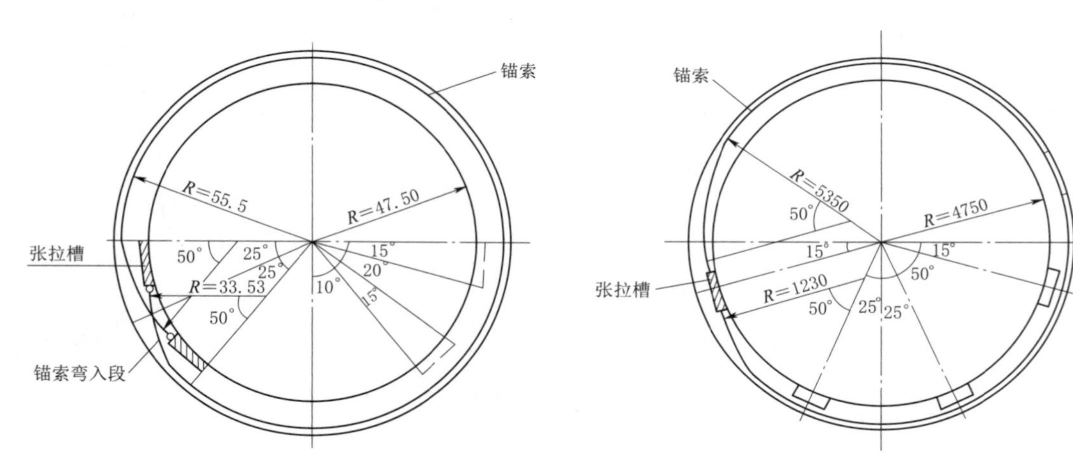


图 7.5-3　隔河岩引水隧洞 QM 锚布置典型剖面图（单位：m）

图 7.5-4　隔河岩引水隧洞 HM 锚布置典型剖面图（单位：cm）

环锚预应力混凝土衬砌段最大内水压力达100m。单根锚索由12束公称直径为15.2mm的钢绞线集合而成。采用QM锚的1号、3号引水隧洞衬砌厚度为0.9m，锚束平均间距为40～48cm，自上游向下游以衬砌段为单位加密；采用HM锚的2号、4号引水隧洞衬砌厚度为0.75m，锚束平均间距为44cm。锚束预留孔道采用$\phi$90的钢质波纹管，靠衬砌外缘布置。由于锚具槽区域预应力效果较差，应力状态复杂，易受锚具槽对截面削弱的影响，是受力不利部位，为了避免不利部位总在同一方位出现，均化受力不利的部位，同时考虑方便施工，在隧洞下半圆对称交叉布置4排锚具槽。

衬砌结构按部分预应力设计，即混凝土允许出现拉应力，但须满足抗裂要求。对于HM锚，考虑到对弧形偏转器的摩阻损失较大可进行适当补偿，张拉控制应力采用$0.8f_{ptk}$，相应整束锚索的张拉控制应力为2230kN；对于QM锚，张拉控制应力采用$0.75f_{ptk}$，相应整束锚索的张拉控制应力为2090kN。

## 7.5.2 天生桥一级水电站引水系统

天生桥一级水电站装有4台水轮发电机组，电站总装机容量为1200MW。引水发电系统布置于左岸，引水系统采用单管单机供水方式，4条引水隧洞内径均为9.6m。过10号冲沟部位岩石为中三叠统边阳组中厚层—厚层泥岩、砂岩，上覆岩体厚度最小仅为21m，在正常蓄水位情况下，隧洞内水压力为100.44～122.93m（含水击压力），因此常规钢筋混凝土结构难以满足电站安全运行要求。通过综合比较，此段隧洞采用环锚预应力混凝土衬砌，衬砌厚度为0.7m，其典型剖面见图7.5-5。

环锚预应力混凝土衬砌采用有黏结锚固系统，单根锚索最多由14束公称直径为15.2mm的钢绞线集合而成。锚束间距为34～40cm。张拉控制应力采用$0.8f_{ptk}$。引水隧洞的环锚于1997年4月开始施工，至2000年10月竣工，共安装环锚1338束（1号洞433束，2号洞349束，3号洞331束，4号洞225束）。监测成果显示，引水隧洞充水发电后，因内水压力的作用，混凝土衬砌环向压应力有较大减小，1号、3号引水隧洞环向压应力平均分别减小2.9MPa、2.5MPa，因充水引起的压应力减小量小于预压量，因此证明结构是安全的。

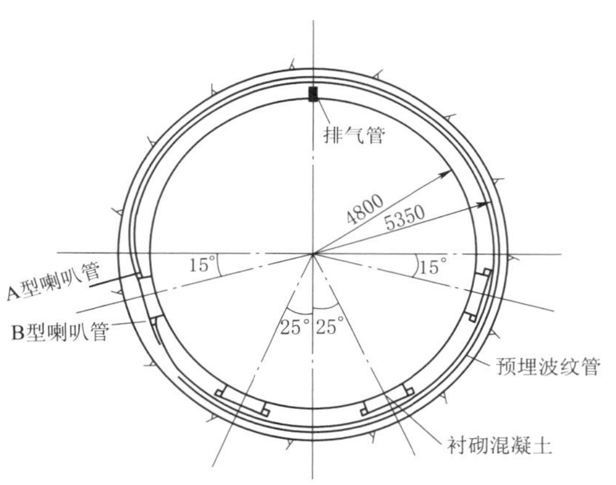

图7.5-5 天生桥一级水电站引水隧洞环锚预应力混凝土衬砌典型剖面图（单位：mm）

## 7.5.3 九甸峡水电站调压室

九甸峡工程是以城乡生活供水及工业供水、生态环境用水为主，兼有农业灌溉、发电、防洪、养殖等综合功能的大型水利枢纽工程。主要建筑物由混凝土面板堆石坝、左岸布置的两条表孔溢洪洞、右岸布置的有压放空泄洪排砂洞、总干渠进水口、引水发电系统及地面厂房等组成。引水隧洞末端设置阻抗圆筒式调压室，见图7.5-6。调压室井筒直径为22m，阻抗孔直径为5.4m，最高涌浪水位为2223.98m。调压室底高程为2137.00m，受地形条件限制，高程2195.00m以下调压室井筒为地下式，2195.00m以上井筒外露。由于调压室下游侧即为厂房后边坡，边坡高度大于90m，边坡类型为岩土混合型，因此调压室需严格按限裂设计，控制调压室衬砌裂缝渗水对厂房后边坡稳定的影响。调压室最大*HD*值为1610m·m，采用常规的钢筋混凝土衬砌是难以实现的，因此，对调压室下部结构局部考虑采用无黏结环锚预应力混凝土衬砌，衬砌厚度为 2.0m。

在高程 2151.00～2171.00m 范围内布置 26 束预应力锚索，间距为 0.8m；在高程 2172.20～2179.40m 范围内布置 7 束预应力锚索，间距为 1.2m。每束锚索由 16 根公称直径为 15.7mm、标准强度为 1860MPa 的无黏结钢绞线组成，每束锚索的张拉应力均为 2000kN。由于锚具槽在环向的布置方式对钢绞线张拉后的混凝土应力分布有一定的影响，为了使结构处于良好的受力状态，同时方便施工，锚具槽沿圆周间隔 60°布置，其典型剖面详见图 7.5-7。

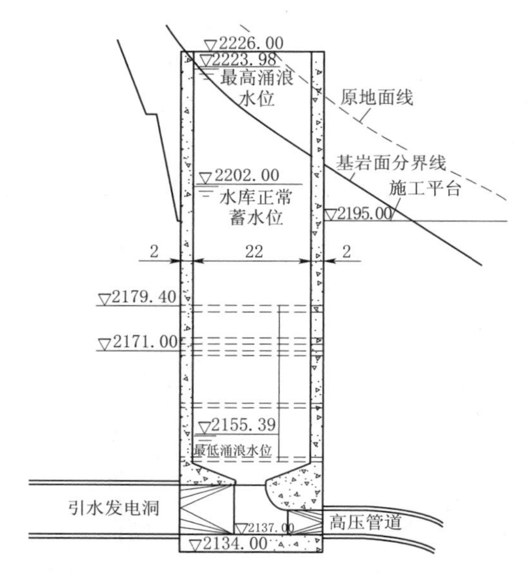


图 7.5-6　九甸峡水利枢纽工程引水调压井剖面图（单位：m）

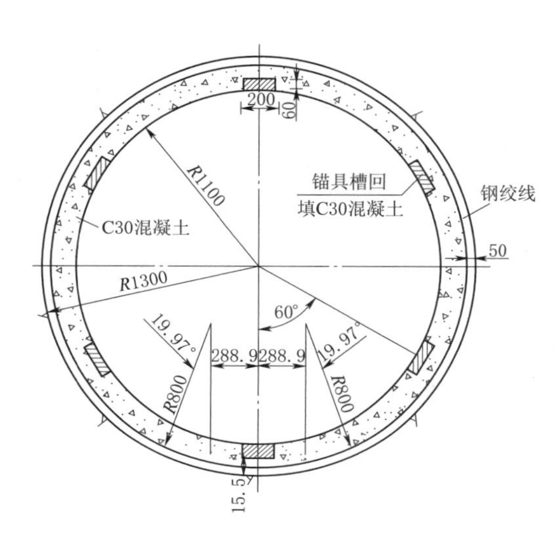


图 7.5-7　九甸峡水利枢纽引水调压井环锚预应力混凝土衬砌典型剖面图（单位：cm）

水库水位蓄至 2092.80m 时，机组进行了甩负荷试验，从衬砌结构内部钢筋计及渗压计的监测成果可知，调压室结构良好，未出现裂缝，结构应力值远小于容许应力值。可以说，调压井的设计是合理的，预应力环锚技术在该工程中的应用是成功的。

# 第 8 章

# 钢板衬砌

抽水蓄能电站机组安装高程低，引水发电系统常采用地下厂房和地下埋藏式压力管道布置方式。本章主要介绍地下埋藏式压力钢管。地下埋藏式压力钢管即钢板衬砌，为不透水衬砌，可以单独承受内水压力，也可与围岩共同承担内水压力。因此，钢板衬砌对围岩条件要求相对较低，适用范围较广，是压力管道常采用的一种衬砌型式。抽水蓄能电站一般水头高、规模较大，因此压力管道 $HD$ 值大，对钢材性能及结构设计提出了更高的要求。压力钢管用钢首先应具有足够的强度，使其具有足够的承载力；其次要求钢材要具有良好的塑性，以满足钢管卷制成形时制造工艺的需求；最后还应具有良好的韧性，以避免钢管在承受动载荷时脆性破坏的发生。同时，压力钢管用钢还应具有优良的焊接性，以利于压力钢管制作、安装。因此，压力钢管用钢除应具有良好的机械性能外，还应具有良好的工艺性能。

## 8.1 钢材基础知识

钢是指碳含量低于 2%的铁碳合金，具有金属的特性。为便于对钢材特性的理解，下面对金属基础知识做一些简要介绍。

### 8.1.1 钢材的性能

从结构角度讲，关注钢材的性能有两方面，即力学性能和工艺性能。前者是满足结构功能的基础，而后者则是加工过程的要求。

#### 8.1.1.1 钢材的力学性能

力学性能是满足结构功能的基础，它表示钢材在外力作用下满足结构功能要求的能力，主要包括强度、塑性、韧性等几方面。

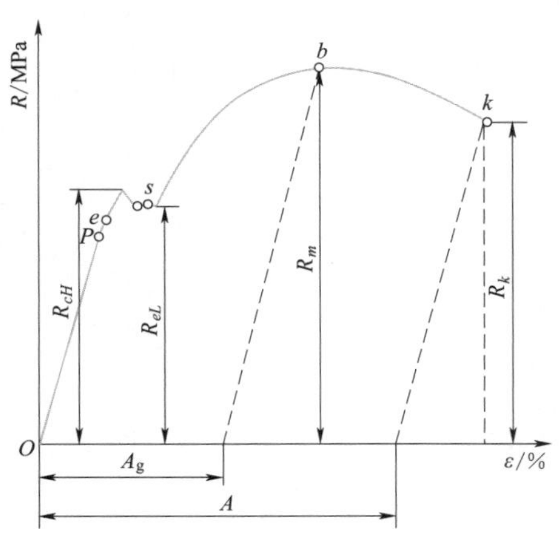

图 8.1-1　钢材拉伸应力-应变曲线示意图

(1) 强度。钢材的强度可用拉伸应力-应变曲线来说明，见图 8.1-1。图中有几个特征点：比例极限 $P$ 点、弹性极限 $e$ 点、屈服点（分上、下屈服点）和抗拉强度 $b$ 点。当应力小于比例极限时，应力与应变符合胡克定律，呈线性关系。弹性极限是不会出现残余应变时的最大应力，比例极限 $P$ 点与弹性极限 $e$ 点很接近，通常把比例极限视为弹性极限。超过弹性极限后，应力与应变不再呈线性关系，应力不增加而变形继续发展，材料进入塑性区，在拉伸应力-应变曲线中形成上、下波动段，波动的最高点称为上屈服点，最低点称为下屈服点，下屈服点对试验条件不敏感，便于作为计算的标准，因此以下屈服点作为钢材的屈服点，相应的强度为屈服强度 $R_{eL}$。钢材进入塑性阶段后，钢材内部晶粒重新排列，强度提高，进入应变硬化阶段，此时曲线缓慢上升，升至最高点后拉伸试件出现颈缩随后断裂，曲线最高点对应的应力称为抗拉强度 $R_m$。

低碳钢和低合金结构钢有明显的屈服平台，对应的应变范围为 $\varepsilon=0.15\%\sim2.5\%$，而有些钢材没有明显的屈服平台，工程上常规以产生永久残余变形量为0.2%的应力作为名义屈服极限。

(2) 塑性。结构用钢还要求钢材具有较好的塑性。钢材的塑性变形量是指从应力达到屈服点至屈服平台结束所产生的变形量，这一变形量越大，标志着钢材的塑性变形能力越强。钢材的塑性变形能力是构件内形成应力重分布的必要条件，也是钢结构制造工艺中各种加工工序（包括焊接）得以进行的基础。钢材的塑性常用延伸率（$A$）或断面收缩率（$Z$）来表示。

延伸率是指试件拉断后所增加的长度与原来长度的百分比：

$$A=\frac{L_u-L_0}{L_0}\times100\% \tag{8.1-1}$$

式中：$L_0$ 为试件原标距长度，国内钢板统一用比例试件，当试件采用圆形断面时，$L_0=5d_0$（$d_0$ 为试件的直径），当采用矩形或多边形断面时，$L_0=k\sqrt{S_0}$（$k$ 为比例系数，取5.65，$S_0$ 为试件横截面面积）；$L_u$ 为试件断后标距。

断面收缩率是指材料在拉伸断裂后断面最大缩小面积与原断面面积的百分比：

$$Z=\frac{S_0-S_u}{S_0}\times100\% \tag{8.1-2}$$

式中：$S_0$ 为试件原始横截面面积；$S_u$ 为试件断裂后的最小横截面面积。

(3) 韧性。钢材的韧性是指材料抵抗冲击荷载而不被破坏的能力，是反映钢材在动荷载作用下的性能，通常用冲击韧性来表征。现在国内外通用以V形缺口夏比试件在冲击试验中所耗的冲击功来衡量钢材的冲击韧性，冲击功以焦耳为单位。冲击功越大，冲击韧性越高，表明材料韧性越好，越不容易发生脆断。钢材的冲击韧性受温度影响很大，钢材存在一个由可能塑性破坏到可能脆性破坏的转变温度区，见图8.1-2。$T_1$ 称为临界温度，$T_0$ 称为转变温度，温度在 $T_0$ 以上时，只有在缺口根部产生一定数量的塑性变形后才会产生脆性裂纹；当温度在 $T_0$ 以下时，即使塑性变形很不明显，甚至没有塑性变形也会产生脆性裂纹，脆性裂纹一旦形成，只需很少的能量即可使之迅速扩展，致使材料全部断裂。为避免钢结构低温脆断，结构的使用温度均须高于材料的脆性转变温度。各种钢材的脆性转变温度都不相同，应由试验确定。脆性转变温度是通过一系列不同温度下的冲击试验来测定的。由于脆性转变温度通常范围较宽，故不能明确定义为一个温度，根据测定方法的不同，存在着不同的表示方

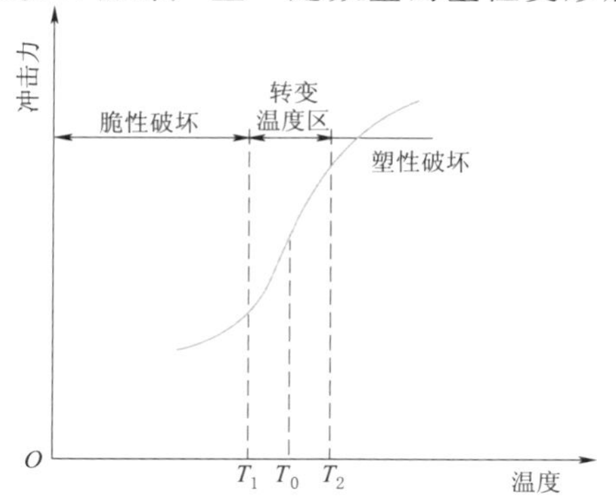

图8.1-2 冲击韧性与温度关系示意图

法，主要有：①能量准则法，规定为冲击吸收功降到某一特定数值时所对应的温度，常以 $T_k$ 表示；②断口形貌准则法，规定为断口上纤维区与结晶区相对面积达一定比例时所对应的温度，如结晶区面积占总面积的50%所对应的温度，以FATT表示；③落锤试验法，规定为落锤冲断长方形板状试样时断口100%为结晶断口时所对应的温度，以NDT表示。脆性转变温度除与表示方法有关外，还与试样尺寸、加载方式及加载速度有关，不同材料只能在相同条件下进行比较。钢材选择时，通过提出不同负温条件下冲击韧性的要求，可以较好地避免脆断的风险。

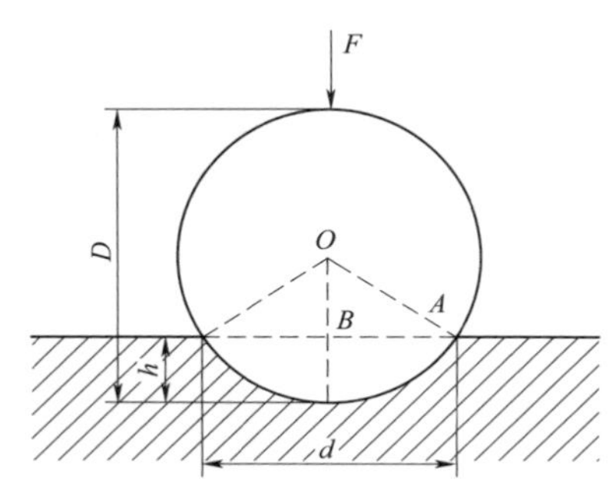

图 8.1-3　布氏硬度试验原理示意图

(4) 硬度。硬度是指材料抵抗外物压入其表面的能力。此项指标表示钢材的坚硬程度，也是钢材抗局部塑性变形能力的反映，是重要的机械性能指标。钢材的硬度与抗拉强度之间有一定的关系，根据硬度可以大致估算出钢材的抗拉强度。常用的硬度指标有布氏硬度、洛氏硬度和维氏硬度。

1) 布氏硬度。《金属材料　布氏硬度试验　第1部分：试验方法》(GB/T 231.1—2018) 对测试方法做出了明确的规定，通过对一定直径 ($D$) 的硬质合金球，施加荷载 $F$ 压入试件表面，见图 8.1-3，经保持规定时间后卸除荷载，在试验材料表面会产生压痕，将荷载 $F$ 与压痕表面积 $A$ 的比值称作布氏硬度，用“HBW”来表示，具体表达方法如下：

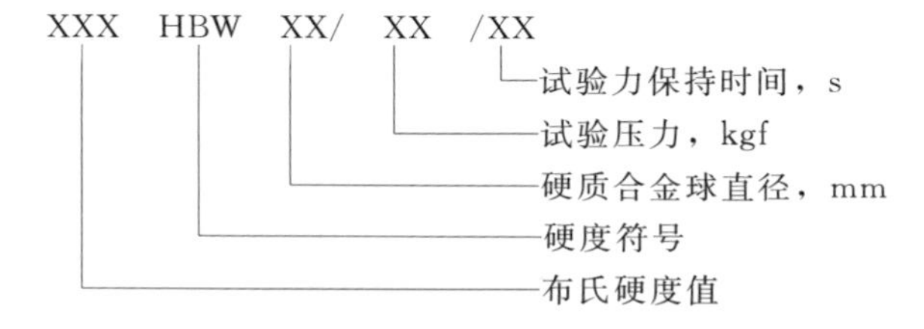


例如：600HBW1/30/20，表示在30kgf力下压入直径为1mm的硬质合金球，保持20s后测得材料的布氏硬度值为600。

2) 洛氏硬度。以压痕塑性变形深度来确定硬度指标。当HB>450或者试样过小时，不能采用布氏硬度试验测试而改用洛氏硬度计量。它是将一个顶角120°的金刚石圆锥体或直径为1.59mm或3.18mm的钢球，在一定载荷下压入被测材料表面，由压痕的深度求出材料的硬度。测量方法与原理见图 8.1-4，首先在初始试验压力 $F_0$ 作用下，将压头（金刚石圆锥体压头或钢球压头）压入试件表面，产生初始位移 $h_0$；然后施加主试验压力 $F_1$，保持一定时间，此时压头位移为 $h_1$；之后卸除主试验压力 $F_1$，保持初始试验压力 $F_0$，此刻压头位移为 $h_2$。根据试验材料硬度的不同，可采用不同的压头和荷载，组成15种不同的洛氏标尺，详见 GB/T 230.1—2018 中的有关规定，其中最常用的有以下3种：

a. HRC：采用C标尺，在150kgf的荷载和顶角120°的金刚石圆锥体压头条件下进行洛氏硬度测试，洛氏硬度 $=100-(h_2-h_0)/0.02$。

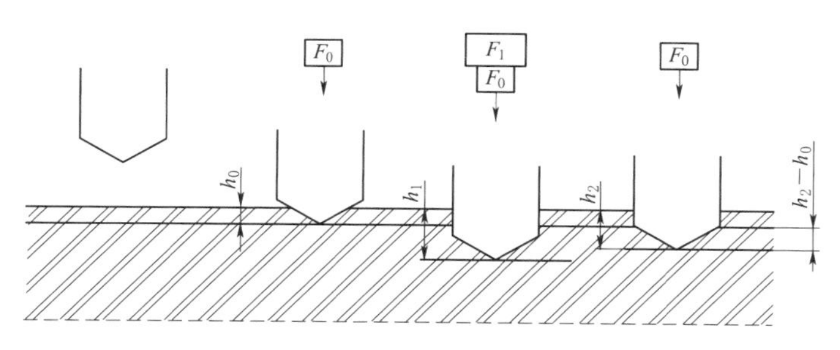


图 8.1-4　洛氏硬度试验原理示意图

b. HRB：采用 B 标尺，在 100kgf 的荷载和直径为 1.59mm 的钢球（或硬质合金球）压头条件下进行洛氏硬度测试，洛氏硬度=130－$(h_2-h_0)/0.02$。

c. HRA：采用 A 标尺，在 60kgf 的荷载和顶角 120°的金刚石圆锥体压头条件下进行洛氏硬度测试，洛氏硬度=100－$(h_2-h_0)/0.02$。

A、C 标尺洛氏硬度采用硬度值、符号 HR 和标尺字母表示方式。如 59HRC 表示在 C 标尺上测得的洛氏硬度值为 59。

B 标尺洛氏硬度采用硬度值、符号 HR、标尺字母和球压头代号（钢球为 S、硬质合金球为 W）表示方式。如 60HRBW 表示采用硬质合金球压头，在 B 标尺上测得的洛氏硬度值为 60。

A、B、C 3 种标尺所用的压头、荷载及硬度的许可应用范围见表 8.1-1。

表 8.1-1　常用的 3 种洛氏硬度试验规范

| 洛氏硬度标尺 | 硬度符号 | 压　头　类　型 | 初始试验压力 $F_0$/kgf | 主试验压力 $F_1$/kgf | 总试验压力 $F$/kgf | 适用范围 |
|---|---|---|---|---|---|---|
| A | HRA | 顶角 120°的金刚石圆锥体 | 10 | 50 | 60 | 20HRA～88HRA |
| B | HRB | 直径为 1.59mm 的钢球（或硬质合金球） | 10 | 90 | 100 | 20HRB～100HRB |
| C | HRC | 顶角 120°的金刚石圆锥体 | 10 | 140 | 150 | 20HRC～70HRC |

3）维氏硬度。将顶部两相对面夹角为 136°的正四棱锥体金刚石压头，用一定的试验力 $F$ 压入材料表面，见图 8.1-5，保持规定时间后卸除荷载，试验力与压痕表面积的比值即为维氏硬度值。压痕表面积通过测量压痕对角线长度确定。有关维氏硬度试验的具体要求在《金属材料　维氏硬度试验　第 1 部分：试验方法》（GB/T 4340.1—2009）中有明确的规定。

维氏硬度用 HV 表示，具体表达方法如下：

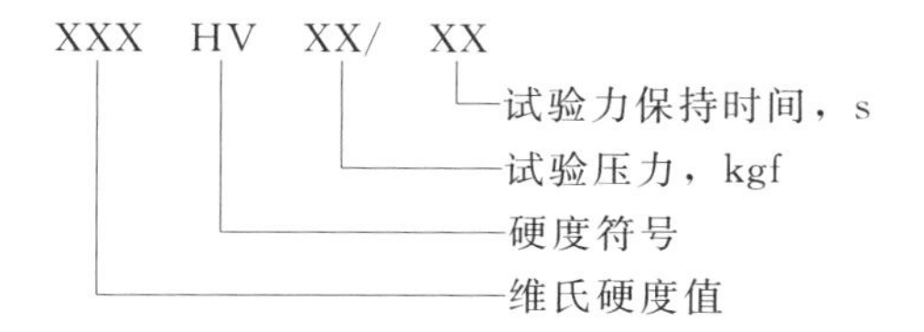


例如：640HV30/20，表示在 30kgf 力下压入金刚石四棱锥体压头，保持 20s 后测得材料的维氏硬度值为 640。

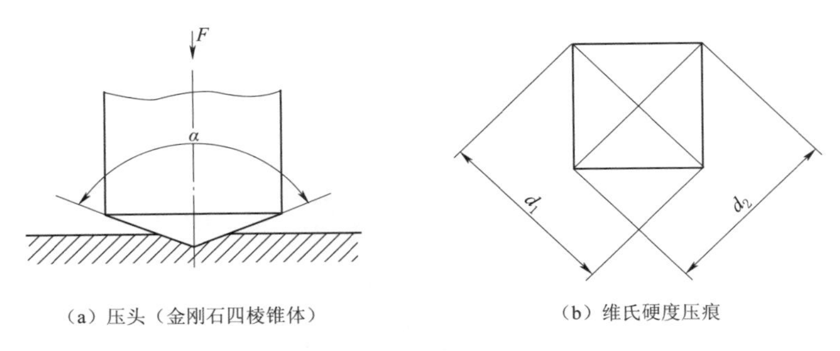


(a) 压头（金刚石四棱锥体）　　(b) 维氏硬度压痕

图 8.1-5　维氏硬度试验原理示意图

#### 8.1.1.2　钢材的工艺性能

把钢材加工成所需要的构件，需要历经一系列的工序，如各种机械加工、切割，冷、热矫正及焊接等，钢材的工艺性能应满足这些工序的要求，不能在加工过程中出现钢材开裂或材质损坏现象。低碳钢和低合金钢所具有的良好塑性，在很大程度上满足了加工的需要，但除此之外，尚应强调两项性能，即冷弯性能和可焊性。

（1）冷弯性能。钢材的冷弯性能是指在常温下能承受弯曲变形的性能，一般通过弯曲试验来判断。弯曲试验是钢材按原有厚度经表面加工成板状试样，常温下弯曲规定角度（通常采用 180°），若试样弯曲表面无可见裂纹则认为合格。弯曲试验时，按钢材的牌号和板厚采取不同的弯曲压头直径 $D$（可在板厚的 1/2 至 3 倍范围内选取），冷弯性能反映钢材经过一定角度冷弯后，抵抗产生裂纹的能力，是钢材塑性能力及冶金质量的综合指标。一般来说，钢材的冷弯性能指标比钢材的塑性指标（延伸率）更难达到，弯曲试验中塑性变形的生成是处于制约状态的，完全不同于拉伸试件，因此弯曲试验除反映钢材的塑性和冷加工的适应性程度外，还可能暴露冶金缺陷，在一定程度上还可以反映钢材的可焊性。冷弯性能是评价钢材工艺性能和力学性能以及钢材质量的一项综合性指标，也是评价钢材质量的一项重要指标。

（2）可焊性。可焊性是指钢材对焊接工艺的适应能力，包括两方面的要求：一是通过一定的焊接工艺能保证焊接接头具有良好的力学性能；二是施焊过程中，选择适宜的焊接材料和焊接工艺参数后，有可能降低焊缝金属和钢材焊接热影响区产生热（冷）裂纹的敏感性。钢材的可焊性评定可分为化学成分判别和工艺试验法评定两种方法。

碳（C）既是形成钢材强度的主要因素，也是影响可焊性的首要元素，当钢材碳含量超过某一数值时，甚至是不可能施焊的。合金钢（主要是低合金钢）除碳以外的各种合金元素对其的强度与可焊性也起着重要作用。为便于表达这些材料的强度性能和焊接性能，通过大量试验数据的统计，把合金元素的含量按其对淬硬性的影响和作用换算成碳的相当含量，由此引入碳当量的概念。当碳当量增加时，钢材淬硬倾向增大，硬度增加，使钢材焊接热影响区容易产生冷裂纹，可焊性变差。采用化学成分判别钢材的可焊性即是通过碳当量来判断。碳当量的计算公式有很多，如国际焊接学会（IIW）推荐的常用低合金结构钢碳当量计算公式：

$$CE = \mathrm{C} + \frac{\mathrm{Mn}}{6} + \frac{\mathrm{Cr}+\mathrm{Mo}+\mathrm{V}}{5} + \frac{\mathrm{Ni}+\mathrm{Cu}}{15}$$

日本工业标准（JIS）公式：

$$C_{eq}=C+\frac{Mn}{6}+\frac{Si}{24}+\frac{Ni}{40}+\frac{Cr}{5}+\frac{Mo}{4}+\frac{V}{14}$$

日本伊藤（ITO）公式：

$$P_{cm}=C+\frac{Si}{30}+\frac{Mn+Cu+Cr}{20}+\frac{Ni}{60}+\frac{Mo}{15}+\frac{V}{10}+5B$$

新日铁公司公式：

$$CEN=C+A(C)\left(\frac{Si}{24}+\frac{Mn}{16}+\frac{Cu}{15}+\frac{Ni}{20}+\frac{Cr+Mo+V+Nb}{5}+5B\right)$$

式中：C、Mn、Si、Cr、Mo、V、Ni、Cu、Nb、B 为钢材中该元素含量的百分数；$A(C)$ 为碳的适应系数，与钢中碳含量有关，详见表 8.1－2。$CE$ 公式适用于中、高强度的非调质低合金钢（$R_m=500\sim900$MPa），$C_{eq}$ 公式适用于低碳调质的低合金高强钢（$R_m=500\sim1000$MPa），$CE$ 公式、$C_{eq}$ 公式均适用于碳含量偏高的钢种（碳含量不小于 0.18%）。$P_{cm}$ 也称为冷裂纹敏感指数，$P_{cm}$ 公式适用于碳含量为 0.07%～0.22%的低合金高强钢（$R_m=400\sim1000$MPa），伊藤等还根据 $P_{cm}$、板厚或拘束度，建立了冷裂敏感性（$P_w$）、冷裂纹敏感指数（$P_{cm}$）及防止冷裂所需要的预热温度的计算公式。$CEN$ 公式适用于碳含量为 0.034%～0.254%的钢种。

表 8.1－2　碳含量与 A(C) 的关系

| 碳含量/% | 0 | 0.08 | 0.12 | 0.16 | 0.20 | 0.26 |
|---|---|---|---|---|---|---|
| A(C) | 0.500 | 0.584 | 0.754 | 0.916 | 0.980 | 0.990 |

碳当量计算公式因都属经验公式，故计算结果也有所差别，难以判断计算公式的合理性。从公式形式看，各相关元素对焊接性能的影响程度在趋向上是接近的，但在绝对值上有一定差别。当钢材碳含量较低时，碳含量对钢材焊接性能的影响程度相对较弱，合金元素的影响相对明显。$CE$ 公式是最常用的碳当量计算公式，适用于碳含量偏高的钢种，公式中考虑了 C、Mn、Ni、Cu、Cr、Mo、V 7 种元素对碳当量的影响，且公式对 Ni 和 Cu，Cr、Mo 和 V 采用了相同的系数，相对比较粗略。$P_{cm}$ 公式除了考虑以上 7 种元素的影响之外，还考虑了 Si、B 的影响，同时对 Ni、Mo 和 V 也采用了不同的系数。因此，对于 Ni、Cu、Cr、Mo、V 含量较高的低碳钢种，采用 $P_{cm}$ 公式较为合理。

我国的《压力容器用调质高强度钢板》（GB/T 19189—2011）规定，碳含量低（0.09%～1.5%）时，以 $P_{cm}$ 评价钢材的可焊性。《低合金高强度结构钢》（GB/T 1591—2018）规定，对碳含量较高的不同热处理制度的钢材，皆可用碳当量评价其可焊性，而以热机械轧制（TMCP）或热机械轧制加回火状态交货的钢材，当碳含量不大于 0.12%时，可采用焊接裂纹敏感性指数代替碳当量来评估钢材的可焊性。

工艺试验评定可焊性的方法有很多，而每一种试验方法都有其特定的约束条件和冷却速度，与实际施焊状况总会有所区别，试验结果仅具有相对意义。

### 8.1.2　金属的晶体结构

金属与合金在固态时一般皆为晶体。晶体的基本特征是原子在空间做周期性的规则排列，但是对不同晶体，原子排列形式又各不相同。为便于分析各种晶体中原子的排列形式，把晶体中的每个原子抽象为代表原子中心的一个点，再用假想的线连接起来，得到一个想象上的空间格架。这种想象的、用于描述原子在晶体中排列形式的空间格架，称为晶体格子，简称晶格。从晶格中抽取一个能够完全代表其结构特征的最小几何单元，称为晶胞。晶胞中原子的排列形式能够完全代表整个晶格的原子排列形式。可以认为整个晶格是由很多晶胞在空间重复堆积而成。在金属晶体中，由一系列原子所组成的平面称为晶面，任意两个原子中心的边线所指的方向称为晶向。晶胞的棱边长度称为晶格常数。

**8.1.2.1　常见金属晶格类型**

绝大多数金属晶体以金属键方式结合，原子呈规则而紧密排列，其晶体结构类型很多，主要有以下 3 种：

（1）体心立方体晶格。其晶胞为一立方体，在立方体的 8 个顶角和立方体的中心各排列 1 个原子，见图 8.1－6。

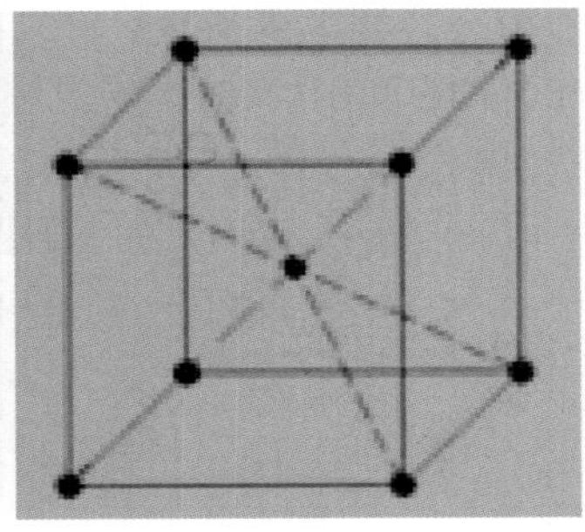

图 8.1－6　体心立方体晶格

（2）面心立方体晶格。其晶胞为一立方体，在立方体的 8 个顶角和立方体 6 个面的中心各排列 1 个原子，见图 8.1－7。

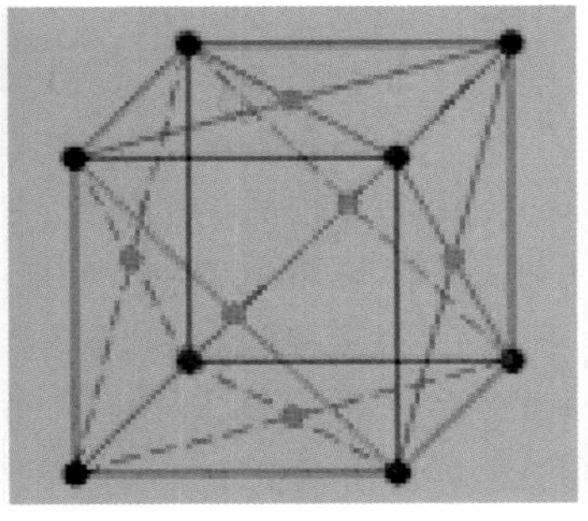

图 8.1－7　面心立方体晶格

（3）密排六方晶格。其晶胞为一六方柱体，在柱体每个角上和上、下底面中心各排列 1 个原子，在晶胞的体内还有 3 个原子，见图 8.1－8。

**8.1.2.2　金属的结晶及同素异构转变**

（1）金属的结晶。金属的结晶是指液体金属转变为固体时晶体结构的形成过程，即金属原子从不规则排列的液体转变为规则排列的固体的过程。金属的结晶过程是在一定结晶温度下进行的，而结晶温度可通过热分析试验测定，以获得金属的冷却曲线，见图8.1－9。从图8.1－9可知，液态金属随冷却时间的增长，温度不断降低，但当冷却至某一温度时，由于金属结晶释放的潜热，随着冷却时间的延长，温度并没有下降，在曲线上出现了一个平台。平台对应的温度 $T_0$ 即为金属进行结晶的温度，或称为理论结晶温度。纯金属的结晶是在恒温下进行的，结晶不是在瞬时即能完成的，而是一个过程。在生产实践中，金属自液体冷却时，不可能非常缓慢，金属的实际结晶温度 $T_1$ 总是低于理论结晶温度 $T_0$，这一现象称为金属的过冷。理论结晶温度 $T_0$ 与实际结晶温度 $T_1$ 之差（$T_0-T_1$）称为过冷度。过冷度受冷却速度、金属的本性及纯度等因素影响，因此过冷度并非一个恒量。对于同一种金属，冷却速度越大，过冷度也越大，金属总是在过冷的情况下结晶的，所以过冷是金属结晶的必要条件。

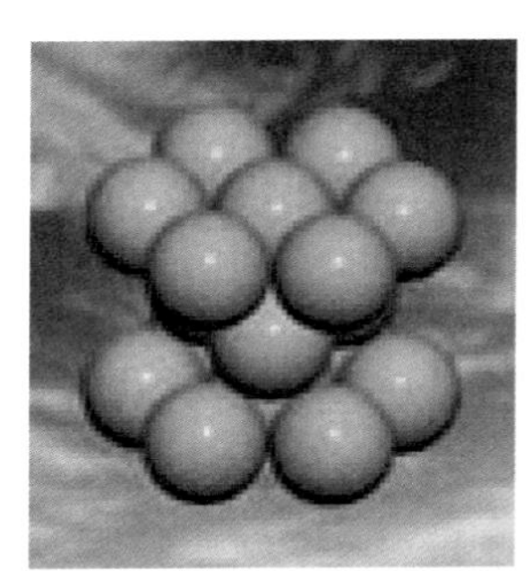
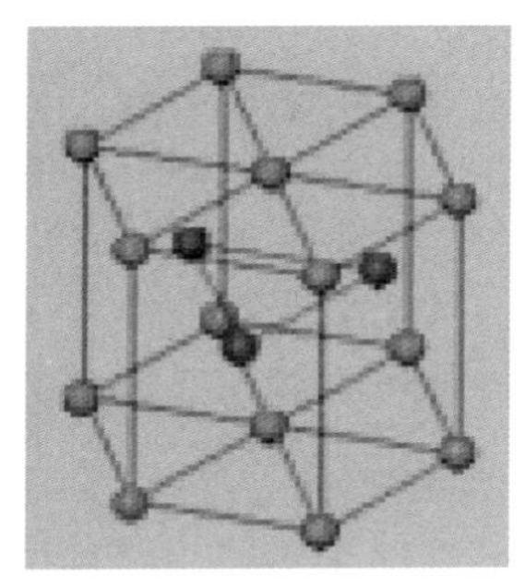

图8.1－8　密排六方晶格

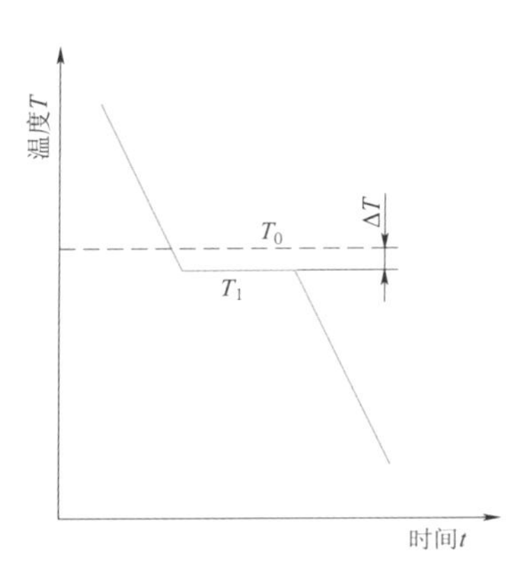


图8.1－9　纯金属的冷却曲线

液体金属冷却至结晶温度时，首先在液体中出现一些极微小的晶体，这些小晶体就是在液体中存在的瞬时类晶体的基础上形成的，当瞬时类晶体的尺寸达到一定数值时，它不断地在液体中长大，这种作为结晶核心的微小晶体称为晶核。所以，结晶过程就是不断形成晶核与晶核不断长大的过程。

金属结晶完毕后所形成的外形不规则、内部晶格排列方向却一致的微小晶体，称为晶粒。由于各晶粒的晶格排列方向不一致，在两个晶粒相遇处就形成了界面，这种界面称为晶界。实践证明，在平常温度下，晶界的强度比晶粒大，在高温下却相反。晶粒的粗细对金属的机械性能影响较大。在常温下晶粒越细，则金属的强度、硬度越高，塑性、韧性也越好。细化晶粒对提高常温下金属材料的力学性能的作用很大。因此，一般希望钢铁材料的晶粒越细越好。

由于每一个晶粒是由一个晶核长成的，因而在一定体积内所形成的晶核数目越多，结晶后形成的晶粒越小。控制晶核的生成速度，就能控制晶粒的大小。在生产实践中，通常采用增加金属液体的过冷度和外加微粒等办法来获得细粒金属。

（2）金属的同素异构转变。在常温下，多数金属在结晶完毕后的固态冷却过程中，不再有晶体结构的变化，但也有些金属在固态下，随着温度的变化，其晶体结构也会发生变化，如 Fe、Mn、Co、Ti 等。金属在固态下，随着温度的变化，由一种晶格转变为另一种晶格的现象，称为同素异构转变。

例如：纯铁在结晶后的继续冷却过程中，还有两次晶体结构即晶格的转变，见图 8.1-10。纯铁在 1538℃结晶完毕时，其原子排列形式为体心立方格，称为 δ-Fe；继续冷却到 1394℃时，由体心立方格的 δ-Fe 转变为面心立方格的 γ-Fe；再冷却到 912℃时，又由面心立方格的 γ-Fe 转变为体心立方格的 α-Fe。

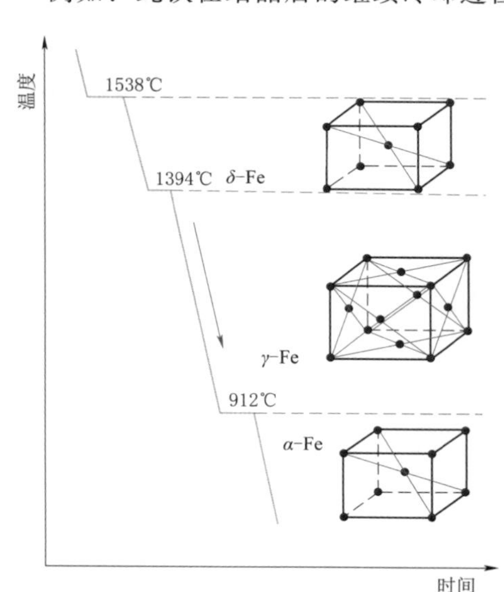

图 8.1-10　纯铁的冷却曲线

铁的同素异构转变也是一种结晶过程，同样遵循晶核形成和晶核长大的结晶规律，转变时也有潜热的释放和过冷现象。铁的同素异构转变能使钢通过热处理的方法改变其性能。

#### 8.1.2.3　合金的构造

合金是由两种以上元素（其中有一个必须是金属）融合而成并具有金属特性的物质。组成合金独立的、最基本的物质称为组元。组元就是组成合金的化学元素或化合物。由两组元组成的合金称为二元合金，三组元组成的合金称为三元合金，多组元组成的合金称为多元合金。

合金的强度、硬度都比纯金属高，如工业纯铁的强度只有 250MPa，而普通合金钢的强度却有 500～700MPa。由于合金各组元的比例能够在很大范围内变化，故合金的性能也可大幅度调整。合金的价格一般低于纯金属，因此广泛使用的金属材料以合金为主。

合金结构比纯金属复杂，根据合金中各组元相互作用的不同，合金的结构可分为固溶体、金属化合物和机械混合物三类。

（1）固溶体。固溶体是指两种以上的组元在液态时相互溶解，结晶时以一个组元为基体保持原有晶格类型，其他组元的原子分布在基体组元的晶格里，从而形成一致的固态溶体。组成固溶体的组元有溶剂和溶质之分。形成固溶体后，晶体结构消失即晶格散失的组元称为溶质；保持晶体结构即保持原有晶格的组元称为溶剂或基本组元。根据溶质原子在溶剂晶格中所处的位置不同，固溶体可分为以下两类：

1）间隙固溶体。间隙固溶体的基本特点是溶质原子分布在溶剂晶格的间隙处，见图 8.1-11。只有在溶质原子很小，溶剂的晶格间隙较大的条件下，才能形成间隙固溶体。如 C、N、B 等非金属元素溶于铁中形成的固溶体即属于此种类型。间隙固溶体溶质的数量是有限的。

2）置换固溶体。溶剂原子与溶质原子直径大小相近，在形成固溶体时，溶剂晶格上的部分原子被溶质原子置换，这种固溶体称为置换固溶体，见图 8.1-12。大多数金属元素溶于铁中形成的原子固溶体都属于此种类型。置换固溶体又可分为有限固溶体和无限固溶体。溶质原子和溶剂原子能以任何比例相互置换的称为无限固溶体，只能置换一定数量的称为有限固溶体。

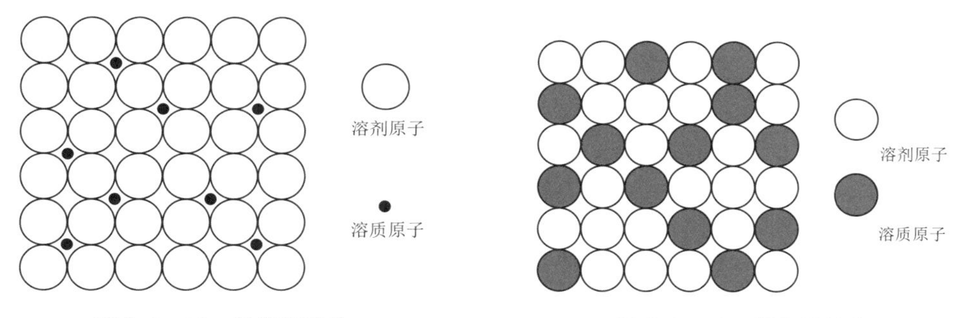


图 8.1-11 间隙固溶体　　图 8.1-12 置换固溶体

无论是间隙固溶体还是置换固溶体，都因溶质原子的加入而使其溶剂晶格发生歪扭，见图 8.1-13，使得晶体相互滑移变得困难，从而提高了合金抵抗塑性变形的能力。固溶体的硬度和强度比纯金属高，这种现象称为固溶强化。

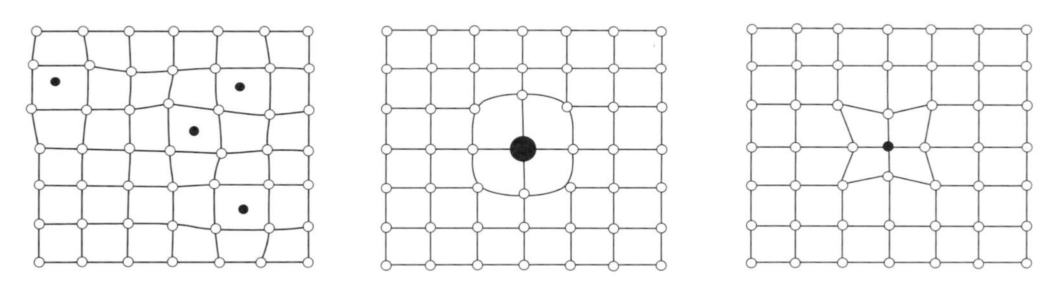

图 8.1-13 形成固溶体时的晶格畸变

（2）金属化合物。合金组元按照一定的原子数量比，相互化合而成的一种完全不同于原来组元晶格的固体物质称为金属化合物。金属化合物的晶格一般都比较复杂，性能特点是熔点高、硬度高、脆性大。

（3）机械混合物。机械混合物是指有些液态合金结晶后，既不形成单一的固溶体，也不形成单一的金属化合物，而是形成了由多种晶体组成的混合物。合金的机械混合物可以是两种或多种固溶体结合而成的，但更多的是由固溶体与金属化合物结合构成的。如碳素钢是由 $\alpha$-Fe 固溶体和碳化铁（$Fe_3C$）所组成的。

#### 8.1.2.4 铁碳合金基本组织及状态图

（1）铁碳合金基本组织。在铁碳合金中，根据碳含量的不同，碳可与铁组成化合物，也可溶解在铁中形成固溶体，在大多数情况下，是形成化合物与固溶体的机械混合物。由于铁因温度变化会发生同素异构转变而存在两种晶格，故碳与铁能形成两种固溶体，即铁素体和奥氏体。而固溶体的溶碳量是有一定限度的，超过这一限度，铁和碳形成金属化合物 $Fe_3C$，称为渗碳体。在一定条件下，$Fe_3C$ 又能分别与上述的两种固溶体组成两种机械混合物，即珠光体与莱氏体。

因此，由于温度和碳含量的不同，铁碳合金具有 5 种基本组织：铁素体、奥氏体、渗碳体、珠光体和莱氏体。

1）铁素体。铁素体是碳溶于 $\alpha-Fe$ 晶格间隙中形成的间隙固溶体，用符号 F 表示。它保持着 $\alpha-Fe$ 体心立方晶格。碳在 $\alpha-Fe$ 中的溶解度极低，在 727℃时最大溶解量为 0.0218%，而在室温时只有 0.006%。由于铁素体的碳含量低，所以其组织和性能与纯铁相似，即具有良好的塑性和韧性，而强度与硬度较低。铁素体是绝大多数钢种在常温下的主要组织。

2）奥氏体。奥氏体是碳溶于 $\gamma-Fe$ 晶格间隙中形成的间隙固溶体，以符号 A 表示。由于面心立方体晶格原子间的间隙较大，故奥氏体的溶碳能力较强，在 1148℃时的溶解量可达 2.11%，在 727℃时的溶解量为 0.77%。奥氏体无磁性，强度和硬度比铁素体高。但奥氏体仍是单一固溶体，塑性良好，变形抵抗能力低，绝大多数钢种高温压力加工和热处理时，都要求在奥氏体区进行。

3）渗碳体。渗碳体是 C 和 Fe 的金属化合物，并随温度的不同而发生变化。当碳含量超过碳在 Fe 中的溶解度时，多余的碳就会与铁以一定比例化合形成 $Fe_3C$，其碳含量为 6.69%，晶体为复杂的斜方晶格，用符号 C 表示。渗碳体的熔化温度为 1227℃，硬度高（$HB=800N/mm^2$），但塑性低，冲击韧度几乎为 0，脆性很大。当渗碳体以不同大小、形状分布出现在钢的组织中时，钢的性能随之受到影响。

4）珠光体。珠光体是由铁素体和渗碳体组成的机械混合物，用符号 P 表示。珠光体是奥氏体在冷却过程中，在 727℃恒温下共析转变得到的产物，因此它只存于 727℃以下。珠光体的平均碳含量为 0.77%，由于它是由硬的渗碳体和软的铁素体相间组成的混合物，因此机械性能介于铁素体和渗碳体之间，强度较高，硬度适中，有一定的塑性。在珠光体的显微组织中，可以看到珠光体中的铁素体与渗碳体一层层交替间隔，呈片状排列。高碳钢经球化退火后也可获得球状珠光体（也称粒状珠光体）。

5）莱氏体。莱氏体是由奥氏体和渗碳体组成的机械混合物，以符号 Ld 表示。共晶体是由从一种液体中同时结晶出两种晶体所组成的混合体。碳含量为 4.3%的铁碳合金在 1148℃时，同时从液态铁碳合金中结晶出奥氏体和渗碳体。由于奥氏体在 727℃时转变为珠光体，故在室温时莱氏体由珠光体和渗碳体组成。为区别起见，将 727℃以上的莱氏体称为高温莱氏体（Ld），727℃以下的莱氏体称为低温莱氏体（$Ld'$）。

莱氏体的性能与渗碳体相似，硬度高（$HB=700N/mm^2$），塑性差。

综上所述，铁碳合金的 5 种基本组织中铁素体、奥氏体、渗碳体是单相组织，称为铁碳合金的基本相，珠光体和莱氏体是由基本组织混合组成的多相组织。

(2) 铁碳合金状态图。合金状态图是表示合金结晶过程的简明图解，又称相图或平衡图，它是研究合金成分、温度和结晶组织之间变化规律的一个极其重要的工具。铁碳合金状态图是表示在极缓慢加热（或极缓慢冷却）情况下，不同成分的铁碳合金在不同温度时所具有的状态或组织的图。目前应用的铁碳合金，其碳含量不超过 5%，碳含量大于 6.69%的铁碳合金，脆性很大，加工困难，没有实际应用价值，当碳含量为 6.69%时，铁和碳形成的 $Fe_3C$ 可以是合金的一个组元。因此，目前的铁碳合金只研究 $Fe-Fe_3C$ 部，见图 8.1-14。该图为简化后的 $Fe-Fe_3C$ 状态图。

在铁碳合金状态图中用字母标出的点都表示一定的特性（成分和温度），称为特性点。

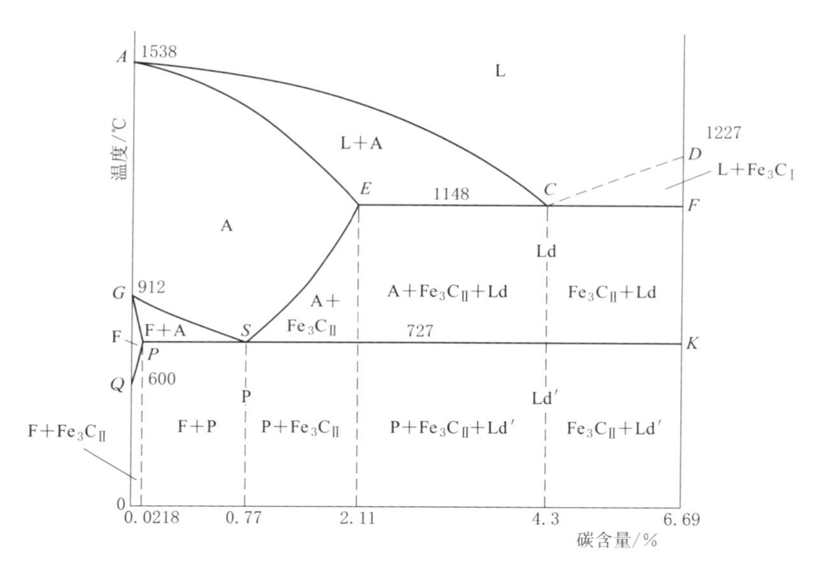


图 8.1-14　Fe-$Fe_3C$ 状态图

各主要特性点的含义见表 8.1-3。

表 8.1-3　　Fe-$Fe_3C$ 状态图中的特性点含义

| 特性点 | 温度/℃ | 碳含量/% | 意　　义 |
| --- | --- | --- | --- |
| *A* | 1538 | 0 | 纯铁熔点 |
| *C* | 1148 | 4.3 | 共晶点。液态铁碳合金冷却到 *C* 点温度并达到 *C* 点成分时，同时结晶出 *E* 点成分的奥氏体和渗碳体而成为莱氏体的共晶体 |
| *D* | 1227 | 6.69 | 渗碳体熔点 |
| *E* | 1148 | 2.11 | 碳在 $\gamma$-Fe 中的最大溶解度，是钢和生铁的分界点 |
| *G* | 912 | 0 | 纯铁的同素异构转变温度，加热时超过 *G* 点温度后，由 $\alpha$-Fe 转变为 $\gamma$-Fe；冷却时则进行相反的转变 |
| *S* | 727 | 0.77 | 共析点。奥氏体冷却至 *S* 点温度并达到 *S* 点成分时，同时析出铁素体和渗碳体而成为珠光体的共析体 |

图中各特性点的连线称为特性线，是各不同成分的合金具有相同意义的临界点的连线。

*ACD* 线——液相线，在此线以上的区域为液相，用 L 表示。液态合金冷却到此线时开始结晶，*AC* 线以下的区域从液体中结晶出奥氏体，*CD* 线以下的区域结晶出渗碳体。

*AECF* 线——固相线，即合金冷却到此线时，金属液全部结晶为固态，在此线以下的区域为固相。在液态线与固相线之间为合金的结晶区域，这个区域液体与固体并存。*ACE* 区域内为液体 L+奥氏体 A，*DCF* 区域内为液体 L+渗碳体 $Fe_3C_Ⅰ$。

*GS* 线——奥氏体开始析出铁素体的转变线，也是加热时铁素体转变为奥氏体的终了线。奥氏体与铁素体之间的转变是溶剂金属 Fe 发生同素异构转变的结果，故也称为固溶体的同素异构转变，常用 $A_3$ 来表示。

*ES* 线——碳在奥氏体中的固溶线，通常用 $A_{cm}$ 来表示，也是二次渗碳体析出的开始线，在 1148℃时奥氏体中溶碳量达到 2.11%，而在 727℃时仅为 0.77%，所以碳含量大于 0.77%的奥氏体冷却到此线时，多余的碳以渗碳体的形式从奥氏体中析出。这种从奥氏体中析出的渗碳体称为二次渗碳体，用 $Fe_3C_{Ⅱ}$ 表示。在显微镜下观察时，$Fe_3C_{Ⅱ}$ 呈网状，故又称为网状 $Fe_3C_{Ⅱ}$。

*ECF* 线——共晶转变线，即碳含量在 2.11%～6.69%的铁碳合金，当冷却到此线时（1148℃），都将发生共晶反应，从液相中同时结晶出两种不同的固相，如生成的共晶混合物称为莱氏体。

*PSK* 线——共析转变线，即碳含量在 0.0218%～6.69%的铁碳合金，当冷却到此线时（727℃），都将发生共析转变，从一种固相同时转变为两种不同的固相，如形成的共析混合物称为珠光体。这条线通常用 $A_1$ 来表示。

铁碳合金相图中的这几条线把相图分成了几个区域，称为相区。对每一个相区来说，不论温度怎么变，成分怎么变，只要在这个相区内，其组织种类就不会变，但相的成分和相对量可能会变化。

（3）铁碳合金分类。根据相变特征和室温组织的不同，可将铁碳合金分为工业纯铁、钢和白口铸铁。碳含量 $W_C \leqslant 0.0218\%$ 时为工业纯铁；$0.0218\% < W_C \leqslant 2.11\%$ 时为钢；$2.11\% < W_C \leqslant 6.69\%$ 时为白口铸铁。根据室温组织的不同，钢又分为亚共析钢、共析钢、过共析钢。

1）亚共析钢：碳含量小于 0.77%，其室温组织由铁素体和珠光体组成。各组织的相对量由碳含量决定，碳含量越高珠光体越多，钢的强度也越大。

2）共析钢：碳含量等于 0.77%，恰好是共析成分，共析钢的室温组织全部是珠光体。

3）过共析钢：碳含量大于 0.77%，其室温组织由珠光体与二次渗碳体组成。随着碳含量的增加，二次渗碳体数量逐渐增加，并形成网状分布，此时钢的强度反而下降。

#### 8.1.2.5 化学成分对铁碳合金组织性能的影响

（1）碳含量对铁碳合金组织性能的影响。碳是影响铁碳合金组织性能的主要元素，碳主要以渗碳体形式存在于钢中。钢的性能不仅与碳含量有关，而且与渗碳体的形状、大小及分布情况都密切关系。从 Fe-$Fe_3C$ 状态图可知，铁碳合金在室温时的基本组织是铁素体、渗碳体和珠光体。随着碳含量的增加，不仅是渗碳体数量增加，而且渗碳体的分布形式也发生变化，由分布在珠光体内，逐步变为分布在晶界上，当形成莱氏体时，渗碳体变成了基体，合金组织的变化必然相应地引起其性能的变化，一般来讲，其性能的变化规律如下：

对于亚共析钢，随着碳含量的增加，珠光体逐渐增多，致使钢的强度、硬度提高，而塑性、韧性降低。当碳含量达到 0.77%时，钢的性能就是珠光体的性能。对于过共析钢，随着碳含量的增加，在开始时强度、硬度提高，但当碳含量超过 1%时，因晶界上析出二次渗碳体，数量多，并呈网状分布，致使钢的塑性、强度降低，脆性增加。

对于结构用钢，不论是碳素钢还是低合金钢，都是碳含量小于 0.25%的铁碳合金。碳是形成钢材强度的主要因素，并直接影响钢材的可焊性，随着碳含量的增加，钢材的硬度、屈服点和抗拉强度都将提高，但塑性和冲击韧性，尤其是负温冲击韧性下降很多，冷弯性能明显下降，可焊性恶化，因此结构用钢的碳含量不宜过高，一般不超过0.22%。此外，碳还能增加钢的冷脆性和时效敏感性。

(2)其他元素对铁碳合金组织性能的影响。结构用钢中除了铁(Fe)和碳(C)元素之外，还含有硅(Si)、锰(Mn)、磷(P)、硫(S)、钒(V)、铌(Nb)、钛(Ti)、铬(Cr)、镍(Ni)等合金元素和杂质元素。这些元素对钢材性能的影响较大，有正面的影响也有负面的影响，具体详见表8.1-4。

表8.1-4 钢中主要化学元素对钢材性能的影响

| 性能 | 碳(C) | 硅(Si) | 锰(Mn) | 磷(P) | 硫(S) | 镍(Ni) | 铬(Cr) | 铜(Cu) | 钒(V) | 钼(Mo) | 钛(Ti) | 铝(Al) |
|---|---|---|---|---|---|---|---|---|---|---|---|---|
| 极限强度 | ++ | + | + | ++ | - | + | + | + | + | + | + | 0 |
| 屈服强度 | + | + | + | + | - | + | + | + | + | + | + | 0 |
| 延伸率 | -- | - | 0 | -- | 0 | 0 | 0 | 0 | - | - | 0 | 0 |
| 硬度 | ++ | + | + | + | - | + | + | 0 | + | + | + | 0 |
| 冲击韧性 | - | - | 0 | - | - | + | + | 0 | 0 | 0 | - | + |
| 疲劳强度 | + | 0 | 0 | 0 | 0 | 0 | 0 | 0 | ++ | 0 | 0 | 0 |
| 可焊性 | - | - | 0 | - | - | 0 | - | - | 0 | + | + | 0 |
| 腐蚀稳定性 | 0 | - | + | + | 0 | + | + | ++ | + | + | 0 | 0 |
| 冷脆性 | + | + | 0 | ++ | 0 | - | 0 | - | 0 | + | 0 | - |
| 热脆性 | + | 0 | 0 | 0 | ++ | 0 | 0 | 0 | 0 | 0 | 0 | 0 |

**注** +表示提高；++表示提高幅度很大；-表示降低；--表示降低幅度较大；0表示影响不明显。

硅(Si)：Si通常作为脱氧剂加入普通碳素钢中，是钢中的有益元素，用于冶炼质量较高的镇静钢。适量的Si能提高钢材的强度，对钢材的塑性、冲击韧性、冷弯性能及可焊性均无显著的不良影响。硅含量的增加，会降低钢的焊接性能。

锰(Mn)：在炼钢过程中，Mn是良好的脱氧剂和脱硫剂，适当的锰含量可以有效地增加钢材的强度、硬度和耐磨性，同时又能减轻或消除S、O对钢材的热脆影响，但若锰含量过高，则冷裂倾向将成为主要问题，会使得钢的焊接性能变差。

磷(P)：P是钢中的有害杂质，P固溶于铁素体中，使钢产生固溶强化，钢材的强度、屈强比、硬度均提高，但会严重降低钢材的塑性、冲击韧性、冷弯性能和可焊性，特别是低温冲击韧性。这种使钢产生低温脆性的现象称为冷脆性。P也是一种易于偏析的元素，比S的偏析更严重，因此P的含量必须严格控制，不应超过0.045%。然而，当P与Cu两元素在钢中共存时，其不利因素会相互抵消，在适当降低碳含量(≤0.12%)后，钢材强度、韧性、可焊性等均会有良好的提高。

硫(S)：S也是钢中的有害杂质，在钢中是以硫化物夹杂形式存在的。S的最大危害是与铁生成FeS，并形成Fe-FeS二元低熔点共晶体，造成钢在800～1200℃时变脆而易于开裂，即产生热脆性。同时S又是钢材偏析最严重的杂质之一，并沿加工方向伸展形成层状硫化物夹杂，常是钢板产生层状撕裂的原因。S对钢的塑性、韧性、焊接性能、厚度方向（z向）性能、疲劳性能和耐腐蚀性都有不利影响。因此，质量越好的钢材对硫含量的要求越严格，一般情况下，不应大于0.05%。

氧（O）：O是有害杂质元素，在钢中O几乎全部以氧化物的形式存在，钢中各种氧化物的总量，随着氧含量的增加而增加，氧含量对钢材力学性能的影响实质上也就是氧化物杂质对力学性能的影响。一般随着钢中氧含量的增加，钢的塑性、冲击韧性降低，氧化物夹杂使钢的耐腐蚀性、耐磨性降低，使冷冲压性、锻造加工性及切削加工性变差。

氮（N）：N对钢材性能的影响与C、P相似，随着氮含量的增加可使钢材的强度提高，塑性特别是韧性显著降低，可焊性变差，时效敏感性增加。N在Al、Nb、V等元素的配合下可以减小其不利影响，改善钢材性能。

镍（Ni）：Ni既能提高钢的强度，又能使其保持良好的塑性和韧性。Ni对酸碱有较高的耐腐蚀能力，在高温下有防锈和耐热能力。

铬（Cr）：Cr能显著提高钢的强度、硬度和耐磨性，但对可焊性不利。Cr还能提高钢材的抗氧化性和耐腐蚀性。

铜（Cu）：Cu能提高钢的强度和韧性，并使其具有良好的抗大气腐蚀性能。铜含量超过0.5%时塑性显著降低。当铜含量小于0.5%时对焊接性能无影响。

钒（V）：V是优良的脱氧剂。钢中加0.5%的V可细化组织晶粒，提高钢的强度和韧性，但有时也会增加焊接淬硬倾向。V可减弱C和N的不利影响，也是常用的微量合金元素。

钼（Mo）：Mo能使钢的晶粒细化，提高其淬透性和热强性能。

钛（Ti）：Ti是钢中常用的强脱氧剂。它能使钢的内部组织致密，细化晶粒，降低时效敏感性，改善焊接性能。

铝（Al）：Al是钢中常用的脱氧剂。钢中加入少量的Al，可细化晶粒，提高冲击韧性，减小时效倾向。Al还具有抗氧化性能和抗腐蚀性能，Al和Cr、Si合用，可显著提高钢的高温不起皮性能和耐高温腐蚀的能力。

铌（Nb）：Nb能细化晶粒和降低钢的过热敏感性及回火脆性，提高钢的强度，但塑性和韧性有所下降。Nb可改善模具钢的焊接性能。

硼（B）：钢中只需加入微量的B就可改善钢的致密性和热轧性能，提高其强度。

V、Nb、Ti等元素属添加元素，都能明显改善钢材强度，细化晶粒，改善可焊性。Ni和Cr属于残留元素，是来自废钢中的合金元素，能提高强度、淬硬性、耐磨性等综合性能，但对可焊性不利。为改善低合金结构钢的性能，可加入少量钼（Mo）和稀土（RE）元素。

#### 8.1.2.6 钢热处理工艺的基本概念

钢的力学性能主要取决于其微观组织结构，热处理是获得合理微观组织结构的重要手段。实际热处理时，钢的相变总是在一定过热或过冷条件下发生的，所以相变温度偏离铁碳平衡相图的临界点，其偏离幅度与加热和冷却速度有关。为便于区别，用Ac、Ar分别表示实际加热和冷却时的临界温度，并用角码1、3等数字标出。如$Ac_1$、$Ar_1$、$Ac_3$、

$Ar_3$、$Ac_{cm}$、$Ar_{cm}$，分别表示 $A_1$、$A_3$、$A_{cm}$ 实际加热和冷却时的临界温度。

将钢加热到一定温度，保温一定时间后，以一定的速度冷却，使钢的组织结构发生变化而获得所需性能的工艺称为钢的热处理。根据加热和冷却方法的不同，钢的热处理可分为普通热处理、表面热处理、化学热处理等，本节主要对普通热处理进行简要介绍。普通热处理分为退火、正火、淬火、回火等类型。

（1）退火。退火是将工件加热到适当温度，保温一定时间后，缓慢冷却的热处理工艺。根据退火的具体目的不同，又分为完全退火、等温退火、球化退火、扩散退火（均匀化退火）、低温退火等。退火的目的是降低钢材的硬度，提高塑性，改善加工性能；消除内应力，防止变形与开裂；改善内部组织，为最终的热处理做好准备。不同类型退火的主要区别在于加热温度和冷却过程。

1）完全退火是钢加热到 $Ac_3$ 以上 30～50℃，保温一定时间后，随炉缓冷（500℃以下控冷）的工艺。退火过程中，由于钢的组织全部进行重结晶，故称为完全退火。通过完全退火可细化晶粒、均化组织、降低硬度，便于切削加工，并为最终的热处理做好准备。完全退火还可以消除亚共析钢铸件、锻件组织内部缺陷和内部应力，但是，完全退火不宜用于过共析钢。

2）完全退火所需时间较长，如果在稍低于 $A_1$ 的温度使奥氏体进行恒温转变，则可大大缩短退火周期，这种工艺称为等温退火。等温退火时转变温度易于控制，并能获得预期的均匀组织。

3）球化退火的基本工艺是将钢加热到 $Ac_1$ 以上 20～30℃，进行适当保温，然后缓慢冷却。球化退火主要用于过共析钢（如工具钢、滚动轴承钢等），其目的是降低硬度，改善切削加工性能，并为淬火做好组织上的准备。

4）扩散退火（均匀化退火）是将钢加热到 $Ac_3$ 以上 150～200℃（但须低于固相线一定温度），具体加热温度应视钢的成分及偏析严重程度而定。加热速度要缓慢，保温要充分，使原子扩散均匀，然后缓慢冷却。

5）低温退火是将工件缓慢加热至 $A_1$ 的某一温度（500～650℃），保温后缓慢冷却的工艺。低温退火主要用来消除工件残余应力。如设备经焊接后，可采用低温退火处理，消除焊后残余应力，对于大型设备也可采用红外线加热进行退火。

综上所述，各种退火方法的主要区别在于加热温度的不同，而冷却速度一般都比较缓慢，图 8.1-15 和图 8.1-16 示意给出了各种退火方法的加热温度及温度变化过程的简单对比。

（2）正火。正火是将钢加热至 $Ac_3$ 或 $Ac_{cm}$ 以上 30～50℃，保温一定时间后，在空气中冷却，以得到较细的珠光体类组织的工艺，见图 8.1-15 和图 8.1-16。正火的目的是提高低碳钢的硬度，改善加工性能，细化晶粒，使内部组织均匀，为最终的热处理做好准备，消除内应力，防止淬火中的变形与开裂。正火与退火相比，正火的冷却速度比退火稍快，过冷度较大，正火所得到的组织较细，强度和硬度比退火高些。

（3）淬火。淬火是将钢加热至 $Ac_3$ 或 $Ac_1$ 以上 30～50℃，保温一定时间后，以大于临界冷却速度的速度急剧冷却，以获得马氏体组织的热处理工艺。碳钢的淬火加热温度范围见图 8.1-17。淬火是为得到马氏体组织，再经回火后，使钢材及工件具有良好的使用性能，以便充分发挥材料的潜力。其主要目的是提高钢材或工件的机械性能，改善某些特

种钢的机械性能或化学性能。

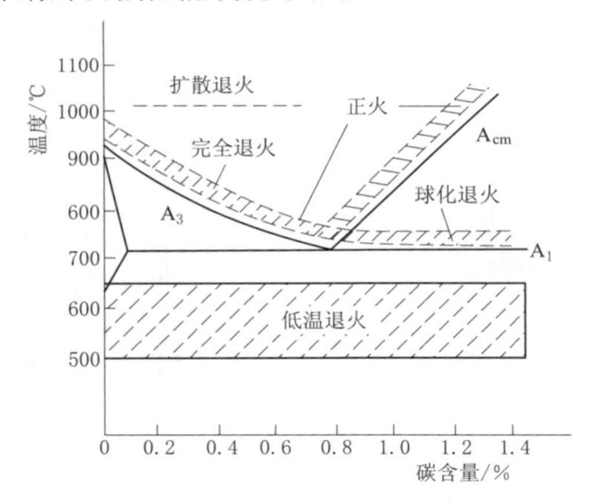


图 8.1-15　正火及各种退火加热温度示意图

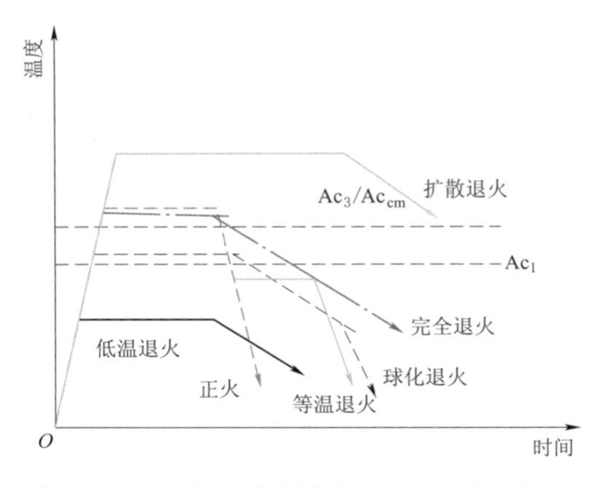


图 8.1-16　正火及各种退火工艺曲线示意图

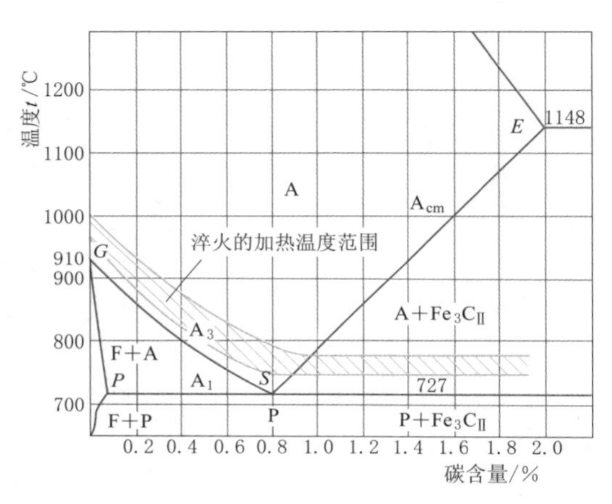


图 8.1-17　碳钢的淬火加热温度范围示意图

（4）回火。回火是将淬火后的钢材或工件加热到某一温度，保温一定时间后，以一定方式冷却的热处理工艺。回火是淬火后紧接着进行的一种操作，通常也是热处理的最后一道工序。回火的主要目的是减小内应力和降低脆性，调整钢材或工件的力学性能，稳定工件组织和尺寸，保证精度。按加热温度的不同，回火又分为低温回火、中温回火和高温回火。

淬火后在150～250℃回火，称为低温回火。组织为回火马氏体。其目的主要是降低钢的内应力和脆性，同时保持钢的高强度、高硬度和耐磨性，并获得一定的韧性。

淬火后在350～500℃回火，称为中温回火，可以获得优良的强度和高的弹性极限。其组织是回火屈氏体。

淬火后在500～650℃回火，称为高温回火。其组织为回火索氏体，渗碳体呈球状，弥散分布在基体中而起强化作用。与片状渗碳体相比，球状渗碳体对基体没有切割作用，因此高温回火后，钢的强度、硬度、韧性、塑性得到合理的改善。常用的淬火和高温回火这种工艺亦称为调质处理，与正火相比，钢经调质处理后的综合力学性能更好。

## 8.1.3　钢的分类和性质

钢的分类方法很多，常见的是按化学成分进行分类，将钢分为碳素钢和合金钢两大类。根据碳含量的高低，可将碳素钢分为低碳钢、中碳钢和高碳钢；根据合金元素的多少，合金钢又可分为低合金钢、中合金钢和高合金钢。此外，根据钢材冶炼质量的好坏，可将钢分为普通钢、优质钢和高级优质钢。按冶炼方法和设备的不同，钢可分为平炉钢、转炉钢和电炉钢。按冶炼时脱氧程度的不同，钢又可分为沸腾钢、镇静钢、特殊镇静钢和半镇静钢。按用途的不同，通常把钢分为结构钢、工具钢和特殊性能钢。水电用钢属结构用钢范畴，结构用钢仍以碳素钢和低合金钢为主。

#### 8.1.3.1 碳素结构钢

碳素结构钢是最普通的工程用钢，是指钢中不含有特意加入的金属元素，除铁和碳外，只含有少量的硅、锰、硫、磷等杂质元素的铁碳合金。这种钢的性能是依靠碳含量的高低来调整的。通常把碳含量在0.03%～0.25%范围内的钢称为低碳钢，碳含量在0.25%～0.60%范围内的钢称为中碳钢，碳含量在0.6%～2.0%范围内的钢称为高碳钢。结构用钢多为低碳钢。

（1）普通碳素结构钢。按《碳素结构钢》（GB/T 700—2006）的规定，碳素结构钢分为4个牌号，即Q195、Q215、Q235、Q275。钢材的牌号由代表屈服点的字母、屈服强度数值、质量等级、脱氧方法符号等4个部分按序组成。屈服点的字母用“屈服点”汉语拼音首字母“Q”表示。其后为屈服强度，单位为$N/mm^2$。钢材按其保证项目的内容和要求，分为A、B、C、D 4个等级，其中A级钢不保证冲击韧性，且碳、锰、硅含量可以不作为交货条件，B级、C级、D级钢分别满足不同的化学成分和不同温度下的冲击韧性要求，其中B级钢保证常温冲击韧性，C级钢保证0℃冲击韧性，D级钢保证－20℃冲击韧性，C级、D级钢的碳、硫、磷含量较低。脱氧方法用符号表示：F为沸腾钢，Z为镇静钢，TZ为特殊镇静钢。如Q235CF，表示屈服强度为235MPa，C级沸腾钢。不同牌号钢材的化学成分、力学性能指标要求分别见表8.1-5和表8.1-6。

表8.1-5 碳素结构钢的牌号和化学成分（熔炼分析）（引自GB/T 700—2006）

| 牌号 | 等级 | 化学成分（质量分数）/%，不大于 | | | | | 脱氧方法 |
|---|---|---|---|---|---|---|---|
| | | C | Si | Mn | P | S | |
| Q195 | — | 0.12 | 0.30 | 0.50 | 0.035 | 0.040 | F、Z |
| Q215 | A | 0.15 | 0.35 | 1.20 | 0.045 | 0.050 | F、Z |
| | B | | | | | 0.045 | |
| Q235 | A | 0.22 | 0.35 | 1.40 | 0.045 | 0.050 | F、Z |
| | B | 0.20 | | | | 0.045 | |
| | C | 0.17 | | | 0.04 | 0.040 | Z |
| | D | | | | 0.35 | 0.035 | Z |
| Q275 | A | 0.24 | 0.35 | 1.50 | 0.045 | 0.050 | F、Z |
| | B | 0.21 | | | 0.045 | 0.045 | Z |
| | C | 0.22 | | | 0.040 | 0.040 | |
| | D | 0.20 | | | 0.035 | 0.035 | TZ |

有关说明：钢由氧气转炉或电炉冶炼，除非有特殊要求，一般由生产厂家自行选择；成品钢材（钢坯）的化学成分允许偏差在《钢的成品化学成分允许偏差》（GB/T 222—2006）中另有规定；钢材一般以热轧、控轧或正火状态交货。

表 8.1-6　　碳素结构钢拉伸和冲击试验要求（引自 GB/T 700—2006）

| 牌号 | 级别 | 屈服强度 $R_{eH}$/(N/mm$^2$)，不小于 | | | | | | 抗拉强度 $R_m$/(N/mm$^2$) | 断后伸长率 A（%），不小于 | | | | | 冲击试验（V形缺口） | |
|---|---|---|---|---|---|---|---|---|---|---|---|---|---|---|---|
| | | 厚度（或直径）/mm | | | | | | | 厚度（或直径）/mm | | | | | 温度/℃ | 冲击吸收功（纵向）/J，不小于 |
| | | ≤16 | >16~40 | >40~60 | >60~100 | >100~150 | >150 | | ≤40 | >40~60 | >60~100 | >100~150 | >150 | | — |
| Q195 | — | 195 | 185 | — | — | — | — | 315~430 | 33 | — | — | — | — | — | — |
| Q215 | A | 215 | 205 | 195 | 185 | 175 | 165 | 335~450 | 31 | 30 | 29 | 27 | 26 | — | — |
| | B | | | | | | | | | | | | | +20 | 27 |
| Q235 | A | 235 | 225 | 215 | 215 | 195 | 185 | 370~500 | 26 | 25 | 24 | 22 | 21 | — | — |
| | B | | | | | | | | | | | | | +20 | 27 |
| | C | | | | | | | | | | | | | 0 | |
| | D | | | | | | | | | | | | | −20 | |
| Q275 | A | 275 | 265 | 255 | 245 | 225 | 215 | 410~540 | 22 | 21 | 20 | 18 | 17 | — | — |
| | B | | | | | | | | | | | | | +20 | 27 |
| | C | | | | | | | | | | | | | 0 | |
| | D | | | | | | | | | | | | | −20 | |

《碳素结构钢》（GB/T 700—2006）规定屈服强度采用上屈服强度 $R_{eH}$，Q195 的屈服强度值仅供参考，不作为交货条件。

夏比（V 形缺口）冲击吸收功值按一组 3 个试样单值的算数平均值计算，允许其中 1 个试样值低于规定值，但不得低于规定值的 70%。如果没有满足上述条件，可从同一抽样产品上再取 3 个试样进行试验，先后 6 个试样的平均值不得低于规定值，允许 2 个试样低于规定值，但其中低于规定值 70%的试样只允许有 1 个。对于厚度小于 25mm 的 Q345B 级钢材，如供方能保证冲击吸收功值合格，经供需双方协商可不做检验。

Q235、Q275 中的 C 级、D 级钢均为镇静钢，其中 D 级钢为特殊镇静钢，不论是从碳含量控制的严格程度，还是从冲击韧性的保证，都可满足相应强度等级水电用钢的相关要求，是水电站压力钢管可采用的钢种。

（2）优质碳素结构钢。优质碳素结构钢必须同时保证化学成分和力学性能。优质碳素结构钢中的硫、磷杂质元素含量一般控制在 0.035%以下。依据《优质碳素结构用钢》（GB/T 699—2015）的规定，优质碳素结构钢的牌号用两位数字表示，即钢中平均碳含量的万分位数。例如，30 号钢表示平均碳含量为 0.30%的优质碳素结构钢。

优质碳素结构钢中 08、10、15、20、25 等牌号属于低碳钢，其塑性好，易于拉拔、冲压、挤压、锻造和焊接。50、55 等牌号属于中碳钢，因钢中珠光体含量增多，其强度和硬度较前者有所提高，淬火后的硬度可显著增加。60、65、70、75 等牌号属于高碳钢。

在水电站压力钢管工程中，30 号、35 号、40 号、45 号优质碳素结构钢常用于明管支座辊轮的制作。

#### 8.1.3.2 低合金高强度结构钢

低合金高强度结构钢是指在冶炼时加入一种或多种合金元素，其总含量不大于5%的钢。加入合金元素后，钢材的性能得到较大程度的提高。按《低合金高强度结构钢》（GB/T 1591—2018）的规定，低合金高强度结构钢的牌号表示方法与碳素结构钢一致，即由代表屈服点的字母（Q）、规定的最小上屈服强度数值、交货状态代号、质量等级符号（B、C、D、E、F）4个部分组成。交货状态为热轧时，交货状态代号AR或WAR可省略；交货状态为正火或正火轧制状态时，用N表示；交货状态为热机械轧制（包含热机械轧制加回火）状态时，用M表示。Q+规定的最小上屈服强度数值+交货状态代号简称为“钢级”。如Q355ND，Q为代表屈服点的字母，355为规定的最小上屈服强度数值（MPa），N表示交货状态为正火或正火轧制，D表示质量等级为D级。

GB/T 1591—2018中分别规定了热轧钢的牌号及化学成分、正火及正火轧制钢的牌号及化学成分、热机械轧制钢的牌号及化学成分。当热机械轧制钢的碳含量不大于0.12%时，可采用裂纹敏感性指数（$P_{cm}$）代替碳当量（$CEV$）来评估钢材的可焊性。经供需双方协商，可采用$CEV$或$P_{cm}$作为衡量可焊性的指标，当未指定时，供方可任选其一。

正火及正火轧制钢的牌号有Q355N、Q390N、Q420N、Q450和Q460N，热机械轧制钢的牌号有Q355M、Q390M、Q420M、Q460M、Q500M、Q550M、Q620M和Q690M，随着质量等级的变化，其化学成分和力学性能也有所变化，见表8.1-7～表8.1-13。

表8.1-7 正火及正火轧制钢的牌号及化学成分（引自GB/T 1591—2018）

| 牌号 | | 化学成分（质量分数）/% | | | | | | | | | | | | | |
|---|---|---|---|---|---|---|---|---|---|---|---|---|---|---|---|
| 钢级 | 质量等级 | C | Si | Mn | P① | S① | Nb | V | Ti③ | Cr | Ni | Cu | Mo | N | Als④，不小于 |
| | | 不大于 | | | 不大于 | | | | | 不大于 | | | | | |
| Q355N | B | 0.20 | 0.50 | 0.90～1.65 | 0.035 | 0.035 | 0.005～0.05 | 0.01～0.12 | 0.006～0.05 | 0.30 | 0.50 | 0.40 | 0.10 | 0.015 | 0.015 |
| | C | | | | 0.030 | 0.030 | | | | | | | | | |
| | D | | | | 0.030 | 0.025 | | | | | | | | | |
| | E | 0.18 | | | 0.025 | 0.020 | | | | | | | | | |
| | F | 0.16 | | | 0.020 | 0.010 | | | | | | | | | |
| Q390N | B | 0.20 | 0.50 | 0.90～1.70 | 0.035 | 0.035 | 0.01～0.05 | 0.01～0.20 | 0.006～0.05 | 0.30 | 0.50 | 0.40 | 0.10 | 0.015 | 0.015 |
| | C | | | | 0.030 | 0.030 | | | | | | | | | |
| | D | | | | 0.030 | 0.025 | | | | | | | | | |
| | E | | | | 0.025 | 0.020 | | | | | | | | | |
| Q420N | B | 0.20 | 0.60 | 1.00～1.70 | 0.035 | 0.035 | 0.01～0.05 | 0.01～0.20 | 0.006～0.05 | 0.30 | 0.80 | 0.40 | 0.10 | 0.015 | 0.015 |
| | C | | | | 0.030 | 0.030 | | | | | | | | | |
| | D | | | | 0.030 | 0.025 | | | | | | | | 0.025 | |
| | E | | | | 0.025 | 0.020 | | | | | | | | | |

续表

| 牌号 | | 化学成分(质量分数)/% | | | | | | | | | | | | | |
|---|---|---|---|---|---|---|---|---|---|---|---|---|---|---|---|
| 钢级 | 质量等级 | C | Si | Mn | P[1] | S[1] | Nb | V | Ti[3] | Cr | Ni | Cu | Mo | N | Als[4]，不小于 |
| | | 不大于 | | | 不大于 | | | | | 不大于 | | | | | |
| Q460N[2] | C | 0.20 | 0.60 | 1.00～1.70 | 0.030 | 0.030 | 0.01～0.05 | 0.01～0.20 | 0.006～0.05 | 0.30 | 0.80 | 0.40 | 0.10 | 0.015 | 0.015 |
| | D | | | | 0.030 | 0.025 | | | | | | | | 0.025 | |
| | E | | | | 0.025 | 0.020 | | | | | | | | | |

**注** 钢中应至少含有铝、铌、钒、钛等细化晶粒元素中的一种，单独或组合加入时，应保证其中至少一种合金元素含量不小于表中规定含量的下限。

① 对于型钢和棒材，磷和硫含量上限值可提高 0.005%。

② V+Nb+Ti≤0.22%，Mo+Cr≤0.30%。

③ 最高可到 0.20%。

④ 可用全铝 Alt 替代，此时全铝最小含量为 0.020%。当钢中添加了铌、钒、钛等细化晶粒元素且含量不小于表中规定含量的下限时，铝含量下限值不限。

表 8.1-8　正火及正火轧制状态交货钢材的碳当量（基于熔炼分析）（引自 GB/T 1591—2018）

| 牌号 | | 碳当量 *CEV*（质量分数）/%，不大于 | | | |
|---|---|---|---|---|---|
| 钢级 | 质量等级 | 公称厚度或直径/mm | | | |
| | | ≤63 | >63～100 | >100～250 | >250～400 |
| Q355N | B、C、D、E、F | 0.43 | 0.45 | 0.45 | 协议 |
| Q390N | B、C、D、E | 0.46 | 0.48 | 0.49 | 协议 |
| Q420N | B、C、D、E | 0.48 | 0.50 | 0.52 | 协议 |
| Q460N | C、D、E | 0.53 | 0.54 | 0.5 | 协议 |

表 8.1-9　正火及正火轧制钢的拉伸性能（引自 GB/T 1591—2018）

| 牌号 | | 上屈服强度 $R_{eH}$[1]/MPa，不小于 | | | | | | | | 抗拉强度 $R_m$/MPa | | | 断后伸长率 $A$/%，不小于 | | | | | |
|---|---|---|---|---|---|---|---|---|---|---|---|---|---|---|---|---|---|---|
| 钢级 | 质量等级 | 公称厚度或直径/mm | | | | | | | | | | | | | | | | |
| | | ≤16 | >16～40 | >40～63 | >63～80 | >80～100 | >100～150 | >150～200 | >200～250 | ≤100 | >100～200 | >200～250 | ≤16 | >16～40 | >40～63 | >63～80 | >80～200 | >200～250 |
| Q355N | B、C、D、E、F | 355 | 345 | 335 | 325 | 315 | 295 | 285 | 275 | 470～630 | 450～600 | 450～600 | 22 | 22 | 22 | 21 | 21 | 21 |
| Q390N | B、C、D、E | 390 | 380 | 360 | 340 | 340 | 320 | 310 | 300 | 490～650 | 470～620 | 470～620 | 20 | 20 | 20 | 19 | 19 | 19 |
| Q420N | B、C、D、E | 420 | 400 | 390 | 30 | 360 | 340 | 330 | 320 | 520～680 | 500～650 | 500～650 | 19 | 19 | 19 | 18 | 18 | 18 |
| Q460N | C、D、E | 460 | 440 | 430 | 410 | 400 | 380 | 370 | 370 | 540～720 | 530～710 | 510～690 | 17 | 17 | 17 | 17 | 17 | 16 |

**注** 正火状态包含正火加回火状态。

① 当屈服不明显时，可用规定塑性延伸强度 $R_{p0.2}$ 代替上屈服强度 $R_{eH}$。

表 8.1-10　　热机械轧制钢的牌号及化学成分（引自 GB/T 1591—2018）

| 牌号 | | 化学成分（质量分数）/% | | | | | | | | | | | | | | |
|---|---|---|---|---|---|---|---|---|---|---|---|---|---|---|---|---|
| 钢级 | 质量等级 | C | Si | Mn | P[1] | S[1] | Nb | V | Ti[2] | Cr | Ni | Cu | Mo | N | B | Als[3]，不小于 |
| | | 不大于 | | | | | | | | | | | | | | |
| Q355M | B | 0.14[4] | 0.50 | 1.60 | 0.035 | 0.035 | 0.01～0.05 | 0.01～0.10 | 0.006～0.05 | 0.30 | 0.50 | 0.40 | 0.10 | 0.015 | — | 0.015 |
| | C | | | | 0.030 | 0.030 | | | | | | | | | | |
| | D | | | | 0.030 | 0.025 | | | | | | | | | | |
| | E | | | | 0.025 | 0.020 | | | | | | | | | | |
| | F | | | | 0.020 | 0.010 | | | | | | | | | | |
| Q390M | B | 0.15[4] | 0.50 | 1.70 | 0.035 | 0.035 | 0.01～0.05 | 0.01～0.12 | 0.006～0.05 | 0.30 | 0.50 | 0.40 | 0.10 | 0.015 | — | 0.015 |
| | C | | | | 0.030 | 0.030 | | | | | | | | | | |
| | D | | | | 0.030 | 0.025 | | | | | | | | | | |
| | E | | | | 0.025 | 0.020 | | | | | | | | | | |
| Q420M | B | 0.16[4] | 0.50 | 1.70 | 0.035 | 0.035 | 0.01～0.05 | 0.01～0.12 | 0.006～0.05 | 0.30 | 0.80 | 0.40 | 0.20 | 0.015 | — | 0.015 |
| | C | | | | 0.030 | 0.030 | | | | | | | | | | |
| | D | | | | 0.030 | 0.025 | | | | | | | | 0.025 | | |
| | E | | | | 0.025 | 0.020 | | | | | | | | | | |
| Q460M | C | 0.16[4] | 0.60 | 1.70 | 0.030 | 0.030 | 0.01～0.05 | 0.01～0.12 | 0.006～0.05 | 0.30 | 0.80 | 0.40 | 0.20 | 0.015 | — | 0.015 |
| | D | | | | 0.030 | 0.025 | | | | | | | | 0.025 | | |
| | E | | | | 0.025 | 0.020 | | | | | | | | | | |
| Q500M | C | 0.18 | 0.60 | 1.80 | 0.030 | 0.030 | 0.01～0.11 | 0.01～0.12 | 0.006～0.05 | 0.60 | 0.80 | 0.55 | 0.20 | 0.015 | 0.004 | 0.015 |
| | D | | | | 0.030 | 0.025 | | | | | | | | 0.025 | | |
| | E | | | | 0.025 | 0.020 | | | | | | | | | | |
| Q550M | C | 0.18 | 0.60 | 2.00 | 0.030 | 0.030 | 0.01～0.11 | 0.01～0.12 | 0.006～0.05 | 0.80 | 0.80 | 0.80 | 0.30 | 0.015 | 0.004 | 0.015 |
| | D | | | | 0.030 | 0.025 | | | | | | | | 0.025 | | |
| | E | | | | 0.025 | 0.020 | | | | | | | | | | |
| Q620M | C | 0.18 | 0.60 | 2.60 | 0.030 | 0.030 | 0.01～0.11 | 0.01～0.12 | 0.006～0.05 | 1.00 | 0.80 | 0.80 | 0.30 | 0.015 | 0.004 | 0.015 |
| | D | | | | 0.030 | 0.025 | | | | | | | | 0.025 | | |
| | E | | | | 0.025 | 0.020 | | | | | | | | | | |
| Q690M | C | 0.18 | 0.60 | 2.00 | 0.030 | 0.030 | 0.01～0.11 | 0.01～0.12 | 0.006～0.05 | 1.00 | 0.80 | 0.80 | 0.30 | 0.015 | 0.004 | 0.015 |
| | D | | | | 0.030 | 0.025 | | | | | | | | 0.025 | | |
| | E | | | | 0.025 | 0.020 | | | | | | | | | | |

**注**　钢中应至少含有铝、铌、钒、钛等细化晶粒元素中的一种，单独或组合加入时，应保证其中至少一种合金元素含量不小于表中规定含量的下限。

① 对于型钢和棒材，磷和硫含量可以提高 0.005%。

② 最高可到 0.20%。

③ 可用全铝 Alt 替代，此时全铝最小含量为 0.020%。当钢中添加了铌、钒、钛等细化晶粒元素且含量不小于表中规定含量的下限时，铝含量下限值不限。

④ 对于型钢和棒材，Q355M、Q390M、Q420M 和 Q460M 的最大碳含量可提高 0.02%。

表 8.1-11　热机械轧制或热机械轧制加回火状态交货钢材的碳当量及焊接裂纹敏感性指数（基于熔炼分析）（引自 GB/T 1591—2018）

| 牌号 | | 碳当量 $CEV$（质量分数）/%，不大于 | | | | | 焊接裂纹敏感性指数 $P_{cm}$（质量分数）/%，不大于 |
|---|---|---|---|---|---|---|---|
| 钢级 | 质量等级 | 公称厚度或直径/mm | | | | | |
| | | ≤16 | >16～40 | >40～63 | >63～120 | >120～150① | |
| Q355M | B、C、D、E、F | 0.39 | 0.39 | 0.40 | 0.45 | 0.45 | 0.20 |
| Q390M | B、C、D、E | 0.41 | 0.43 | 0.44 | 0.46 | 0.46 | 0.20 |
| Q420M | B、C、D、E | 0.43 | 0.45 | 0.46 | 0.47 | 0.47 | 0.20 |
| Q460M | C、D、E | 0.45 | 0.46 | 0.47 | 0.48 | 0.48 | 0.22 |
| Q500M | C、D、E | 0.47 | 0.47 | 0.47 | 0.48 | 0.48 | 0.25 |
| Q550M | C、D、E | 0.47 | 0.47 | 0.47 | 0.48 | 0.48 | 0.25 |
| Q620M | C、D、E | 0.48 | 0.48 | 0.48 | 0.49 | 0.49 | 0.25 |
| Q690M | C、D、E | 0.49 | 0.49 | 0.49 | 0.49 | 0.49 | 0.25 |

① 仅适用于棒材。

表 8.1-12　热机械轧制钢的拉伸性能（引自 GB/T 1591—2018）

| 牌号 | | 上屈服强度 $R_{eH}^{①}$/MPa，不小于 | | | | | | 抗拉强度 $R_m$/MPa | | | | | 断后伸长率 $A$/%，不小于 |
|---|---|---|---|---|---|---|---|---|---|---|---|---|---|
| 钢级 | 质量等级 | 公称厚度或直径/mm | | | | | | | | | | | |
| | | ≤16 | >16～40 | >40～63 | >63～80 | >80～100 | >100～120② | ≤40 | >40～63 | >63～80 | >80～100 | >100～120② | |
| Q355M | B、C、D、E、F | 355 | 345 | 335 | 325 | 325 | 320 | 470～630 | 450～610 | 440～600 | 440～600 | 460～590 | 22 |
| Q390M | B、C、D、E | 390 | 380 | 360 | 340 | 340 | 335 | 490～650 | 480～640 | 470～630 | 460～620 | 450～610 | 20 |
| Q420M | B、C、D、E | 420 | 400 | 390 | 380 | 370 | 365 | 520～680 | 500～660 | 480～640 | 470～630 | 460～620 | 19 |
| Q460M | C、D、E | 460 | 440 | 430 | 410 | 400 | 385 | 540～720 | 530～710 | 510～690 | 500～680 | 490～660 | 17 |
| Q500M | C、D、E | 500 | 490 | 480 | 460 | 450 | — | 610～770 | 600～760 | 590～750 | 540～730 | — | 17 |
| Q550M | C、D、E | 550 | 540 | 530 | 510 | 500 | — | 670～830 | 620～810 | 600～790 | 590～780 | — | 16 |
| Q620M | C、D、E | 620 | 610 | 600 | 580 | — | — | 710～880 | 690～880 | 670～860 | — | — | 15 |
| Q690M | C、D、E | 690 | 680 | 670 | 650 | — | — | 770～940 | 750～920 | 730～900 | — | — | 14 |

注　热机械轧制状态包含热机械轧制加回火状态。

① 当屈服不明显时，可用规定塑性延伸强度 $R_{p0.2}$ 代替上屈服强度 $R_{eH}$。

② 对于型钢和棒材，厚度或直径不大于 150mm。

表 8.1-13 夏比（V形缺口）冲击试验的温度和冲击吸收能量

（引自 GB/T 1591—2018）

| 牌号 | | 以下试验温度的冲击吸收能量最小值 $KV_2$/J | | | | | | | | | |
|---|---|---|---|---|---|---|---|---|---|---|---|
| 钢级 | 质量等级 | 20℃ | | 0℃ | | −20℃ | | −40℃ | | −60℃ | |
| | | 纵向 | 横向 | 纵向 | 横向 | 纵向 | 横向 | 纵向 | 横向 | 纵向 | 横向 |
| Q355、Q390、Q420 | B | 34 | 27 | — | — | — | — | — | — | — | — |
| Q355、Q390、Q420、Q460 | C | — | — | 34 | 27 | — | — | — | — | — | — |
| Q355、Q390 | D | — | — | — | — | 34[①] | 27[①] | — | — | — | — |
| Q355N、Q390N、Q420N | B | 34 | 27 | — | — | — | — | — | — | — | — |
| Q355N、Q390N<br>Q420N、Q460N | C | — | — | 34 | 27 | — | — | — | — | — | — |
| | D | 55 | 31 | 47 | 27 | 40[②] | 20 | — | — | — | — |
| | E | 63 | 40 | 55 | 34 | 47 | 27 | 31[③] | 20[③] | — | — |
| Q355N | F | 63 | 40 | 55 | 34 | 47 | 27 | 31 | 20 | 27 | 16 |
| Q355M、Q390M、Q420M | B | 34 | 27 | — | — | — | — | — | — | — | — |
| Q355M、<br>Q390M、Q420M<br>Q460M | C | — | — | 34 | 27 | — | — | — | — | — | — |
| | D | 55 | 31 | 47 | 27 | 40[②] | 20 | — | — | — | — |
| | E | 63 | 40 | 55 | 34 | 47 | 27 | 31[③] | 20[③] | — | — |
| Q355M | F | 63 | 40 | 55 | 34 | 47 | 27 | 31 | 20 | 27 | 16 |
| Q500M、<br>Q550M、Q620M<br>Q690M | C | — | — | 55 | 34 | — | — | — | — | — | — |
| | D | — | — | — | — | 47[②] | 27 | — | — | — | — |
| | E | — | — | — | — | — | — | 31[③] | 20[③] | — | — |

注 1. 当需方未指定试验温度时，正火、正火轧制和热机械轧制的C级、D级、E级、F级钢分别做0℃、−20℃、−40℃、−60℃冲击。

2. 冲击试验取纵向试样。经供需双方协商，也可取横向试样。

① 仅适用于厚度大于250mm的Q355D钢板。

② 当需方指定时，D级钢可做−30℃冲击试验时，冲击吸收能量纵向不小于27J。

③ 当需方指定时，E级钢可做−50℃冲击试验时，冲击吸收能量纵向不小于27J、横向不小于16J。

### 8.1.3.3 高强度结构用调质钢

调质钢是指经淬火加高温回火的碳素结构钢或合金结构钢，具有高的强度和良好的塑性与韧性，即具有良好的综合力学性能。《高强度结构用调质钢板》（GB/T 16270—2009）中规定，国产调质高强度钢有Q460、Q500、Q550、Q620、Q690、Q800、Q890和Q960等8种强度等级，每一种强度等级下划分为C、D、E、F 4种质量等级，其化学成分中S、P含量递减，同一强度等级下其他化学成分的含量则相同，详见表8.1-14。各牌号的力学性能及工艺性能见表8.1-15，C级、D级、E级、F级钢在保证强度的同时，分别保证在0℃、−20℃、−40℃和−60℃时具有规定的冲击韧性。

表 8.1-14　　高强度结构用调质钢牌号及化学成分（熔炼分析）
（引自 GB/T 16270—2009）

| 牌号 | 等级 | 化学成分（质量分数）/%，不大于 | | | | | | | | | | | | | | | |
|---|---|---|---|---|---|---|---|---|---|---|---|---|---|---|---|---|---|
| | | C | Si | Mn | P | S | Cu | Cr | Ni | Mo | B | V | Nb | Ti | *CEV* 钢板厚度/mm | | |
| | | | | | | | | | | | | | | | ≤50 | >50～100 | >100～150 |
| Q460 | C D | 0.2 | 0.80 | 1.70 | 0.025 | 0.015 | 0.50 | 1.50 | 2.00 | 0.70 | 0.005 | 0.12 | 0.06 | 0.05 | 0.47 | 0.48 | 0.50 |
| | E F | | | | 0.020 | 0.010 | | | | | | | | | | | |
| Q500 | C D | 0.2 | 0.80 | 1.70 | 0.025 | 0.015 | 0.50 | 1.50 | 2.00 | 0.70 | 0.005 | 0.12 | 0.06 | 0.05 | 0.47 | 0.70 | 0.70 |
| | E F | | | | 0.020 | 0.010 | | | | | | | | | | | |
| Q550 | C D | 0.2 | 0.80 | 1.70 | 0.025 | 0.015 | 0.50 | 1.50 | 2.00 | 0.70 | 0.005 | 0.12 | 0.06 | 0.05 | 0.65 | 0.77 | 0.83 |
| | E F | | | | 0.020 | 0.010 | | | | | | | | | | | |
| Q620 | C D | 0.2 | 0.80 | 1.70 | 0.025 | 0.015 | 0.50 | 1.50 | 2.00 | 0.70 | 0.005 | 0.12 | 0.06 | 0.05 | 0.65 | 0.77 | 0.83 |
| | E F | | | | 0.020 | 0.010 | | | | | | | | | | | |
| Q690 | C D | 0.2 | 0.80 | 1.70 | 0.025 | 0.015 | 0.50 | 1.50 | 2.00 | 0.70 | 0.005 | 0.12 | 0.06 | 0.05 | 0.65 | 0.77 | 0.83 |
| | E F | | | | 0.020 | 0.010 | | | | | | | | | | | |
| Q800 | C D | 0.2 | 0.80 | 1.70 | 0.025 | 0.015 | 0.50 | 1.50 | 2.00 | 0.70 | 0.005 | 0.12 | 0.06 | 0.05 | 0.72 | 0.82 | — |
| | E F | | | | 0.020 | 0.010 | | | | | | | | | | | |
| Q890 | C D | 0.2 | 0.80 | 1.70 | 0.025 | 0.015 | 0.50 | 1.50 | 2.00 | 0.70 | 0.005 | 0.12 | 0.06 | 0.05 | 0.72 | 0.82 | — |
| | E F | | | | 0.020 | 0.010 | | | | | | | | | | | |
| Q960 | C D | 0.2 | 0.80 | 1.70 | 0.025 | 0.015 | 0.50 | 1.50 | 2.00 | 0.70 | 0.005 | 0.12 | 0.06 | 0.05 | 0.82 | — | — |
| | E F | | | | 0.020 | 0.010 | | | | | | | | | | | |

**注**　1. 根据需要生产厂可添加其中一种或几种合金元素，最大值应符合表中规定，其含量应在质量证明书中报告。
2. 钢中至少应添加 Nb、Ti、V、Al 中的一种细化晶粒元素，其中至少一种元素的最小量为 0.015%（对于 Al 为 Als）。也可用 Alt 替代 Als，此时最小量为 0.018%。
3. *CEV*＝C＋Mn/6＋(Cr＋Mo＋V)/5＋(Ni＋Cu)/15。

表 8.1-15 高强度结构用调质钢拉伸和冲击试验要求（引自 GB/T 16270—2009）

| 牌号 | 拉伸试验① | | | | | | | 冲击试验① | | | |
|---|---|---|---|---|---|---|---|---|---|---|---|
| | 屈服强度② $R_{eH}$/MPa，不小于 | | | 抗伸强度 $R_m$/MPa | | | 断后伸长率 $A$/%，不小于 | 冲击吸收能量（纵向）$KV_2$/J，不小于 | | | |
| | 厚度/mm | | | 厚度/mm | | | | 试验温度/℃ | | | |
| | ≤50 | >50～100 | >100～150 | ≤50 | >50～100 | >100～150 | | 0 | −20 | −40 | −60 |
| Q460C | 460 | 440 | 400 | 550～720 | | 500～670 | 17 | 47 | | | |
| Q460D | | | | | | | | | 47 | | |
| Q460E | | | | | | | | | | 34 | |
| Q460F | | | | | | | | | | | 34 |
| Q500C | 500 | 480 | 440 | 590～770 | | 540～720 | 17 | 47 | | | |
| Q500D | | | | | | | | | 47 | | |
| Q500E | | | | | | | | | | 34 | |
| Q500F | | | | | | | | | | | 34 |
| Q550C | 550 | 530 | 490 | 640～820 | | 590～770 | 16 | 47 | | | |
| Q550D | | | | | | | | | 47 | | |
| Q550E | | | | | | | | | | 34 | |
| Q550F | | | | | | | | | | | 34 |
| Q620C | 620 | 580 | 560 | 700～890 | | 650～830 | 15 | 47 | | | |
| Q620D | | | | | | | | | 47 | | |
| Q620E | | | | | | | | | | 34 | |
| Q620F | | | | | | | | | | | 34 |
| Q690C | 690 | 650 | 630 | 770～940 | 760～930 | 710～900 | 14 | 47 | | | |
| Q690D | | | | | | | | | 47 | | |
| Q690E | | | | | | | | | | 34 | |
| Q690F | | | | | | | | | | | 34 |
| Q800C | 800 | 740 | — | 840～1000 | 800～1000 | — | 13 | 34 | | | |
| Q800D | | | | | | | | | 34 | | |
| Q800E | | | | | | | | | | 27 | |
| Q800F | | | | | | | | | | | 27 |
| Q890C | 890 | 830 | — | 940～1100 | 880～1100 | — | 11 | 34 | | | |
| Q890D | | | | | | | | | 34 | | |
| Q890E | | | | | | | | | | 27 | |
| Q890F | | | | | | | | | | | 27 |
| Q960C | 960 | — | — | 980～1150 | 880～1100 | — | 10 | 34 | | | |
| Q960D | | | | | | | | | 34 | | |
| Q960E | | | | | | | | | | 27 | |
| Q960F | | | | | | | | | | | 27 |

① 拉伸试验适用于横向试样，冲击试验适用于纵向试样。

② 当屈服现象不明显时，采用 $R_{p0.2}$。

GB/T 16270—2009 适用于厚度不大于 150mm，以调质状态交货的高强度结构钢板。根据需方要求，经供需双方协商，可以提供碳当量 $CET$，$CET(\%)=C+(Mn+Mo)/10+(Cr+Cu)/20+Ni/40$。

#### 8.1.3.4 低焊接裂纹敏感性高强钢

低焊接裂纹敏感性高强钢简称 CF（crack free）钢，是 20 世纪 70 年代开始研制的一类具有优良焊接性能的低合金高强度钢。这种类型的钢是通过降低碳含量来降低钢的淬硬倾向，提高钢的韧性；通过多元微量元素来保证钢的强度；通过降低杂质含量来提高钢的延性和韧性。由于 CF 钢合金元素含量少，碳含量很低，$C_{eq}$ 及 $P_{cm}$ 相应降低，加之钢的纯净度提高，从而很好地保证了钢材具有良好的韧性和可焊性。《低焊接裂纹敏感性高强度钢板》（YB/T 4137—2013）规定了 Q460CF、Q500CF、Q550CF、Q620CF、Q690CF、Q800C 6 个牌号，其化学成分、力学性能及工艺性能见表 8.1-16～表 8.1-18。

表 8.1-16　低焊接裂纹敏感性高强钢牌号及化学成分（熔炼分析）（引自 YB/T 4137—2013）

<table>
<tr><th rowspan="2">牌号</th><th rowspan="2">质量等级</th><th colspan="12">化学成分（质量分数）/%，不大于</th></tr>
<tr><th>C</th><th>Si</th><th>Mn</th><th>P</th><th>S</th><th>Cr</th><th>Ni</th><th>Mo</th><th>V</th><th>Nb</th><th>Ti</th><th>B</th></tr>
<tr><td rowspan="3">Q460CF<br>Q500CF</td><td>C</td><td rowspan="9">0.09</td><td rowspan="9">0.50</td><td rowspan="3">1.80</td><td>0.020</td><td>0.010</td><td rowspan="3">0.50</td><td rowspan="3">1.50</td><td rowspan="3">0.50</td><td rowspan="3">0.080</td><td rowspan="3">0.100</td><td rowspan="3">0.050</td><td rowspan="3">0.0030</td></tr>
<tr><td>D</td><td>0.018</td><td>0.010</td></tr>
<tr><td>E</td><td>0.015</td><td>0.008</td></tr>
<tr><td rowspan="3">Q550CF<br>Q620CF<br>Q690CF</td><td>C</td><td rowspan="6">2.00</td><td>0.020</td><td>0.010</td><td rowspan="3">0.08</td><td rowspan="3">1.80</td><td rowspan="3">0.70</td><td rowspan="3">0.100</td><td rowspan="3">0.120</td><td rowspan="3">0.050</td><td rowspan="3">0.0050</td></tr>
<tr><td>D</td><td>0.018</td><td>0.010</td></tr>
<tr><td>E</td><td>0.015</td><td>0.008</td></tr>
<tr><td rowspan="3">Q800CF</td><td>C</td><td>0.020</td><td>0.010</td><td rowspan="3" colspan="7">根据需要添加，具体含量应在质量证明书中注明</td></tr>
<tr><td>D</td><td>0.018</td><td>0.010</td></tr>
<tr><td>E</td><td>0.015</td><td>0.008</td></tr>
</table>

注　1. 供方根据需要可添加其中一种或几种合金元素，最大值应符合表中规定，其含量应在质量证明书中报告。
2. 钢中至少应添加 Nb、Ti、V、Al 中的一种细化晶粒元素，其中至少有一种元素的最小含量为 0.015%（对于 Al 为 Als）。
3. 当采用淬火＋回火状态交货时，Q460CF、Q500CF 钢的碳含量上限为 0.12%，Q550CF、Q620CF、Q690CF、Q800CF 钢的碳含量上限为 0.14%。

表 8.1-17　低焊接裂纹敏感性高强钢 $P_{cm}$ 值（不大于）（引自 YB/T 4137—2013）　%

<table>
<tr><th rowspan="2">牌　号</th><th colspan="4">厚度/mm</th></tr>
<tr><th>≤50</th><th>>50～60</th><th>>60～75</th><th>>75～100</th></tr>
<tr><td>Q460CF</td><td colspan="4">0.20</td></tr>
<tr><td>Q500CF</td><td>0.20</td><td>0.20</td><td>0.22</td><td>0.24</td></tr>
<tr><td>Q550CF<br>Q620CF</td><td>0.25</td><td>0.25</td><td>0.28</td><td>0.30</td></tr>
<tr><td>Q690CF</td><td>0.25</td><td>0.28</td><td>0.28</td><td>0.30</td></tr>
<tr><td>Q800CF</td><td>0.28</td><td colspan="3">—</td></tr>
</table>

不同强度等级的低焊接裂纹敏感性钢材的碳含量均低于压力容器钢和低合金钢，硫、磷含量与压力容器钢基本相当，但低于低合金钢的相应指标。CF 钢分为 C、D、E 3 个等

级，分别保证在0℃、−20℃和−40℃时具有规定的冲击韧性；同一强度等级中，随质量等级的提高，其化学成分中硫、磷含量递减。

表8.1-18　低焊接裂纹敏感性高强钢力学性能（引自YB/T 4137—2013）

| 牌号 | 质量等级 | 拉伸试验，横向 | | | | 弯曲试验，横向 | 夏比（V形缺口）冲击试验，纵向 | |
|---|---|---|---|---|---|---|---|---|
| | | 上屈服强度 $R_{eH}$/MPa，不小于 | | 抗伸强度 $R_m$/MPa | 断后伸长率 $A$/%，不小于 | 弯曲180° $d$为弯心直径 $a$为试样厚度 | 试验温度/℃ | 冲击吸收能量 $KV_2$/J，不小于 |
| | | 厚度/mm | | | | | | |
| | | ≤50 | >50～100 | | | | | |
| Q460CF | C | 460 | 440 | 550～710 | 17 | $d=3a$ | 0 | 60 |
| | D | | | | | | −20 | |
| | E | | | | | | −40 | |
| Q500CF | C | 500 | 480 | 610～770 | 17 | $d=3a$ | 0 | 60 |
| | D | | | | | | −20 | |
| | E | | | | | | −40 | |
| Q550CF | C | 550 | 530 | 670～830 | 16 | $d=3a$ | 0 | 60 |
| | D | | | | | | −20 | |
| | E | | | | | | −40 | |
| Q620CF | C | 620 | 600 | 710～880 | 15 | $d=3a$ | 0 | 60 |
| | D | | | | | | −20 | |
| | E | | | | | | −40 | |
| Q690C | C | 690 | 670 | 770～940 | 14 | $d=3a$ | 0 | 60 |
| | D | | | | | | −20 | |
| | E | | | | | | −40 | |
| Q800C | C | 800 | 协议 | 880～1050 | 12 | $d=3a$ | 0 | 60 |
| | D | | | | | | −20 | |
| | E | | | | | | −40 | |

YB/T 4137—2013适用于厚度为5～100mm的低裂纹敏感性钢板，其主要用于焊接性要求高的水电站压力钢管、工程机械、铁路车辆、桥梁、高层及大跨度建筑等。钢板的交货状态为热机械轧制（TMCP）、TMCP＋回火或淬火＋回火，具体交货状态由供需双方协商确定。

**8.1.3.5　压力容器钢**

通过对比压力容器钢和结构钢的现行国家标准《锅炉和压力容器用钢板》（GB/T 713—2014）与《碳素结构钢》（GB/T 700—2006）及《低合金高强度结构钢》（GB/T 1591—2018）可知，同类同等级的压力容器钢与结构钢，其化学成分和力学性能指标的要求基本相同，但在化学成分硫、磷含量以及冲击韧性指标等方面，压力容器钢的要求更严格一些。

《锅炉和压力容器用钢板》（GB/T 713—2014）规定了Q245R、Q345R、Q370R、Q420R、18MnMoNbR、13MnNiMoR、15CrMoR、14Cr1MoR、12Cr2Mo1R、12Cr1MoVR、12Cr2Mo1VR、07Cr2AlMoR等12个牌号。压力容器钢的牌号用屈服强度值“屈”字和压力容器“容”字的汉语拼音首位字母表示。如Q245R，表示屈服强度为245MPa的压力容器钢。钼钢、铬-钼钢的牌号用平均碳含量和合金元素字母，以及压力容器“容”字的汉语拼音首位字母表示。如15CrMoR，表示平均碳含量为0.15%，主要合金元素为Cr、Mo的压力容器钢。水电常用的压力容器钢的牌号主要有Q245R、Q345R、Q370R、Q420R，其化学成分、力学性能及工艺性能分别见表8.1-19和表8.1-20。

表8.1-19　压力容器钢化学成分（引自GB/T 713—2014）

<table>
<tr><th rowspan="2">牌号</th><th colspan="14">化学成分（质量分数）/%</th></tr>
<tr><th>C</th><th>Si</th><th>Mn</th><th>Cu</th><th>Ni</th><th>Cr</th><th>Mo</th><th>Nb</th><th>V</th><th>Ti</th><th>Alt</th><th>P</th><th>S</th><th>其他</th></tr>
<tr><td>Q245R</td><td>≤0.20</td><td>≤0.35</td><td>0.50～1.0</td><td rowspan="4">≤0.30</td><td rowspan="3">≤0.30</td><td rowspan="4">≤0.30</td><td rowspan="4">≤0.80</td><td rowspan="2">≤0.050</td><td rowspan="3">≤0.050</td><td rowspan="4">≤0.03</td><td rowspan="2">≥0.02</td><td rowspan="2">≤0.025</td><td rowspan="4">≤0.010</td><td rowspan="4">Cu+Ni+Cr+Mo≤0.70</td></tr>
<tr><td>Q345R</td><td>≤0.20</td><td rowspan="2">≤0.55</td><td rowspan="2">1.20～1.60</td></tr>
<tr><td>Q370R</td><td>≤0.18</td><td rowspan="2">0.15～0.05</td><td rowspan="2">—</td><td rowspan="2">≤0.020</td></tr>
<tr><td>Q420R</td><td>≤0.20</td><td>≤0.55</td><td>1.30～1.70</td><td>0.20～0.50</td><td>≤0.10</td></tr>
</table>

注　经供需双方协商并在合同中注明，碳含量下限不做要求。

表8.1-20　压力容器钢力学性能及工艺性能（引自GB/T 713—2014）

<table>
<tr><th rowspan="2">牌号</th><th rowspan="2">交货状态</th><th rowspan="2">钢板厚度/mm</th><th colspan="3">拉伸试验</th><th colspan="2">冲击试验</th><th>弯曲试验</th></tr>
<tr><th>抗拉强度 $R_m$/MPa</th><th>屈服强度 $R_{eL}$/MPa</th><th>断后伸长率 $A$/%</th><th>温度/℃</th><th>冲击吸收能量 $KV_2$/J</th><th>180° $b=2a$</th></tr>
<tr><td rowspan="5">Q245R</td><td rowspan="11">热轧、控轧或正火</td><td>3～16</td><td rowspan="3">400～520</td><td>≥245</td><td rowspan="3">≥25</td><td rowspan="5">0</td><td rowspan="5">≥34</td><td rowspan="3">$d=1.5a$</td></tr>
<tr><td>>16～36</td><td>≥235</td></tr>
<tr><td>>36～60</td><td>≥225</td></tr>
<tr><td>>60～100</td><td>390～510</td><td>≥205</td><td rowspan="2">≥24</td><td rowspan="2">$d=2a$</td></tr>
<tr><td>>100～150</td><td>380～550</td><td>≥185</td></tr>
<tr><td rowspan="6">Q345R</td><td>3～16</td><td>510～640</td><td>≥345</td><td rowspan="3">≥21</td><td rowspan="6">0</td><td rowspan="6">≥41</td><td>$d=2a$</td></tr>
<tr><td>>16～36</td><td>500～630</td><td>≥325</td><td rowspan="5">$d=3a$</td></tr>
<tr><td>>36～60</td><td>490～620</td><td>≥315</td></tr>
<tr><td>>60～100</td><td>490～620</td><td>≥305</td><td rowspan="3">≥20</td></tr>
<tr><td>>100～150</td><td>480～610</td><td>≥285</td></tr>
<tr><td>>150～200</td><td>470～600</td><td>≥265</td></tr>
<tr><td rowspan="4">Q370R</td><td rowspan="6">正火</td><td>10～16</td><td rowspan="2">530～630</td><td>≥370</td><td rowspan="4">≥20</td><td rowspan="4">−20</td><td rowspan="4">≥47</td><td>$d=2a$</td></tr>
<tr><td>>16～36</td><td>≥360</td><td rowspan="3">$d=3a$</td></tr>
<tr><td>>36～60</td><td>520～620</td><td>≥340</td></tr>
<tr><td>>60～100</td><td>510～610</td><td>≥330</td></tr>
<tr><td rowspan="2">Q420R</td><td>10～20</td><td>590～720</td><td>≥420</td><td rowspan="2">≥18</td><td rowspan="2">−20</td><td rowspan="2">≥60</td><td rowspan="2">$d=3a$</td></tr>
<tr><td>>20～30</td><td>570～700</td><td>≥400</td></tr>
</table>

《压力容器用调质高强度钢板》(GB/T 19189—2011) 规定了07MnMoVR、07MnNiVDR、07MnNiMoVDR、12MnNiVR 4个牌号。牌号由4部分组成，第一部分为两位数的阿拉伯数字，表示平均碳含量（以万分之几计）。第二部分为合金元素含量，以化学元素符号及阿拉伯数字表示。具体表示方法为：平均含量小于1.5%时，牌号中仅注明元素，一般不标明含量；平均含量为1.5%～2.49%、2.5%～3.49%、3.5%～4.49%……时，在金属元素后相应写2、3、4……，元素符号一般按其含量递减顺序进行排列，若有两个或多个元素含量相同时，则按英文字母顺序排列。第三部分为钢材冶炼质量，即高级优质钢、特级优质钢分别以A、E表示，优质钢不加字母。第四部分为产品用途、特性或工艺，如压力容器钢用字母R来表示，低温用字母D来表示。如07MnNiMoVDR，表示平均碳含量为0.07%，主要合金元素为Mn、Ni、Mo、V，其含量皆小于1.5%的优质低温压力容器钢。各牌号的化学成分、力学性能及工艺性能分别见表8.1-21和表8.1-22。

表8.1-21　　压力容器用调质高强钢板化学成分（熔炼分析）

（引自GB/T 19189—2011）

<table>
<tr><th rowspan="2">牌　号</th><th colspan="12">化学成分（质量分数）/%</th></tr>
<tr><th>C</th><th>Si</th><th>Mn</th><th>P</th><th>S</th><th>Cu</th><th>Ni</th><th>Cr</th><th>Mo</th><th>V</th><th>B</th><th>$P_{cm}$</th></tr>
<tr><td>07MnMoVR</td><td rowspan="4">≤0.09</td><td rowspan="4">0.15～0.40</td><td rowspan="4">1.20～1.60</td><td>≤0.020</td><td>≤0.010</td><td rowspan="4">≤0.25</td><td>≤0.40</td><td rowspan="4">≤0.30</td><td>0.10～0.30</td><td>0.02～0.06</td><td rowspan="4">≤0.002</td><td>≤0.20</td></tr>
<tr><td>07MnNiVDR</td><td>≤0.018</td><td>≤0.008</td><td>0.20～0.50</td><td>≤0.30</td><td>0.02～0.06</td><td>≤0.21</td></tr>
<tr><td>07MnNiMoDR</td><td>≤0.015</td><td>≤0.005</td><td>0.30～0.60</td><td>0.10～0.30</td><td>≤0.006</td><td>≤0.21</td></tr>
<tr><td>12MnNiVR</td><td>≤0.020</td><td>≤0.010</td><td>0.15～0.40</td><td>≤0.30</td><td>0.02～0.06</td><td>≤0.25</td></tr>
</table>

表8.1-22　　压力容器用调质高强钢力学性能及工艺性能

（引自GB/T 19189—2011）

<table>
<tr><th rowspan="2">牌　号</th><th rowspan="2">钢板厚度 /mm</th><th colspan="3">拉　伸　试　验</th><th colspan="2">冲击试验</th><th>弯曲试验</th></tr>
<tr><th>屈服强度 $R_{eL}$/MPa</th><th>抗拉强度 $R_m$/MPa</th><th>断后伸长率 $A$/%</th><th>温度 /℃</th><th>冲击吸收能量 $KV_2$/J</th><th>180° $b=2a$</th></tr>
<tr><td>07MnMoVR</td><td>10～60</td><td rowspan="4">≥490</td><td rowspan="4">610～730</td><td rowspan="4">≥17</td><td>−20</td><td rowspan="4">≥80</td><td rowspan="4">$d=3a$</td></tr>
<tr><td>07MnNiVDR</td><td>10～60</td><td>−40</td></tr>
<tr><td>07MnNiMoDR</td><td>10～50</td><td>−50</td></tr>
<tr><td>12MnNiVR</td><td>10～60</td><td>−20</td></tr>
</table>

《压力容器用调质高强度钢板》(GB/T 19189—2011) 适用于厚度为10～60mm的压力容器用调质钢板，钢板以淬火+回火的调质热处理状态交货，其回火温度不低于600℃。

## 8.2 焊接基础知识

金属结构焊接方法多种多样，在压力钢管制作、安装中广泛采用手工电弧焊（SMAW）、埋弧焊（SAW）、$CO_2$ 气体保护焊（GMAW）。

### 8.2.1 手工电弧焊

#### 8.2.1.1 手工电弧焊基本原理

手工电弧焊是利用手工操纵涂有药皮的金属即焊条进行焊接的电弧焊方法，是以焊条和焊件作为两个电极，施加一定的电压，由于电极的强烈放电而使气体电离产生焊接电弧。电弧高温足以使焊条和工件局部熔化，形成气体、熔渣和金属熔池，气体和熔渣对熔池起保护用，同时熔渣在与熔池金属起冶金反应后冷却凝固成为焊渣，固态焊渣则覆盖于焊缝金属表面。手工电弧焊基本原理示意图见图 8.2-1。焊条熔化末端到熔池表面的距离称为电弧长度，从焊件表面至熔池底部的距离称为熔透深度。

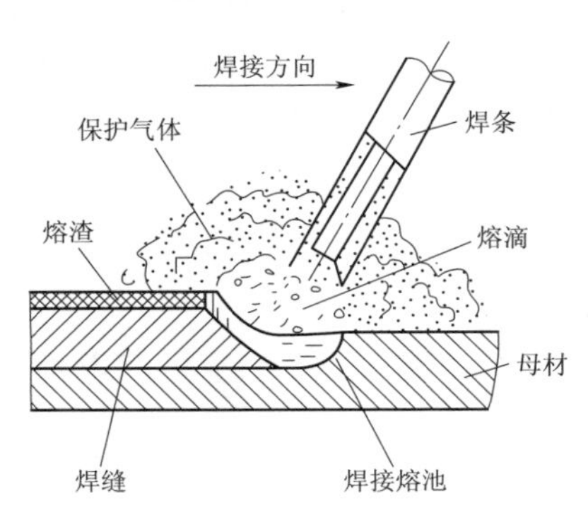

图 8.2-1 手工电弧焊基本原理示意图

手工电弧焊的焊接电源分为两种：直流弧焊电源和交流弧焊电源。手工电弧焊可以进行平焊、立焊、横焊和仰焊等多位置焊接。手工电弧焊的特点是：设备简单，操作灵活方便，熟练焊工能进行全位置焊接，并适合焊接多种材料。不足之处是生产效率低、劳动强度大，且依赖于操作者的技能和现场工作状况。

#### 8.2.1.2 手工电弧焊焊条

在焊接电源所施加的电场中，焊条作为可熔化成焊缝金属的消耗性电极，在电弧的热作用下，以熔滴的形式过渡到被焊金属。焊条药皮经电弧热作用熔化为熔渣，同时产生气体对熔滴和焊接金属形成的熔池起隔离空气的保护作用。熔渣与熔池金属通过冶金反应，完成脱氧、脱硫磷、脱氢（限于含氟化物的碱性渣），达到稳定电弧和补充掺入合金元素的作用。焊条的型号根据熔敷金属的力学性能、药皮类型、焊接位置和使用的电流种类进行划分，其型号表示方法如下：

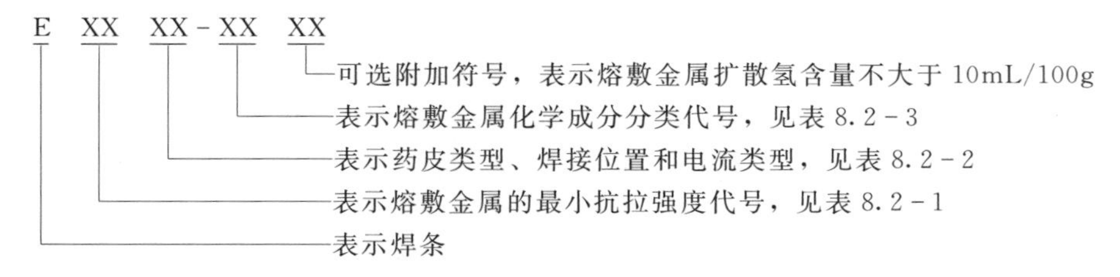


例如 E6215-2C1MH10，表示熔敷金属抗拉强度不低于 620MPa，药皮类型为碱性，适用于全方位焊接，采用直流反接电源，Cr、Mo 名义含量分别不小于 2% 和 1%，熔敷金属扩散氢含量不大于 10mL/g 的焊条。

表 8.2-1 熔敷金属抗拉强度代号[引自《热强钢焊条》(GB/T 5118—2012)]

| 抗拉强度代号 | 最小抗拉强度值/MPa | 抗拉强度代号 | 最小抗拉强度值/MPa |
|---|---|---|---|
| 50 | 490 | 55 | 550 |
| 52 | 520 | 62 | 620 |

表 8.2-2 药皮类型代号(引自 GB/T 5118—2012)

| 代号 | 药皮类型 | 焊接位置① | 电流类型 |
|---|---|---|---|
| 03 | 钛型 | 全位置③ | 交流和直流正、反接 |
| 10② | 纤维素 | 全位置 | 直流反接 |
| 11② | 纤维素 | 全位置 | 交流和直流反接 |
| 13 | 金红石 | 全位置③ | 交流和直流正、反接 |
| 15 | 碱性 | 全位置③ | 直流反接 |
| 16 | 碱性 | 全位置③ | 交流和直流反接 |
| 18 | 碱性+铁粉 | 全位置(PG除外) | 交流和直流反接 |
| 19② | 钛铁矿 | 全位置③ | 交流和直流正、反接 |
| 20② | 氧化铁 | PA、PB | 交流和直流正接 |
| 27② | 氧化铁+铁粉 | PA、PB | 交流和直流正接 |
| 40 | 不做规定 | 由制造商确定 | |

① 焊接位置见 GB/T 16672,其中 PA 代表平焊、PB 代表平角焊、PG 代表向下立焊。
② 仅限于熔敷金属化学成分代号 1M3。
③ 此处“全位置”并不一定包含向下立焊,由制造商确定。

表 8.2-3 熔敷金属化学成分分类代号(引自 GB/T 5118—2012)

| 分类代号 | 主要化学成分的名义含量 |
|---|---|
| -1M3 | 此类焊条中含有 Mo,Mo 是在非合金钢焊条基础上的唯一添加合金元素。数字 1 约等于名义上 Mn 含量两倍的整数,字母“M”表示 Mo,数字 3 表示 Mo 的名义含量,大约 0.5% |
| -×C×M× | 对于含铬-钼的热强钢,标识“C”前的整数表示 Cr 的名义含量,“M”前的整数表示 Mo 的名义含量。对于 Cr 或者 Mo,如果名义含量小于 1%,则字母前不标记数字。如果在 Cr 和 Mo 之外还加入了 W、V、B、Nb 等合金成分,则按照此顺序,加于铬和钼标记之后。标识末尾的“L”表示碳含量较低。最后一个字母后的数字表示成分有所改变 |
| -G | 其他成分 |

#### 8.2.1.3 焊接工艺参数

(1)电源极性。采用交流电流时,焊条与工件的极性随电源频率而变换,电弧稳定性较差,碱性低氢型焊条药皮中需增加低电离电势的物质作为稳弧剂才能稳定施焊。采用直流电源时,工件接正极称为正接,工件接负极则称为反接。一般情况下,直流反接可获得稳定的焊接电弧,焊接时飞溅较小。

(2)弧长与焊接电压。焊接时焊条与工件的距离变化,将立即引起焊接电压的改变。弧长增大时,电压升高,使焊缝的宽度增大,熔深减小,弧长减小时则得到相反的结果。一般低氢型焊条要求短弧、低电压操作才能得到预期的焊缝性能。

(3)焊接电流。焊接电流对手工电弧焊的电弧稳定和焊缝成形有着极为重要的影响,焊接电流大则焊缝熔深大,易得到凸起表面堆高,反之则熔深小。电流太小时不易起弧,焊接时电弧不稳定、易熄弧；电流太大时则飞溅很大。不适当的电流值还会造成咬边或焊瘤、熔深过大或不足、易产生冷裂纹或热裂纹等焊接缺陷。

焊接电流的选择还应与焊条的直径相配合，直径的大小主要影响电流密度。焊条药皮的类型对选择焊接电流也有影响，主要是由药皮的导电性不同所致。

(4) 焊接速度。焊接速度过小时，则热输入大，母材易过热变脆，此外熔池凝固慢也会使焊缝成形过宽。焊接速度过大时，则热输入小，熔池长、焊缝窄，熔池冷却过快，也会造成夹渣、气孔、裂纹等缺陷。一般焊接速度的选择应与电流相配合。焊接电压、焊接电流、焊接速度反映单位长度焊缝焊接热输入的大小，通常用焊接线能量指标来表示。

(5) 焊接层次。无论角焊缝还是坡口对接焊缝，均要根据板厚和焊道厚度、宽度安排焊接层次，以完成整个焊缝的焊接。多层焊时，由于后焊焊道对先焊焊道有回火作用，可改善接头的组织和力学性能。

在压力钢管制作、安装中，手工电弧焊的焊接参数必须经过焊接工艺试验确定，综合考虑钢管的材质、厚度、结构及焊接材料的特性。

在压力钢管制作、安装中，手工电弧焊用于不利于进行埋弧焊或气体保护焊的场所，如定位焊焊接、加劲环对接接头焊接、钢管安装环缝焊接等部位，并常常用于焊接缺陷的修补。

## 8.2.2 埋弧焊

### 8.2.2.1 埋弧焊原理

埋弧焊是目前在焊缝金属熔敷效率上最高的一种典型焊接方法，也是最具有环保性和经济性的焊接方法。埋弧焊与手工电弧焊一样都是利用电弧作为熔化金属的热源，但与手工电弧焊的药皮焊条不同的是焊丝外表没有药皮，熔渣是由覆盖在焊接坡口区的焊剂形成的。埋弧焊是以颗粒状焊剂为保护介质，当焊丝与母材之间施加电压并相互接触引燃电弧后，电弧将焊丝端部及电弧区周围的焊剂及母材熔化，形成金属熔滴、熔池及熔渣。金属熔池受到浮于表面的熔渣和焊剂蒸气的保护而不与空气接触，避免氮、氢、氧有害气体的侵入。随着焊丝向焊接坡口前方的移动，熔池冷却凝固后形成焊缝，熔渣冷却形成渣壳，具体原理见图 8.2-2。与手工电弧焊一样，熔渣与熔化金属发生冶金反应，从而影响并改善焊缝金属的化学成分和力学性能。

埋弧焊的施焊过程由 3 个环节组成：一是在焊件待焊接缝处均匀堆敷足够厚度的颗粒状焊剂；二是导电嘴和焊件分别接通焊接电源两极以产生焊接电弧；三是自动送进焊丝并移动电弧实施焊接。

### 8.2.2.2 埋弧焊特点

埋弧焊焊接电弧受焊剂的包围，熔渣覆盖焊缝金属起隔热作用，因此热效率较高，再加上可使用粗焊丝、大电流密度，因此熔深大，减小了坡口尺寸，减少了充填金属量。所以埋弧焊已成为大型构件制作中应用最广的高效焊接方法。埋弧焊的主要特点如下：

(1) 质量稳定，更容易学习和掌握。由于埋弧焊是以工艺参数和机器操作为核心的工艺，焊接过程没有烟尘和弧光，操作者劳动强度低，经过短期培训操作就能够形成很稳定的焊接质量。

(2) 生产效率高，质量易得到保证。埋弧焊热输入大（$Q=IU/v$，$Q$ 为焊热输入量，

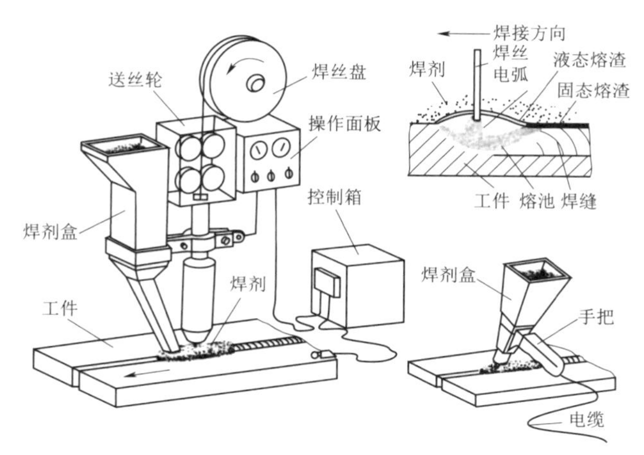


图 8.2-2　埋弧焊原理示意图

$I$ 为焊接电流，$U$ 为电弧电压，$v$ 为焊接速度)，电流和电流密度显著提高，同时焊接参数自动调节，电弧行走机械化，使电弧的熔透能力和焊丝的熔敷速率大大提高；又由于焊剂和熔渣的隔热作用，总的热效率大大增加，也使焊缝冷却速度减缓，熔池存在时间长，冶金反应较充分，利于各种有害气体的逸出，避免气孔的产生，也减小了冷裂纹的敏感性，因此焊缝成分稳定，力学性能好。

（3）埋弧焊的焊剂保护方式使焊接位置一般限于平焊。埋弧焊由于需要不断输送焊剂到电弧区，因而大多数应用于自动焊。如使用附带小型焊剂斗的焊枪和细焊丝，也可实现半自动焊，但应用并不广泛。

**8.2.2.3　埋弧焊设备**

埋弧焊设备由焊接电源、焊接小车、控制盒、焊接电缆几个部分组成，焊接机头安装在小车上或操作机上，能够实现全机械化或半自动化，在焊接机头上可以安装自动检测跟踪装置来实现高度自动化。埋弧焊焊接电源有直流和交流之分，大部分埋弧焊使用平特性电源。按特定的用途自动埋弧焊机可分为角焊机和对焊、角焊通用焊机。按其使用功能可分为单丝或双丝焊机、单头或双头焊机。按机头行走方式可分为独立小车式、门架式和悬臂式焊机。

压力钢管埋弧焊的焊接参数必须经过焊接工艺试验确定，综合考虑钢管的材质、厚度、结构及焊接材料的特性，一般焊接工作时的电压为28～42V，电流范围在400～1000A。

埋弧焊用焊剂必须放置在焊接区域，对于机械系统，焊剂一般放置在机头上部的焊剂料斗中，靠重力送料，通过围绕导电嘴的送料嘴把焊剂送至电弧前面一点或周围。对于半自动埋弧焊，焊剂采用压缩空气强制送到焊枪，空气使颗粒状焊剂“流化”，使之容易流动。或是通过直接连在手提焊枪上的料斗送到焊枪。

由于埋弧焊的焊丝和焊剂是各自分开的，所以在一个特定的应用中会有多种材质和工艺组合可选用，特别是在双丝或多丝埋弧焊中。对于合金化焊缝，一般有两种组合：合金焊丝配合中性焊剂和低碳焊丝配合合金焊剂。由于埋弧焊熔深大、生产率高、机械操作的程度高，因而适于焊接中厚板结构的长焊缝。在造船、锅炉与压力容器、桥梁、超重机械、核电站结构、海洋结构、武器等制造部门有着广泛应用。随着焊接冶金技术与焊接材料生产技术的发展，埋弧焊能焊的材料已从碳素结构钢发展到低合金结构钢、不锈钢、耐热钢等以及某些有色金属，如镍基合金、钛合金、铜合金等。

在压力钢管制作、安装中，埋弧焊用于纵缝焊接、环缝焊接和加劲环角焊缝焊接，能够获得稳定的质量。自20世纪50年代开始，埋弧自动焊技术进入压力钢管制作领域，已在不少工程中得到成功应用，水电科技工作者在国内率先开发了钢管滚焊台车、自调式滚焊台车等产品，后来被推广应用到各个工业领域，近年又相继成功研发了智能组管机和多功能滚焊台车等，尤其适用于洞内压力钢管工程，具有国内外行业领先的技术水平。

#### 8.2.2.4 埋弧焊用焊丝焊剂

非合金钢及细晶粒钢埋弧焊用焊剂按国家标准《埋弧焊用非合金钢及细晶粒钢实心焊丝、药芯焊丝和焊丝-焊剂组合分类要求》（GB/T 5293—2018）的规定，实心焊丝-焊剂组合分类按照力学性能、焊后状态、焊剂类型和焊丝型号等进行划分。药芯焊丝-焊剂组合分类按照力学性能、焊后状态、焊剂类型和熔敷金属化学成分等进行划分。焊丝-焊剂组合分类由五部分组成，具体如下：

第一部分：用字母S表示埋弧焊用焊丝-焊剂组合。

第二部分：表示多道焊在焊态或焊后热处理条件下，熔敷金属的抗拉强度代号，见表8.2-4；或者表示用于双面单道焊时焊接接头的抗拉强度代号，见表8.2-5。

表8.2-4　多道焊熔敷金属抗拉强度代号（引自GB/T 5293—2018）

| 抗拉强度代号① | 抗拉强度 $R_m$ /MPa | 屈服强度② $R_{eL}$ /MPa | 断后伸长率 $A$ /% |
|---|---|---|---|
| 43X | 430～600 | ≥330 | ≥20 |
| 49X | 490～670 | ≥390 | ≥18 |
| 55X | 550～740 | ≥460 | ≥17 |
| 57X | 570～770 | ≥490 | ≥17 |

① X是“A”或者“P”，“A”指在焊态条件下试验，“P”指在焊后热处理条件下试验。

② 当屈服发生不明显时，应测定规定塑性延伸强度 $R_{p0.2}$。

表8.2-5　双面单道焊熔敷金属抗拉强度代号（引自GB/T 5293—2018）

| 抗拉强度代号 | 抗拉强度 $R_m$/MPa | 抗拉强度代号 | 抗拉强度 $R_m$/MPa |
|---|---|---|---|
| 43S | ≥430 | 55S | ≥550 |
| 49S | ≥490 | 57S | ≥570 |

第三部分：表示冲击吸收能量（$KV_2$）不小于27J时的试验温度代号，见表8.2-6。

表8.2-6　冲击试验温度代号（引自GB/T 5293—2018）

| 冲击试验温度代号 | 冲击吸收能量（$KV_2$）不小于27J时的试验温度①/℃ | 冲击试验温度代号 | 冲击吸收能量（$KV_2$）不小于27J时的试验温度①/℃ |
|---|---|---|---|
| Z | 无要求 | 6 | −60 |
| Y | +20 | 7 | −70 |
| 0 | 0 | 8 | −80 |
| 2 | −20 | 9 | −90 |
| 3 | −30 | 10 | −100 |

① 如果冲击试验温度代号后附加了字母“U”，则冲击吸收能量（$KV_2$）不小于47J。

第四部分：表示焊剂类型代号。

第五部分：表示实心焊丝型号，或者药芯焊丝-焊剂组合的熔敷金属化学成分分类。

除以上强制分类号外，可在组合分类中附加可选代号：字母 U 附加在第三部分之后，表示在规定的试验温度下，冲击吸收能量（$KV_2$）应不小于 47J。扩散氢代号 HX 附加在最后，其中 X 可为数字 15、10、5、4 或 2，分别表示每 100g 熔敷金属中扩散氢含量的最大值（mL）。

举例说明如下：

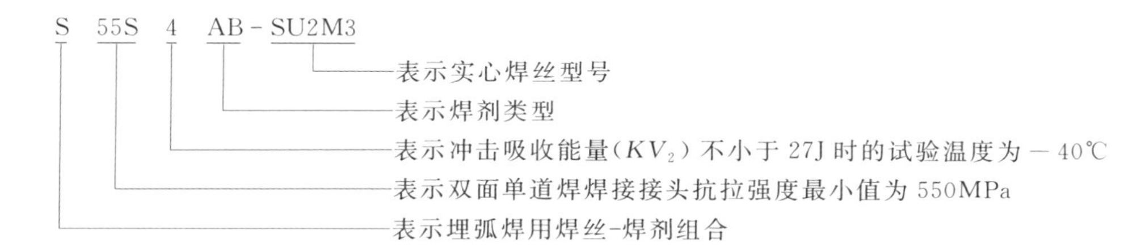


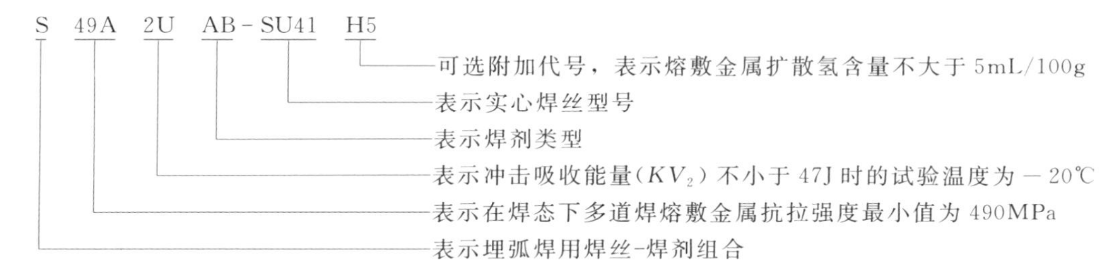


#### 8.2.2.5　埋弧焊接工艺参数

影响埋弧焊焊缝形成和质量的因素有焊接电流、焊接电压、焊接速度、焊丝直径、焊丝倾斜角度、焊丝数目和排列方式、焊剂粒度和堆放高度。前 5 个因素的影响趋势与其他电弧焊接方法相似，仅影响程度不同。焊丝数目和排列方式、焊剂粒度和堆放高度等的影响是埋弧焊所特有的，在此做进一步说明。

(1) 焊剂堆放高度。焊剂堆放高度一般为 25～50mm。高度过小对电弧的包围保护不完全，影响焊接质量。堆放高度过大则透气性不好，易使焊缝产生气孔和表面成形不良。因此，应根据焊接电流的大小，适当选择焊剂堆放高度，电流及弧压大时，弧柱长度及范围大，应适当增大焊剂堆放高度。

(2) 焊剂粒度。焊剂粒度的大小也是根据电流值进行选择，电流大时应选择细粒度焊剂，否则焊缝成形不良。电流小时，应选择较粗粒度焊剂，否则透气性不好，焊缝表面易出现麻坑。

(3) 焊剂回收次数。焊剂回收反复使用时要清除飞溅颗粒、渣、杂物等，反复使用次数多时，应与新焊剂混合使用。

(4) 焊丝直径。由于细焊丝比粗焊丝电阻热大，因此熔化系数大，在同样的焊接电流下，细焊丝相比粗焊丝可提高焊接速度。

(5) 焊丝数目。双焊丝并列焊接时，可增加熔宽并提高生产率。双焊丝串联焊接分共熔池和不共熔池两种形式，前者可提高生产率、调节焊缝成形系数，后者除了可提高生产率外，前弧焊丝形成的温度场能为后丝的焊缝起到预热的作用，后丝电弧则对前丝焊缝起后热作用，降低了熔池冷却速度，增加 $t_{8/5}$（焊接熔池温度从 800℃降至 500℃的冷却时间），可改善焊缝组织性能，减小冷裂纹产生倾向。

在实际生产中，根据各工艺参数对焊缝成形和质量的影响，结合制作、安装等各方面的实际情况，如钢种、接头形式、板厚、坡口形式、焊接设备条件等，通过焊接工艺评定试验合理选择焊接工艺参数。

## 8.2.3 $CO_2$ 气体保护焊

### 8.2.3.1 $CO_2$ 气体保护焊原理

$CO_2$ 气体保护焊是熔化极气体保护焊的一种，其电弧的产生及焊接过程与手工电弧焊、埋弧焊相似，区别在于没有手工电弧焊焊条药皮及埋弧焊用焊剂所产生的大量熔渣。$CO_2$ 气体保护焊所使用的熔化电极为实心焊丝或药芯焊丝，并由保护气罩导入 $CO_2$ 气体或与其他惰性气体混合的混合气体，围绕导丝嘴及焊丝端头隔离空气，对电弧区及熔池起到保护作用。熔池的脱氧反应和必要合金元素的掺入，主要通过焊丝的合金成分完成。对于带有药芯的焊丝，其药芯内含有少量的药剂成分，可起辅助冶金反应及保护作用。其原理参见图 8.2-3。

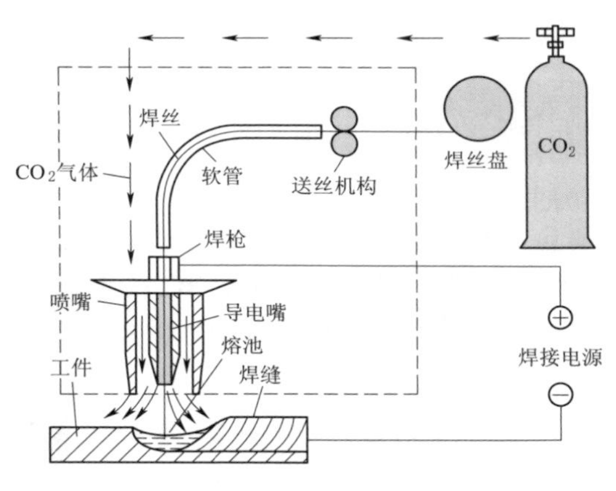

图 8.2-3　$CO_2$ 气体保护焊原理示意图

$CO_2$ 气体保护焊时，$CO_2$ 气体在电弧高温作用下分解为 CO、$O_2$ 和 O，此反应为吸热反应。随着电弧热的增大，$CO_2$ 气体的分解度增高，吸热反应加剧，使电弧受到强烈的冷却作用，同时使弧柱收缩，电弧电流密度提高，电场强度也提高，电弧被限制在熔滴底部和与其相对距离最小的母材熔池处，熔滴的阳极斑点很小，同时使金属产生大量的蒸气，对熔滴产生反作用力（排斥力）。与以上作用力同时产生的还有电磁收缩力和带电质点的撞击力，这 3 种力同时作用在熔滴的阳极斑点上，会产生强烈的排斥力，统称为斑点压力。斑点压力对 $CO_2$ 气体保护焊时熔滴的过渡和电弧过程的稳定起着决定性的影响。

### 8.2.3.2 $CO_2$ 气体保护焊特点

（1）因 $CO_2$ 气体保护焊可用机械连续送丝，不用焊剂，设备较简单，不仅适合构件长焊缝的自动焊接，也适于半自动焊接短焊缝。

（2）对焊接区保护良好，$CO_2$ 的密度是常用保护气体中最大的，加上 $CO_2$ 气体受热分解后体积增大，因此保护性较好。

（3）因使用细焊丝、大电流密度以及 $CO_2$ 气体的冷压缩作用，从而使电弧能量相对集中，熔透能力较强，焊缝熔深大，焊接效率高。

（4）因焊道窄，母材加热集中，热影响区较小，相应的变形及残余应力较小。

（5）工艺和技术上还具有焊接区可见度好，便于观察、操作，焊接热影响区和焊接变形较小；熔池体积较小，结晶速度较快，全位置焊接性能良好，对锈污敏感度低等优点。

（6）采用实心焊丝时基本无熔渣，采用药芯焊丝时熔渣也很薄，易于清除，与手工电弧焊和埋弧焊相比，减少了大量辅助工作量。

（7）当使用的气体纯度及含水量符合相关规程要求时，$CO_2$ 气体保护焊是低氢焊接方法，对焊接延时裂缝产生的敏感性较低。

（8）在焊接电弧高温作用下 $CO_2$ 会分解，对电弧具有较强烈的压缩作用，从而导致该焊接方法的电弧形态具有弧柱直径较小、弧根面积小且往往难以覆盖焊丝端部全部熔滴的特点，因此熔滴受到的过渡阻力（斑点力）较大而使熔滴粗化，过渡路径轴向性变差，飞溅率大。

#### 8.2.3.3　$CO_2$ 气体保护焊设备

用于钢结构焊接的 $CO_2$ 气体保护焊，按焊丝类型可分为实心焊丝 $CO_2$ 气体保护焊和药芯焊丝 $CO_2$ 气体保护焊。按熔滴过渡形式可分为短路过渡、滴状过渡和射滴过渡形式。按保护气体类型可分为纯 $CO_2$ 气体保护焊、$CO_2$＋Ar 混合气体保护焊（MAG）等，其中纯 $CO_2$ 气体保护焊常用于压力钢管加劲环角焊缝的焊接，混合气体保护焊（20％$CO_2$＋80％Ar）能够用于压力钢管纵缝的自动焊接。

熔化极气体保护焊设备由焊接电源、送丝机及气瓶、气流流量调节器、气管、焊接枪头、焊接电缆等几个部分组成，焊接枪头能够安装在操作机构上或手持，能够实现全自动焊接或半自动焊接。由于气体保护焊一般采用细焊丝，故要求电源的输出静特性曲线应为平直特性或平缓特性曲线。

压力钢管气体保护焊的焊接参数必须经过焊接工艺试验确定，综合考虑钢管的材质、厚度、结构及焊接材料的特性，一般焊接工作时的电压为 28～42V，电流为400～1000A。

#### 8.2.3.4　气体保护焊焊丝

焊丝型号按熔敷金属力学性能、焊后状态、保护气体类型和焊丝化学成分等进行划分。按《熔化极气体保护电弧焊用非合金钢及细晶粒钢实心焊丝》（GB/T 8110—2020）焊丝型号由五部分组成，具体如下：

第一部分：用字母 G 表示熔化极气体保护电弧焊用实心焊丝。

第二部分：表示在焊态、焊后热处理条件下，熔敷金属的抗拉强度代号。

第三部分：表示冲击吸收能量（$KV_2$）不小于 27J 时的试验温度代号。

第四部分：表示保护气体类型代号。

第五部分：表示焊丝化学成分分类。

除上述强制代号外，可在型号中附加可选代号：字母 U 附加在第三部分之后，表示在规定的试验温度之下，冲击吸收能量（$KV_2$）应不小于 47J。字母 N 附加在第一部分之后，表示无镀铜焊丝。

具体示例如下：

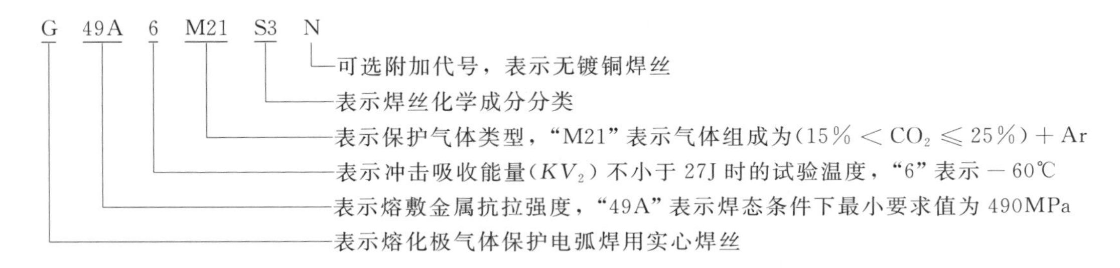


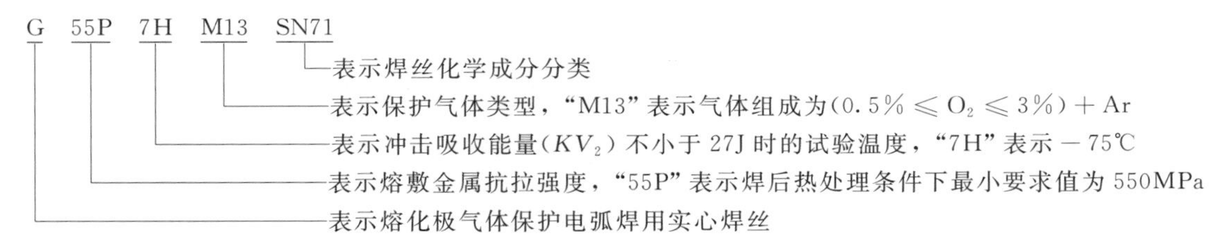


#### 8.2.3.5 $CO_2$ 气体保护焊工艺参数

$CO_2$ 气体保护焊工艺参数除了与一般电弧焊相同的电流、电压、焊接速度、焊丝直径及倾斜角度外，还有 $CO_2$ 气体保护焊特有的保护气体成分配比及流量、焊丝伸出长度（即导电嘴与焊丝端头的距离）、焊炬与工件的距离等，这些工艺参数对焊缝的成形和质量有重大影响。

（1）焊接电流和电压。与其他电弧焊接方法相同的是，当电流大时焊缝熔深大，余高大；当电压高时熔宽大，熔深小。反之，则得到相反的焊缝成形。对于 $CO_2$ 气体保护焊来说，电流和电压对熔滴过渡形式有着更为特殊的影响，进而影响电弧的稳定性及焊缝成形。因此，有必要对熔滴的过渡形式做进一步阐述。

在电焊中焊丝作为外加电场的一极，在电弧激发后，由此产生的电弧热将焊丝熔化而成熔滴向母材熔池过渡，对于 $CO_2$ 气体保护焊而言，主要存在3种过渡形式，即短路过渡、滴状过渡和射滴过渡。

1）短路过渡。短路过渡是在细焊丝、低电压和小电流情况下发生的。焊丝熔化后由于斑点压力对焊滴有排斥作用，使熔滴悬挂于焊丝端头，并积聚长大，甚至与母材的熔池相连并过渡到熔池中，详见图8.2-4。短路过渡的主要特征参数是短路时间和短路频率。影响短路稳定性的因素主要是电压，焊接电流和焊丝直径即电流密度对短路过程的影响也是较大的。在最佳电流范围内短路频率较高，过程稳定，飞溅小。细焊丝对焊接电流及电压要求范围较宽，因此短路过渡形式一般适用于薄钢板的焊接。

2）滴状过渡。滴状过渡是在电弧稍长、电压较高时产生的，此时熔滴受到较大的斑点压力，熔滴在 $CO_2$ 气氛中一般不能沿焊丝轴向过渡到熔池中，而是偏离焊丝轴向，甚至上翘，见图8.2-5。由于产生较大的飞溅，因此在实际生产中很少采用滴状过渡形式。

3）射滴过渡。$CO_2$ 气体保护焊的射滴过渡是一种自由过渡的形式，但其中也伴有瞬间短路。它是在 $\phi$1.6～3.0的焊丝、大电流条件下产生的一种稳定的电弧过程，见图8.2-6。射滴过渡对电源动特性要求不高，且电流大，熔敷速度快，适合于中厚板的焊接，不易出现未熔透缺陷，但由于熔深大，熔宽也大，射滴过渡用于空间位置焊接时，焊缝成形不易控制。

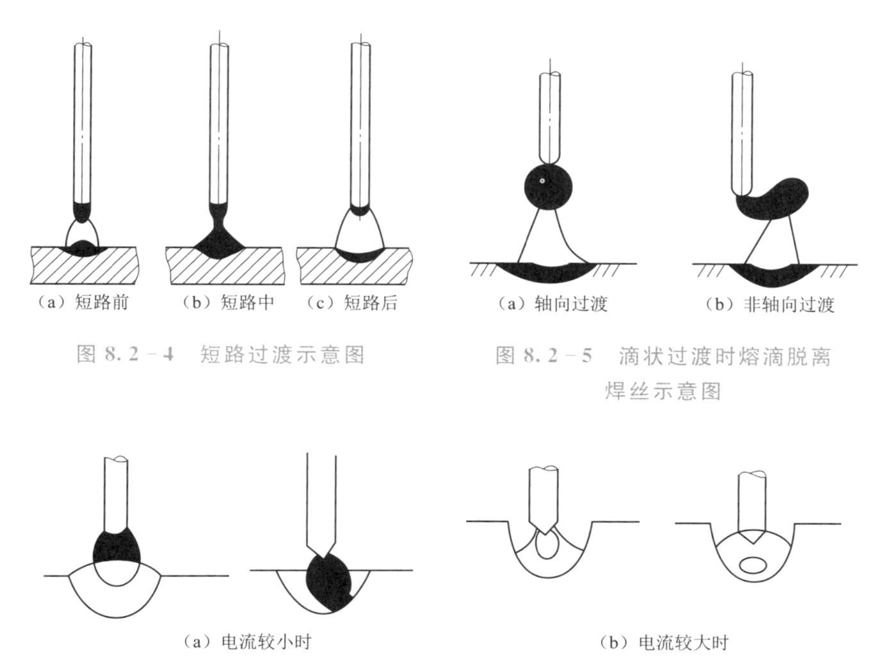


图 8.2-4 短路过渡示意图

图 8.2-5 滴状过渡时熔滴脱离焊丝示意图

图 8.2-6 射滴过渡时熔滴过渡特点

（2）$CO_2$+Ar 混合气配比。不论是短路过渡还是滴状过渡，在 $CO_2$ 气体中加入 Ar，飞溅都会减少。短路过渡时，当 $CO_2$ 的含量在 50%～70%时都可获得良好的效果。在大电流滴状过渡时，当 Ar 的含量为 75%～80%时，可达到喷射过渡，电弧稳定，飞溅少。对于焊缝成形来说，20%$CO_2$+80%Ar 混合气体条件下，焊缝表面最光滑，但会使熔透率减小，熔宽变窄。

（3）保护气体流量。保护气体流量大时保护较充分，但当流量太大时，对电弧的冷却和压缩剧烈，会扰乱熔池，影响焊缝成形。

（4）导电嘴与焊丝端头的距离。导电嘴与焊丝端头的距离称为焊丝伸出长度，详见图 8.2-7 中的 $L_a$。该长度大时，由于焊丝电阻而使焊丝伸出段产生的热量大，利于提高焊丝的熔敷率，但伸出长度过大时，会发生焊丝伸出段红热软化而使电弧过程不稳定的情况。

（5）焊炬与工件的距离。焊炬与工件的距离（图 8.2-7 中的 $H$）过大时，保护气流到达工件表面处的延度差，空气易侵入，保护效果不好，焊缝易出现气孔；距离过小时，保护气罩易被飞溅堵塞，使保护气体流通不畅，严重时会产生大量气孔，焊缝金属氧化。合适的距离应视焊接电流的大小而定。

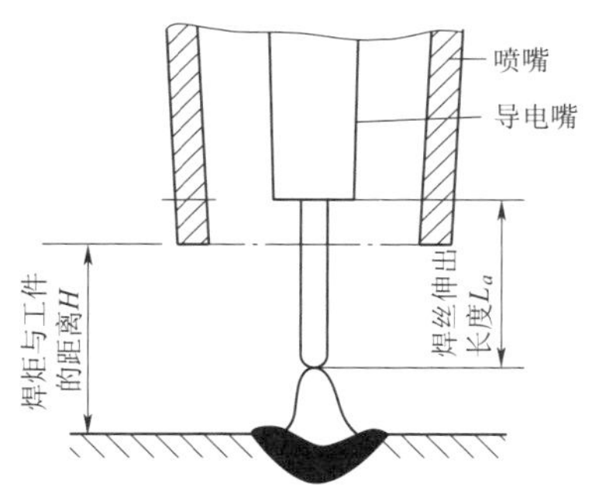


图 8.2-7 焊炬与工件的距离及焊丝伸出长度示意图

(6) 电源极性。采用反接时，电弧的电磁收缩力较强，熔滴过渡的轴向性强，且熔滴较细，因而电弧稳定，反之则电弧不稳。

(7) 焊接速度。对于 $CO_2$ 气体保护焊，焊接速度的影响与其他电弧焊方法相同，焊接速度过慢则熔池金属在电弧下堆积，反而减小熔深，且热影响区宽，对热输入敏感的母材易造成焊缝及热影响区脆化；焊接速度过快，则熔池冷却速度快，不仅易出现焊缝成形不良、气孔等缺陷，且对淬硬敏感性强的母材易出现延时裂纹。因此，焊接速度应根据焊接电流、电压合理选择，将热输入控制在合理的范围内。

(8) $CO_2$ 气体纯度。$CO_2$ 气体的纯度对焊接质量有一定的影响，杂质中的水分和碳氢化合物使熔敷金属扩散氢含量增加，对厚板多层焊易产生冷裂纹或延时裂纹。

### 8.2.4 焊接应力与变形

焊接是一个热融合的过程，在金属焊接热融合过程中，焊件产生的内应力变化引起其形状和尺寸的变化。焊接过程中的不均匀温度场以及由其引起的局部塑性变形和比容不同的组织变化所产生的温度应力及相变应力是造成焊接应力与变形的根本原因。

#### 8.2.4.1 焊接残余应力的分布及其影响因素

(1) 纵向残余应力 $\sigma_x$。纵向残余应力是由焊缝纵向收缩引起的。在厚度不大的焊件中，焊接残余应力基本上是平面应力，厚度方向的应力很小。在自由状态下焊接的平板，沿焊缝方向的纵向残余应力 $\sigma_x$ 在焊缝区及近缝两侧为拉应力，远离焊缝两侧则为压应力，详见图 8.2-8。残余应力的峰值与材料的屈服应力成正比，而残余应力的分布宽度则与加热范围、热输入的大小有关。对于低碳钢，由于焊缝金属和热影响区在冷却过程中发生相变的温度较高，因而相变膨胀对纵向残余应力几乎没有影响，纵向残余应力峰值可达到甚至超过材料的屈服强度。而对于含有合金元素的低合金高强钢，因存在奥氏体低温转变，故相变温度较低，相变膨胀可以抵消相当一部分的拉应力，因而焊缝区纵向残余应力往往低于材料的屈服强度。

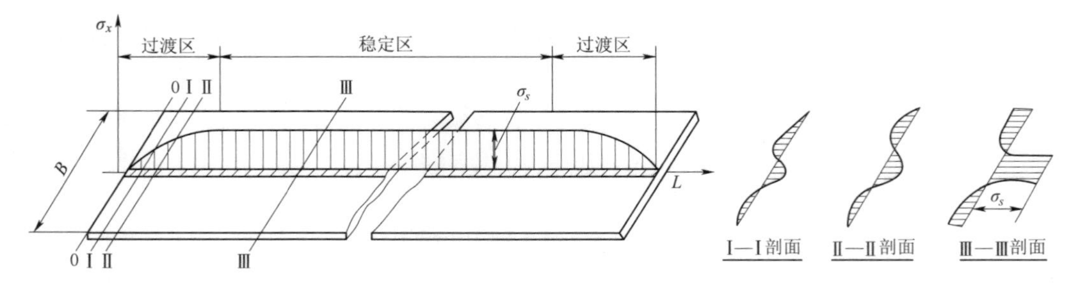


图 8.2-8 平板对接焊缝纵向应力 $\sigma_x$ 分布示意图

(2) 横向残余应力 $\sigma_y$。横向残余应力是由两部分收缩引起的：一部分是焊缝收缩在引起纵向应力的同时产生横向应力；另一部分是因焊缝长度方向各部分的横向收缩随焊接熔化过程前移而不能同时发生，先焊的焊缝冷却后对后焊的焊缝形成约束从而产生横向应力。图 8.2-9 给出了平板对接接头不同焊接方法和焊接顺序时的横向残余应力实测结果。由此可见，双面多层焊相比单层焊，$\sigma_y$ 拉应力的值低，分段退焊可使 $\sigma_y$ 拉应力区沿板长改变方向从而达到分散应力的效果。此外，横向残余应力在板宽方向上，随着与焊缝距离的增大而减小，见图 8.2－10。

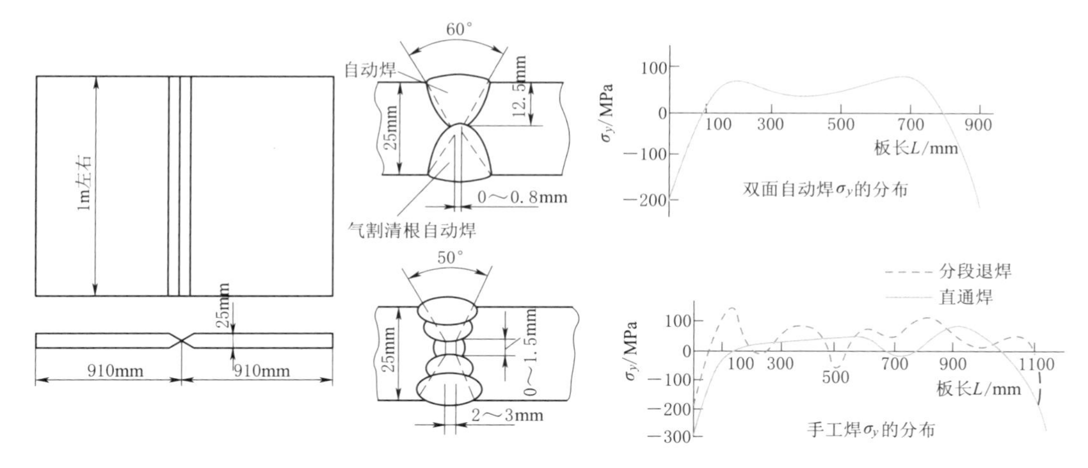


图 8.2－9 平板对接焊缝横向残余应力 $\sigma_y$ 分布图

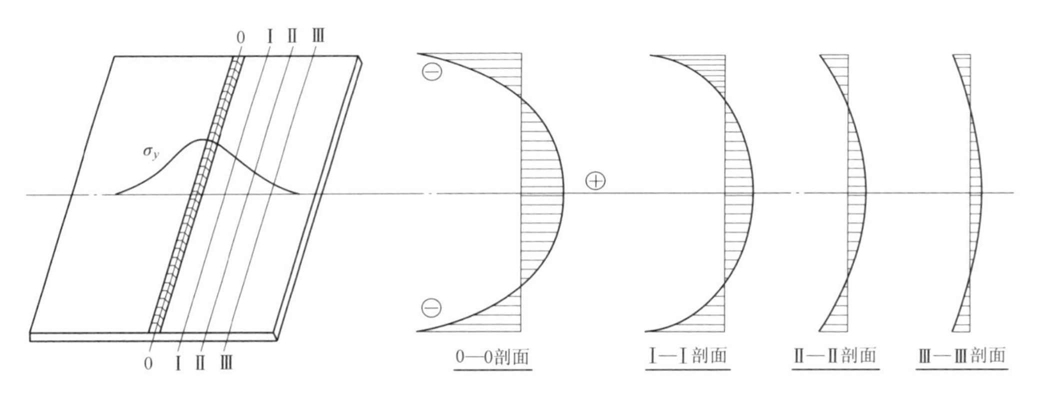


图 8.2－10 平板对接焊缝横向应力 $\sigma_y$ 沿板宽分布示意图

（3）厚度方向残余应力 $\sigma_z$。在厚板焊接时，除了存在横向、纵向残余应力外，还存在厚度方向残余应力。厚度方向残余应力 $\sigma_z$ 与焊接方法有关。图 8.2－11 给出了厚板多层焊时的残余应力分布，$\sigma_z$ 在厚度方向的分布见图 8.2－11（a），厚板中心应力最大，两侧则小，均为压应力。$\sigma_x$、$\sigma_y$ 在厚度方向的分布见图 8.2－11（a）、（b），坡口根部拉应力最大。

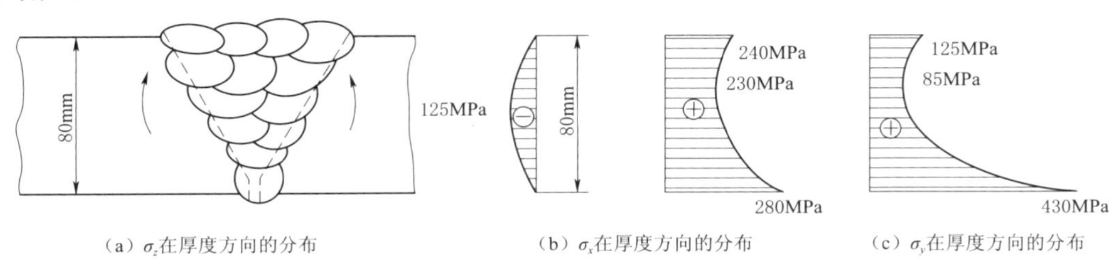


（a）$\sigma_z$在厚度方向的分布 （b）$\sigma_x$在厚度方向的分布 （c）$\sigma_y$在厚度方向的分布

图 8.2－11 平板对接多层焊缝应力分布图

（4）焊接残余应力对构件承载力的影响。焊接残余应力对焊件有以下6个方面的影响：

1）对强度的影响。存在残余应力的焊接构件，受外力作用产生的结构应力将与残余应力叠加。当其方向相反时相互抵消，而方向相同时则相互叠加，使应力峰值增加，此时局部区域可能达到屈服极限，产生塑性变形，进而产生应力重分布，使应力分布达到均化。残余应力对承受静荷载构件的承载力没有影响，但材料的局部屈服应变将会使其塑性、韧性下降，对承受动荷载不利。

2）对刚度的影响。焊接残余应力与外载引起的结构应力相叠加，可能使焊件局部提前屈服产生塑性变形，焊件的刚度会因此而降低。

3）对受压焊件稳定性的影响。焊接杆件受压时，焊接残余应力与外载所引起的结构应力相叠加，可能使杆件局部屈服或使杆件局部失稳，杆件的整体稳定性将因此而降低。残余应力对稳定性的影响取决于杆件的几何形状和内应力分布。残余应力对非封闭截面（如工字形截面）杆件的影响比对封闭截面（如箱形截面）的影响大。

4）对加工精度的影响。焊接残余应力的存在对焊件的加工精度有不同程度的影响。焊件的刚度越小，加工量越大，对精度的影响也越大。

5）对尺寸稳定性的影响。焊接残余应力随时间发生一定的变化，焊件的尺寸也随之变化。焊件的尺寸稳定性又受到残余应力稳定性的影响。

6）对耐腐蚀性的影响。焊接残余应力和载荷应力一样也能导致应力腐蚀开裂。

（5）焊接残余应力的控制措施。对于残余应力构件，在结构承受荷载时的应力均化过程中，往往导致塑性变形区扩大，局部材料的塑性下降，从而对构件承受动载条件、三向应力状态、低温环境下使用有不利影响，因此，对构件截面大、焊接节点复杂、拘束度大、钢材强度级别高、使用条件恶劣的重要结构应特别注意焊接残余应力的控制。

对压力钢管控制焊接残余应力的目的是降低其峰值并使其均匀分布，控制措施主要有以下几种：

1）减小焊缝尺寸。焊接内应力由局部加热循环而引起，为此在满足设计要求的条件下，不应加大焊缝尺寸和余高。

2）减小焊接拘束度。拘束度越大，焊接应力也越大，当条件许可时，应尽量使焊缝在较小拘束度下焊接。

3）采用合理的焊接顺序。在焊缝较多的组装条件下，应根据构件的形状和焊缝的布置，采用先焊收缩量较大的焊缝，后焊收缩量较小的焊缝，先焊拘束度较大而不能自由收缩的焊缝，后焊拘束度较小而能自由收缩的焊缝的原则。

4）降低焊件刚度，创造自由伸缩条件。

5）锤击减小焊接残余应力。在每层焊道完成后，立即采用锤击工具均匀锤击焊缝金属，使其产生塑性延伸变形，并抵消焊缝冷却后承受的局部拉应力。但特别值得注意的是：根部焊道、坡口内侧及盖面层与母材坡口面相邻的两侧不宜锤击，以免出现熔合线和近缝区的硬化或裂纹；高强度低合金钢，当屈服强度级别大于345MPa时也不宜采用锤击法消除焊接残余应力。

（6）焊后消除焊接残余应力的方法。热处理（高温回火）是消除焊接残余应力的常用方法。整体消除应力的热处理效果一般比局部热处理好。焊后热处理可以松弛焊接残余应力、软化淬硬组织、修复应变时效硬化所造成的组织损伤、减少焊缝扩散氢的含量，尤其是能提高一些钢种的冲击韧性、改善力学性能和蠕变性能。焊后热处理对加工后稳定几何尺寸和减小对接焊缝的焊接残余应力效果比较显著，但对于水工金属结构，都是体积比较庞大、结构复杂的构件，如岔管和压力钢管等，难于进行整体热处理消除焊接残余应力，往往进行局部热处理。对于调质态或TMCP态供货的高强钢，其金相组织对热处理温度比较敏感，热处理温度控制不当，将会使其性能恶化，因此采用高强钢制作的压力钢管不宜采用热处理消除焊接残余应力。

焊接残余应力也可采用机械拉伸法来消除或调整，如利用爆炸进行消应处理。爆炸消除焊接残余应力的方法是近年来发展的新技术，用适当的炸药以适当的方式在焊接接头上引爆，利用爆炸冲击波的能量使残余应力峰值处发生塑性变形，从而达到消除和降低焊接残余应力的目的。近年来在清江隔河岩、长江三峡、新疆托海等水电站的压力钢管消应上得到了较好的应用。又如振动时效消应，此种方法的实质是，基于谐波共振原理，采用合适的激振设备刚性地固定在被振工件适当位置，通过激振力和频率的调整，迫使工件在一定周期外力作用下与共振频率范围内产生振动，在工件的低频亚共振点稳定共振，使共振峰出现变化，工件内部发生微观塑性变形，进而使得残余应力得以消除和均化。还有对压力容器可以采用水压试验，也可一定程度上减小残余应力。通过对高压岔管水压试验前后残余应力实测结果的对比可知，水压试验一般可削减10%～30%的残余应力峰值。

此外，对于屈强比大于0.75的钢种，塑性比较差，采用机械拉伸方法消除残余应力应慎重。对于高屈强比的钢材，采用机械拉伸方法消应，不仅会导致材料塑性的降低，严重时甚至可能出现微细裂纹和内部金相组织的恶化，反而难以达到消应的目的。

#### 8.2.4.2　焊接残余变形

焊接构件经局部加热冷却后产生的不可恢复变形称为焊接残余变形。

焊接过程中引起的焊接残余变形直接影响焊件的性能和使用，因此需要采用不同的焊接工艺来控制和预防焊件的焊接残余变形，并对产生焊接残余变形的构件进行矫正。焊接残余变形有以下几种形式：

（1）纵向收缩变形：沿焊缝长度方向的收缩变形。

（2）横向收缩变形：垂直于焊缝方向的横向收缩变形。

（3）角变形：绕焊缝轴线的角位移变形。

（4）挠曲变形：构件中性轴上下不对称收缩引起的弯曲变形。

（5）失稳变形：薄壁结构在焊接残余压应力的作用下，局部失稳而产生的波浪变形。

（6）扭曲变形：由于装配不良、施焊程序不合理而使焊缝的纵向、横向收缩没有规律所引起的变形。

焊接残余变形的大小与焊缝的尺寸、数量和布置有关。首先从设计上合理地确定焊缝的数量、坡口的形状和尺寸，并恰当地安排焊缝的位置，对于减小变形十分重要。在工艺上采用高能量密度的焊接方法和小线能量的工艺参量，如多层焊对减小焊缝的纵、横向收缩以及由此引起的挠曲和失稳变形是有利的，但多层焊对角变形不利。采用合理的装配、焊接顺序、反变形和刚性固定可以减小焊接残余变形。

## 8.2.5 焊接裂纹及其防止措施

厚板钢结构构件较大、钢板厚、焊接熔敷金属量大、节点复杂、残余应力大、容易出现裂纹，从而影响焊接质量，这是工程质量控制的重点和难点。按焊缝冷却结晶时出现裂纹的时间阶段，焊接裂纹可分为热裂纹（高温裂纹）、冷裂纹（或延时裂纹）。

### 8.2.5.1 热裂纹

（1）热裂纹形成的原因：焊缝在冷却结晶过程中，由于快速凝固收缩，晶粒界面之间的液态金属补充不足。单道焊缝中由于柱状晶沿焊缝散热方向成长，在晶粒交会面处形成液态金属薄层，在焊缝冷却时受到的拉应力足以使此液态薄层开裂，见图 8.2-12。另外，母材热影响区和多层焊时的前道焊缝，由于在焊接热循环的作用范围内，有可能发生晶间低熔点共析物的熔解，并在焊接应力的作用下产生裂纹。共晶物越多，晶间偏析层和液化层越厚，越易开裂。

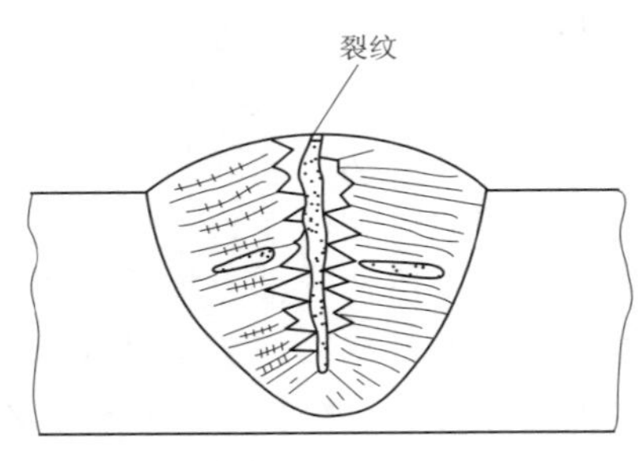

图 8.2-12 焊接热裂纹形态示意图

（2）热裂纹防止措施。

1）控制焊缝的化学成分。降低母材及焊接材料中形成低熔点共晶物，即易于偏析的元素（如 S、P）的含量。降低 C 在钢中的含量可降低热裂倾向；提高 Mn 含量，使 Mn 含量与 S 含量的比值达到 20～60，从而提高焊缝抗热裂性能。

2）控制焊接工艺参数和条件。控制焊接电流和焊接速度，即控制热输入，并合理控制焊道截面宽深比（1∶1～1∶2），使柱状晶交会于焊缝表面，而不会在焊缝横截面中心形成低熔点共晶物聚集的薄弱面，从而提高抗热裂能力。同时，控制焊接熔池形状，不形成尖长形熔池，尖长形熔池易在焊缝表面形成纵向热裂纹。避免坡口和间隙过小，进而使焊缝形成系数太小。焊前预热可降低形成裂纹的倾向。合理的焊接顺序可以使大多数焊缝在较小的拘束度下焊接，减小焊缝收缩时所受拉应力，也可减小热裂纹倾向。

### 8.2.5.2 冷裂纹

冷裂纹发生于焊缝冷却过程中较低温度时，或沿晶或穿晶形成，视焊接接头所受的应力状态和金相组织而定。冷裂纹也可在焊后一段时间（几小时或几天）才出现，称为延时裂纹。

冷裂纹常起源于焊趾，向母材延伸；也有起源于焊缝根部应力集中最大处，向母材热影响区或焊缝金属扩展；也有发生在焊道下平行或垂直于熔合线。冷裂纹形成的因素有：焊接接头中金相组织的硬度脆性较高，焊接接头中焊缝金属扩散氢的含量较高，焊接接头的拘束度较大。冷裂纹的产生是这三个因素相互作用的结果，但不同条件下各自的作用程度不同。为防止冷裂纹发生，通常采用的措施有以下几种：

（1）焊前进行工艺评定试验，合理确定工艺参数。

（2）焊前预热是防止裂纹产生最有效的方法，对于低温、有风或潮湿环境条件下的压力钢管焊接非常有效，同时还有一定的改善焊缝性能的作用。

（3）采用碱性低氢焊条，以减少熔敷金属扩散氢的含量。

（4）选择合理的焊缝形状。

（5）裂纹往往出现在头道焊缝和焊根部，因此对定位焊长度、焊脚高度和间隔也要做出相应规定。必要时在定位焊之前进行预热。焊前对定位焊缝进行检查，有裂纹时必须清除重焊。定位焊的长度和间距应视母材厚度、结构长度而定。

（6）为减小内应力，防止焊接时产生裂纹，装配时要避免强行组装。

（7）适当增大电流，降低冷却速度，有助于避免淬硬组织的形成。

（8）控制层间温度，应略高于预热温度。

## 8.2.6 高强钢焊接特点

水电用高强钢多采用低碳、低合金调质钢，屈服强度为490～980MPa，在调质或TMCP、TMCP＋回火状态下供货使用，属热处理强化钢。这类钢种的合金原则是在低碳基础上，通过加入多种提高淬透性的合金元素来保证获得强度高、韧性好的低碳马氏体和部分下贝氏体的混合组织。

### 8.2.6.1 高强钢焊接存在的主要问题

（1）焊接冷裂纹的倾向加大，并且具有延迟性。水电用低碳高强钢由于淬透性大，在焊接热影响区粗晶区有韧性下降和产生冷裂纹的倾向。对于调质高强钢来说，强度越高，焊接时冷裂纹产生的倾向越大，并且具有延迟性。由于调质高强钢C含量低，Mn含量较高，且对S、P含量控制较严格，故热裂纹产生的倾向较小。但对于高Ni低Mn类型钢种，则有一定的热裂纹敏感性，主要产生于热影响区过热区。

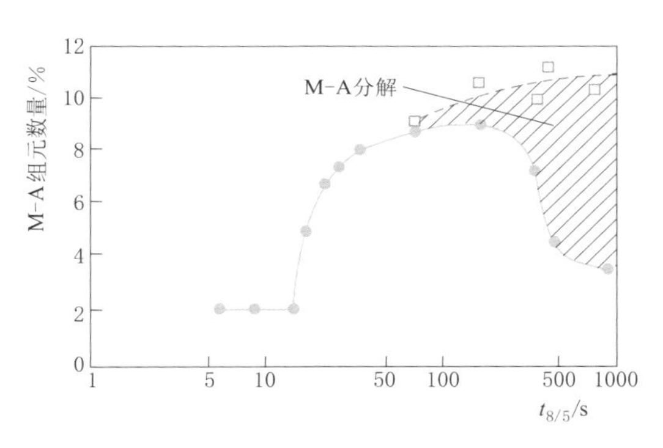


图8.2-13 冷却时间 $t_{8/5}$ 对M-A组元数量的影响

（2）热影响区的淬硬倾向。在焊接热循环的作用下，特别是800～500℃的冷却时间 $t_{8/5}$ 增加时，调质钢热影响区过热区易发生脆化，即冲击韧性明显降低。热影响区脆化的主要原因除了奥氏体晶粒粗化外，更主要的是由于上贝氏体和M-A组元的形成。M-A组元一般在中等冷却速度下形成（图8.2-13），是奥氏体中C含量升高的结果，一旦出现M-A组元，脆硬倾向将显著增加。调整焊接工艺参数可控制热影响区M-A组元的产生。控制焊接热输入和采用多层多道焊接工艺，可使低碳调质钢热影响区避免出现高硬度的马氏体和M-A混合组织。

（3）热影响区软化。低碳调质钢热影响区峰值温度 $T_P$ 高于材料的回火温度至 $A_{c1}$ 的区域会出现软化，即强度和硬度降低。热影响区的峰值温度 $T_P$ 直接影响奥氏体晶粒度、碳化物熔解以及冷却时的组织转变。低碳调质钢热影响区软化最明显的部位是峰值温度接近 $A_{c1}$ 的区域。从强度方面考虑，热影响区的软化是焊接接头中的一个薄弱环节，焊前母材强化程度越高，焊后热影响区的软化越严重。硬度的降低程度与母材的组织状态有关，热影响区软化区的显微组织包括铁素体和低碳奥氏体的分解物，这种组织对塑性变形的抗力小，从而造成该区强度和硬度较低。母材原始组织中碳化物弥散度越大，促使热影响区软化的临界温度越高。热影响区的软化只能通过一定的工艺手段防止，减小热输入有利于缩小软化宽度，同时软化程度也会有所降低。

**8.2.6.2　焊接主要工艺措施**

低碳调质钢焊接要解决的问题主要有：一是防止裂纹的产生；二是在保证强度要求的同时，提高焊缝金属及热影响区的韧性。这类钢的特点是碳含量低，基本组织是强度和韧性都较高的低碳马氏体 ML＋下贝氏体 BL，对焊接有利。但是，调质状态下的钢材，只要加热温度超过其回火温度，性能就会发生变化，如此一来，焊接时由于热作用使热影响区的强度和韧性下降几乎是不可避免的。因此，在调质钢的焊接时要注意以下两个基本问题：一是要求马氏体转变时的冷却速度不能太快，以防止冷裂纹的产生；二是要求 800～500℃的冷却速度大于产生脆性混合组织的临界速度。此外，在选择焊接材料和确定焊接参数时，应考虑焊接热影响区组织状态对焊接接头强韧性的影响。热输入是保证焊接质量的关键，在确定焊接工艺时应给予足够的重视。

（1）焊材选择。在选择焊材时，要求焊缝金属在焊态下应接近母材的力学性能，即等强匹配原则。对于母材强度级别较高或焊接大厚度、大拘束度的构件时，为防止产生焊接冷裂纹，可采用低强度匹配原则，即选用强度性能稍低于母材强度的焊材。在选择焊材时还应考虑板厚、接头型式、坡口型式及焊接热输入的影响。

承受动荷载的压力钢管，对焊接热影响区韧性要求较高，不宜采用大热量输入的焊接方法，热量集中的气体保护焊或焊条电弧焊的适宜性更好。采用焊条电弧焊时最好采用超低氢焊条，这类钢材 Ni 含量较高，尤其是水电站压力钢管用钢，配套焊材也应选择 Ni 含量较高的焊条或焊丝，以保证高强度和良好的塑性。

（2）焊接热输入的确定。焊接热输入增大会使热影响区晶粒粗化，同时也会促使形成上贝氏体，甚至形成 M－A 组元，使其韧性降低；而焊接热输入过小时，热影响区的淬硬性明显增强，同样也使其韧性下降，详见图 8.2－14。因此，焊接热输入的确定应以抗裂性和对热影响区的韧性要求为依据。从防止冷裂角度出发，要求冷却速度以慢为佳，在工程实践中，高强钢定位焊缝很容易开裂，其原因就是焊缝尺寸小、长度短、冷却速度快。然而，对防止脆化来说，却要求冷却速度以较快为好，因此在确定焊接热输入时，应兼顾两者的冷却速度范围。这一范围的下限取决于不产生冷裂纹，上限取决于热影响区不出现脆硬性的混合组织。对于低碳含量的低合金调质钢，提高冷却速度（减小热输入）以形成低碳马氏体，对保证韧性有利。也就是说，当焊接热输入适当小，得到 BL＋ML 混合组织时，可得到最佳韧性效果。但是，在焊接厚板时，即便采用了较大的热输入，冷却速度还是会超过其上限，这时则必须通过预热，使冷却速度降到不出现裂缝的值。这类钢对焊接热输入、预热温度、层间温度的控制更为严格，宜采用较小热输入的多层多道焊接工艺。

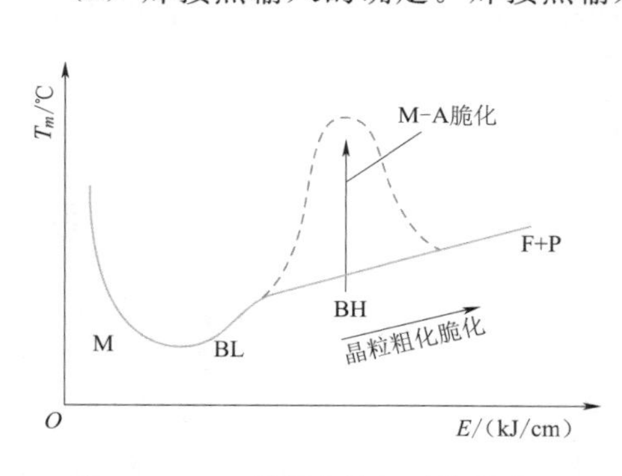

图 8.2－14　焊接热输入对热影响区组织和韧性的影响示意图

（3）焊前预热和后热处理。当低碳调质钢板厚不大，接头拘束度较小时，可采用不预热焊接工艺。当热输入提高到最大允许值裂纹仍不能避免产生时，则必须采用预热措施。预热的目的是防止裂纹产生，对于改善热影响区组织性能影响不大。相反，从其对800～500℃的冷却速度的影响来看，对热影响区的韧性可能会有不利影响，因此在焊接低碳调质钢时都采用较低的预热温度$T_0$，$T_0$一般不高于200℃。

后热是指焊接结束或焊完一条焊缝后，将焊件立即加热至200～250℃，并保温一段时间，使接头中的氢扩散逸出，从而防止延迟裂纹的产生。

## 8.3 水电站压力钢管对钢材的要求

压力钢管是从水库或引水隧洞末端的前池或调压室将水在有压的状态下引入水轮机的输水管道。压力钢管长期承受较高的内水压力和水击压力，属于压力容器结构范畴。抽水蓄能电站的高压管道不仅具有比常规水电站更高的内水压力，而且由于机组工况转换频繁，使压力管道承受动水压力的程度更高，因此对钢材提出了更高的要求。

压力钢管用钢除满足机械性能要求外，还应具有良好的塑性、冲击韧性、工艺性能等。具体要求如下：

（1）具有足够的强度，按现行压力钢管设计规范，受压部件的强度计算是以弹性失效为设计准则，因此压力钢管用钢首先必须具有足够的强度。

（2）具有良好的韧性，这是为了避免钢管在承受骤然或意外载荷（水击压力）时造成脆性破坏。

（3）具有良好的塑性，这是钢管加工的需要，也是钢管安全的保证。钢材的塑性是通过伸长率和断面收缩率来评价的。

（4）具有优良的工艺性能，对于水电站压力钢管来讲，主要关注的工艺性能是冷弯性能和可焊性。冷弯性能是通过钢材良好的塑性来保证的，通过冷弯试验来评价。可焊性是指钢材对焊接工艺的适应能力，通常以碳当量和焊接裂纹敏感性指数作为评价钢材可焊性的指标。

## 8.4 水电用钢现状及钢材选择

### 8.4.1 水电用钢现状

水电用钢具有一定的特点，但没有形成像桥梁结构用钢、锅炉和压力容器用钢那样的专业标准。水电站压力钢管用钢属结构用钢范畴，因而水电站压力钢管主要受力构件所用钢种主要为碳素结构钢、低合金高强度结构钢、调质高强度钢、低焊接裂纹敏感性高强度钢等。

碳素结构钢为低碳钢，其金相组织为铁素体和珠光体，硬度低、塑性较好。由于碳素结构钢具有良好的性能，因此被广泛应用于水电站压力管道中。从压力钢管受力特点、运行条件分析，《碳素结构钢》（GB/T 700—2006）规定A级钢不能用于钢管的主要受力构件。B级钢保证20℃冲击韧性，与钢管运行温度差别较大，也是钢管相关规范不推荐使用的钢种。C级、D级、E级钢C、S、P含量较低，且保证冲击韧性，因此适用于压力钢管主管结构。设计中可根据工程所在地区气温条件、受力特点、应力状态等要求综合选用。

低合金钢在低碳钢的基础上加入了作为脱氧剂的硅、锰，且加入了钒、铌、钛等微量合金元素，改善了钢材的性能，使其具有更高的强度，同时也保持了其良好的塑性、韧性和可焊性。在《低合金高强度结构钢》（GB/T 1591—2018）中，Q345、Q390、Q420钢分为A、B、C、D、E 5个等级，Q460、Q500、Q550、Q620、Q690钢分为C、D、E 3个等级，其中A级钢不保证冲击韧性要求，故不能用于钢管主要受力构件；B级、C级、D级、E级钢分别保证在20℃、0℃、－20℃和－40℃时具有规定的冲击韧性，其化学成分中S、P含量递减。B级钢保证20℃冲击韧性，与钢管运行温度差别较大，也是钢管相关规范不推荐使用的钢种。压力钢管用钢可在Q345、Q390、Q420、Q460、Q500、Q550、Q620、Q690的C级、D级、E级范围内选择。

调质钢是经淬火＋回火处理的相变强化材料，淬火以提高钢材的强度，回火以增加钢材的韧性。《高强度结构用调质钢板》（GB/T 16270—2009）中列入了Q460、Q500、Q550、Q620、Q690、Q800、Q890和Q960等8种强度等级的钢板，每一种强度等级下划分为C、D、E、F 4种质量等级，C级、D级、E级、F级钢分别保证在0℃、－20℃、－40℃和－60℃时具有规定的冲击韧性，其化学成分中S、P含量递减，同一强度等级下其他化学成分的含量则相同。

通过对比压力容器钢和结构钢的现行国家标准《锅炉和压力容器用钢板》（GB/T 713—2014）、《碳素结构钢》（GB/T 700—2006）及《低合金高强度结构钢》（GB/T 1591—2018）可知，同类同等级的压力容器钢与结构钢，其化学成分和力学性能指标的要求基本相同，但在化学成分S、P含量以及冲击韧性指标等方面，压力容器钢的要求更严格一些。例如，Q345C与Q345R相比，S、P含量分别由0.025%、0.030%降低至0.010%、0.025%，冲击韧性$KV_2$由34J（0℃，厚12～150mm）增至41J。根据不同工程的实际情况，钢管设计时可选用结构钢，亦可选用压力容器钢。

随着我国高水头和大容量水电站，尤其是大型抽水蓄能电站的建设日益增多，水电站压力钢管采用高强钢是一种必然的趋势。压力钢管用高强钢可采用压力容器用调质高强度钢，如07MnMoVR、07MnNiMoVDR等，相应的现行国家标准为《压力容器用调质高强度钢板》（GB 19189—2011）。国内近年来新研发了低焊接裂纹敏感性高强度钢板Q460CF～Q800CF，低焊接裂纹敏感性高强度钢板目前虽暂未列入国家标准，但已有相应的冶金行业标准《低焊接裂纹敏感性高强度钢板》（YB/T 4137—2005）可供参考使用。

目前国内60kgf/mm$^2$级的高强水电用钢已比较成熟，如舞阳WDB620、首钢SG610CF、鞍钢ADB610D等。由于抽水蓄能电站压力钢管的*HD*值较高，为了减小钢管的壁厚，降低制作、安装难度，增加技术可行性及经济性，采用80kgf/mm$^2$及以上强度等级的钢种将成为一种必然。以往80kgf/mm$^2$级钢多依赖进口，自21世纪初开始，国产的80kgf/mm$^2$级钢已开始在压力钢管上应用，如舞钢WH80Q、WSD690E和宝钢B780CF等。

### 8.4.2 水电站压力钢管用钢标准

目前国内水电站压力钢管用钢主要采用50kgf/mm$^2$、60kgf/mm$^2$和80kgf/mm$^2$等3

个强度级别的钢板，100kgf/mm$^2$ 级的高强钢板目前国内尚未采用。《水电站压力钢管用钢板》（GB/T 31946—2015）规定了 Q345S、Q490S、Q560S、Q690S 等 4 个等级的钢板，其化学成分、力学及工艺性能分别见表 8.4－1 和表 8.4－2。水电用钢牌号由屈服强度“屈”字汉语拼音首字母“Q”＋屈服强度下限值（MPa）＋水电“水”字汉语拼音首字母“S”＋钢的质量等级 4 部分组成，如 Q490SD，表示 $R_{eL}$ 为不低于 490MPa 的 D 级水电用钢。当有厚度方向性能要求时，则在牌号后加注代表厚度方向性能级别的符号，如 Q490SDZ35。

表 8.4－1　　水电用钢化学成分（引自 GB/T 31946—2015）

| 牌号 | 质量等级 | 化学成分（质量分数）/% | | | | | | | | | | | | | |
|---|---|---|---|---|---|---|---|---|---|---|---|---|---|---|---|
| | | C | Si | Mn | Ni | Cr | Mo | Ti | Nb | V | Cu | B | P | S | Als① |
| | | | | | | 不大于 | | | | | | | | | 不小于 |
| Q345S | C | ≤0.20 | ≤0.50 | 1.20～1.60 | ≤0.20 | 0.10 | 0.08 | 0.05 | 0.05 | 0.05 | 0.30 | 0.002 | 0.025 | 0.015 | 0.015 |
| | D | ≤0.20 | ≤0.50 | 1.20～1.60 | ≤0.20 | 0.10 | 0.08 | 0.05 | 0.05 | 0.05 | 0.30 | 0.002 | 0.025 | 0.015 | 0.015 |
| | E | ≤0.20 | ≤0.50 | 1.20～1.60 | ≤0.20 | 0.10 | 0.08 | 0.05 | 0.05 | 0.05 | 0.30 | 0.002 | 0.025 | 0.010 | 0.015 |
| Q490S | D | ≤0.09 | ≤0.50 | ≤1.60 | 0.10～1.50 | 0.30 | 0.30 | 0.05 | 0.06 | 0.05 | 0.30 | 0.003 | 0.020 | 0.010 | 0.015 |
| | E | ≤0.09 | ≤0.50 | ≤1.60 | 0.10～1.50 | 0.30 | 0.30 | 0.05 | 0.06 | 0.05 | 0.30 | 0.003 | 0.020 | 0.008 | 0.015 |
| Q560S | D | ≤0.12 | ≤0.50 | ≤1.70 | 0.15～2.00 | 0.50 | 0.50 | 0.05 | 0..10 | 0.06 | 0.30 | 0.003 | 0.020 | 0.010 | 0.015 |
| | E | ≤0.12 | ≤0.50 | ≤1.70 | 0.15～2.00 | 0.50 | 0.50 | 0.05 | 0.10 | 0.06 | 0.30 | 0.003 | 0.020 | 0.008 | 0.015 |
| Q690S | D | ≤0.15 | ≤0.50 | ≤2.00 | 0.20～2.00 | 0.80 | 0.60 | 0.05 | 0.12 | 0.08 | 0.30 | 0.003 | 0.018 | 0.010 | 0.015 |
| | E | ≤0.15 | ≤0.50 | ≤2.00 | 0.20～2.00 | 0.80 | 0.60 | 0.05 | 0.12 | 0.08 | 0.30 | 0.003 | 0.018 | 0.008 | 0.015 |

① 当采用全铝（Alt）含量表示时，Alt 含量应不小于 0.020%。

表 8.4－2　　水电用钢力学及工艺性能（引自 GB/T 31946—2015）

| 牌号 | 质量等级 | 拉伸试验 | | | | | | | 180°弯曲试验 $b=2a$ | 夏比（V 形缺口）冲击试验 | |
|---|---|---|---|---|---|---|---|---|---|---|---|
| | | 下屈服强度 $R_{eL}$/MPa | | | 抗拉强度 $R_m$/MPa | | | 断后伸长率 $A$/% | | 试验温度/℃ | 冲击吸收能量 $KV_2$/J |
| | | 厚度/mm | | | 厚度/mm | | | | | | |
| | | 12～50 | ＞50～100 | ＞100～150 | 12～50 | ＞50～100 | ＞100～150 | | | | |
| Q345S | C | ≥345 | ≥305 | ≥285 | 490～630 | 490～630 | 480～620 | ≥20 | $d=3a$ | 0 | ≥47 |
| | D | | | | | | | | | －20 | |
| | E | | | | | | | | | －40 | |
| Q490S | D | ≥490 | ≥470 | ≥450 | 610～750 | 590～730 | 570～710 | ≥17 | $d=3a$ | －20 | ≥47 |
| | E | | | | | | | | | －40 | |
| Q560S | D | ≥560 | ≥540 | — | 690～850 | 670～830 | — | ≥16 | $d=3a$ | －20 | ≥47 |
| | E | | | | | | | | | －40 | |
| Q690S | D | ≥690 | ≥670 | — | 780～950 | 780～930 | — | ≥15 | $d=3a$ | －20 | ≥47 |
| | E | | | | | | | | | －40 | |

水电用钢对 C、P、S 含量要求与同级别的压力容器用钢差别不大，但对 Q345SC、Q345SD、Q345SE 钢提出了至少添加 Nb、Ti、V 中的一种细化晶粒元素且 3 种元素的总和不应大于 0.12%的要求。

此标准适用于厚度为 12～150mm 的水电站压力钢管、岔管、蜗壳用钢板。Q490S、Q560S、Q690S 钢板采用焊接裂纹敏感性指数 $P_{cm}$ 代替碳当量评估钢材的可焊性，具体规定见表 8.4－3。Q345S 钢板以热轧、控轧、正火状态交货，Q490S、Q560S、Q690S 钢板以淬火＋回火或 TMCP＋回火状态交货。

表 8.4－3　　Q490S、Q560S、Q690S 钢板 $P_{cm}$ 值
（引自 GB/T 31946—2015）

| 牌　号 | 公　称　厚　度/mm | | |
|---|---|---|---|
| | 12～50 | ＞50～100 | ＞100～150 |
| Q490S | ≤0.20% | ≤0.23% | ≤0.26% |
| Q560S | ≤0.22% | ≤0.24% | — |
| Q690S | ≤0.25% | ≤0.28% | — |

## 8.4.3　钢材选择

水电站压力钢管用钢，应根据钢管的结构型式、钢管规模、使用温度、钢材性能、制作与安装工艺及经济合理性等因素综合分析后选定。压力钢管主要受力构件用钢可采用现行国家及行业标准《碳素结构钢》（GB/T 700）、《低合金高强度结构钢》（GB/T 1591）、《锅炉和压力容器用钢板》（GB 713）、《低焊接裂纹敏感性高强度钢板》（YB/T 4137）等中列入的有关牌号钢材，也可采用现行国家标准《高强度结构用调质钢板》（GB/T 16270）、《压力容器用调质高强度钢板》（GB 19189）中列入的有关牌号钢材，其质量等级应不低于 C 级。当采用其他牌号钢材或国外标准的钢材时，其化学成分、力学性能及焊接性能应优于现行国家及行业标准中同级别钢材的各项指标。

压力钢管用钢首先应满足强度要求，并在其运行条件下具有一定的安全度；其次是具有良好的塑性和韧性，以保证钢管的加工性能和在动载作用下避免脆性破坏的发生；最后还要具有良好的加工性和可焊性，以利于钢管的制作与安装。

### 8.4.3.1　钢材强度级别

钢材选择首先要满足强度要求，根据压力钢管的结构型式、规模、受力条件，确定钢材强度等级和规格。对于碳素结构钢，虽然具有良好的塑性，但强度较低，根据以往工程经验，对于地下埋藏式压力钢管，碳素结构钢属 40kgf/mm² 级以下钢材，适用于 $HD$ 值不大于 1000m·m 左右的情况。此外，还应注意的是碳含量在 0.2%左右的低碳钢，其脆性转变温度在－20℃左右，范围比较窄，因此在低温环境下应慎用。对于 50kgf/mm² 级钢，常用的有 Q345C、Q345D、Q390C、Q390D 及 Q345R，根据工程统计资料，采用 50kgf/mm² 级钢的地下埋藏式压力钢管，其 $HD$ 值以不大于 1500m·m 左右为宜。60kgf/mm² 级钢多为调质钢、TMCP 钢、TMCP＋回火钢、CF 钢，常用的有 Q460C、Q460D、07MnMoVR、07MnNiVDR、Q460CF 等。采用 60kgf/mm² 级钢的地下埋藏式

压力钢管，其 *HD* 值以不大于 2500m·m 左右为宜。80kgf/mm² 级钢主要是高强调质钢、CF 钢，国产 80kgf/mm² 级钢在水电站压力钢管上的应用刚刚起步不久，以往主要依赖进口，如日本的 SHY685 系列钢、美国的 A517GrF 钢以及欧洲的 S690Q 系列钢，国产牌号主要有 Q690C、Q690D、Q690CF 等。对于 *HD* 值大于 2500m·m 的地下埋藏式压力钢管，宜考虑采用 80kgf/mm² 级钢，目前已实现的最大 *HD* 值可达 5600m·m。1000kgf/mm² 级钢已在工程中采用，如日本的神流川和小丸川抽水蓄能电站，国内尚无工程采用，正处于试验研究阶段。

对于较高水头、大 *HD* 值的压力钢管，从技术经济角度讲，宜采用多个强度等别的钢材，但不宜过多，一般以不超过 3～4 个级别为宜。因此，当采用多个强度等级钢种时，存在何时变换钢种的问题。

钢板系由钢坯经多次轧制而成，在钢坯厚度一定的条件下，随着钢板厚度的增加，轧制次数减少，因而压缩比（钢坯厚度与终轧厚度之比）降低，致密性和均匀性相对较差，力学性能有所降低。同时，随着钢板厚度的增加，卷板和焊接工艺的复杂性增加，焊后残余应力峰值也随之加大，因此从经济性、可靠性角度分析，压力钢管变换钢种的厚度应在满足卷板厚径比前提下，以合理焊接工艺使焊缝可较好地避免裂纹的产生，满足强度和韧性要求，较好地保证焊接质量。具体变换钢种的厚度与钢材的可焊性、焊缝拘束度、经济性等因素有关。对于大型抽水蓄能电站，压力钢管直径 *D* 一般在 3.0～8.0m，钢材多采用低合金钢和低碳、低合金高强调质或 TMCP 钢，考虑焊缝拘束度不大于临界拘束度，则相应钢板厚度不宜大于 30～50mm。随着钢板厚度的增加，除使钢管制作、安装难度增加外，钢板质量也随之增加，经济性变差。尽管钢板及配套焊材价格水平和加工难度等随强度等级增加而有所提高，然而通过对十三陵抽水蓄能电站 *HD* 值为 2000m·m 的压力管道分别采用 48mm 厚的 SM570 钢板和 35mm 厚的 SHY685NS 钢板的综合分析可知，后者经济性较好。另外，根据日本《闸门钢管技术规范》的补充说明，从经济性、可靠性、加工性考虑，选择的压力钢管壁厚宜小于 50mm，并以 40mm 为界变换钢种为宜。从我国已建工程实例分析可知，一般也是以 40mm 左右为界变换钢种，详见表 8.4-4。

表 8.4-4　大型压力钢管变换钢种厚度实例

| 工程名称 | 钢材牌号 | 强度等级/(kgf/mm²) | 设计水头/m | 直径/m | *HD* 值/(m·m) | 厚度范围/mm | 变换钢种的厚度/mm |
|---|---|---|---|---|---|---|---|
| 西龙池抽水蓄能电站 | SUMITEN510-TMC | 50 | 3.5 | 4.7 | 1645 | 16～34 | 24 |
| | SUMITEN610 | 60 | 6.43 | 4.7 | 3022.1 | 28～38 | 38 |
| | SUMITEN780 | 80 | 10.15 | 3.5 | 3552.5 | 38～60 | — |
| 呼和浩特抽水蓄能电站 | | 50 | 5.34 | 5.4 | 2883.6 | 16～42 | 42 |
| | | 60 | 7.51 | 4.6 | 3454.6 | 28～50 | 34 |
| | WSD69OE | 80 | 9.04 | 4.6 | 4158.4 | 30～66 | — |
| 丰宁抽水蓄能电站 | Q345R | 50 | 3.77 | 5.8 | 2186.6 | 22～38 | 32 |
| | JH610CFD | 60 | 6.36 | 5.3 | 3370.8 | 24～50 | 40 |
| | WSD690E | 80 | 7.45 | 4.8 | 3576 | 30～62 | — |

续表

| 工程名称 | 钢材牌号 | 强度等级 /($kgf/mm^2$) | 设计水头 /m | 直径 /m | *HD* 值 /(m·m) | 厚度范围 /mm | 变换钢种的厚度/mm |
|---|---|---|---|---|---|---|---|
| 张河湾抽水蓄能电站 | 16MnR（Q345R） | 50 | 3.34 | 6.4 | 2137.6 | 16～28 | 28 |
| | WDB620 | 60 | 5 | 6.4、5.2 | 2600 | 34～40 | 36 |
| | S690QL1 | 80 | 5.2 | 5.2 | 2704 | 32～44 | — |
| 十三陵抽水蓄能电站 | 16MnR | 50 | | 5.2 | | 16～44 | 44 |
| | SM570 | 60 | | 5.2、3.8 | | 32～46 | 44 |
| | SHY685NS | 80 | | 3.8 | | 36～52 | — |

**8.4.3.2 伸长率**

伸长率是反映钢材延性的指标。延性是材料在外力的作用下可以被拉伸的性能，它是反映材料冷作加工延伸的容易程度和结构过载时所能允许的变形裕量的重要指标。钢材的伸长率随强度的增高而降低，即强度越高，屈强比越大，最大应力时的延伸率和破坏时的延伸率越小。此外，伸长率有随温度升降而变化的趋势，但在压力钢管温度范围内拉伸性能变化不大。

一般来说，根据以往的加工经验，钢材能够达到标准所规定的伸长率即可满足要求。在对伸长率进行对比分析时，应关注拉伸试件的类型和标距。如《焊接结构用高强度钢板》（JIS G 3128）规定采用非比例试样，伸长率标准值不小于20%。通过与比例试样的比照试验，初步得出的结论是，JIS标准规定的4号试样（非比例试样，标距50mm）经拉伸试验得到的伸长率为20%时，相当于按比例试样得出的伸长率为16%。

**8.4.3.3 韧性指标**

从压力钢管运行条件和受力特点分析，可将其视为承受动荷载的中低温压力容器。在动荷载作用下，应关注压力钢管产生脆性破坏风险。脆性破坏是在低应力条件下瞬时发生破坏的现象。温度对脆性破坏有重大影响，而低温下的应力集中、大厚度、焊接缺陷、残余应力等对脆性断裂有明显危害。为此，应从钢材和焊接条件两方面入手，采取措施以避免脆性破坏的产生。

（1）钢材韧性与脆性断裂。脆性断裂是焊接结构破坏的主要形式。缺口韧性是用于表示材料抵抗脆性断裂的一项指标，评价钢材缺口韧性的方法主要有以冲击试验特性值为指标和以线弹性断裂力学理论为基础的断裂韧度 $K_{lc}$ 值及考虑局部塑性变形CTOD（crack tip opening displacement，裂纹尖端张开位移）临界值 $\delta_c$ 为指标的两大类。由于冲击试验没有考虑材料厚度、实际结构尺寸、工作条件等的影响，因此试验成果具有较大的局限性。但是，由于试验设备简单，试件制备和试验程序简便，且有丰富的使用经验以及与大型试验的对比验证，目前各国钢材标准仍多采用V形（U形）缺口冲击吸收能量作为衡量钢材缺口韧性的指标，也作为验收试验的重要判据。

常在试验的基础上采用临界转变温度作为脆性断裂是否发生的判据。如果实际结构使用温度高于该温度，则认为结构没有发生脆性断裂的危险。美国曾对100多条发生脆性断裂事故的船舶钢板进行了大量V形缺口冲击试验，试验成果表明，能够发生脆性断裂的钢板，在工作温度下的冲击吸收能量很少大于13.5J；能够传播脆性裂纹但不会发生脆性断裂的钢板，其冲击吸收能量均在27J以下。如果钢板的韧性更好、冲击吸收能量比27J更大，则裂纹扩展到钢板时将被制止。

通过对焊接结构脆性断裂事故的大量实际调查和试验研究，对焊接结构从结构设计、材料选择、制造工艺、检查和验收标准确定、质量控制等防止结构发生脆性断裂方面，提出“防脆性断裂设计原则”，即当结构在可能出现的最低温度下工作时，必须能阻止脆性裂纹的自由扩展。采用阻止脆性裂纹扩展的相应临界转变温度来选择合适的钢材。由于影响材料脆性开裂的因素十分复杂，多年来选择钢材和制造工艺都以经验为主，如规定选用在工作温度下冲击吸收能量为27J的钢材。

美国通过对大量破断船板进行试验研究，发现产生、传播和制止裂纹的钢板分别有不同的冲击水平，并据此制定了直到1952年仍在使用的标准，以冲击能为20.3J时的温度作为设计依据。以后的实践证明了用 $T_{r15}$（冲击能为20.3J时对应的温度）作为设计依据，对当时的船用低碳钢（半镇静钢及沸腾钢）还比较适用，但对于较高强度级别的钢材，温度明显偏低。因此，对不同钢材必须规定不同的标准。

1958年，英国劳氏船级社根据大量在航行中发生脆性断裂事故的船舶钢板的材料试验数据绘制成了图8.4-1，图中“●”代表合格板，即呈塑性断裂的板或能将在别处所发生的裂纹止住的板。“○”代表在使用中出现脆性断裂的板，为不合格板。“×”代表介于两者之间的板。如果以47.4J冲击能和30%纤维状断口面积占比作出两条线，可将该图分成4个区域。Ⅰ区包括大部分不合格板，是低冲击能和低纤维状断口面积占比区域。Ⅱ区则包括主要的合格板和介于两者之间的板，是高冲击能和高纤维状断口面积占比区域。Ⅲ区是低冲击能和高纤维状断口面积占比区域。Ⅳ区是高冲击能和低纤维状断口面积占比区域。在Ⅲ区、Ⅳ区内都只有很少的点。因此，他们建议船用钢板应当采用在0℃时冲击能高于47.4J和纤维状断口面积占比大于30%的双重标准，后来发展成为与强度级别有关的修正标准。例如，我国《碳素结构钢》（GB/T 700—2006）、《低合金高强度结构钢》（GB/T 1591—2018）、《高强度结构用调质钢板》（GB/T 16270—2009）、《压力容器用调质高强度钢板》（GB 19189—2011）标准中，规定了不同质量等级钢在不同使用温度下的冲击吸收能量值。《水电站压力钢管用钢板》（GB/T 31946—2015）规定，在0℃、−20℃、−40℃不同温度下的冲击吸收能量 $KV_2$ 不小于47J。

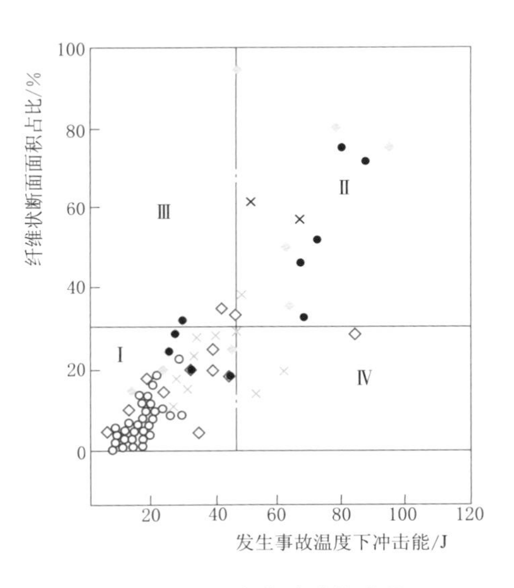

图8.4-1 冲击试验的成果

钢材韧性指标的确定，一般是对拟选择的钢材采用V形缺口冲击试验结果来验证其适用性的，也就是要求标准试件在规定温度下能达到某一规定的冲击吸收能量值。这种方法是以设计工作温度为依据，然后根据实际分别对试验温度进行修正。例如，结构厚度大时，则所用试验温度应当低些；设计应力高时，则试验温度也要低些；设计、制作及安装质量，荷载情况，是否进行消除焊接残余应力处理，也都是影响试验温度修正的因素。表8.4-5列出了英国采用的选材温度修正规定和对应于钢材屈服强度的冲击吸收能量值，以供参考。

表8.4-5　选择钢材用的V形缺口冲击试验温度修正规定及钢材屈服强度与冲击吸收能量值的对应关系

1. V形缺口冲击试验的温度修正

A. 设计温度下基准温度（修正的基础）

| 最低设计工作温度/℃ | −20 | −10 | ±0 | +10 | +20 |
|---|---|---|---|---|---|
| 基准温度（下面按此修正）/℃ | +10 | +20 | +30 | +40 | +50 |

B. 厚度的温度修正

| 钢材屈服强度 | ≤386MPa | | | | | ≤247MPa | |
|---|---|---|---|---|---|---|---|
| 最大厚度/mm | 13 | 19 | 25 | 32 | 38 | 51 | 76 |
| 温度修正值/℃ | +10 | 0 | −10 | −15 | −20 | −25 | −30 |

C. 应力值的温度修正

| 最大设计应力/MPa | 154.4 | 231.6 |
|---|---|---|
| 温度修正值/℃ | −10 | −15 |

| D. 负载性质的温度修正 | 性质 | 循环负载 | 脉冲 | 振动 |
|---|---|---|---|---|
| 温度修正值/℃ | | −10 | −10 | −20 |

E. 设计和制作质量的修正

| 评价 | 正常 | 特别注意 |
|---|---|---|
| 温度修正值/℃ | 0 | +10 |

F. 安全性

| 评价 | 正常 | 很重要 | 特别重要 |
|---|---|---|---|
| 温度修正值/℃ | 0 | −10 | −20 |

G. 消除应力热处理

| 消除应力热处理 | 无 | 充分有效 |
|---|---|---|
| 温度修正值/℃ | 0 | +30 |

2. 钢材屈服强度与冲击吸收能量对应值

| 钢材屈服强度/MPa | 247 | 247～308.8 | 308.8～355.1 | 355.1～386 |
|---|---|---|---|---|
| 冲击吸收能量值/J | 27.1 | 33.9 | 40.6 | 47.4 |

上述方法只适用设计温度高于−20℃的焊接结构。事实上，水电站压力钢管最低工作温度一般不会低于−20℃，地下埋藏式压力钢管仅为0℃左右，所以对钢材的缺口韧性要求并不苛刻，比较容易满足。对于工作温度更低的明管，则应依据专门的规定选择，这里不再赘述。

（2）国内外水电站压力钢管设计规范有关钢材韧性的规定。国内外水电站压力钢管设计规范对钢材韧性的有关规定不尽相同，日本《闸门钢管技术规范》关于钢材韧性的规定为：根据使用条件选择具有适当焊接性能、强度、韧性及延展性的材料。其说明里指出：钢材所需的韧性随着应力的增大、厚度的增加、使用温度的降低而增加。因此，不要求所有压力钢管都具有很高的韧性，而要在考虑压力钢管规模、重要性、安全性、经济性等条件下，确定所需的韧性。原则上厚度在12mm以下的压力钢管，无须确认韧性即可使用。采用780N/mm$^2$级高强钢的压力钢管焊接区必须具有“使用温度为0℃时不发生脆性破坏”的韧性，而从一旦发生脆性龟裂应在母材位置止裂这一要求出发，母材必须具有“使用温度为0℃时能够停止脆性龟裂传播”的韧性。这也正是“防脆性断裂设计原则”的主要内容。

美国土木工程师协会发布的2002年版《ASCE压力钢管手册》中指出，破坏形式与断裂的温度、加载速度和塑性变形的约束程度有关。压力钢管设计必须考虑钢材在低温下的断裂韧性，断裂韧性通常是由夏比（V形缺口）冲击试验测得的。埋管的最低使用温度约－1.1℃。对于屈服点不大于379N/mm$^2$和厚度小于15.88mm的细化晶粒镇静钢，在－6.7℃的使用温度下具有足够的韧性。同时，《ASCE压力钢管手册》按钢板公称厚度和最小屈服强度进行分组，分别给出了相应的冲击功限值，见表8.4－6。

表8.4－6　《ASCE压力钢管手册》中钢材的冲击功限值

| 钢板公称厚度/mm | 钢材的冲击功限值/J | | | | | |
|---|---|---|---|---|---|---|
| | ≤379N/mm$^2$ | | 386～517N/mm$^2$ | | 542～724N/mm$^2$ | |
| | 3个试样的平均值 | 1个试样的最小值 | 3个试样的平均值 | 1个试样的最小值 | 3个试样的平均值 | 1个试样的最小值 |
| ≤15.88 | — | — | — | — | — | — |
| >15.88～25.4 | 27 | 15 | 25 | 20 | 30 | 25 |
| >25.4～38.1 | 34 | 20 | 30 | 25 | 35 | 30 |
| >38.1～63.5 | 47 | 30 | 35 | 35 | 45 | 40 |
| >63.5 | 61 | 40 | 45 | 45 | 55 | 50 |

欧洲锅炉制造和类似钢结构协会发布的《C.E.C.T水电站焊接压力钢管设计、制造和安装建议》，将压力钢管按钢管直径和特征水头划分为A、B、C 3个级别，压力钢管检测又分为Ⅰ、Ⅱ、Ⅲ3个等级。对于不同等级压力钢管用钢提出了最低冲击韧性的规定：要求3个试样的平均冲击值应不小于28J，其中单个试样的冲击值不小于20J。对有Ⅰ级和Ⅱ级检测要求的钢管，常规冲击试验温度取－20℃或者低于最小工作温度20℃；Ⅲ级钢管取0℃或者最低工作温度。

我国现行的《水电站压力钢管设计规范》（NB/T 35056—2015），是将冲击韧性指标作为压力钢管主要受力构件用钢材的保证条件提出的。冲击韧性指标、冲击试验温度和取样部位及取样方向等，应按相应钢材国家标准或行业标准的规定执行，各工程亦可根据具体运行条件另提补充要求。

（3）冲击韧性指标选择。根据发生断裂事故的分析成果，当在工作温度下冲击能大于27J时，裂纹扩展到钢板时将终止，即钢板具有止裂能力。国内外钢材标准中对不同温度下的冲击韧性指标大多都有明确规定，且可使钢材在规定温度下满足相应的韧性要求。因此，合理确定冲击试验温度是关键。在进行压力钢管结构设计时，应依据初选钢材的强度级别和最低工作温度，结合压力钢管的结构型式，运行环境，应力状态，设计、制作及安装质量，残余应力水平等，对产生脆性断裂的影响因素进行分析，修正试验温度，然后与钢材标准相对照即可判定初选钢材的适用性，提出所需强度等级钢材的冲击试验温度和冲击韧性指标。

（4）工程实践经验与教训。在高压管道钢材选择过程中，不仅要关注运行环境温度，而且还应结合具体施工条件，考虑制作、安装时可能出现的不利影响，合理选择钢材的韧性指标，或提出限制条件。

大山口水电站位于新疆开都河上，安装有4台单机容量20MW的水轮发电机组。引水系统采用一管四机供水方式，大岔管为对称Y形布置的月牙肋岔管，主管直径为8m，支管直径为5.5m，分岔角为90°，采用16MnR钢制造，管壳最大厚度为42mm，肋板厚度为100mm。

1989年12月6日锥管施焊，当天最低气温为－12.5℃，第2天凌晨，当为焊缝内侧最后封底做预热时，一声巨响，5条纵焊缝中的3条发生贯穿性断裂，裂缝经焊缝、热影响区穿入母材，或止于母材，或完全断开。断口呈韧窝状，呈现银灰色金属光泽，伴有八字纹出现，断口平齐，几乎无塑性变形。事故原因分析如下：

1）钢材冲击韧性不足。事后对材料力学性能、化学成分进行检测，化学成分合格，强度、延伸率满足要求，但常温下的冲击功仅46.7J，偏低。

2）低温环境焊接，接头低温韧性偏低。焊接接头的脆性转变温度（NDT温度）均高于母材，42mm厚16MnR钢的NDT温度在－20℃左右，而现场施焊温度为－12.5℃，很可能达到焊接接头的NDT温度。

3）存在焊接缺陷、较高的残余应力。通过对另两条没开裂的焊缝进行检查探伤，发现存在不同程度的裂纹、气孔。通过模拟分析可知，焊接残余应力水平较高。

大山口水电站岔管焊接接头脆断事故是上述因素综合作用的结果，低温施焊是需特别关注的因素，因此在钢材选择时，应充分考虑制作、安装及运行环境对钢材的要求。

由于存在相关规范对钢材韧性指标的规定不够明确，或设计人员对钢材性能认识不足等问题，在工程实践中，往往会产生一些不合理的现象。天湖水电站是一个高水头电站，静水头为1074m，压力管道管径只有1.0m，其布置方式为露天明管和少部分地下埋管，壁厚30～50mm，是一个高水头、小管径、大厚度的压力钢管，钢板采用武钢生产的16MnR钢。岩滩水电站压力钢管为坝内埋管，管径为10m，水头不高，仅有59m，钢板采用德国生产的STE355钢。两个水电站采用的钢板皆为50kgf/mm$^2$级，强度指标基本相同，但冲击韧性性能却有很大差别。天湖水电站采用常温V形缺口冲击功指标，实测冲击功值为39～62J。而岩滩水电站采用－1.7℃ V形缺口冲击功指标，实测冲击功值为102～258J。就冲击韧性而言，岩滩水电站钢管明显优于天湖水电站。但从可能发生脆性断裂影响因素分析，天湖水电站压力管道水头高、直径小、钢板厚度大，其制造难度较大，发生脆性破坏的风险大；而岩滩水电站压力钢管直径虽然大，但水头较低，钢板厚度相对较小，在钢板卷制和焊后残余应力水平等方面比天湖水电站要小得多，压力钢管制作、安装质量容易得到保证，发生脆性破坏的风险小。两个水电站气温基本相同，考虑到板厚，制作、安装质量保证难易程度，建筑物的重要性等对脆性断裂的影响，两个水电站的冲击韧性指标最多应基本相当，而不应有这种差别。

因此，在钢材韧性指标选择时，应在最低工作温度基础上，考虑钢板厚度，设计、制作及安装质量的可控程度，是否进行消除焊接残余应力等因素，合理提出冲击韧性的试验温度和冲击功值的要求。

**8.4.3.4 应变时效**

钢材在产生一定的塑性变形后，经过一段时间（保持在室温或较高温度下），其强度和硬度升高而塑性下降的现象，称为应变时效。钢材的应变时效常用应变时效敏感性系数 $C$ 来衡量，对于V形缺口冲击试样，其表达式为

$$C_V=\frac{\overline{A}_{KV}-\overline{A}_{KVS}}{\overline{A}_{KV}}\times 100\% \tag{8.4-1}$$

式中：$C_V$ 为V形缺口冲击试样的应变时效敏感性系数；$\overline{A}_{KV}$ 为未经受应变时效V形缺口冲击试样冲击吸收功的平均值；$\overline{A}_{KVS}$ 为经受规定应变并人工时效后V形缺口冲击试样冲击吸收功的平均值。

经应变时效后的冲击功降低越多，则应变时效敏感性系数越大，表明钢材应变时效性问题越严重，在结构出现塑性应变后发生破坏的可能性也就越大。

应变时效敏感性系数对于焊接结构和要求冷塑性成形的钢材是一项重要的指标。碳素结构钢的应变时效敏感性系数一般要求不大于50%，低合金结构钢的应变时效敏感性系数一般在40%以下。

为了改善钢的性能，冶炼时进行微合金化，加入Nb、V、Ti等微量元素，有的还要进行二次冶炼（精炼），钢中N含量越来越少，再加上有足够的固定N元素，使钢材应变时效敏感性系数大为降低。国内外相关规范基本不对应变时效冲击韧性提出要求。

根据英国劳氏船级社对有关航行中发生脆断事故的船舶钢板的材料试验数据的分析可以认为，钢材标准中所规定的冲击功值应为制作、安装完成后钢材在相应设计最低工作温度下所具有的冲击功最低值。

**8.4.3.5 厚度方向性能**

对于沿钢板厚度方向受拉焊接构件，应对钢材的厚度方向性能提出要求。由于厚度方向受拉构件一般焊缝接头拘束度较大，在焊缝的冷却收缩过程中，将可能使近缝区构件母材发生层状撕裂。同时，在电站运行工况下，内水压力不是固定不变的静荷载，而是随着机组负荷的变化而波动，尤其是在机组工况转换过程中，将承受较大的水击压力。在循环变化的拉应力的作用下，将使构件中断续的单个层状撕裂很快扩展、聚合，形成一个大裂纹，继而再扩展，直至结构破坏，整个过程发展很快，破坏突然。而且这种缺陷通过目前探伤手段是难以发现的，也是难以修复的，因此，应坚决予以避免。

产生层状撕裂的主要原因是钢材中含有微量非金属夹杂物，特别是硫化物，如MnS，其次是 $SiO_2$、$Al_2O_3$ 等氧化物。在钢材的轧制过程中，这些夹杂物被延压成薄膜状，呈片状分布在平行于钢板表面的板材中。此外，由于这些夹杂物的存在，使金属沿厚度方向的机械性能，尤其是断面收缩率大大降低。由于焊缝的横向收缩，沿厚度方向将产生拉应力，在接头拘束度较大的情况下，当厚度方向的拉应力达到一定程度后，夹杂物与基体金属沿弱结合面脱开而产生开裂。严重时，会造成相邻夹杂物之间基体金属的晶界断裂、穿晶断裂或韧窝断裂，形成层状撕裂。由于裂纹沿轧制层的扩展及向垂直轧制面的剪切扩展

而互相连通，一般具有台阶状的特征。

由层状撕裂的成因可知，层状撕裂产生的最主要因素是钢材中都含有一定的不同类型的非金属夹杂物，尤其是硫化物，非金属夹杂物与基体金属的结合力均低于基体金属本身的强度，任何一种非金属夹杂物都可能导致产生层状撕裂。层状撕裂还与钢材本身延性和韧性有关，钢中硫含量越高，顺厚度方向拉伸的塑性（用断面收缩率 $Z$ 表示）越低，发生层状撕裂的倾向就越大。由此可用钢材 $z$ 向断面收缩率 $Z$ 来评定钢材抗层状撕裂的性能。《厚度方向性能钢板》（GB/T 5313—2010）规定了钢材硫含量不同级别与断面收缩率 $Z$ 的对应关系，把钢材 $z$ 向性能分成 Z15、Z25、Z35 三个等级，详见表 8.4-7。

表 8.4-7　钢材 $z$ 向性能级别及其硫含量、断面收缩率

| 级别 | 硫含量/%，不大于 | 断面收缩率 $Z$/%，不小于 | |
|---|---|---|---|
| | | 3个试件平均值 | 单个试样值 |
| Z15 | 0.01 | 15 | 10 |
| Z25 | 0.007 | 25 | 15 |
| Z35 | 0.005 | 35 | 25 |

如月牙肋岔管的肋板，用来承受左右两侧支锥壳体开口处的不平衡力，沿肋板厚度方向作用有拉应力，有 $z$ 向性能要求。在肋板材料选择时，如何对其 $z$ 向性能提出要求，在《地下埋藏式月牙肋岔管设计导则》（Q/HYDROCHINA 008—2011）和《水电站地下埋藏式月牙肋钢岔管设计规范》（NB/T 35110—2018）中有明确的规定。肋板 $z$ 向性能要求的提出，应视上述各种抗层状撕裂措施的采用和综合效果而定。

根据岔管肋板与壳体等强原则确定的肋板厚度一般为壳体厚度的 1.9～2.3 倍，因此《水电站地下埋藏式月牙肋钢岔管设计规范》（NB/T 35110—2018）以肋板厚度为参变量，规定了不同肋板厚度所要求的 $z$ 向性能级别，具体见表 8.4-8。

表 8.4-8　内加强月牙肋岔管肋板 $z$ 向性能级别选择表

| 板厚/mm | 级　别 | 板厚/mm | 级　别 |
|---|---|---|---|
| <35 | — | 70～110 | Z25 |
| 35～70 | Z15 | ≥110 | Z35 |

《地下埋藏式月牙肋岔管设计导则》（Q/HYDROCHINA 008—2011）经多年来的应用取得了良好效果。

#### 8.4.3.6　加工性

制作焊接钢管时，需经过下料、切坡口、压头、卷板、开孔等工序，因此在选材时需对压力钢管用钢的冷弯性能提出要求，同时还应结合加工设备情况加以考虑。

冷弯试验能较好地反映钢材的冷弯性能，因此压力钢管用钢应满足冷弯试验合格的要求。承受压头和卷板等冷加工，会使缺口韧性恶化。恶化的程度与材质和加工应变量有关。十三陵工程 WEL-TEN80A 钢卷板后的性能试验成果表明，经塑性变形量（$t/D$）为 2%的卷板并人工时效后，钢材塑性储备明显下降，当塑性变形量达 3%后，钢材已失去均匀塑性变形能力。因此，对冷加工成形的管壁厚度 $t$ 与管径 $D$ 的比值应加以限制，具体参见表 8.4-9。

表 8.4-9　钢材塑性变形量限制对照表

| 材质 | $t/D$ | 材质 | $t/D$ |
|---|---|---|---|
| Q235、Q345 | <3% | Q490、Q690 | <1.5% |
| Q390 | <2.5% | | |

应用气体切割时，切面会产生硬化层。硬化层的厚度随板厚而改变，一般在3mm以下。坡口处的硬化层，在焊接后不加处理就可以使用，但是由于使用的氧气不纯，会形成凹坑，是产生焊接缺陷的因素，因此须磨平。此外，如气割后进行卷板加工，会由于硬化层的塑性降低而易产生裂纹，因此宜将硬化层磨掉，对于高强钢应尤为注意。

**8.4.3.7　可焊性**

钢材的可焊性评定可分为化学成分判别和工艺试验法评定两种方法。采用化学成分判别钢材的可焊性时可通过碳当量和焊接裂纹敏感性指数来判断。对于碳含量较高的钢种可采用碳当量 $CEN$ 来判断，而对于碳含量较低的钢材，则采用焊接裂纹敏感性指数 $P_{cm}$ 进行判断更为合适。国际上比较一致的看法是，碳当量 $CE \leqslant 0.45\%$，在现代焊接工艺条件下，钢材具有良好的可焊性。$P_{cm} \geqslant 0.25$ 即有产生冷裂纹的倾向。工艺评定试验法是将焊接区作为结构的一部分，评定其在合适的焊接工艺条件下能否满足要求，它以焊接接头的强度和缺口韧性等评定为主要内容。因此，在钢材选择过程中，对于常用钢种，钢材可焊性多以化学成分方法判别；对于新钢种，除以化学成分进行判别外，还应进行必要的焊接工艺性试验进行分析研究。

## 8.5　压力钢管结构设计

由于抽水蓄能电站的特点，其输水系统多采用地下埋藏式布置方式，本节将对地下埋藏式压力钢管的结构设计进行介绍。

### 8.5.1　承受内水压力结构分析

（1）结构分析。地下埋藏式压力钢管的结构由钢管、外围回填混凝土和围岩组成，详见图8.5-1。由于钢管外围回填混凝土的干缩，以及充水运行过程中水温较低，使钢管与混凝土和混凝土与围岩间存在着缝隙，分别用 $\delta_{21}$ 和 $\delta_{22}$ 来表示。在内水压力作用下，钢管发生变形，当钢管的径向变形小于 $\delta_{21}$ 时，钢管与混凝土没有接触，内水压力由钢管单独承受。随着内水压力的增加，钢管与混凝土间的缝隙闭合，内水压力由钢管与混凝土共同承担，此时混凝土将

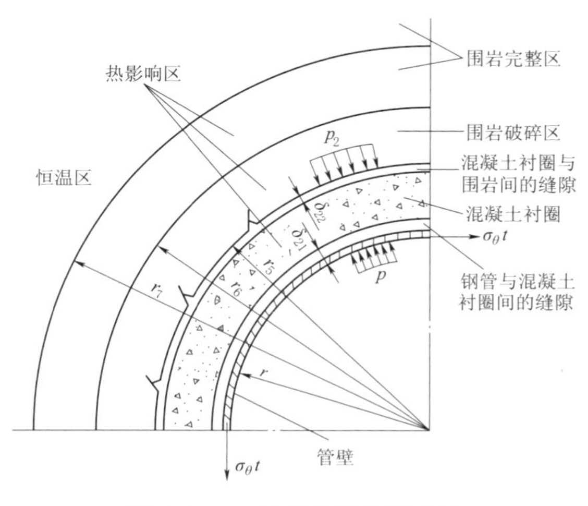


图 8.5-1　地下埋管计算简图

发生变形。由于混凝土极限拉应变很小，随着内水压力增大，混凝土产生径向裂缝，环向拉应力为0。开裂后混凝土不再分担内水压力，但随着混凝土继续变形，使混凝土与围岩间的缝隙$\delta_{22}$闭合，在混凝土自身压缩的同时，起到了传力垫层的作用，将内水压力传递至围岩，使围岩与钢衬联合承担内水压力。

地下埋藏式压力钢管承受内水压力的结构计算公式较多，假定也各不相同，但均为基于厚壁圆筒变形相容原理，只是在各层圆筒变形计算时考虑的因素有所不同。我国《水电站压力钢管设计规范》（NB/T 35056—2015）的计算假定如下：

1）假定钢衬为平面应变状态下弹性薄壳。

2）钢衬外围混凝土存在径向裂缝，不承受环向拉应力，仅传递径向力，为弹性介质。

3）假定围岩为各向同性弹性材料。

4）钢管与混凝土及混凝土与围岩间存在着缝隙。

根据钢衬、混凝土、围岩变形相容条件，可得钢衬厚度计算公式为

$$t=\frac{pr}{\sigma_R}+1000K_0\left(\frac{\delta_2}{\sigma_R}-\frac{r}{E_{s2}}\right) \tag{8.5-1}$$

相应钢管环向应力$\sigma_\theta$可按下式计算：

$$\sigma_\theta=\frac{pr+1000K_0\delta_2}{t+\dfrac{1000K_0r}{E_{s2}}}\leqslant\sigma_R \tag{8.5-2}$$

$$E_{s2}=\frac{E_s}{1-\nu_s^2} \tag{8.5-3}$$

式中：$t$为钢管管壁厚度，mm；$p$为内水压力设计值，N/mm²；$r$为钢管内半径，mm；$K_0$为围岩单位抗力系数较小值，N/mm³；$\delta_2$为钢管与混凝土及混凝土与围岩累积缝隙值，mm，可参照《水电站压力钢管设计规范》（NB/T 35056—2015）附录B进行计算；$\sigma_R$为钢管结构构件的抗力限值，N/mm²；$\sigma_\theta$为钢管环向应力，N/mm²；$E_{s2}$为平面应变问题的钢材弹性模量，N/mm²；$E_s$为钢材弹性模量，N/mm²；$\nu_s$为钢材泊松比。

若由式（8.5-1）求得的$t<0$或较小，则钢管壁厚由抗外压稳定要求和最小壁厚确定。

根据地下埋藏式压力钢管受力机理，如考虑钢管与围岩联合作用，应同时满足缝隙判别条件和覆盖围岩厚度条件。缝隙判别条件是指钢管在内水压力作用下产生的径向变位，应大于钢管与混凝土及混凝土与围岩累积缝隙值$\delta_2$；覆盖围岩厚度条件是指围岩具有足够的承担内水压力的能力，即钢管外围岩有效厚度满足结构要求。具体判别如下：

缝隙判别条件：

$$\frac{\sigma_R r}{E_{s2}}>\delta_2 \tag{8.5-4}$$

覆盖围岩厚度条件：

$$H_r\geqslant 6r_5 \tag{8.5-5}$$

$$H_r\geqslant\frac{p_2}{\gamma_r\cos\alpha} \tag{8.5-6}$$

$$p_2=\frac{pr-\sigma_{\theta1}t}{r_5} \tag{8.5-7}$$

$$\sigma_{\theta1}=\frac{pr+1000K_{01}\delta_{s2}}{t+\frac{1000K_{01}r}{E_{s2}}} \tag{8.5-8}$$

式中：$H_r$ 为垂直于管轴的最小覆盖围岩厚度，mm，式（8.5－5）中的 $H_r$ 不应计入全风化层和强风化层，式（8.5－6）中的 $H_r$ 不应计入全风化层，见图8.5－2；$r_5$ 为混凝土衬砌外半径，mm，即隧洞开挖半径；$p_2$ 为围岩分担的最大内水压力，N/mm$^2$；$\sigma_{\theta1}$ 为内水压力作用下钢管最小环向应力，N/mm$^2$；$K_{01}$ 为围岩单位抗力系数最大可能值，N/mm$^3$；$\gamma_r$ 为围岩重度较小值，N/mm$^3$；$\alpha$ 为管轴线与水平面夹角，(°)，若 $\alpha>60°$，则取 $\alpha=60°$。

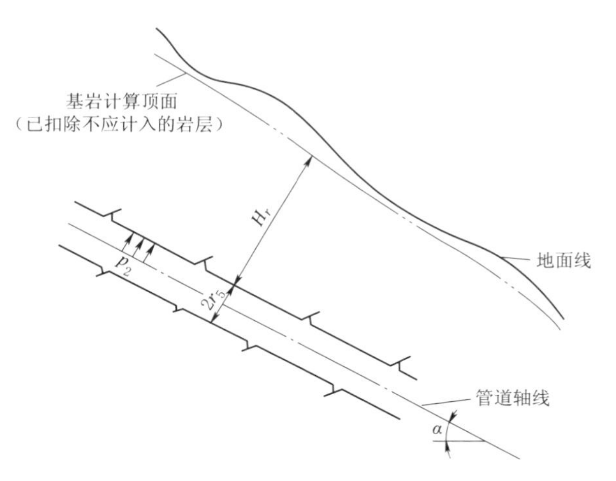


图8.5－2　地下埋管上覆围岩厚度示意图

（2）参数选择。对于确定断面的地下埋藏式压力钢管，影响钢管与围岩联合受力的主要因素有钢管与混凝土及混凝土与围岩间的缝隙、围岩地质力学参数等。

1）初始缝隙值。钢管与混凝土及混凝土与围岩累积缝隙值 $\delta_2$ 主要取决于钢管外围回填混凝土质量，是否采用微膨胀混凝土，回填、接触灌浆的质量，水温，钢管安装时的温度等。从缝隙产生的原因分析，钢管与混凝土及混凝土与围岩间的初始缝隙又可分为施工缝隙、钢管冷缩缝隙和围岩冷缩缝隙。

施工缝隙用 $\delta_b$ 表示，$\delta_b$ 的大小与施工方法，施工质量，混凝土配合比，是否进行回填、接触灌浆及灌浆质量等因素有关，一般取0.2mm。十三陵抽水蓄能电站钢管原位模型水压试验测得充水前钢管与混凝土间的缝隙平均值为0.19mm。西龙池抽水蓄能电站高压主管、岔管现场模型试验测得充水前主管观测断面钢管与混凝土间的缝隙值为0.06～0.23mm，平均值为0.14mm。

充水温降所产生的收缩缝包括钢管冷缩缝隙和围岩冷缩缝隙，分别用 $\delta_s$ 和 $\delta_r$ 表示。从理论上讲，充水温降应采用钢管安装完成时刻温度与充水后最低温度之差。但前者与地温、施工期洞内通风等情况有关，难以准确确定。日本大多估计充水温降为15～20℃。十三陵抽水蓄能电站钢管设计按多年平均气温与最低水温之差，近似选用15℃。西龙池抽水蓄能电站按地温与最低水温之差，选用13℃。

对于指定断面，$k_0$ 一定，影响钢管壁厚的因素是钢管与围岩间总的缝隙值，而影响总缝隙值大小的不确定因素较多，如何合理确定总缝隙值是地下埋藏式钢管设计的关键之一。它不仅与施工质量有关，还与采取的措施密切相关。由于十三陵抽水蓄能电站钢管外围采用微膨胀混凝土回填，故施工缝隙较小，充水期原型观测数据表明钢管与混凝土间缝隙最大值为0.54mm，说明设计取值是安全的。又如西龙池抽水蓄能电站的高压钢管，外围混凝土采用微膨胀混凝土回填，水平压力钢管段进行回填与接触灌浆，根据岔管主锥监测断面实测成果，最大初始总缝隙实测值为0.52mm，相当于$2.8\times10^{-4}r$（$r$为钢管半径），远小于设计采用值0.77～0.98mm。呼和浩特抽水蓄能电站的高压钢管，根据岔管主锥监测断面实测成果，最大初始总缝隙实测值为0.46mm，相当于$2.0\times10^{-4}r$，远小于设计采用值0.76～1.28mm。张河湾抽水蓄能电站的高压钢管，根据岔管主锥监测断面实测成果，最大初始总缝隙实测值为1.07mm，相当于$4.0\times10^{-4}r$，在设计采用值0.76～1.28mm范围内。

通过对已建工程的统计，$\delta_2$与$r$之比一般不超过$4\times10^{-4}$，通常设计取值范围为$(3.5\sim4.3)\times10^{-4}$。对于抽水蓄能电站，由于高压钢管$HD$值大，故多采用高强钢。由于高强钢不宜开设灌浆孔，因此一般尽量减少接缝灌浆，而通过采用微膨胀混凝土或自密实混凝土以减小缝隙值，回填灌浆多采用预埋灌浆管路系统的方式。因此，对于高强钢压力钢管设计，缝隙值多采用较大值。西龙池抽水蓄能电站高压钢管设计采用的缝隙值为$(4.2\sim5.0)\times10^{-4}r$，呼和浩特抽水蓄能电站高压钢管设计采用的缝隙值为$4.75\times10^{-4}r$，张河弯抽水蓄能电站高压钢管设计采用的缝隙值为$4.75\times10^{-4}r$。

2）围岩参数。钢管与围岩联合作用是为发挥围岩的约束作用，通过变形协调实现钢管与围岩共同分担内水压力。围岩弹性抗力除了受岩性、构造等地质条件影响外，还受洞室开挖过程中所产生的围岩松动圈的影响。所以，在围岩弹性抗力系数取值时应在试验、围岩分类等基础上，考虑爆破松动圈对弹性抗力的降低作用。

由于围岩并非均质弹性体，不确定因素较多，围岩条件不均一，或存在断层、岩脉等局部不良地质条件，故难以完全符合理论计算工况假定。同时，缝隙值也具有很大的不确定性。出于安全考虑，日本《闸门钢管技术规范》中的压力钢管、钢结构篇提出了“明管准则”，也就是说“在即使不考虑围岩分担内水压力的条件下，由全部内水压力引起的钢管环向应力不超钢材屈服点”。

从对日本一些工程实测资料的分析（图8.5-3）可知，实测围岩分担率多在30%～

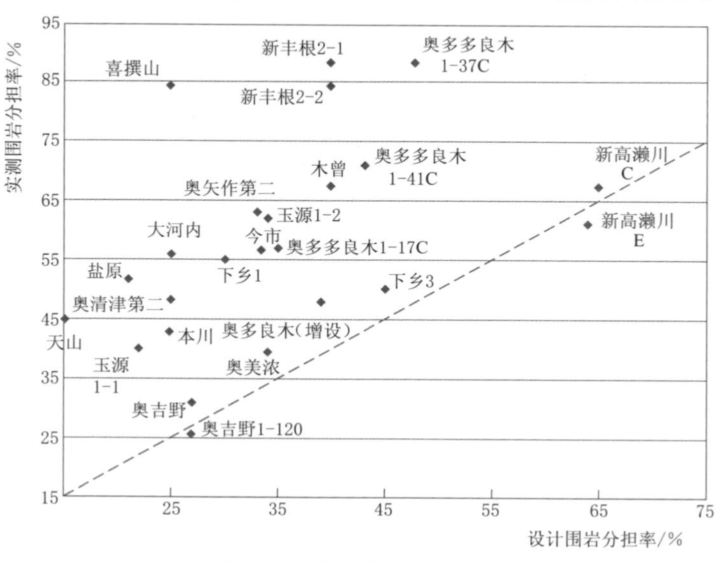


图8.5-3　日本已建工程压力管道围岩分担率实测成果

80%，几乎都大于设计围岩分担率，说明压力钢管在承受内水压力时，有足够的安全度。

对于处于地下厂房围岩松弛区和施工支洞影响范围内的钢管，应适当降低围岩弹性抗力的取值，限制围岩分担率，或不考虑围岩作用，围岩分担率取为0。地下厂房围岩松弛区范围可近似按以厂房最大高度加顶拱和底板塑性区高度为直径的圆估算，但不应小于3倍的钢管直径。钢管进入厂房后，与机组主阀连接段按厂内明管设计，内水压力全部由钢管承担，且钢板的抗力限值按明管的抗力限值降低20%取值。

## 8.5.2 抗外压稳定分析

压力钢管是一种薄壳结构，在承受外压时容易失稳。随着大直径钢管和高强度钢种的采用，这个问题会变得更加突出。根据国内外相关事故的统计，外压失稳是高压钢管破坏的主要形式之一。例如，我国绿水河水电站1号斜井，在回填砂浆时有近190m长的钢衬因外压而失稳，3号平洞在充水试验放空后又有101m长的钢衬因外水压力而屈曲；泉水水电站的高压平洞在放空检修时有204.2m长的钢衬因外水压力而屈曲；响水水电站压力钢管放空时有361.3m长的钢衬因外水压力而屈曲；广州抽水蓄能电站尾水支洞渐变段因外水压力过高而失稳。国外水电站的埋管也不乏外压失稳的实例，如Shira、Whatshan、Kemano、Nilo-Pecanha、Bathcounty等水电站。

在正常运行情况下，钢管承受较高的内水压力，不存在失稳问题，但管道放空、混凝土回填、灌浆等情况下，在外水压力、液态混凝土压力、灌浆压力等外压作用下可能出现失稳问题。为此，在压力钢管设计过程中，除要核算在最高内水压力作用下的强度外，还应核算管壳在外压作用下的稳定问题。

有关临界外压的计算公式很多，较著名的有伏汉（E. W. Vaughan）公式、博罗特（H. Borot）公式、阿姆斯图兹（E. Amstutz）公式、孟泰尔（R. Montel）公式、雅克布森(Jacobsen）公式等。伏汉公式和博罗特公式的出发点都是假定埋管失稳后沿圆周产生几个连续的皱波，即公式是在对称屈曲假定的前提下推导的。由于假定的屈曲波数较多，故求出的临界压力较高。阿姆斯图兹公式则是在非对称屈曲假定下推导的，即假定在均匀外压作用下，管壁产生压缩，管壳与混凝土间形成间隙。当外压达到临界值后，首先在管壁某处产生皱波，进而继续扩大，产生较大的变位，而其余部分与外壁贴合。随着压力的增大，在脱开处形成压压曲波，直到屈曲最大处钢板达到屈服，钢管失稳。失稳部位的管壁变形曲线呈3个半波形状，见图8.5-4，因屈曲波数较少，故求出的临界压力较低，与工程实际比较相符。雅克布森公式与阿姆斯图兹公式相似，也假定管壁在外压的作用下形成一个单一的波（即凹曲）。孟泰尔公式是一个半经验半理论公式，其特点是考虑了圆度的影响。

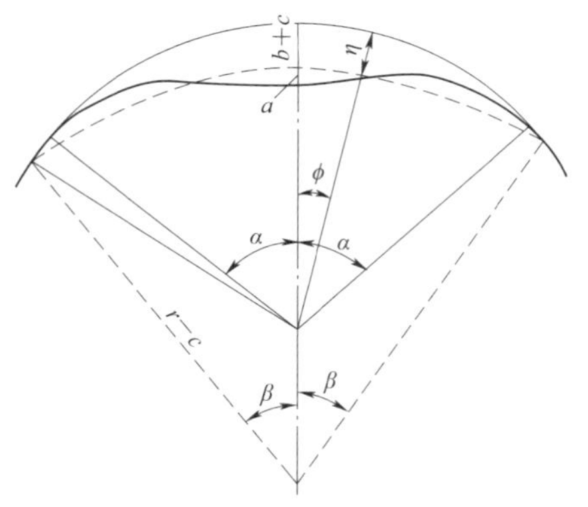

图8.5-4 阿姆斯图兹假定的管壁屈曲简图

### 8.5.2.1 光面管抗外压稳定分析

（1）阿姆斯图兹公式。阿姆斯图兹公式比较符合实际，应用较为广泛，如日本《闸门钢管技术规范》、美国土木工程师协会《钢管设计标准》、我国《水电站压力钢管设计规范》（NB/T 35056—2015）等都采用阿姆斯图兹公式。其表达式为

$$p_{cr}=\frac{\sigma_k}{\frac{r}{t}\left(1+0.35\frac{r}{t}\frac{R_{e2}-\sigma_k}{E_{s2}}\right)} \tag{8.5-9}$$

$\sigma_k$ 采用试算法由式（8.5-10）求解：

$$\left(E_{s2}\frac{\delta_{2p}}{r}+\sigma_k\right)\left[1+12\left(\frac{r}{t}\right)^2\frac{\sigma_k}{E_{s2}}\right]^{3/2}=3.46\frac{r}{t}(R_{e2}-\sigma_k)\left(1-0.45\frac{r}{t}\frac{R_{e2}-\sigma_k}{E_{s2}}\right) \tag{8.5-10}$$

其中

$$R_{e2}=\frac{f_{sk}}{\sqrt{1-\nu_s+\nu_s^2}} \tag{8.5-11}$$

$$\delta_p=\frac{p_2r_5}{1000K_{01}}\left(1-\frac{E_{r0}}{E_r}\right) \tag{8.5-12}$$

式中：$p_{cr}$ 为抗外压稳定临界压力，N/mm$^2$；$\sigma_k$ 为由外压引起的管壁屈曲处的环向应力，N/mm$^2$；$R_{e2}$ 为平面应变问题的钢材屈服强度，N/mm$^2$；$f_{sk}$ 为钢材抗拉强度标准值，N/mm$^2$；$\delta_{2p}$ 为 $\delta_2$ 与围岩塑性压缩缝隙值 $\delta_p$ 之和，mm；$K_{01}$ 为围岩单位抗力系数最大可能值，N/mm$^3$；$E_{s2}$ 为平面应变问题的钢材弹性模量，N/mm$^2$；$E_{r0}$ 为围岩变形模量，N/mm$^2$；$E_r$ 为围岩弹性模量，N/mm$^2$。

阿姆斯图兹公式是在管壁屈曲应力与应变呈线性关系，即弹性模量 $E$ 为常数的条件下建立的，而当 $\sigma_k$ 较大，接近屈服应力时，应力与应变不再保持线性关系，应变比应力增长得要快，$E$ 不再是常数。如果 $\sigma_k$ 超过钢材屈服应力的 80%，则上述的阿姆斯图兹公式不再适用。此外，采用阿姆斯图兹公式计算压力钢管临界外压时，还必须注意到另一局限性。在推导过程中，为便于公式的应用，减少公式求解的未知变量，引入了一些系数，将其规定在一定范围内，这些变量可认为是常数。如 $\varepsilon$ 为薄壳结构任意点向内变形微分方程中的符号，即式（8.5-10）左边的第二项，阿姆斯图兹在其 1970 年发表的论文中阐述到，$\varepsilon$ 可接受的范围为 $5<\varepsilon<20$。$\varepsilon$ 可称为辅助函数，其计算公式如下：

$$\varepsilon=\sqrt{1+12\left(\frac{r}{t}\right)^2\frac{\sigma_k}{E_{s2}}} \tag{8.5-13}$$

采用阿姆斯图兹公式计算压力钢管临界外压时，应注意验算管壁 $\sigma_k$ 和 $\varepsilon$ 值是否在上述合理范围内。通过测算可知，在 $\sigma_k=240\sim700$MPa，$r/t=40\sim100$ 的通常范围内，$\varepsilon=4.6\sim20$，此时阿姆斯图兹公式具有较好的适用性。压力钢管临界外压试验值与阿姆斯图兹公式计算成果简图见图 8.5-5。从图中可以看出，计算值与试验值趋势相当一致，当 $r/t$ 较大时，计算值基本小于试验值，计算结果有一定的安全裕量，随着 $r/t$ 减小，计算值与试验值相接近。由此可见，在阿姆斯图兹公式适用范围内，计算值与试验值比较相符，且稍偏安全。

（2）经验公式。阿姆斯图兹公式计算工作量较大，我国《水电站压力钢管设计规范》（NB/T 35056—2015）给出了经验公式。经验公式是根据 38 个模型试验资料通过回归分析得出的，相关系数可达 0.977，可以在初步估算时采用。

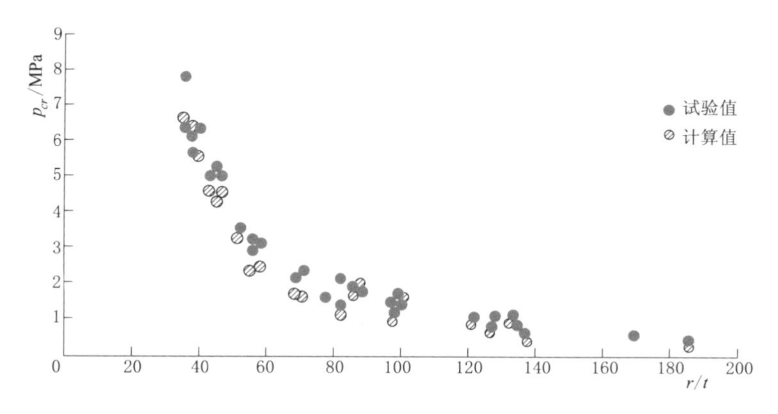


图 8.5-5 压力钢管临界外压试验值与阿姆斯图兹公式计算成果简图

$$p_{cr}=612\left(\frac{t}{r}\right)^{1.7}R_e^{0.25} \tag{8.5-14}$$

式中：$p_{cr}$ 为抗外压稳定临界压力计算值，N/mm²；$R_e$ 为钢材屈服强度，N/mm²，计算时取钢材的标准强度 $f_{sk}$。

经验公式的适用范围为 $30\leqslant r/t\leqslant 350$。

（3）孟泰尔公式。钢管的圆度对其承受外压的能力是有影响的，孟泰尔根据他个人的7组试验和包罗特的19组试验，得出了以下半经验公式，给出了圆度对抗外压能力的影响。

$$p_{cr}=5R_e\left(\frac{t}{r}\right)^{1.5}\Big/\left(1+1.2\,\frac{u+2\delta_2}{t}\right) \tag{8.5-15}$$

式中：$u$ 为管形径向偏差，mm；$\delta_2$ 为管壁与回填混凝土间的初始缝隙值，mm。

由于孟泰尔公式是半经验公式，因此有其适用范围，即 $r/t=30\sim170$、$R_e=250\sim500$MPa、$u/t\leqslant0.1\sim0.5$、$\delta_2/t\leqslant0.025$。管形径向偏差 $u$ 对外压稳定的影响只是改变了钢衬的曲率半径，与初始缝隙值不同，从孟泰尔公式看，是把管形径向偏差 $u$ 和初始缝隙值$\delta_2$ 等同看待。从工程实践看，压力钢管的圆度偏差达半径的1%也是可以接受的，而初始缝隙值一般不超过半径的0.04%，孟泰尔公式明显夸大了管形径向偏差的影响。在不考虑管形径向偏差时孟泰尔公式有较好的适用性。孟泰尔公式计算简单，可在一定范围内供估算或校核用。

（4）不同公式计算成果对比。对于埋藏式压力钢管，影响 $p_{cr}$ 的因素很多，除钢管屈服强度、直径、管壁厚度比较明确外，钢衬与外围混凝土间缝隙的大小和分布、钢衬的圆度和局部缺陷、外压的大小和分布等，都是在设计钢管时无法精确预知的。而各理论公式既不可能包罗上述各种因素，在很多因素的取值上又多凭经验，带有很大的任意性。经验公式（8.5-14）虽在形式上比较简单，但由于模型试验资料在客观上已经反映了上述各种随机因素的影响，故据此而建立的经验公式也必然在一定程度上综合地反映了上述因素的影响。图 8.5-6 列出了各公式的计算结果，由此可见，经验公式和阿姆斯图兹公式的计算结果比较一致，孟泰尔公式与阿姆斯图兹公式和经验公式较为接近，与伏汉公式相差较大。

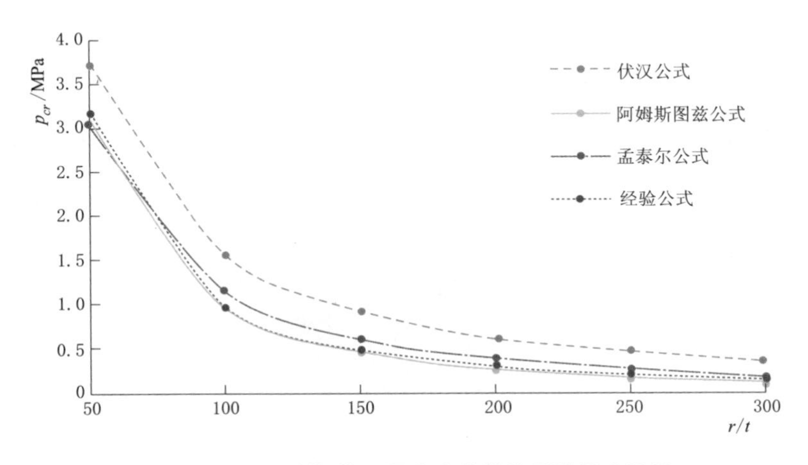


图 8.5-6 压力钢管不同公式临界外压计算成果图

(5) 圆度偏差及错台对钢管抗外压稳定的影响。对于埋藏式钢管来说，其初始圆度偏差对极限平衡的临界外压的影响要比明管小得多。《埋藏式钢管外压稳定计算》一文利用变分原理，参照阿姆斯图兹公式，导出了具有初始圆度偏差的埋藏式钢管在极限平衡条件下的临界外压公式，证明了初始圆度偏差在 $10D/1000$ 内时，对埋藏式钢管外压稳定的影响很小。当钢管半径 $r$ 与管壁厚度 $t$ 的比值在常采用的 $r/t=50$、100，采用 Q460 钢材，初始缝隙值为 $\delta/r=9\times10^{-4}$，初始圆度偏差为 $5D/1000$ 时，抗外压稳定临界压力 $p_{cr}$ 分别减小不足 1%和 2%。因此，对于埋藏式钢管初始圆度偏差允许值的规定，存在适当放宽的可能性。欧洲锅炉制造和类似钢结构协会的《C. E. C. T 水电站焊接压力钢管设计、制造和安装建议》规定压力钢管装配后钢管的椭圆度误差 $d_{max}-d_{min}\leqslant 0.04r$，远大于我国《水电站压力钢管设计规范》(NB/T 35056—2015) 规定的初始圆度偏差小于 $5D/1000$ $(0.01r)$。

纵缝错口对压力钢管抗外压稳定能力的影响是不可忽视的。若纵向焊缝有一错台 $s$，则沿纵向缝法向力将在此产生附加变矩 $\Delta M=tl\ \frac{s}{2}\sigma_k$（$l$ 为管节长度），从而产生附加应力 $\Delta\sigma=\frac{\Delta M}{W}=3\ \frac{s}{t}\sigma_k$，$\sigma_k+\Delta\sigma=\left[1+3\left(\frac{s}{t}\right)\right]=m\sigma_k$，因此在进行抗外压稳定计算时，式 (8.5-9) 和式 (8.5-10) 中应以 $R_{e2}-m\sigma_k$ 代替 $R_{e2}-\sigma_k$，这一影响还是比较大的。以 $r/t=50$、$\delta_{2p}/r=9\times10^{-4}$、采用 80kgf/mm$^2$ 级钢制造的钢管为例，分析纵缝产生不同错台对钢管抗外压稳定能力的影响。采用阿姆斯图兹公式计算可知，当 $s/t$ 达到 10%时，$p_{cr}$ 减小近 5%，因此《水电水利工程压力钢管制作安装及验收规范》(GB 50766—2012) 限制 $s<t/10$ 且不大于 2mm 是必要的。

#### 8.5.2.2 加劲环式钢管

加劲环式钢管抗外压稳定计算包括加劲环间管壁的稳定计算和加劲环的稳定计算。

(1) 加劲环间管壁的稳定计算。对于加劲环间管壁，失稳时波数一般较多，波幅较小。管壁与混凝土之间存在一定的初始缝隙，对管壁变形的约束作用不大，故加劲环式埋管的管壁临界外压仍采用明管的米赛斯 (Mises) 公式计算，安全系数略予降低。日本和美国的钢管设计规范以及阿姆斯图兹等都推荐采用米赛斯公式，我国的钢管设计规范也规定采用米赛斯公式计算加劲环间管壁的临界外压。计算公式如下：

$$p_{cr}=\frac{E_s t}{(n^2-1)\left(1+\frac{n^2 l^2}{\pi^2 r^2}\right)^2 r}+\frac{E_s}{12(1-\nu_s^2)}\left(n^2-1+\frac{2n^2-1-\nu_s}{1+\frac{n^2 l^2}{\pi^2 r^2}}\right)\frac{t^3}{r^3} \tag{8.5-16}$$

$$n=2.74\left(\frac{r}{l}\right)^{1/2}\left(\frac{r}{t}\right)^{1/4} \tag{8.5-17}$$

式中：$n$ 为最小临界压力的波数，取相近的整数；$l$ 为加劲环间距，mm。

（2）加劲环的稳定计算。美国的钢管设计规范和我国的钢管设计规范都认为，设于混凝土中的加劲环不存在失稳问题，采用短柱强度条件估算加劲环的稳定性。此方法认为加劲环用来承受作用在两加劲环间管道的全部外压荷载，在折算厚度的非常短圆筒上引起的环向应力不超过钢材的屈服强度即为满足稳定要求。

加劲环的临界外压 $p_{cr}$ 可按式（8.5-18）计算：

$$p_{cr}=\frac{R_e A_R}{rl} \tag{8.5-18}$$

其中

$$A_R=ha+t(a+1.56\sqrt{rt})$$

式中：$A_R$ 为加劲环有效截面面积，$mm^2$，详见图8.5-7；$h$ 为加劲环高度，mm；$a$ 为加劲环厚度，mm；$l$ 为加劲环间距，mm。

通过对比分析和工程实践，此方法偏于保守。只有在外压相对较低的条件下，加劲环具有较大的间距才可满足要求。

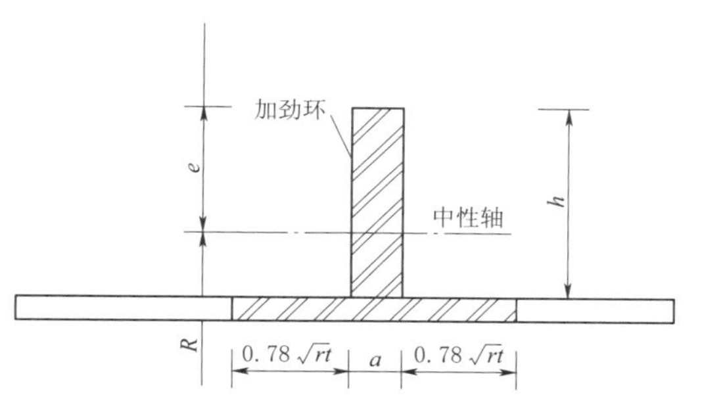

图8.5-7 加劲环断面示意图

由于埋藏式压力钢管设计外水压力选择的不确定性，在对外压失稳事故分析的基础上，我国《水电站压力钢管设计规范》（NB/T 35056—2015）提出，抗外压能力满足要求的光面管每隔10～20m也应设置1道加劲环。其目的是防止光面管一旦发生外压失稳事故时，破坏范围进一步扩大，将事故范围限制在两加劲环间。此加劲环可称为构造加劲环，构造加劲环的稳定性按上述公式计算，满足要求的加劲环尺寸过大且也没有必要。外压稳定是一个大变形的问题，加劲环承受的外压是有一个有效范围的，而不应是两加劲环间的全部外压。

加劲环的稳定计算方法还有很多，除采用上述方法计算外，美国土木工程师协会还给出了阿姆斯图兹公式和雅克布森公式的计算方法。用于加劲环分析的阿姆斯图兹方法与未设加劲环圆筒壳的方法类似，只是公式中有关断面特性参数取加劲环与其联合作用的管壁断面（有效截面）的相应值来计算，在采用阿姆斯图兹公式计算加劲环临界外压时，辅助函数 $\varepsilon$ 往往较低，在计算过程中应注意检查 $\varepsilon$ 是否在阿姆斯图兹公式规定的适用范围内，因此该方法的适用范围受到了一定限制。

雅克布森法的基本假定与阿姆斯图兹法相同，有效翼缘取为 $1.56\sqrt{rt}$。由于阿姆斯图兹法将某些变量的范围做了限制，其适用范围也因此受到了限制，而雅克布森法没有这些限制，因此适用范围较广，计算方法比较合理。作用于加劲环的临界径向屈曲外压 $p_{cr}$ 可通过联立以下 3 个方程求解。

$$r/\sqrt{12J/A_R}=\left\{\frac{[(9\pi/4\beta^2)-1][\pi-\alpha+\beta(\sin\alpha/\sin\beta)^2]}{12(\sin\alpha/\sin\beta)^3\left\{\alpha-\frac{\pi\Delta}{R}-\beta(\sin\alpha/\sin\beta)[1+\tan^2(\alpha-\beta)/4]\right\}}\right\}^{1/2} \tag{8.5-19}$$

$$(p_{cr}/EA_R)\sqrt{12J/A_R}=\frac{(9\pi^2/4\beta^2)-1}{(R^2\sin^3\alpha)[(J/A_R)\sqrt{(12J/A_R)\sin^3\beta}]} \tag{8.5-20}$$

$$R_e/E=\frac{e\sqrt{12J/E}}{R\sqrt{12J/A_R}}\left(1-\frac{\sin\beta}{\sin\alpha}\right)+\frac{p_{cr}\sqrt{12J/A_R}R\sin\alpha}{EA_R\sqrt{12J/A_R}\sin\beta}\left[1+\frac{8\beta eR\sin\alpha\tan(\alpha-\beta)}{\pi\sqrt{12J/E}\sqrt{12J/A_R}\sin\beta}\right] \tag{8.5-21}$$

式中：$\alpha$ 为屈曲波所对圆筒管壳中心的半角，(°)；$\beta$ 为通过屈曲波形成新的平均半径所对应的半角，(°)；$p_{cr}$ 为临界径向屈曲外压，$N/mm^2$；$J$ 为外加劲环及管壳作用部分的惯性矩，$mm^4$，管壳有效宽度取 $1.56\sqrt{rt}$；$A_R$ 为外加劲环有效截面面积，$mm^2$；$e$ 为加劲环中性轴至加劲环边缘的距离，mm；$R$ 为加劲环中性轴的半径，mm；$R_e$ 为钢材屈服强度，$N/mm^2$；$E$ 为钢材弹性模量，$N/mm^2$；$\Delta/R$ 为缝隙比，即缝隙值与钢管换算半径的比值。

加劲环间管壁的稳定性，在很大程度上取决于加劲环的刚度，也就是说，加劲环本身必须有足够的抗外压稳定能力，加劲环参数选择应充分关注到这一点。加劲环的间距由加劲环间管壁是否满足抗外压稳定要求来控制，但不宜过密，否则需增加壁厚或采取必要的工程措施，以减小外水压力。加劲环的厚度不宜小于管壁的厚度，美国垦务局建议加劲环截面面积应为包括有效翼缘在内的加劲环组合面积的 50%左右，这可能是考虑加劲环失稳时，加劲环和管壁截面上的环向应力不可能是均匀分布的。

### 8.5.3 管壁厚度确定

压力钢管壁厚除了要满足内水压力作用下的强度要求，以及外压作用下的稳定要求外，还应具有一定的刚度，以满足制作、运输、安装等要求。通常情况下，比较经济的做法是管壁厚度由内水压力控制，抗外压稳定通过合理布置加劲环或采取排水措施，减小外水压力的方法来满足要求。在钢材强度等级、管径确定后，提高压力钢管抗外压稳定能力的方法有两种：一是增加板厚；二是采用加劲环。采用增加板厚的方法提高压力钢管抗外压稳定能力，会使钢量增加较多，但可减少加劲环制作、安装工作量。对于抽水蓄能电站来讲，由于设计水头较高，电站引用流量往往较小，压力钢管直径一般不大，但 $HD$ 值却往往很大，满足内压强度要求所需的壁厚一般比较大，其抗外压稳定能力较强。因此，一般情况下，高水头段的压力钢管抗外压稳定问题并不突出，而应对中、低水头段加以关注。对于抽水蓄能电站的压力钢管，由于直径不大，采用适当增加板厚的方法以满足抗外压稳定的要求不一定是不经济的做法。国内外有相当多的工程，最终选定的压力钢管壁厚大于根据内水压力满足强度要求确定的厚度。对于采用高强钢的钢管，为减少角焊缝的根部开裂和层状撕裂等，尽量减少加劲环的布置也不失为一种较合理的思路。

为使钢管具有一定的刚度，各国的压力钢管规范中都有关于管壳最小厚度的规定，但有所差别。例如，日本《闸门钢管技术规范》中规定的管壳最小厚度为

$$t=\frac{D+800}{400} \tag{8.5-22}$$

我国《水电站压力钢管设计规范》（NB/T 35056—2015）中规定的管壳最小厚度为

$$t=\frac{D}{800}+4 \tag{8.5-23}$$

式中：$t$ 为管壳最小厚度，mm，计算得到的 $t$ 值若有小数，应予以进位；$D$ 为钢管直径，mm。

管壳最小厚度取值原则为公式计算值向上取整。

当按满足承载力要求确定的管壳厚度小于管壳最小厚度时，应采用管壳最小厚度。

## 8.6　工程措施

### 8.6.1　灌浆

埋藏式压力钢管内水压力是由钢衬、外围混凝土、围岩通过变形协调来共同分担的。为尽可能发挥围岩弹性抗力，提高围岩分担率，采取一定的工程措施是必要的。从理论上讲，影响围岩分担内水压力效果的主要因素有：围岩单位弹性抗力系数 $k_0$ 和钢管与混凝土及混凝土与围岩间的缝隙。为改善围岩的整体性，提高围岩单位弹性抗力系数 $k_0$，工程上常采用对围岩进行固结灌浆的措施。为使钢管外围混凝土回填密实，减小钢管与混凝土及混凝土与围岩间的缝隙，增加内水压力的传递效果，通常采用回填灌浆和接触灌浆的工程措施加以实现。

（1）固结灌浆。固结灌浆是对围岩因开挖造成的松弛区及围岩中发育的裂隙、断层等部位注入水泥浆，其目的是加固岩体，提高围岩的整体性，改善围岩地质力学参数，提高围岩的分担率，一定程度上改善围岩的防渗性能。传统的做法是在钢管上预留灌浆孔，待钢管安装、回填外围混凝土后，择机进行固结灌浆，待灌浆完成后对钢管上预留的灌浆孔进行封堵。如日本的喜撰山抽水蓄能电站，采用回填混凝土后利用在钢管上预留灌浆孔的方法实施固结灌浆，从平洞压水试验得出的固结灌浆前后弹性模量的比较结果可以看出，弹性模量提高越多，灌浆效果越好。经通水时量测，在进行接触灌浆和固结灌浆的部位，围岩的分担率为 0.63～0.74，而只进行接触灌浆的部位，围岩的分担率为 0.56～0.67。对于采用高强钢的压力钢管，不宜开设灌浆孔，常采用无盖重灌浆方式，即完成一期支护后，喷混凝土作为覆盖，采用 0.3～0.5MPa 灌浆压力，在压力钢管安装前进行低压固结灌浆，往往也可取得较好的效果。如日本的今市抽水蓄能电站，为改善洞室开挖爆破引起的岩体松弛和围岩均匀性，在岩面喷混凝土后进行低压固结灌浆，灌浆压力为 0.3～0.5MPa，灌浆后变形模量为灌浆前的 1.5 倍。又如西龙池抽水蓄能电站的压力管道中平段，采用 800MPa 级钢板衬砌，由于处于裂隙密集带，断层发育，为此在完成 6～15cm 厚喷混凝土后，对围岩进行固结灌浆，取得了良好的效果。尽管采用固结灌浆能够使围岩地质力学参数得到一定程度的改善，但这种改善效果在设计过程中往往是作为安全裕度来考虑的。

（2）回填灌浆。由于斜井、竖井中回填混凝土容易回填密实，因此回填灌浆通常在压力钢管平段实施。回填灌浆有预留灌浆孔注浆和预埋灌浆管路系统注浆两种方法。国内传

统的做法是采用预留灌浆孔注浆的方法，此方法后期封堵难度大，且容易漏堵，有时可能存在占用直线工期等问题。对于高强钢，因灌浆孔封堵时易产生焊接裂纹，不宜开设灌浆孔，因此通常采用预埋灌浆管路系统注浆的方法。西龙池抽水蓄能电站的上平段，由于设计内水压力不高，采用500MPa级钢板，回填灌浆采用预留灌浆孔的方法进行；中平段和下平段采用800MPa级高强钢，回填灌浆采用预埋灌浆管路系统注浆的方法。灌浆预埋管可采用近年来开始应用的可重复回填灌浆管，不仅方便施工，且也有利于质量的保证。

（3）接触灌浆。接触灌浆的目的是充填钢管与混凝土间的缝隙，尤其是压力管道平段底部60°～120°范围内回填混凝土近钢管部位。钢管与混凝土间的缝隙没有规律可循，脱空位置难以预料，无法预先设置灌浆孔。一般做法是对通过敲击检查呈鼓声的区域采用电磁钻现场临时开孔（一个孔进浆，一个孔排气）灌浆。有很多情况是开孔也难以灌进浆液，反而增加了灌浆孔封孔的难度。对于焊接裂纹敏感性较高的高强钢板，更是不宜采用此种方式，应考虑采用管外预埋灌浆管路系统的方式。通常做法是在底部一定范围内预埋灌浆管路系统进行灌浆。为减小混凝土与钢管间的缝隙，可采用微膨胀混凝土回填，用以补偿混凝土的收缩。如西龙池抽水蓄能电站的压力钢管，采用微膨胀混凝土回填，同时对上平段、中平段、下平段底部90°范围内通过预埋灌浆管路系统进行接触灌浆。通过对原型观测资料的分析可知，缝隙值一般小于$3.0\times10^{-4}r$，取得了良好的效果。十三陵抽水蓄能电站的压力钢管，采用微膨胀混凝土回填，没有进行接触灌浆，也收到了较好的效果。

### 8.6.2 排水

压力钢管的管壁厚度应按抵抗内压强度和满足抗外压稳定要求确定，对于埋藏式压力钢管，围岩分担了部分内水压力，但为抵抗外压，壁厚有时仍需加大，此时围岩分担内水压力的作用将不能充分发挥。在此种情况下，采用降低外水压力的排水措施往往是较为经济的做法。排水措施应结合工程地形地质条件、水文地质条件、输水系统布置等，通过工程类比，必要时进行渗流场分析，经综合比较后确定。

排水措施通常可分为直接排水措施和间接排水措施。间接排水措施是指在距压力管道一定距离，为降低钢管外地下水水位而设的排水洞、排水孔等排水措施。间接排水措施可利用已有的施工支洞或设置专门的排水洞，并布置排水孔，在其保护范围内形成降落漏斗，使地下水水位降低，进而达到减小钢管外水压力的目的。直接排水措施是指布置在钢管外侧与隧洞开挖面间的回填混凝土中，能将钢管外侧渗水直接排出的工程措施。直接排水措施对于降低钢管外侧的内水压力是比较直接、有效的，但由于混凝土浇筑、各种灌浆以及混凝土或岩石中钙质析出等易造成排水系统堵塞而使排水失效的可能性较大，同时又难以修复，因此通常只将其作为安全储备。

西龙池抽水蓄能电站压力钢管的排水系统包括直接排水系统和间接排水系统。西龙池输水系统地下水为基岩裂隙水，含水层与相对隔水层交替分布，呈“互层”状，没有统一的地下水水位。结合输水系统布置特点及水文地质条件，分别在位于相对含水层的中平段和下平段，利用2号中支洞和地下厂房下层排水廊道，在中平段1号、2号压力管道之间和高压管道下平段2号、3号高压支管之间，布置了中平段排水廊道和下平段排水廊道。在排水廊道两侧设排水孔，孔深为30m，间距为4.0m，倾角为30°，见图8.6－1（a）、（b）、（c）。

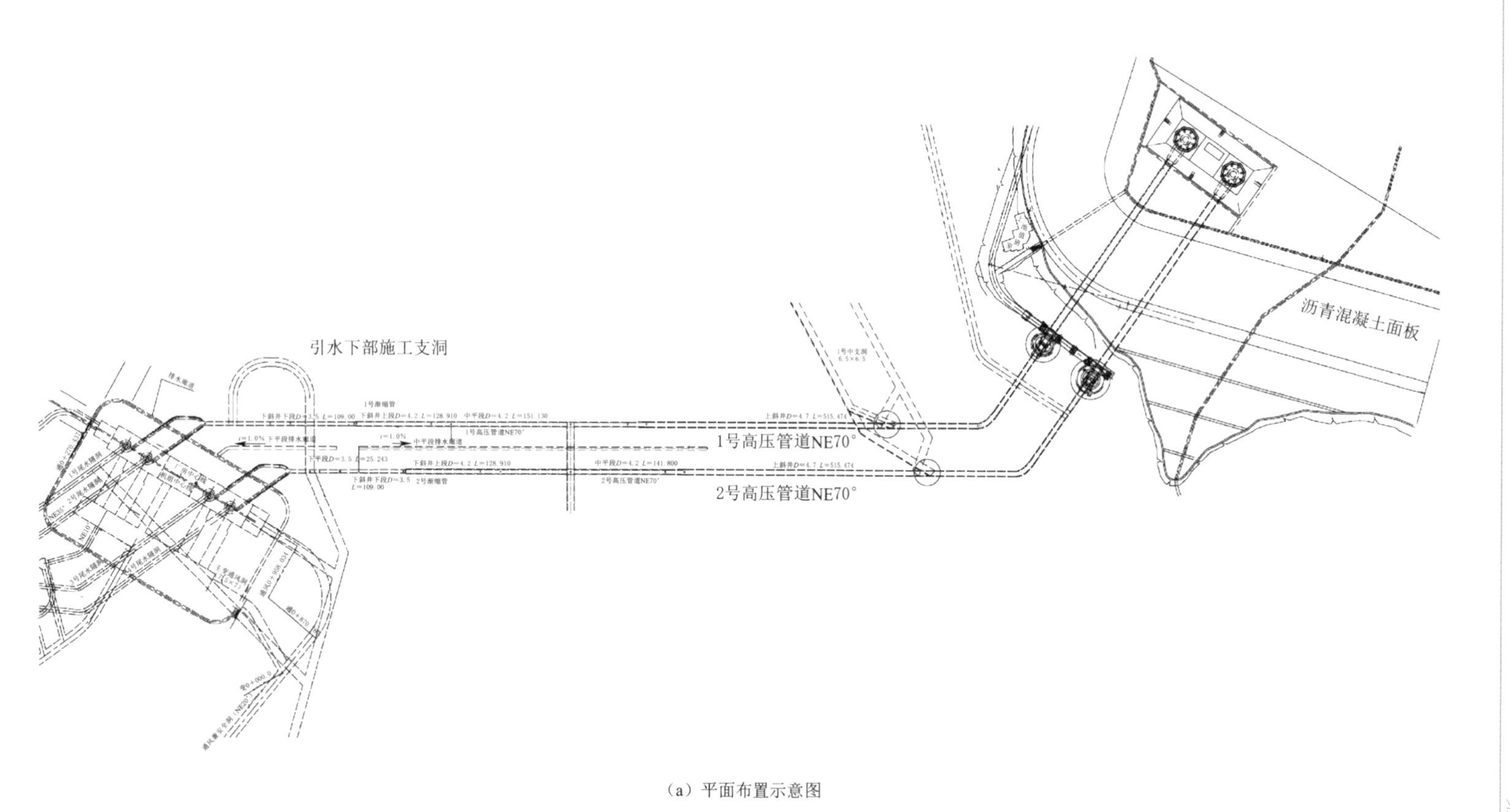


（a）平面布置示意图

图 8.6-1（一）　西龙池抽水蓄能电站压力钢管间接排水布置示意图（单位：m）

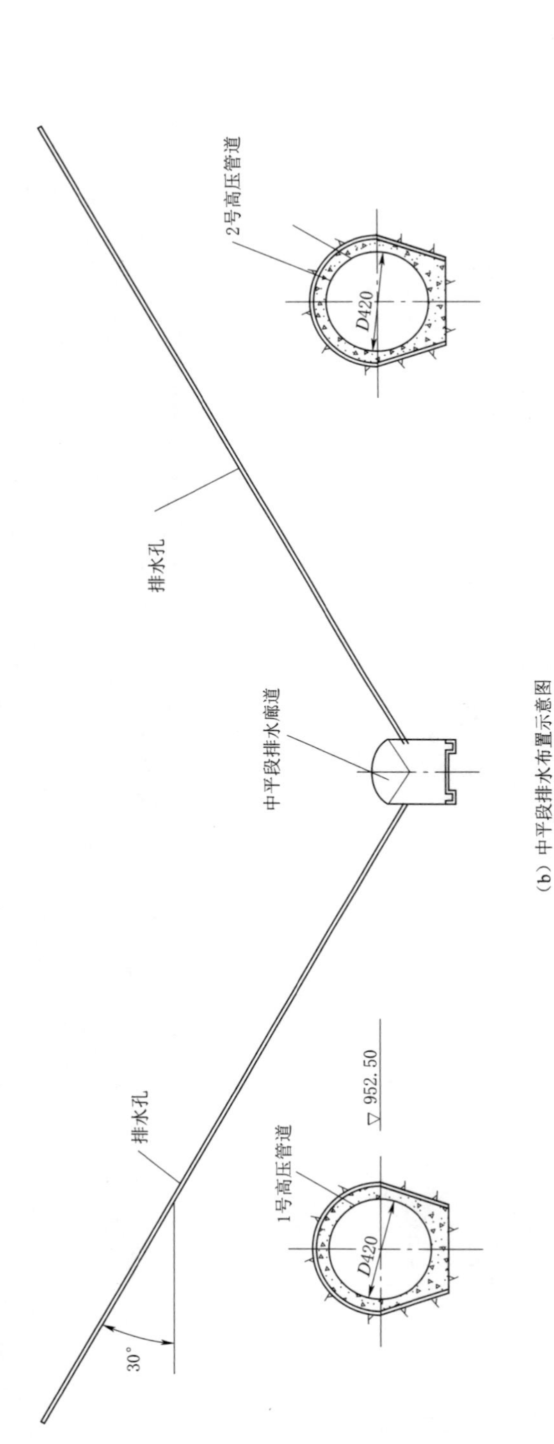


（b）中平段排水布置示意图

（c）下平段排水布置示意图

（d）岩壁排水典型断面示意图

图 8.6-1（二） 西龙池抽水蓄能电站压力钢管间接排水布置示意图（单位：m）

同时还在压力管道两侧沿线岩壁上各布置一排深入岩石1.5m、间距5m的排水孔，通过下部与沿高压钢管布置的$D150$集水钢管相连，将渗水排出，见图8.6-1(d)。岩壁排水系统根据排水通道采用分区布置，最大限度地减小因各种原因造成局部堵塞而失效的可能性。

为将渗入至钢管处的地下水及时排出，在钢管外侧布置了直接排水系统，见图8.6-2。贴壁排水系统由排水角钢、集水槽钢和排水主管组成。排水角钢贴管壁布置，沿钢管外壁的上、下、左、右4个方向均布4条，与钢管管壁的连接为间断焊接，非焊接部位在浇筑混凝土前涂工业肥皂，角钢外包无纺布，然后回填混凝土。集水槽钢沿钢管周圈布置，间距约为20m。集水槽钢和排水角钢构成相互连通的网格排水通道，可大大减小由于局部堵塞而造成排水失效的可能性。贴壁排水系统也采用分区布置。

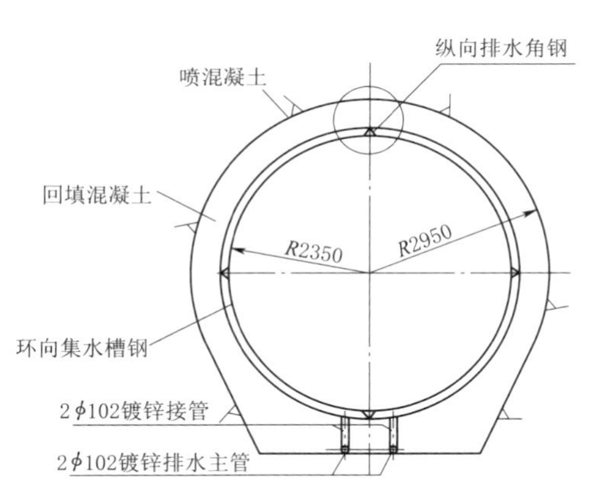


图8.6-2 西龙池抽水蓄能电站压力钢管直接排水布置示意图（单位：mm）

日本葛野川抽水蓄能电站压力钢管设置两套排水系统：岩体与混凝土之间的间接排水系统和钢管与混凝土之间的直接排水系统。在间接排水设计时，假设压力钢管地下水水位线为地面线，通过平面有限元进行渗流分析，确定作用于钢管的水压力及排水的渗出流量。如果在各部位设置主排水系统，则可以将渗出水量排出。为解决因排水通道堵塞造成排水功能降低的问题，设置了连接多孔排水管的连通管，见图8.6-3。直接排水系统通过布置管壁外侧环向排水管和4条纵向排水管将渗入管壁外侧水的排出。

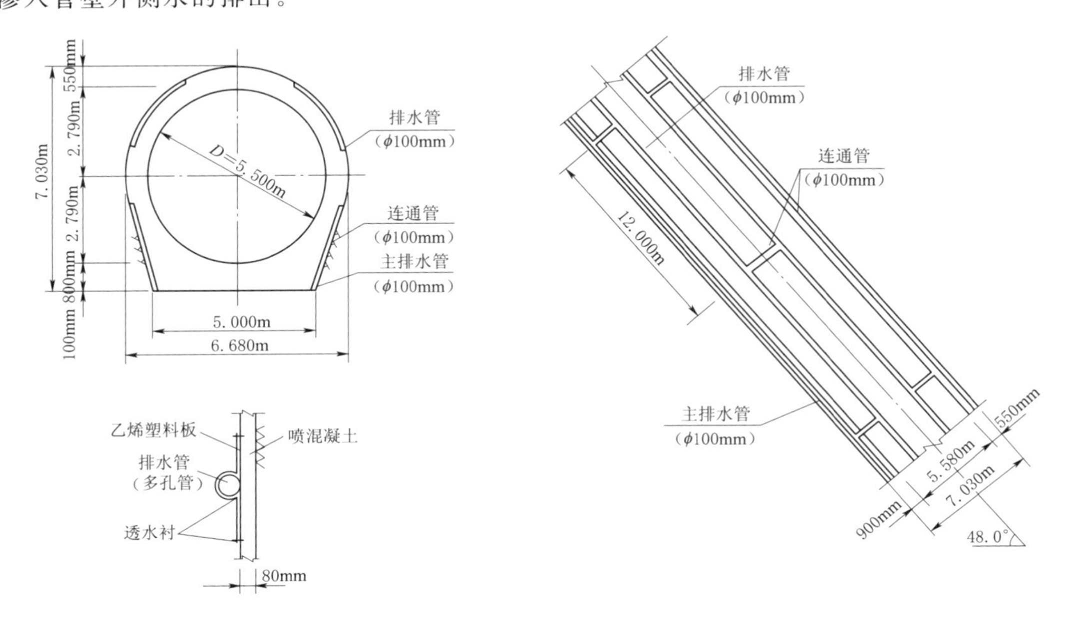


图8.6-3 葛野川抽水蓄能电站压力管道间接排水系统布置图（上斜段）

## 8.7 工程实例

### 8.7.1 西龙池抽水蓄能电站

西龙池抽水蓄能电站位于山西省忻州市五台县境内滹沱河与清水河交汇处上游约3km的滹沱河左岸。电站距忻州市及太原市直线距离分别为50km和100km。该电站装机容量为1200MW（4×300MW）。输水系统由上、下水库进/出水口，引水事故闸门井，压力管道，高压岔管，高压支管，尾水隧洞，尾水事故闸门井等组成。引水系统采用一管两机的供水方式，共2条主管，平行布置。高压管道采用斜井布置，在高程952.50m设置中平段，上、下斜井坡度分别为56°和60°，引水系统采用钢板衬砌。主管直径为5.2～3.5m，支管直径为2.5～2.1m，断面最大平均流速为5.1～15.6m/s。

#### 8.7.1.1 钢材选择

上、下水库高差650m，多年平均气温分别为4.7℃和8.1℃，月平均最低气温出现在1月，上、下水库分别为－18.4℃和－16.0℃，平均地温为10.9～13℃。钢管加工厂布置在下水库。综合考虑压力管道环境温度、制作及安装条件、应力水平、质量控制等因素，确定钢板化学成分及力学性能、工艺性能指标，分别见表8.7－1和表8.7－2。

表8.7－1　钢板化学成分

| 钢材级别 | 化学成分/% | | | | | | | | | | |
|---|---|---|---|---|---|---|---|---|---|---|---|
| | C | Si | Mn | P | S | Cu | Ni | Cr | Mo | V | B |
| 500MPa级钢板 | ≤0.20 | 0.20～0.55 | 1.20～1.60 | ≤0.030 | ≤0.020 | | | | | | |
| 600MPa级钢板 | ≤0.09 | 0.15～0.40 | 1.00～1.60 | ≤0.030 | ≤0.020 | | ≤0.40 | ≤0.30 | ≤0.30 | | |
| 800MPa级钢板 | ≤0.14 | ≤0.55 | ≤1.50 | ≤0.015 | ≤0.015 | ≤0.50 | 0.30～1.50 | ≤0.80 | ≤0.60 | ≤0.05 | ≤0.005 |

注　1. 800MPa级钢板：$C_{eq}$≤0.53%（厚度小于50mm），$C_{eq}$≤0.57%（厚度为50～75mm）。$C_{eq}$(%)＝C＋Mn/6＋Si/24＋Ni/40＋Cr/5＋Mo/4＋V/14。

2. 600MPa级钢板：$P_{cm}$≤0.20%。800MPa级钢板：$P_{cm}$≤0.30%（厚度小于50mm），$P_{cm}$≤0.32%（厚度为50～75mm）。$P_{cm}$(%)＝C＋Si/30＋Mn/20＋Cu/20＋Ni/60＋Cr/20＋Mo/15＋V/10＋5B。

表8.7－2　钢板力学性能、工艺性能

| 钢材级别 | 钢板厚度/mm | 拉伸试验 | | | 冲击试验 | | 冷弯试验 |
|---|---|---|---|---|---|---|---|
| | | 抗拉强度$\sigma_b$/MPa | 屈服点$\sigma_s$/MPa | 延伸率$\delta_5$/% | V形冲击功$A_{kV}$/J（横向） | 应变时效5%/J | 180° |
| 500MPa级钢板 | 6～16 | 510～640 | ≥345 | ≥21 | －20℃ ≥24 | | $d=2a$ |
| | ＞16～36 | 490～620 | ≥325 | ≥21 | －20℃ ≥24 | | $d=3a$ |
| 600MPa级钢板 | ≤60 | 610～740 | ≥490 | ≥20 | －20℃ ≥47 | －20℃ ≥34 | $d=3a$ |

续表

| 钢材级别 | 钢板厚度/mm | 拉伸试验 | | | 冲击试验 | | 冷弯试验 |
|---|---|---|---|---|---|---|---|
| | | 抗拉强度$\sigma_b$/MPa | 屈服点$\sigma_s$/MPa | 延伸率$\delta_5$/% | V形冲击功$A_{kV}$/J（横向） | 应变时效5%/J | 180° |
| 800MPa级钢板 | ≤50 | 780～930 | ≥685 | ≥20 | −40℃ ≥47 | −20℃ ≥34 | $d=3a$ |
| | 50～60 | 760～910 | ≥665 | ≥20 | −40℃ ≥47 | −20℃ ≥34 | $d=3a$ |

西龙池抽水蓄能电站钢板的采购是利用外资项目，通过国际招标最终采用日本住友SUMITEN510－TMC、SUMITEN610－TMC和SUMITEN780钢板。

#### 8.7.1.2 结构设计

输水系统所穿过的地层自上水库进/出水口至下水库进/出水口依次为：中奥陶统的上马家沟组（$O_2s$）、下马家沟组（$O_2x$），下奥陶统的亮甲山组（$O_1l$）、冶里组（$O_1y$），上寒武统的凤山组（$\in_3f$）、长山组（$\in_3c$）、崮山组（$\in_3g$），中寒武统的张夏组（$\in_2z$）的灰岩与白云岩及砂岩，围岩以Ⅲ类为主。

输水系统地下水较为贫乏，地下水类型为基岩裂隙水，局部有少量的岩溶裂隙水，主要接受大气降水的补给。区内所揭露的岩层中$\in_2z^2$、$\in_3c^1$、$O_1l^{2-1}$、$O_2x^1$、$O_2s^{1-1}$为区域性岩溶作用的相对隔水层，其间为相对含水层，呈“互层”状，并且在雨季时常在含水层底部、隔水层顶板形成少量层间地下水。

根据水力过渡过程计算最大压力上升值，考虑压力脉动、模型与原型计算误差等因素，确定高压管道最大设计内水压力为1034.0m。内水压力设计值分配按照引水系统闸门井和高压支管蜗壳进口之间的最大内水压力的差值以$\sum LV$为权重进行分配。

考虑到围岩的复杂性，围岩分担率采用明管准则限制，即围岩分担率最大采用$\lambda=0.45$。断层、裂隙密集带等不良地质条件部位和施工支洞口等部位的钢管不考虑围岩分担内水压力，即取$\lambda=0$。在距厂房开挖边线15～30m范围内不考虑围岩分担作用，按$\lambda=0$进行设计，距厂房开挖边线15m至地下厂房上游边墙按露天明管设计，上游边墙至蜗壳进口按厂内明管设计。

由于压力管道地下水没有统一的地下水水位线，相对含水层与相对隔水层呈“互层”状，为减小外水压力的影响，利用2号中支洞和地下厂房下层排水廊道，分别在中平段和下平段设置了间接排水系统。中平段位于相对含水层凤山组$\in_3f^2$地层，且发育有张性断裂带，下平段位于张夏组$\in_2z^2$地层，为相对隔水层。同时，沿高压管道在岩石与回填混凝土、钢管与混凝土之间分别设置了岩壁排水与贴壁排水。

通过计算，满足内压和抗外压稳定要求所需的管壁厚度为：50kg/mm$^2$级钢管壁厚16～24mm，60kg/mm$^2$级钢管壁厚28～38mm，80kg/mm$^2$级钢管壁厚40～60mm。

### 8.7.2 张河湾抽水蓄能电站

张河湾抽水蓄能电站位于河北省井陉县测鱼镇附近的甘陶河上，电站总装机容量为1000MW，装有4台单机容量为250MW的竖轴单级混流可逆式水泵水轮机组。电站输水系统由上水库进/出水口、引水事故闸门井、压力管道、高压岔管、高压支管、尾水隧洞、尾水事故闸门井、下水库进/出水口等组成，布置详见图8.7－1。引水系统采用一管两机

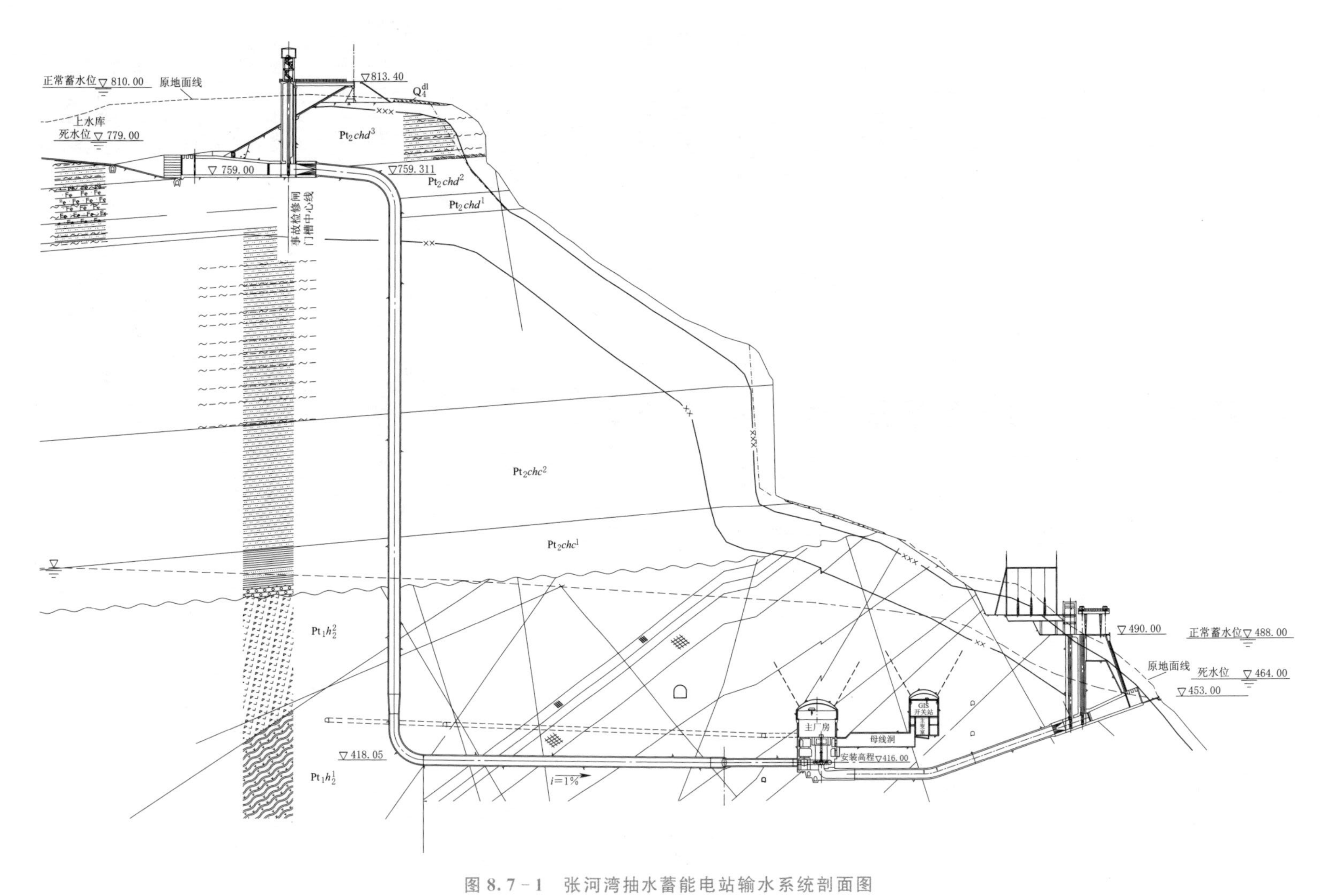


图 8.7-1 张河湾抽水蓄能电站输水系统剖面图

布置型式，两条管道平行布置，垂直进厂。高压管道立面采用竖井布置，由上平段与上弯段、竖井段、下弯段与下平段、岔管段、支管段组成。主管直径分别为6.4m、5.2m，中心间距为46.02m；支管直径分别为3.6m、2.7m，岔管采用月牙肋钢岔管。高压管道全部采用钢板衬砌。

#### 8.7.2.1　结构设计

高压管道内各断面的设计内水压力由静水压力与水击压力组成。蜗壳进口最大静水压力为394m水头、最大水击压力为126m水头，蜗壳进口最大设计内水压力为520m水头。其他各计算断面的设计内水压力按引水系统的$\sum LV$分配计算得出。

考虑围岩的复杂性，围岩分担率最大采用$\lambda=0.45$；断层及断层影响带以外1.5倍管径范围内的钢管$\lambda$值应降低，Ⅳ类围岩限定$\lambda \leqslant 20\%$；支管由于受厂房、排水廊道及岔管开挖的影响，围岩松弛，$\lambda$值应降低，限定$\lambda \leqslant 20\%$，且距厂房15m范围内取$\lambda=0$。上平段由于围岩较差，按地下埋管计算但不考虑围岩分担内水压力，即取$\lambda=0$。施工洞口及其两侧各1.5倍管径范围内的钢管$\lambda$值应降低，限定$\lambda \leqslant 25\%$。

高压管道设有两套间接排水系统：一套为管道内的间接排水系统，在管道岩壁打排水孔，通过排水管排入厂房；另一套为外排水系统，由3条平行排水廊道与排水孔组成。排水廊道与高压管道下平段平行。

通过计算，满足内压和抗外压稳定要求所需的钢管管壁厚度为：16MnR钢管壁厚16～28mm，WDB620钢管壁厚34～40mm，S690QL1钢管壁厚32～44mm。

#### 8.7.2.2　S690QL1钢材对压力钢管的适应性研究

张河湾抽水蓄能电站压力钢管部分采用比利时生产的S690QL1高强度调质钢。由于该钢材在我国水电工程中应用较少，故有必要对钢材的化学成分、力学性能、加工性能、焊接性能等进行专题研究。

S690QL1高强度调质钢采用欧洲标准（EN）生产，结合张河湾抽水蓄能电站高压力管道的条件，对比ASTM标准、日本工业标准（JIS）及我国国家标准（GB），从化学成分、碳当量、强度指标、伸长率、冲击韧性等方面分析可知，S690QL1钢可满足要求。在研究过程中，通过对迪林格钢铁公司生产的Dilimax690钢和USINOR INDUSTEEL钢厂生产的SUPRALSIM 690钢进行技术指标对比分析，以及与厂家进行技术交流后，可确定钢板各项指标，具体见表8.7-3和表8.7-4。

由于钢材的焊接性能除取决于钢材自身品质外，还与焊接方法、焊材、设备等有关，故有必要对钢材的焊接性能进行必要的研究，为此对该钢种及配套的焊材进行焊接试验，

表8.7-3　　800MPa级高强度钢板化学成分　　%

| C | Si | Mn | P | S | Cu | Ni | Cr | Mo | V | B |
|---|---|---|---|---|---|---|---|---|---|---|
| ≤0.14 | ≤0.55 | ≤1.50 | ≤0.015 | ≤0.015 | ≤0.50 | 0.30～1.50 | ≤0.80 | ≤0.60 | ≤0.06 | ≤0.005 |

注　1. 钢板$C_{eq} \leqslant 0.57\%$。$C_{eq}(\%)=C+Si/24+Mn/6+Ni/40+Cr/5+Mo/4+V/14$。
2. 钢板$P_{cm} \leqslant 0.30$。$P_{cm}(\%)=C+Si/30+Mn/20+Cu/20+Ni/60+Cr/20+Mo/15+V/10+5B$。

表 8.7-4　　800MPa 级高强度钢板力学性能和工艺性能

| 板厚 /mm | 屈服强度 $\sigma_s$ /MPa | 抗拉强度 $\sigma_b$ /MPa | 延伸率 $\delta_5$ /% | 冷弯试验 ($d=3a$, 180°) | 冲击试验 | | |
|---|---|---|---|---|---|---|---|
| | | | | | 温度 /℃ | V 形冲击功 $A_{kV}$/J | |
| | | | | | | 平均值 | 单个值 |
| <50 | ≥685 | 780～930 | ≥20 | 完好 | −40 | ≥47 | ≥33 |
| ≥50 | ≥665 | 760～910 | ≥20 | 完好 | −40 | ≥47 | ≥33 |

以评价钢材及其配套焊材的焊接性，为焊接施工提供依据。试验项目包括：手工电弧焊斜Y形坡口焊接裂纹试验、埋弧焊窗口拘束焊接裂纹试验和焊接线能量试验。

同时规定5%形变经人工时效后的冲击韧性指标值，见表8.7-5。

表 8.7-5　　5%应变下经 250℃×1h 时效后 V 形冲击功

| 厚度/mm | 试验温度/℃ | 平均值/J | 单个试样的最小值/J |
|---|---|---|---|
| 所有订货厚度 | −40 | ≥47 | ≥33 |

抗裂性试验结果表明，焊条与S690QL1（44mm厚）钢板焊接时，预热温度75℃以上不产生裂纹。在预热50℃、间隙2～2.15mm时，表面裂纹率为100%；在同样温度下间隙为1.85mm时，表面裂纹率为68%。由此可见装配间隙对裂纹的影响较大。

窗口拘束试验表明，试板厚度为44mm，配套焊丝、焊剂，环境温度为7～11℃，相对湿度为20%～50%条件下，在预热50℃以上时不产生裂纹。

焊接线能量试验结果表明，不同工艺方法及线能量下，接头的抗拉强度均满足标准要求。

对于焊条电弧焊试板，随着焊接线能量的增大，焊缝的冲击功呈明显的下降趋势，线能量为35kJ/cm时，焊缝的−40℃冲击功明显偏低，而且线能量为30kJ/cm、35kJ/cm时接头冷弯试验均出现了裂纹超标的情况，说明线能量大于等于30kJ/cm时，接头得不到良好的综合机械性能，施工中应加以控制。对于埋弧自动焊试板，线能量为20～35kJ/cm时均有良好的综合机械性能。

从硬度测试结果看，硬度值一般都为250～400HV，而且热影响区和母材的硬度差别不大，说明焊接过程没有引起钢板硬度的大幅度变化。

焊接残余应力测试表明，S690QL1钢板对接接头的焊接残余应力水平在0.7$\sigma_s$以下，残余应力水平和同级别的钢材相同。压力钢管的制作和安装证明，S690QL1钢板具有良好的加工性能，由于到货钢板外形尺寸较好，故加工成形好。

通过对S690QL1钢板化学成分、机械性能的分析，以及与到货钢板实际各项指标的验证，并经压力钢管制作加工过程的验证，S690QL1钢板完全可以用于水电站压力钢管制作。

## 8.8 压力钢管制作、安装

### 8.8.1 压力钢管制作工艺简述

根据时间顺序，压力钢管制作分为4个阶段：技术和工艺准备，材料采购与设备配置，瓦片与钢管制作，钢管防腐、运输与储存。

钢管制作前，应对设计图纸的正确性进行确认，完成焊接工艺评定，根据施工进度计划合理编制工艺性文件，作为具体施工的指导性文件，技术文件编制目录见表8.8-1。

表8.8-1 技术文件编制目录

| 序号 | 技术文件名称 | 备注 |
| --- | --- | --- |
| 1 | 压力钢管材料采购计划 | |
| 2 | 焊接工艺评定报告 | |
| 3 | 压力钢管制造及安装方案 | |
| 4 | 下料工艺卡 | |
| 5 | 压力钢管运输方案 | |
| 6 | 焊接工艺（方案） | 含焊接欠缺修复方案 |
| 7 | 施工安全专项措施 | |
| 8 | 质量检验计划（包括制作及安装） | |
| 9 | 压力钢管焊缝无损检测方案 | |
| 10 | 压力钢管防腐蚀施工方案 | 厂内或现场 |

依据焊接工艺评定，进行钢管制作前的材料及工器具准备。钢管制作前需采购的材料包括主管及加劲环钢板、焊材（焊丝、焊条、焊剂或保护气体）以及涂装材料，并准备必要的测量工具及检验样板，如精度为万分之一的钢卷尺等。

压力钢管瓦片制作工艺流程见图8.8-1。根据工程的不同需要，可以将加劲环先安装焊接在瓦片上，也可以在钢管组圆后进行安装焊接。瓦片加工后，对同一管节的瓦片进行组圆、纵缝组对、检验、纵缝焊接、加劲环组焊等，压力钢管管节组焊工艺流程见图8.8-2。

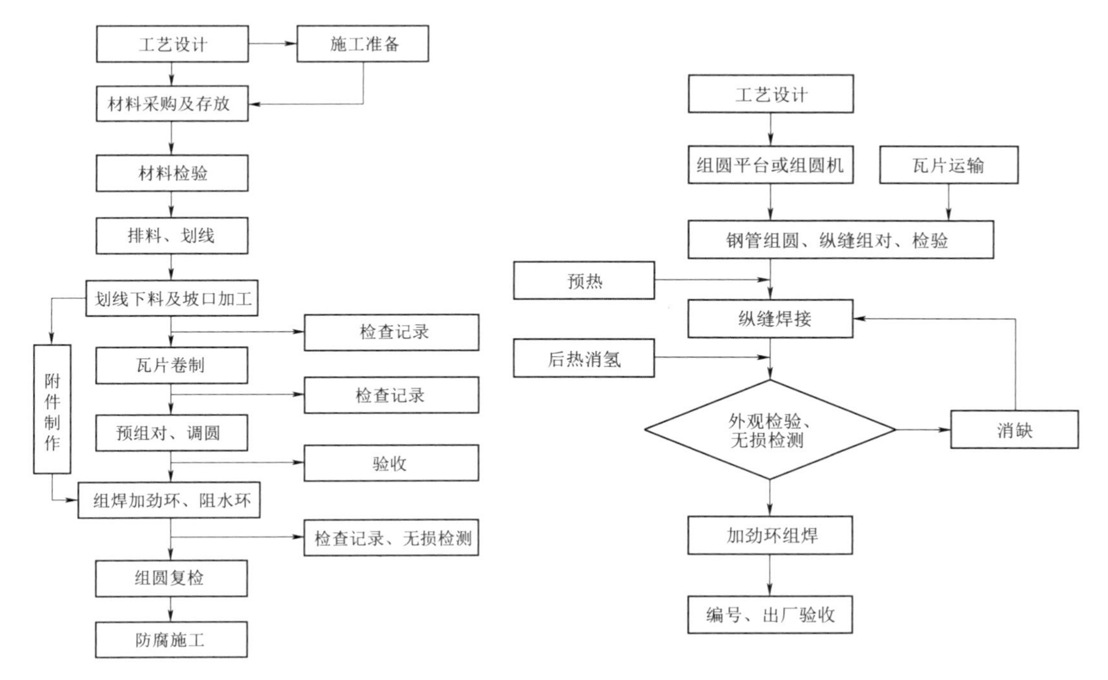


图8.8-1 压力钢管瓦片制作工艺流程图

图8.8-2 压力钢管管节组焊工艺流程图

钢管防腐有两种不同的工艺：一种是车间防腐＋现场焊缝防腐的方式，另一种是现场一次性防腐的方式。国内目前主要采取前一种方式，而国外通常采用后一种方式，现场一次性防腐的方式在岩滩等大型水电站中被证明质量可靠且耐久性好。

### 8.8.2 现场钢管厂内的压力钢管组焊技术

在传统的钢管制造技术中，考虑到大直径钢管运输困难或经济代价大，通常需要建设现场的钢管制造厂，以钢管制造厂为核心进行钢管的生产组织。

#### 8.8.2.1 现场制作设备配置

钢管制造设备依据工艺技术文件进行配置，主要有数控切割机、卷板机、焊接设备、平板拖车以及配套的起重机械（门式起重机、塔式起重机或桥式起重机等）等，其他可以选择的辅助设备有液压机、组圆机、汽车吊、空压机、轨道运输车等。

#### 8.8.2.2 制作及储存场地条件

钢管现场制作厂房面积根据制作规模不同而有所变化，一般为 1000～2000$m^2$。目前主要有两种不同的布置方式：一种是固定钢结构车间，将卷板机、电焊机等设备安装在车间内；另一种是轨道移动式轻钢结构车间。两种布置方式均能够满足钢管现场制作的条件。

一般要求的场地面积为 5000～20000$m^2$，需要选择在环境安全、地基稳定的平地，在工厂内布置钢管制造设备，并形成配套的供水、供电、交通、消防、照明等系统的设施。

因场地或环境条件限制，部分水电工程只能将钢管厂选址在渣场之上，因卷板机、数控切割机和起重机等设备对基础要求高，通常需要对渣场进行基础加固处理，以满足设备正常运行的安全和精度要求。

#### 8.8.2.3 钢管运输条件

对于大型压力钢管，为保证制作质量，管节通常在现场钢管加工厂完成制作，再整节运输至安装工作面。大直径钢管对运输条件要求较高，以 10m 直径压力钢管为例，一般运输道路的通过宽度要不小于 11m，从钢管厂到安装部位所经过的桥梁和隧洞路段均需考虑运输尺寸超限问题。溪洛渡水电站的洞内钢管采取了立式运输的方式，相应的运输支洞高度扩挖至 12m。由此可见，大型管节的运输需增加一定的临时工程量，尤其是当管节成为控制性尺寸时。

#### 8.8.2.4 智能化钢管组焊技术

传统压力钢管制作技术所需钢管加工厂占地面积大，机械化、自动化程度较低，工作人员多且工作环境差、劳动强度高，大型钢管对运输通道要求高，临时工程量增加较多，为此产生了智能化钢管组焊技术。智能化钢管组焊技术是近年发展的一项先进制造技术，该项技术首先由成都阿朗科技有限责任公司提出，实现了工程钢管制造安装高度机械化，提高了钢管制作的质量，更好地保证了工程安全和进度，使工程现场场地布置简化、道路优化和作业人员减少。近年来在锦屏一级、梨园、黄金坪、涔天河、沙坪二级、潼南航电、乌东德等多个工程中成功应用，收到了得好的效果，取得了较好的社会、经济效益。

智能化钢管组焊技术由现场组焊工艺技术和智能化钢管组焊装备系统组成。其核心是以瓦片为运输单元，在安装现场进行钢管的机械化组对和自动化焊接，用更多的工厂技术替代了现场技术，是一种安全、优质和高效的压力钢管制作工艺。结合埋弧自动化焊接技术，整个钢管制造流程具有人工数量少、劳动强度低、环保条件好的优点，在大直径或洞内钢管工程中有显著的经济价值。

## 8.8.3 智能化压力钢管组焊技术工程案例

### 8.8.3.1 梨园水电站压力钢管制作

梨园水电站采用了ZH120型智能化钢管组焊专机，见图8.8-3，设备主机由固定式机架、动力箱、回转支撑架和智能控制系统构成，配备了带加劲环组焊功能的滚轮架和埋弧自动焊设备。钢管组焊的主要工艺流程为：①钢管以瓦片形式运输，不预先组对加劲环；②瓦片运输至智能组焊专机下方，利用多功能滚焊台车进行组圆，然后进行纵缝埋弧焊；③纵缝焊接完成后使用加劲环组对装置进行加劲环组对，组对完成后在智能组焊专机上进行加劲环角焊缝埋弧焊；④在设备上进行钢管尺寸和无损探伤检查验收合格后出管。

图8.8-3 梨园水电站智能化钢管组焊设备

由于设备控制系统综合了工控机触摸屏界面、数字化控制装置、行程传感器和伺服电机驱动系统等现代技术，达到了扭矩大、调速范围宽和操作界面简便友好的设计要求。瓦片采取机械组对方式，钢管纵缝焊接后圆度调整由12组成对均布的支撑杆一键操作完成。加劲环利用组焊功能的滚轮架，在可旋转的钢管下端依次进行机械组对。设备配置的埋弧自动焊机，在焊接过程中抗风能力强、弧光及烟尘极小，焊接质量稳定，采用通常的焊剂不需要保护气体，能较好地满足野外作业的技术和经济要求。ZH120型智能化钢管组焊专机的主要性能参数见表8.8-2。梨园水电站钢管自动化制造工艺参数见表8.8-3。

表8.8-2 ZH120型智能化钢管组焊专机的主要性能参数

| 适用直径/m | 钢管质量/t | 单节管长/mm | 主轴力矩/(kN·m) | 钢管线速度/(m/s) | 支推力/拉力/kN | 调节量/mm | 外形尺寸(长×高×宽)/(m×m×m) | 自动焊机配置(型号×数量) |
|---|---|---|---|---|---|---|---|---|
| 9～12 | ≤40 | ≤2500 | 800 | 0～2000 | 200/200 | 500±3 | 12×13×6 | MZ1000×2台 |

表8.8-3 梨园水电站钢管自动化制造工艺参数（2012年6月）

| 结构特性 | 钢管直径 | 单节长度 | 单节质量 | 管壁壁厚 | 加劲环厚度 | 材质或等级 |
|---|---|---|---|---|---|---|
| | 12m | 2500mm | 30t | 36mm | 20mm | 610CF/Q345 |
| 工艺特性 | 作业人员 | 生产周期 | 3个瓦片组对 | 纵缝焊接 | 2组加劲环组对 | 2组加劲环焊接 |
| | 5～6人 | 2～3d | 3个人工日 | 4个人工日 | 2个人工日 | 2个人工日 |

梨园水电站在国内外水电工程中率先采用钢管自动化技术，利用智能化钢管组焊专机实现了直径12m的超大型钢管现场制造。智能化组焊设备集成了瓦片组圆、纵缝自动焊

接、钢管数控调圆、加劲环组装、加劲环自动焊接5个关键工序，结合埋弧自动焊实现了制造工艺的标准化、机械化和自动化，能确保组焊质量持续稳定。根据第三方检测结果：纵缝超声波探伤一次合格率达99.7%，钢管制作尺寸和形位公差优于传统工艺。该技术具有智能化的特点，可改善产品质量、节省人力、提高工效、减少占地、节约综合投资。

**8.8.3.2　黄金坪水电站压力钢管制作**

黄金坪水电站是首例洞内采用智能化组焊专机进行钢管组焊的工程，见图8.8-4，配置埋弧自动焊和滚焊台车，所有设备总重约85t（含组圆专机、滚焊台车、钢管转运台车）。钢管组焊的主要工艺流程为：①瓦片运输；②瓦片组圆；③纵缝焊接；④压力钢管退出组圆台车；⑤钢管双节组对及环缝自动焊接；⑥压力钢管运输到安装部位，包括纵向移动和横向移动。

图8.8-4　黄金坪水电站洞内钢管智能化组焊设备

黄金坪水电站压力钢管瓦片在瓦片厂制作完毕后，以瓦片形式运输进洞，使用电动葫芦卸车至多功能滚焊台车上。此时多功能滚焊台车每次将一片瓦片运输至钢管组焊专机撑杆下方，使用控制系统将撑杆长度自动调整为瓦片内半径后，多功能滚焊台车将瓦片托起与撑杆接触。使用夹具固定瓦片，旋转钢管组焊专机，重复操作直至钢管组圆完毕。组圆完成后，进行纵缝埋弧自动焊，焊接完成后进行纵缝部位加劲环拼装。待全部工序完成后可出管。

使用多功能滚焊台车将钢管托起，控制组焊专机撑杆自动缩回，待钢管与撑杆完全脱开后，开动多功能滚焊台车，与运输支洞的转运台车完成钢管交接，实现钢管横向运输。压力钢管下平段部分在大节焊接完成后，多功能滚焊台车直接运输大节钢管至安装位置，并调节好相关尺寸后，进行加固。下弯段钢管则采用整体提升工艺进行施工。钢管在下弯段起弯前平段进行环缝焊接，每次焊接完成后，使用提升装置进行提升，重复焊接与提升过程，直至下弯段钢管安装完毕。钢管运输至安装面后，可进行大节环缝埋弧自动焊，使用的DGC100型多功能滚焊台车和横向转运台车，设计荷载分别为100t和80t。黄金坪水电站压力钢管洞内组焊设备主要配置和性能见表8.8-4，黄金坪水电站钢管自动化制造工艺参数见表8.8-5。

表8.8-4　　黄金坪水电站压力钢管洞内组焊设备主要配置和性能

| 项　目 | 适用直径/m | 载荷/kN | 最大管长/mm | 主轴力矩/(kN·m) | 钢管线速度/(m/s) | 支推力/拉力/kN | 调节量/mm | 外形尺寸(长×高×宽)/(m×m×m) | 自动焊机配置(型号×数量) |
|---|---|---|---|---|---|---|---|---|---|
| 钢管组焊专机 | 8～12 | 400 | 2500 | 800 | ≤2000 | 400/200 | 300 | 12×13×6 | MZ1000×2台 |
| 主动式多功能台车 | 8～13.5 | 1000 | 6000 | 20 | ≤200 | — | 550mm | 7×1.5×2 | MZ1000×2台 |
| 被动式多功能台车 | 8～13.5 | 1000 | 6000 | — | — | — | 550mm | 7×1.5×2 | — |

续表

| 项　目 | 适用直径/m | 载荷/kN | 最大管长/mm | 主轴力矩/(kN·m) | 钢管线速度/(m/s) | 支推力/拉力/kN | 调节量/mm | 外形尺寸(长×高×宽)/(m×m×m) | 自动焊机配置(型号×数量) |
|---|---|---|---|---|---|---|---|---|---|
| 加劲环组对台车 | 8～12 | 5 | 2500 | — | — | — | 300 | 6×1×2.2 | — |
| 横向转运车 | 8～12 | 80 | 5000 | — | ≤2000 | — | — | 8×1.5×4 | — |

表 8.8-5　　黄金坪水电站钢管自动化制造工艺参数（2014年5月）

| 结构特性 | 钢管直径 | 单节长度 | 单节质量 | 管壁壁厚 | 加劲环厚度 | 材质或等级 |
|---|---|---|---|---|---|---|
| | 9.6m | 1.5～2.4m | 12～20m | 28mm/30mm | 20mm | Q345 |
| 工艺特性 | 作业人员 | 生产周期 | 3个瓦片组对 | 纵缝焊接 | 3组加劲环组对 | 3组加劲环焊接 |
| | 3～4人 | 2～3台班 | 2个人工日 | 2个人工日 | 1个人工日 | 1个人工日 |

与传统钢管制造完成后整节运输进洞工艺相比，采用洞内组圆，可以很大限度上减小钢管堆放场地限制对施工造成的影响。同时，瓦片运输与钢管整节运输相比，更是减少了对道路交通条件的要求。如黄金坪水电站 $\phi$9.6m 内径瓦片，1次运输1片瓦片时，运输车辆不会超宽，1次运输2块瓦片时，也仅有少量超宽。故在瓦片运输时，避免了大件运输时的一系列困扰，即使在最小断面尺寸为5m×5m的施工支洞中也能够顺利完成整个设备和钢管的运输。

在洞内组圆时，组焊专机旋转部分采用4台伺服电机同步驱动，可很大限度上避免因突发状况导致的意外发生，如电机抱闸失效、机械故障等。埋弧自动焊具有焊接效率高、焊接质量好和环保的特点，尤其适合洞内作业。在焊接过程中，平均熔敷效率大于10kg/h。埋弧焊焊接过程稳定，焊接参数采用数字化控制方式，对于焊接过程中的参数设置更加精准，能够实现焊接线能量的精确控制。组焊专机自动调圆，可以自动调节钢管圆度，钢管直径偏差小于3mm。

钢管出管及转运时，多功能滚焊台车与转运台车配合工作，实现无吊点转运钢管。在纵向运输变为横向运输的过程中，钢管无起重环节，全程钢管不离开台车，减少了安全隐患。

多功能滚焊台车的调节功能应用于钢管安装就位时，可以实现里程、高程及中心的遥控点动调节，简单、快速，优化了钢管安装时钢管位置调节的施工环境与施工条件。

黄金坪水电站压力钢管下平段较短，下弯段为压力钢管施工的重点难点，在行业内首次引入了整体提升工法。弯段钢管施工时，首先在下平段完成前3节钢管对接并焊接，固定提升设备后，开始提升，待前3节钢管末端位于下弯段起弯处时停止，此时将4～6大节与1～3节钢管对接。重复提升与焊接环节，直至钢管到达安装位置。采用弯段整体提升后，该工艺的最大优势是能够将所有环缝焊接工作均在下平段完成，避免了传统安装时钢管单节就位后在弯段焊接时的安全隐患，且在平段焊接，施工条件优化，更能保证工程质量。

利用埋弧自动焊进行了112节纵缝焊接，其中有87节焊缝一次探伤合格；纵缝总长度为605.2m，焊缝缺陷累计长度为3.37m，一次合格率为99.44%，经缺陷修复后二次探伤，全部合格，经第三方TOFD探伤抽检，合格率为100%。外观质量检查显示成形好，焊接饱满。

#### 8.8.3.3 湖南涔天河水库扩建工程压力钢管制作

湖南涔天河水库扩建工程压力钢管制作现场形成了移动式钢管组焊车间系统，见图8.8-5，该系统实现了标准化和模块化设计，包括主机模块、顶梁模块、支腿及立柱模块、焊接模块、瓦片提升模块、标准支撑杆件、多功能车、横向转运车、加劲环组对车、主机驱动集成电路控制模块等。系统的功能完整性和可靠性较高，在作业强度高、多雨湿度大的环境条件下得到了充分的验证。钢管组焊的工艺流程为：①钢管以瓦片形式运输，不预先组对加劲环；②瓦片运输至智能组焊专机下方，利用多功能滚焊台车进行组圆，然后进行纵缝埋弧焊；③纵缝焊接完成后使用加劲环组对装置进行加劲环组对，组对完成后在智能组焊专机上进行加劲环角焊缝埋弧焊，待完成后出管；④进行下一节钢管制作，完成后与前一节钢管组对成大节，并焊接环缝；⑤使用多功能滚焊台车运输钢管至安装位置，并辅助安装调节钢管。

图8.8-5 湖南涔天河水库扩建工程压力钢管智能化组焊设备

涔天河水库扩建工程压力钢管移动组焊车间设备主要配置和性能参数见表8.8-6，2015年5月钢管制作平均效率是2.5d/节（最快为1.5d/节），涔天河水库扩建工程压力钢管自动化制造工艺参数见表8.8-7。

表8.8-6 涔天河水库扩建工程压力钢管移动组焊车间设备主要配置和性能参数

| 设备名称 | 适用直径/m | 载荷/kN | 最大管长/mm | 主轴力矩/(kN·m) | 钢管线速度/(m/s) | 支推力/拉力/kN | 调节量/mm | 外形尺寸（长×高×宽）/(m×m×m) | 自动焊机配置（型号×数量） |
|---|---|---|---|---|---|---|---|---|---|
| 钢管组焊专机 | 8～12 | 400 | 2500 | 800 | ≤2000 | 400/200 | 300 | 12×13×6 | MZ1000×2台 |
| 主动式多功能台车 | 8～13.5 | 1000 | 6000 | 20 | ≤200 | — | 550 | 7×1.5×2 | MZ1000×2台 |
| 被动式多功能台车 | 8～13.5 | 1000 | 6000 | — | — | — | 550 | 7×1.5×2 | — |
| 加劲环组对台车 | 8～12 | 50 | 2500 | — | — | — | 300 | 6×1×2.2 | — |

表8.8-7 涔天河水库扩建工程压力钢管自动化制造工艺参数（2016年5—8月）

| 结构特性 | 钢管直径 | 单节长度 | 单节质量 | 管壁壁厚 | 加劲环厚度 | 材质或等级 |
|---|---|---|---|---|---|---|
| | 9.5m | 2500 | 20～25t | 36mm/40mm/44mm | 34mm | Q345 |
| 工艺特性 | 作业人员 | 平均生产周期 | 3个瓦片组对 | 纵缝焊接 | 2组加劲环组对 | 2组加劲环焊接 |
| | 4～6人 | 2.5d | 1个台班 | 1个台班 | 2个台班 | 1个台班 |

涔天河水库扩建工程压力钢管技术创新主要体现在以下几个方面：①首次实现钢管组焊车间设备的标准化和模块化，移动、安装和拆卸简单方便；②极端环境和气候条件下的设备设计，使机械和电气系统适用于低温、多雨和高湿度的工作条件；③瓦片和加劲环分别在工厂制造，运距大于1400km，4～5片装车；④首次采用“三工位”工法进行钢管现

场制作和安装，焊缝总长的70%实现埋弧自动焊接；⑤首次实现钢管质量50t、长5m的大节钢管过弯道运输。其中，“三工位”工法的具体分工是：第一个工位实现单节钢管组焊（含加劲环），使100%的纵缝和加劲环角焊缝实现自动焊接；第二个工位为双节钢管组焊及中转，使30%的对接环缝实现自动焊接；第三个工位为钢管安装。这种工法一方面提高了钢管焊接自动化的比例，使直管段钢管的纵缝、加劲环角焊缝和两节钢管对接环缝都采用了埋弧自动焊接工艺，大大改善了作业条件、提高了焊接质量；另一方面通过减少19个安装循环次数，使工期节省95d左右，确保了工程关键部位的过程控制。

截至2016年10月26日，涔天河水库扩建工程应用新工艺总计完成了68节钢管制作和安装，共计1780t，制作和安装焊缝的总长度为6619m，超声波探伤一次合格率达98.6%～99.2%。涔天河水库扩建工程采用此项新技术，使钢管制作和安装整体的工期较原计划提前4个月。

#### 8.8.3.4 乌东德水电站压力钢管制作

针对800MPa级钢材、60mm钢板厚度、单节钢管重60t和最大达2m的直径变化的特殊需要，乌东德水电站13.5m直径钢管组焊设备采用了具有超大扭矩、主机自升降和回转功能的设备系统，具备设备自检测和现场记录的功能，使设备的安装、运输和运行管理更简单，适应了更大范围钢管尺寸和质量的需要，配备大功率电加热装置和双丝埋弧焊系统，能够进行高效的高强钢材质的钢管焊接，见图8.8-6。

图8.8-6 乌东德水电站洞内钢管组焊设备系统

钢管组焊的工艺流程为：①钢管以瓦片为单元进行场内运输；②钢管采取智能化装备方式在设备上进行组焊；③钢管纵缝采用埋弧焊进行焊接；④采取2节钢管组对的方式，节间环缝采用埋弧焊焊接；⑤加劲环在钢管组焊后进行机械化组对，角焊缝采用埋弧焊焊接；⑥钢管组焊后采用台车向下游进行水平运输；⑦每条钢管组焊完成后，设备在支洞内移动水平之后拆装一次。

乌东德水电站压力钢管洞内组焊设备主要配置和性能见表8.8-8。

表8.8-8 乌东德水电站压力钢管洞内组焊设备主要配置和性能

| 项　目 | 适用直径/m | 载荷/t | 最大管长/mm | 主轴力矩/(kN·m) | 钢管线速度/(m/s) | 支推力/拉力/t | 调节量/mm | 外形尺寸(长×高×宽)/(m×m×m) | 自动焊机配置(型号×数量) |
|---|---|---|---|---|---|---|---|---|---|
| 钢管组焊专机 | 8～13.5 | 70 | 3000 | 1360 | ≤2000 | 40/20 | 300 | 12×13×6 | MZ1000×2台 |
| 主动式多功能台车 | 8～13.5 | 100 | 6000 | 20 | ≤200 | — | 550 | 7×1.5×2 | MZ1000×2台 |
| 被动式多功能台车 | 8～13.5 | 100 | 6000 | — | — | — | 550 | 7×1.5×2 | — |

续表

| 项　目 | 适用直径/m | 载荷/t | 最大管长/mm | 主轴力矩/(kN·m) | 钢管线速度/(m/s) | 支推力/拉力/t | 调节量/mm | 外形尺寸(长×高×宽)/(m×m×m) | 自动焊机配置(型号×数量) |
|---|---|---|---|---|---|---|---|---|---|
| 加劲环组对台车 | 8～13.5 | 5 | 3000 | — | — | — | 300 | 6×1×2.2 | — |
| 横向转运车 | 8～13.5 | 80 | 5000 | — | ≤2000 | — | — | 8×1.5×4 | — |

乌东德水电站在施工阶段结合钢管组焊设备的技术参数，对运输支洞的断面进行了大量优化，取得了良好的工程经济应用价值。通过工程实践，不仅提高了我国施工智能化装备的研发设计水平，而且进一步提高了水电工程建设水平，是现代水电行业的标杆项目。

# 第 9 章

# 岔管

## 9.1 岔管类型

岔管是输水系统一管多机供水方式的重要组成部分，根据所采用材料的不同，可分为钢筋混凝土岔管和钢岔管。钢筋混凝土岔管可充分利用围岩的承载能力，大部分甚至绝大部分内水压力由围岩承担，从一定意义上讲，钢筋混凝土岔管实际上是一种平整衬砌，是一种较为经济的衬砌型式，但是对围岩条件要求较高。当围岩地质条件较差、上覆岩体厚度不足，不适合采用混凝土衬砌时，往往采用钢岔管。钢岔管从结构型式上可分为球形岔管、三梁岔管、贴边岔管、无梁岔管、月牙肋岔管等。从国内外已建抽水蓄能电站钢岔管型式分析，大型抽水蓄能电站采用的钢岔管型式主要为三梁岔管、球形岔管和月牙肋岔管。此 3 种型式岔管的体形示意图详见图 9.1-1～图 9.1-3。

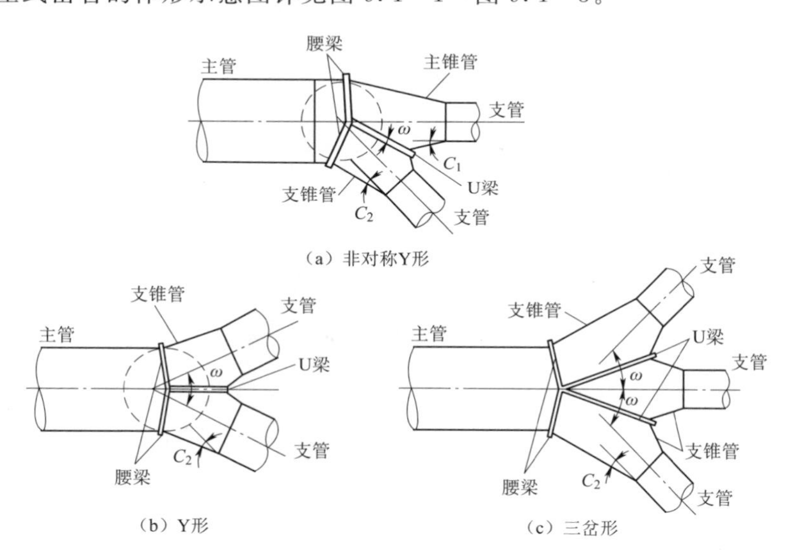


图 9.1-1　三梁岔管体形示意图

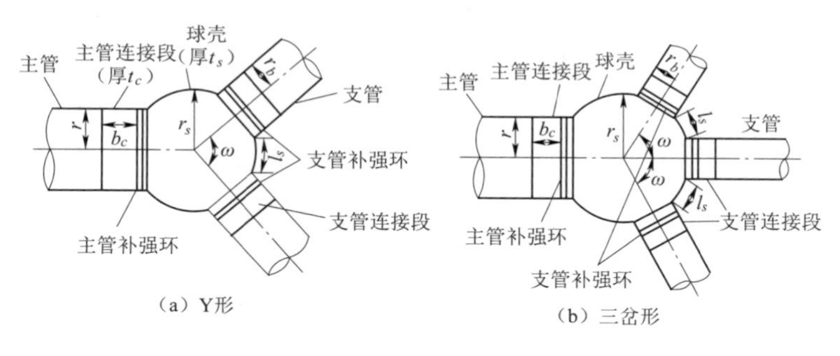


图 9.1-2　球形岔管体形示意图

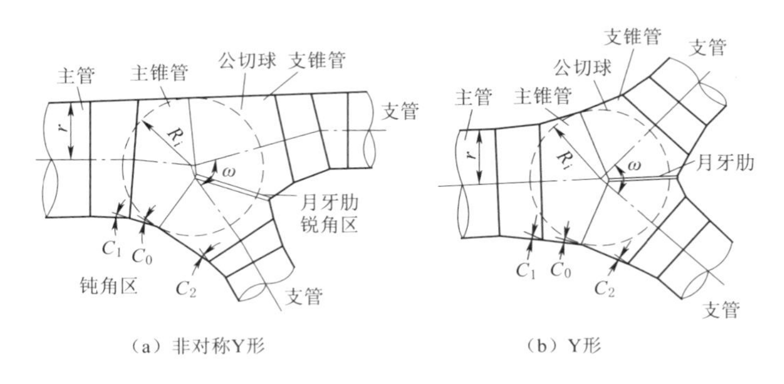


图 9.1-3　月牙肋岔管体形示意图

## 9.2　钢筋混凝土岔管

钢筋混凝土岔管对围岩条件要求较高，除要满足“应力条件”外，还应满足“渗漏条件”。如美国的巴斯康蒂抽水蓄能电站，共安装有6台350MW机组，电站最大设计水头为385m，有3条引水隧洞，内径为8.6m，采用钢板衬砌，在距厂房304m处布置钢筋混凝土岔管，分岔后高压支管直径为5.5m；英国的迪诺威克抽水蓄能电站，共安装有6台3000MW机组，设计水头为513.4m。引水系统采用钢筋混凝土衬砌，由1条直径为10.5m的低压引水隧洞下接直径为9.5m的高压竖井和下平段。在下平段布置高压钢筋混凝土岔管，分岔后高压支管直径为3.3m；我国的广州、天荒坪、惠州等抽水蓄能电站，高压岔管也采用了钢筋混凝土岔管。

从钢筋混凝土岔管实际运行情况分析，在内水压力作用下，当水头较高时，衬砌将开裂成为透水衬砌，内水压力以渗透体积力形式作用于衬砌上。因此，在进行结构分析时，首先根据水文地质条件、渗透边界条件进行渗流场分析，确定岔管部位的渗透压力；再将渗透压力以体力形式作用于岔管结构上进行结构分析，也可以直接进行渗流场与结构的耦合分析，即按透水隧洞设计理论进行岔管结构分析，更接近实际情况。

广州抽水蓄能电站一期工程，为验证钢筋混凝土岔管的设计合理性，在现场进行1：2大比尺的模拟水压试验。由试验成果可知，在内水压力较低时，钢筋混凝土有较好的抗渗能力，岔管外侧渗压计测值很小，此时内水压力基本可视为以面力形式作用于衬砌上。当内水压力大于2MPa以后，岔管外侧渗压计测值加速增长，同时渗压计测值与内水压力的比值也呈显著增大趋势。当内水压力达到5.5MPa时，岔管外侧近岔管侧渗压计测值接近内水压力，其比值平均为0.95，远离岔管侧渗压计测值与内水压力的比值为0.72。上述现象再一次说明，内水压力是以渗透体积力形式作用于衬砌和围岩上的，衬砌承担的内水压力为其内外表面渗透压力差，远小于衬砌作为弹性不透水体，通过与围岩变形相容条件确定其所分担的内水压力。

惠州抽水蓄能电站高压钢筋混凝土岔管，对运行工况采用两种方法进行结构分析。由于水击压力作用时间较短，按面力直接施加于衬砌内表面，静水压力分别按面力施加于衬砌内表面和渗透体积力施加于全部衬砌单元两种算法进行计算。内水压力按面荷载进行计算，衬砌的拉应力比较大，大部分达到了 6MPa 以上，远远超过混凝土的抗拉能力，说明衬砌将开裂成为透水衬砌。当静水压力按渗透体积力计算时，衬砌中的环向拉应力均较小，大部分在 1.6MPa 左右，只是在岔角处由于应力集中，而使衬砌中的拉应力较大，最大达到 4.14MPa。内水压力工况下，洞周围岩大部分部位第三主应力为压应力，只是在岔角和断层穿过主管洞壁的局部围岩出现了较小的拉应力。这与岔管实际运行状态比较相符，说明隧洞衬砌按透水衬砌设计、内水压力按渗透体积力计算是合理的。最终，惠州抽水蓄能电站岔管采用的配筋为 2 排 $\phi$25@100mm，裂缝宽度为 0.16mm，目前运行状态良好。

## 9.3 钢岔管

抽水蓄能电站采用的钢岔管主要有三梁岔管、球形岔管和月牙肋岔管 3 种型式。由于月牙肋岔管具有受力明确、设计简便、水流流态好、水头损失小、结构可靠、制作安装方便等优点，在国内外大中型常规水电站和抽水蓄能电站的地下埋管中得到广泛应用，本节重点对月牙肋岔管进行介绍。

### 9.3.1 月牙肋岔管的受力特点

月牙肋岔管也称 E-W 型岔管，由瑞士 Escher Wyss 公司开发。月牙肋岔管主管为扩大渐变的圆锥，支管为收缩渐变的圆锥，主、支锥公切于一假想球，两支锥相贯的不平衡力由嵌入管壳内部的月牙形加强肋承担。月牙肋岔管由于结构刚度小，肋板在一定程度上可随管壳一起变形，所以次应力较小，管壳大部分呈膜应力状态。管壳厚度主要由折角点应力集中控制。折角点应力由该点环向应力（膜应力）$PR/t$ 乘以该处的应力集中系数所得，应力集中系数见图 9.3-1。对于大型岔管，应通过三维有限元结构分析确定管壳厚度。

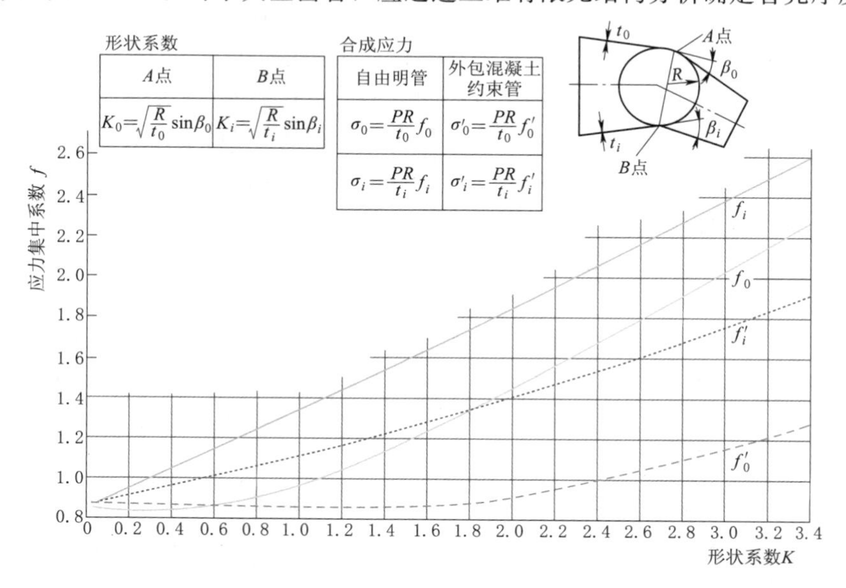


图 9.3-1 应力集中系数

$$K_0=\sqrt{\frac{R}{t_0}}\sin\beta_0 \tag{9.3-1}$$

$$K_i=\sqrt{\frac{R}{t_i}}\sin\beta_i \tag{9.3-2}$$

式中：$R$、$t_0$、$t_i$ 分别为公切球半径和 $A$、$B$ 两点的板厚。

根据 $K_0$、$K_i$，可从图 9.3-1 中查出应力集中系数 $f_0$、$f_i$ 或 $f'_0$、$f'_i$，$f_0$、$f_i$ 适用于岔管轴向能自由伸缩的情况，$f'_0$、$f'_i$适用于岔管受轴向约束的情况。

月牙肋宽度按以下原则确定：水压试验工况下，忽略肋板对壳体的约束，确定作用于两条支管相贯线上合力的大小和方向，合力的作用线垂直于月牙肋的断面，并令其通过断面的中心，使月牙肋各个截面处于轴心受拉状态。

## 9.3.2 体形参数选择

岔管体形设计在满足结构特性要求的同时还应满足水力特性的要求，使岔管具有良好的流态和较小的水头损失。影响月牙肋岔管水力特性的主要因素有分流比、分岔角、扩大率、肋宽比、肋板内缘曲线等。这些因素对水力特性的影响是相互制约的，不能孤立地讨论某一个因素的影响。

（1）分流比。分流比是指通过支管的流量与通过主管的流量的比值。对于同一个岔管体形，当流量分配不同时，水头损失是不同的。从各工程水力模型试验结果看，分流比对岔管水力特性的影响规律基本相同，在此以西龙池抽水蓄能电站岔管（以下简称“西龙池岔管”）为例说明分流比对岔管水头损失的影响。西龙池岔管规模巨大，为合理拟定岔管体形，首先通过水力数值计算进行多方案优化，为验证水力数值计算成果，又进行了水力模型试验，具体计算和试验成果详见图 9.3-2 和图 9.3-3。

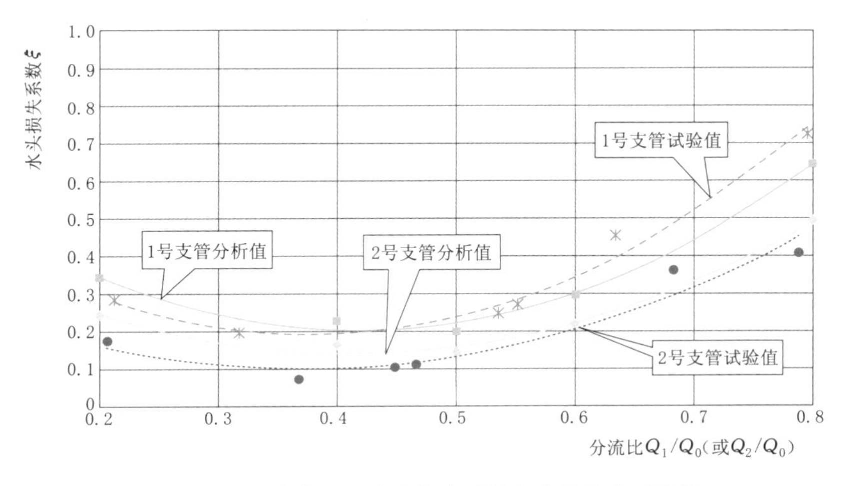


图 9.3-2 发电工况水头损失系数与分流比关系曲线

从图 9.3-2 可以看出，在发电工况下，即岔管分流时，水头损失系数 $\xi$ 与岔管分流比（$Q_1/Q_0$ 或 $Q_2/Q_0$）的关系曲线为一下凸曲线，水头损失最小值并不发生在分流比为 0.5 时，而是基本发生在支管自然出流时的分流比 $Q_1/Q_0$ 为 0.46 左右时。自然出流时的分

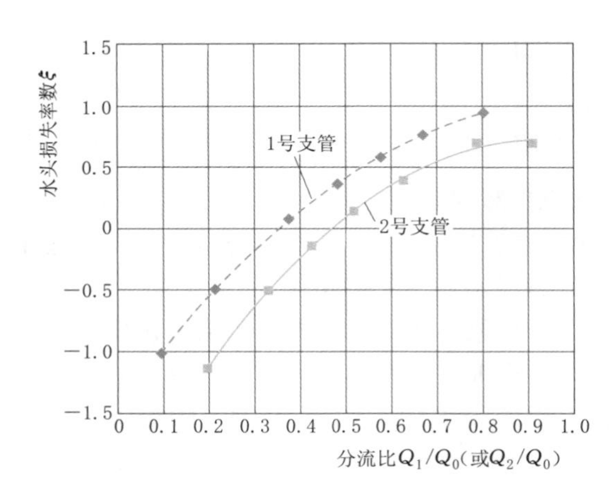


图 9.3-3 抽水工况水头损失系数与分流比关系曲线

流比是岔管水流特性最稳定的状态，主要是由水流的“附壁效应”所引起的。从图 9.3-2 还可以看出，水力数值计算成果与水力模型试验成果具有较好的一致性，尤其是在双机满负荷发电工况下，两者的水头损失系数基本相等。

从图 9.3-3 可以看出，在抽水工况下，即岔管合流时，水头损失系数 $\xi$ 与岔管分流比的关系曲线为一上凸的单调递增曲线，在分流比较小时，水头损失为负值，这主要是由于流量分配大的支管的水流处于主导地位，并使另一支管的水流加速造成的。当一条支管的水头损失为负值时，另一条支管的水头损失相应增加。

(2) 分岔角。从理论上讲，分岔角 $\omega$ 越小，水流流态越好且能量损失也越小，但两支锥相贯的面积增大，使肋板处不平衡力也随之增大，造成肋板宽度和厚度的增加，从而给岔管的结构设计、制作安装造成困难。而且，因肋板宽度和厚度的增加，使水流流线弯曲，产生涡流和增大死水区，对岔管水头损失反而产生不利的影响。分岔角 $\omega$ 越大，水流越容易与管壁脱离，形成涡流和死水区，使能量损失相应增大，但两支锥相贯的面积较小，肋板处不平衡力较小，进而使肋板宽度和厚度减小，岔管的结构设计、制作安装相对容易。因肋板宽度的减小，使肋板附近的涡流和死水区减小，对减小岔管水头损失反而有利。因此，月牙肋岔管分岔角的选择应综合考虑水力特性和结构特性的影响。

从西龙池岔管水力模型试验成果（图 9.3-4）可以看出，岔管水头损失系数随分岔角的增大而增大，当分岔角小于 75°时，分岔角对发电工况水头损失的影响较小。而从结构角度讲，分岔角越大，结构受力条件越好，通过有限元结构分析和体形优化，西龙池岔管最终确定的分岔角为 75°。日本葛野川抽水蓄能电站采用内加强月牙肋岔管，并对岔管分岔角与水头损失系数的关系进行了试验分析，试验分析结果表明，无论是发电工况还是抽水工况，都是分岔角越小，水头损失系数越小，与西龙池岔管的试验结论一致。考虑结构方面的原因，最终确定分岔角为 60°。我国宜兴抽水蓄能电站通过水力模型试验分析了分岔角对岔管水力特性的影响，也得出了与西龙池岔管和葛野川抽水蓄能电站岔管同样的结论。综合考虑结构方面的因素，最终确定分岔角为 70°。

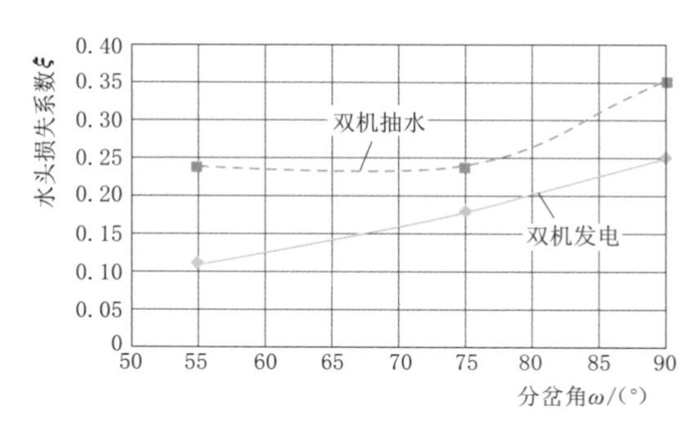


图 9.3-4 西龙池岔管分岔角与水头损失系数关系曲线

对于对称内加强月牙肋岔管，肋板与主流方向平行，对水流的阻碍作用较小，肋板宽度对岔管水力特性的影响相对较小，分岔角的影响起主导作用；而对于非对称内加强月牙肋岔管，肋板宽度对岔管水力特性的影响是不能忽略的。从水力特性方面考虑，分岔角不宜过大，以小于80°为宜，最好小于75°。

分岔角对月牙肋岔管水力特性的影响较大，与肋板宽度相比仍处于主导地位，在肋板宽度满足结构要求的条件下，分岔角越小，对岔管流态及水头损失的影响越小。分岔角一般宜在55°～90°范围内选取，通过对月牙肋岔管水力特性的研究以及已建工程统计资料（图9.3-5）的分析，对于非对称Y形岔管，分岔角宜取小值，一般在55°～70°范围内选取；对于对称Y形岔管，分岔角可稍大些，一般宜在65°～90°范围内选取。

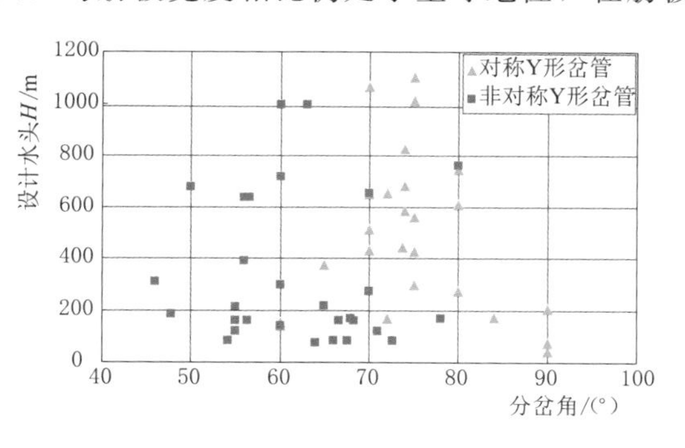


图9.3-5　已建月牙肋岔管分岔角的统计

(3) 扩大率。扩大率是指月牙肋岔管公切球半径与主管半径之比。通常为减小岔管的水头损失，采用加大岔管中心处的断面面积来降低流速，以减小因分流、合流引起的水头损失的方法是有效的。然而，在岔管分岔角和长度不变时，扩大率增加，虽可降低岔管中心处的断面平均流速，但是若管身扩大率过大，则主、支锥锥顶角过大，会使流线易与管壁脱离而产生涡流，由此使水头损失反而急剧增加。扩大率对岔管水力特性的影响是通过主、支锥锥顶角和管壳折角来实现的，体形设计时，应综合考虑锥顶角、管壳折角、扩大率的影响。通过对岔管水力特性的研究以及已建工程统计资料（图9.3-6）的分析，月牙肋岔管的扩大率宜在1.1～1.2范围内选取。同时，扩大率的取值还应考虑结构特性的影响，尽可能减小管壁应力，减少钢板用量。从结构角度讲，扩大率小，则钝角区腰线折角大，应力集中系数高，造成钢板厚度较大；扩大率大，钝角区腰线折角虽可减小，应力集中系数虽可降低，但主、支锥公切球半径增加，也会使岔管应力增加，造成钢板厚度较大。因此，应存在一个比较经济的扩大率，在西龙池岔管设计时，进行了岔管扩大率对其经济性的影响分析，当扩大率为117%时，岔管板厚最小、钢材用量最少，也就是说当扩大率为117%时，岔管经济性较好。日本葛野川抽水蓄能电站也对扩大率对岔管经济性的影响进行了分析，得出了与西龙池岔管基本相同的结论，当扩大率为115%时岔管钢材用量最少。

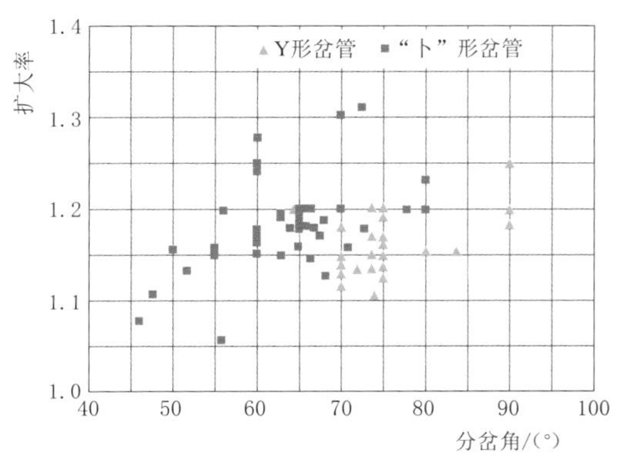


图9.3-6　已建月牙肋岔管放大率的统计

(4) 主、支锥腰线折角。主、支锥腰线折角宜平缓，其大小应考虑变形和围岩约束作用的影响，合理分配分岔角，使各折角点应力分布相对均匀。通过对国内外大量工程的统计分析，各主、支锥半锥顶角的取值一般在以下范围：

1）当采用变锥方案时，相邻锥体半锥顶角之差为5°～10°。

2）主岔锥的半锥顶角一般为10°～15°。

3）支岔锥的半锥顶角一般不超过20°。

4）最大直径处的腰线折角一般不大于10°。

（5）肋宽比。肋宽比$\beta$是指肋板腰部断面肋板内侧至管壳中心点的宽度$B_t$与肋板和壳体相贯线水平投影长度$a$之比。肋宽比大，则肋板宽度大，肋板对水流的影响相对较大；肋宽比小，则肋板宽度小，肋板对水流的影响相对较小。从水力学条件看，加强肋应尽可能平行于主管水流方向布置，并按流量分配比例分割主管面积，以减小加强肋对水流的阻力，改善岔管水流的流态。综合考虑月牙肋岔管结构特性和水力特性的要求，肋板的肋宽比一般为0.2～0.5。通过对其水力特性的研究以及已建工程统计资料（图9.3-7）的分析，对于对称Y形岔管，肋宽比宜在0.25～0.35范围内选取，对于非对称Y形岔管，肋宽比一般在0.35～0.45范围内选取。

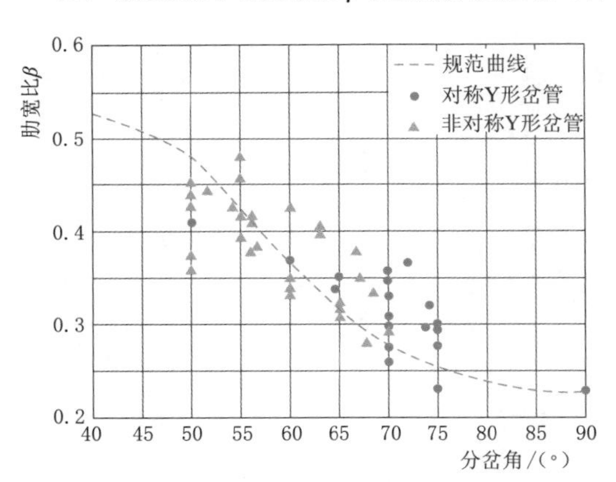


图9.3-7　已建月牙肋岔管肋宽比的统计

（6）肋板内缘曲线。一般来说，在岔管体形和肋宽比选定的情况下，肋板内缘曲线对管壳应力的影响较小，而对肋板的应力分布影响较大。通常内缘曲线可采用抛物线或椭圆曲线，采用椭圆曲线与采用抛物线相比，应力分布均匀性较好，应力极值也较小，利于材料强度的充分发挥，因此肋板内缘曲线宜优先选用椭圆曲线。下面以丰宁抽水蓄能电站岔管（以下简称“丰宁岔管”）和引子渡水电站2号岔管（以下简称“引子渡2号岔管”）肋板内缘曲线的研究成果为例进行说明。

丰宁岔管采用对称Y形布置，主、支管直径分别为4.8m和3.4m，公切球直径为5.52m，分岔角为74°，岔管设计内水压力为7.47MPa。引子渡2号岔管采用非对称Y形布置，主、支管直径分别为7.0m和4.94m，分岔角为56°，岔管设计内水压力为1.60MPa。为研究肋板内缘曲线对岔管应力状态的影响，在管壳体形、肋宽比、厚度、钢材和围岩计算参数不变的条件下，分别对内缘曲线为抛物线和椭圆曲线进行有限元结构计算。采用不同内缘曲线时，明管状态和埋管状态下，管壳特征点中面Mises应力见表9.3-1，特征点及特征线位置见图9.3-8，肋板腰线$LB1$—$LB2$断面Mises应力分布见图9.3-9和图9.3-10。

表9.3-1　采用不同内缘曲线时管壳特征点中面Mises应力　单位：MPa

| 特征点 | 丰宁岔管 | | | | 引子渡2号岔管 | | | |
|---|---|---|---|---|---|---|---|---|
| | 明管状态 | | 埋管状态 | | 明管状态 | | 埋管状态 | |
| | 抛物线 | 椭圆曲线 | 抛物线 | 椭圆曲线 | 抛物线 | 椭圆曲线 | 抛物线 | 椭圆曲线 |
| $I$ | 161 | 177 | 113 | 119 | 175 | 178 | 148 | 149 |
| $J$ | 243 | 241 | 237 | 239 | 210 | 207 | 178 | 179 |
| $K$ | 228 | 228 | 217 | 219 | 123 | 124 | 127 | 127 |

续表

| 特征点 | 丰宁岔管 | | | | 引子渡2号岔管 | | | |
|---|---|---|---|---|---|---|---|---|
| | 明管状态 | | 埋管状态 | | 明管状态 | | 埋管状态 | |
| | 抛物线 | 椭圆曲线 | 抛物线 | 椭圆曲线 | 抛物线 | 椭圆曲线 | 抛物线 | 椭圆曲线 |
| *L* | 231 | 231 | 212 | 213 | 124 | 124 | 132 | 132 |
| *M* | 245 | 246 | 222 | 222 | 204 | 205 | 153 | 154 |
| *N* | 299 | 299 | 276 | 275 | 268 | 268 | 193 | 193 |
| *O* | 305 | 305 | 273 | 273 | 250 | 250 | 178 | 178 |
| *P* | 312 | 312 | 285 | 284 | 250 | 250 | 174 | 174 |

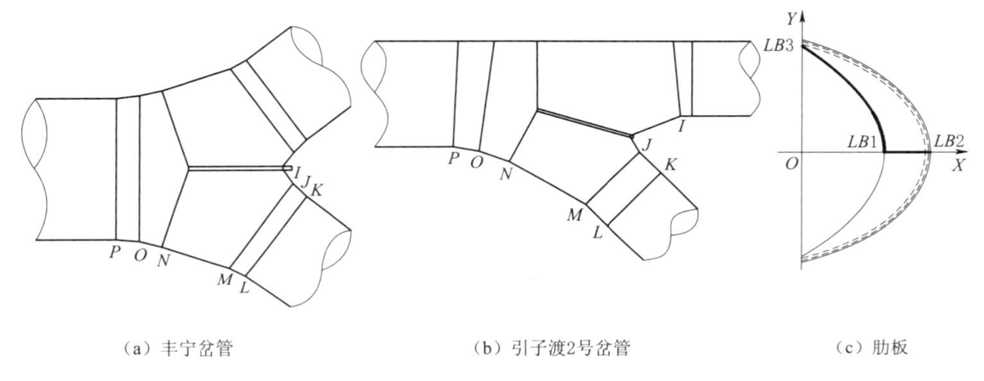


（a）丰宁岔管　（b）引子渡2号岔管　（c）肋板

图 9.3-8　特征点及特征线位置示意图

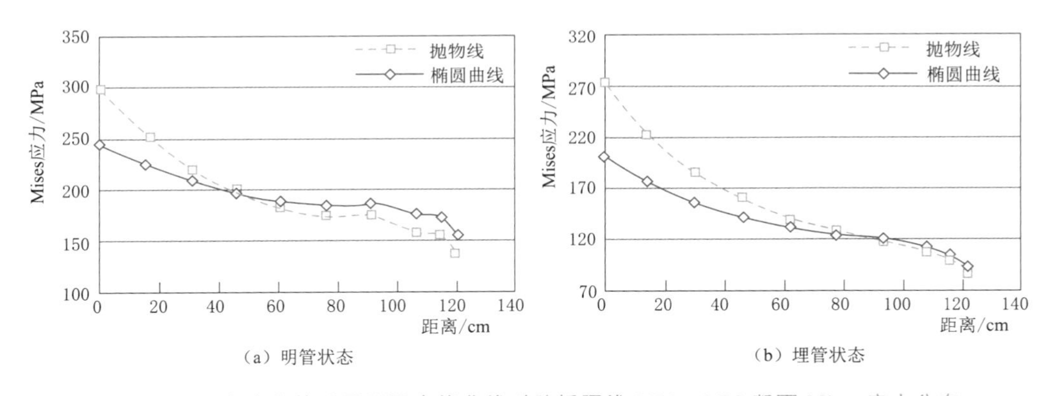


（a）明管状态　（b）埋管状态

图 9.3-9　丰宁岔管采用不同内缘曲线时肋板腰线 *LB*1—*LB*2 断面 Mises 应力分布

通过对计算结果的分析可知：

1）无论是明管状态还是埋管状态，管壳应力对内缘曲线的变化均不敏感。也就是说，在岔管体形、肋宽比、厚度、围岩地质力学参数、缝隙值一定的条件下，内缘曲线的形式对管壳的应力状态影响较小。

2）无论是明管状态还是埋管状态，通过对比不同内缘曲线对肋板应力状态的影响可知，内缘曲线对肋板腰部断面应力分布的影响较为明显。相比于采用抛物线而言，采用椭圆曲线时的应力分布更为均匀。

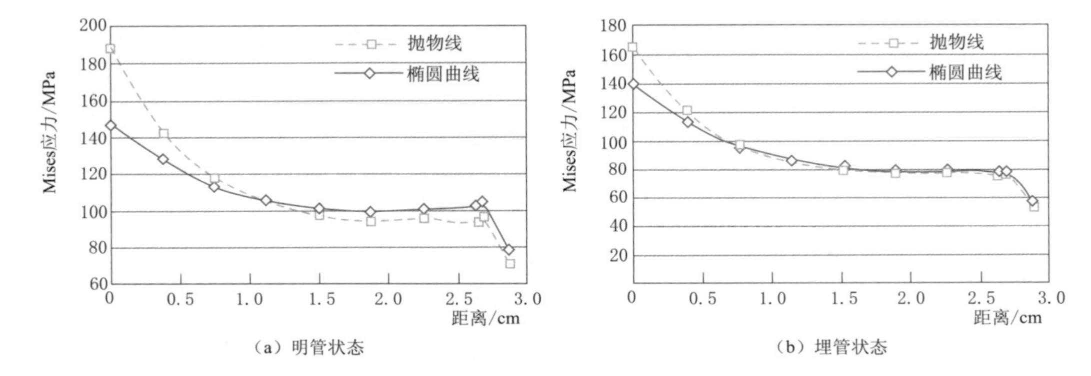


(a) 明管状态　　(b) 埋管状态

图 9.3-10　引子渡 2 号岔管采用不同内缘曲线时肋板腰线 *LB*1—*LB*2 断面 Mises 应力分布

3) 无论是明管状态还是埋管状态，内缘曲线采用抛物线时肋板腰线内侧的应力较采用椭圆曲线时要高出较多，如对称 Y 形布置的丰宁岔管要高出 20%～30%，非对称 Y 形布置的引子渡 2 号岔管也高出 18%～27%。肋板腰线内侧的应力值通常是肋板在运行工况的极值点，对肋板的肋宽比及厚度起控制作用。因此，在进行岔管体形设计时，还需要重点关注内缘曲线对肋板应力的影响。

(7) 体形设计。应根据《水电站压力钢管设计规范》(NB/T 35056—2015) 推荐的结构力学方法，以及类比已建工程，初步拟定岔管体形。对于大型岔管还应进行三维有限元结构分析，进一步优化岔管体形。岔管体形优化应以岔管质量最小为目标，调整体形参数，使管壳折角点应力分布尽可能均匀。西龙池岔管经充分体形优化后，管壳折角点局部膜应力分布比较均匀，最大值与最小值相差不足 16%。

## 9.3.3　结构分析

埋藏式岔管通常是按明管设计的，不考虑围岩的约束作用，而在实际运行中，围岩与岔管是联合作用的。原型观测成果表明，按明管设计的埋藏式岔管，实测应力水平比按明管状态计算的值要小得多，故在满足围岩覆盖厚度的条件下，考虑岔管与围岩共同承受内水压力的设计是经济合理的。

由于岔管体形的特点，岔管各部位变位不均匀，因此围岩对岔管各部位的约束程度也是不同的。为便于说明问题，在此引进以下两个概念：

(1) 平均围岩分担率：是指岔管在埋管状态下的环向应力平均值与在明管状态下的环向应力平均值相比的减小程度，用来反映岔管整体围岩分担内水压力的水平，具体公式如下：

$$\overline{\lambda}=1-\frac{\overline{\sigma}_e}{\overline{\sigma}_u} \tag{9.3-3}$$

式中：$\overline{\lambda}$ 为岔管平均围岩分担率；$\overline{\sigma}_e$ 为埋管状态下岔管管壳环向应力平均值，可通过有限元结构分析确定；$\overline{\sigma}_u$ 为明管状态下岔管管壳环向应力平均值，可通过有限元结构分析确定。

（2）局部应力削减率：是指埋管状态下岔管折角点局部环向膜应力与明管状态下相应部位的局部环向膜应力相比的减小程度，用来反映折角点局部环向膜应力的削减程度，具体公式如下：

$$\lambda_c = 1 - \frac{\sigma_{ec}}{\sigma_{uc}} \tag{9.3-4}$$

式中：$\lambda_c$ 为局部应力削减率；$\sigma_{ec}$ 为埋管状态下岔管管壳局部环向膜应力，可通过有限元结构分析确定；$\sigma_{uc}$ 为明管状态下岔管管壳局部环向膜应力，可通过有限元结构分析确定。

对于埋藏式岔管，由于围岩的约束作用，折角点局部应力的削减程度即局部应力削减率是很明显的，远大于平均围岩分担率。

**9.3.3.1 埋藏式岔管围岩分担内水压力规律**

从西龙池、张河湾、宜兴等抽水蓄能电站岔管对围岩分担内水压力规律的分析，以及西龙池岔管现场结构模型试验、原型观测资料分析成果可知，当岔管体形确定后，影响埋藏式岔管应力状态的主要参数有围岩弹性抗力系数和缝隙值。围岩弹性抗力系数和缝隙值对岔管变位和应力状态的影响规律如下：

（1）围岩弹性抗力系数对岔管变位的影响。埋藏式岔管在运行工况下，岔管顶点向外变位较明管状态时减小，腰线部位由明管状态时的向内变位转为向外变位，数值与顶点变位趋近。岔管变位趋于均匀的程度与围岩弹性抗力系数和缝隙值有关。具体规律参见图9.3-11～图9.3-13。

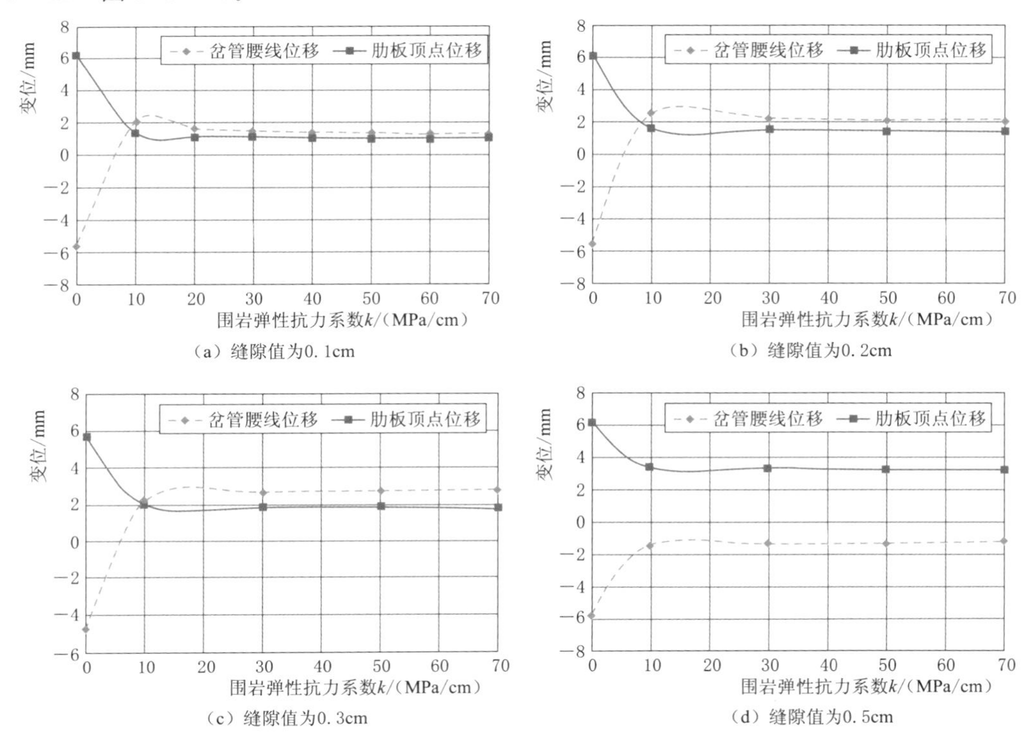


图9.3-11 西龙池岔管变位与围岩弹性抗力系数关系

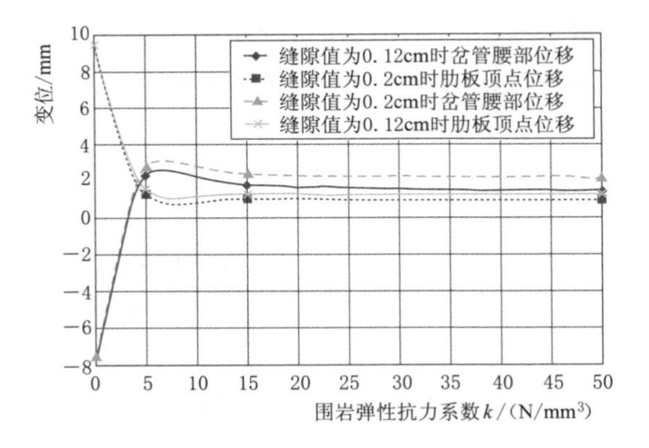


图 9.3-12 宜兴抽水蓄能电站岔管变位与围岩弹性抗力系数关系

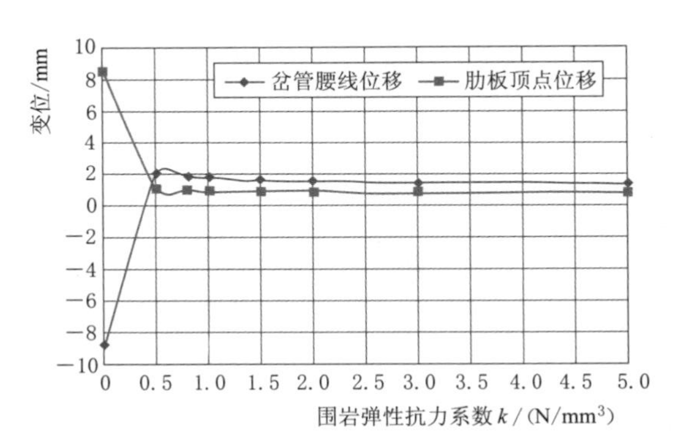


图 9.3-13 张河湾抽水蓄能电站岔管变位与围岩弹性抗力系数关系

从不同工程岔管变位与围岩弹性抗力系数关系的分析可知，围岩弹性抗力系数对变位的影响存在一个拐点，此值暂称为临界抗力系数 $k_{cr}$。当围岩弹性抗力系数小于 $k_{cr}$ 时，围岩弹性抗力系数对岔管变位的影响非常明显；而当围岩弹性抗力系数大于 $k_{cr}$ 后，围岩弹性抗力系数对岔管变位的影响并不大。

（2）缝隙值对岔管变位的影响。缝隙值对岔管变位的影响是很敏感的，随着缝隙值的增大，岔管顶点变位与腰线变位的不均匀程度加大，当缝隙值继续增大时，岔管变位将逐渐接近明管状态。以西龙池岔管为例，当缝隙值为 $24.4\times10^{-4}R_0$ 即 5mm 时，岔管变位接近明管状态，张河湾抽水蓄能电站岔管（以下简称“张河湾岔管”）也具有同样的规律，见图 9.3-14。从围岩弹性抗力系数和缝隙值对岔管变位的影响规律可知，埋藏式岔管围岩的主要作用是对岔管变位的约束，使其变位趋于均匀。

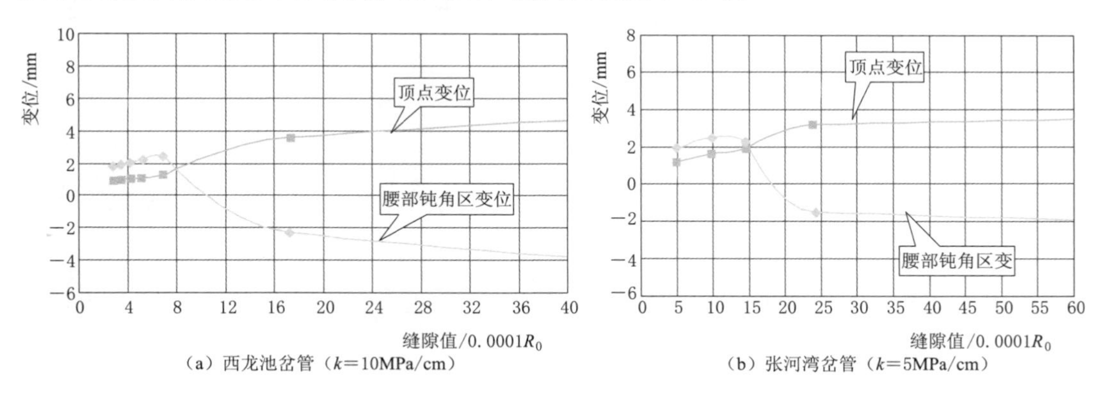


图 9.3-14 埋藏式岔管变位与缝隙值关系

（3）围岩弹性抗力系数对岔管应力状态的影响。围岩弹性抗力系数对岔管应力状态的影响与其对变位的影响规律基本相同，呈非线性关系。当围岩弹性抗力系数小于临界值 $k_{cr}$ 时，围岩弹性抗力系数对岔管围岩分担内水压力作用的影响是很明显的，随着围岩弹性抗力系数的增加，岔管管壳折角点及肋板应力明显减小；而当围岩弹性抗力系数大于临界值 $k_{cr}$ 时，围岩弹性抗力系数对岔管围岩分担内水压力作用的影响并不大，具体参见图

9.3－15，图中局部膜应力为相对值，即埋管状态下局部膜应力与明管状态下相应部位的局部膜应力之比，岔管管壳折角点位置见图 9.3－16。

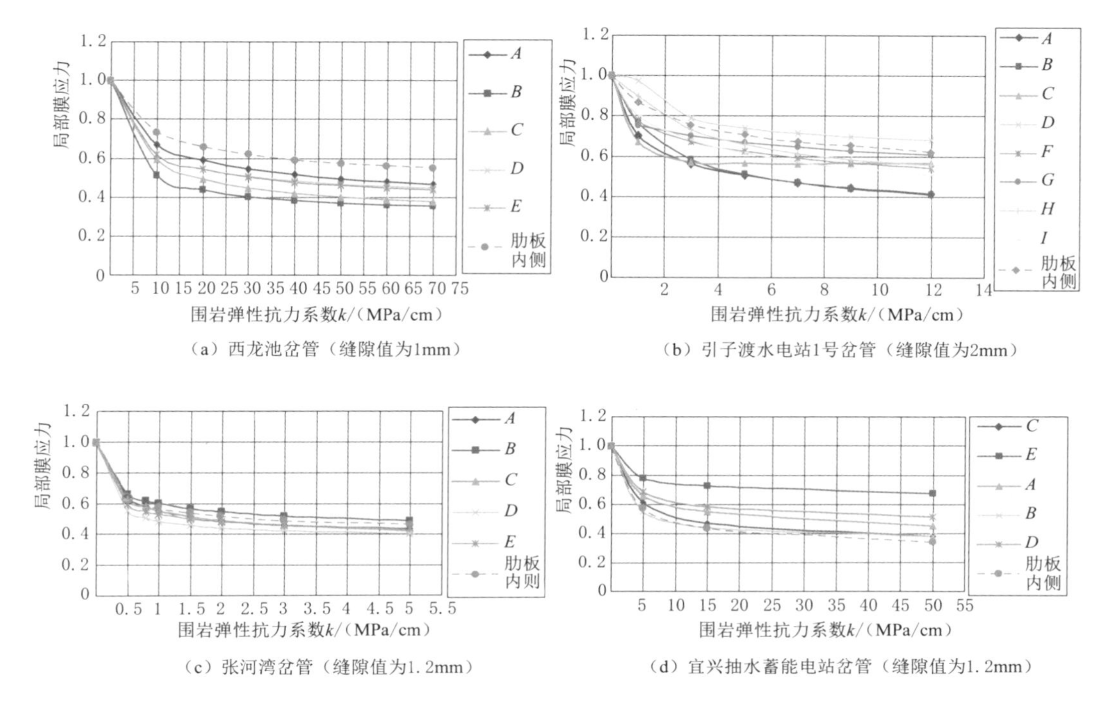


(a) 西龙池岔管（缝隙值为1mm）

(b) 引子渡水电站1号岔管（缝隙值为2mm）

(c) 张河湾岔管（缝隙值为1.2mm）

(d) 宜兴抽水蓄能电站岔管（缝隙值为1.2mm）

图 9.3－15 岔管控制点局部膜应力与围岩弹性抗力系数关系

(4) 缝隙值对岔管应力状态的影响。缝隙值的大小对岔管应力状态的影响也十分敏感。岔管应力随缝隙值的增大而增大，当缝隙值大于一定数值时，岔管受力状态逐渐接近明管状态。此时缝隙值的大小对岔管应力状态基本没有影响，缝隙值对岔管应力状态的影响规律见图 9.3－17，不同工程岔管的影响规律基本相同。

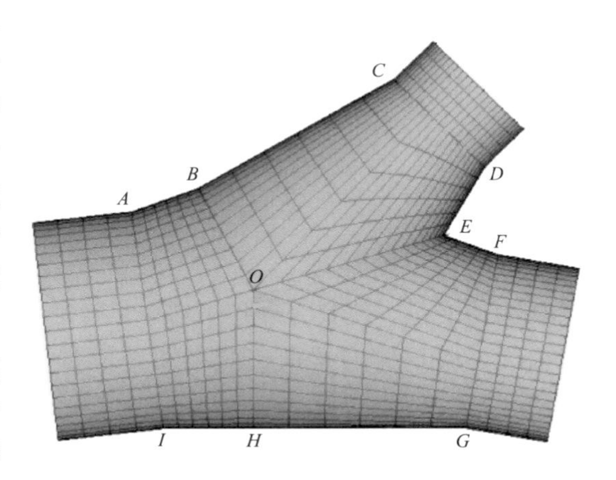


图 9.3－16 岔管管壳折角点位置示意图

从对不同工程埋藏式岔管结构计算成果的统计分析可知，埋藏式岔管接近明管状态时的缝隙值（$\delta/R$）和与岔管公切球等直径圆管的应变［暂称名义应变$\left(\varepsilon=\dfrac{pR}{Et}\right)$］有较好的相关性，见图 9.3－18。

(5) 埋管应力状态特点。对于埋藏式岔管而言，围岩与岔管的联合作用效果主要体现在两方面：一是在内水压力作用下，同地下埋藏式圆管一样，围岩分担部分内水压力，减小钢岔管所承担的荷载；二是由于岔管结构变形的不均匀，受到围岩的约束作用，限制了

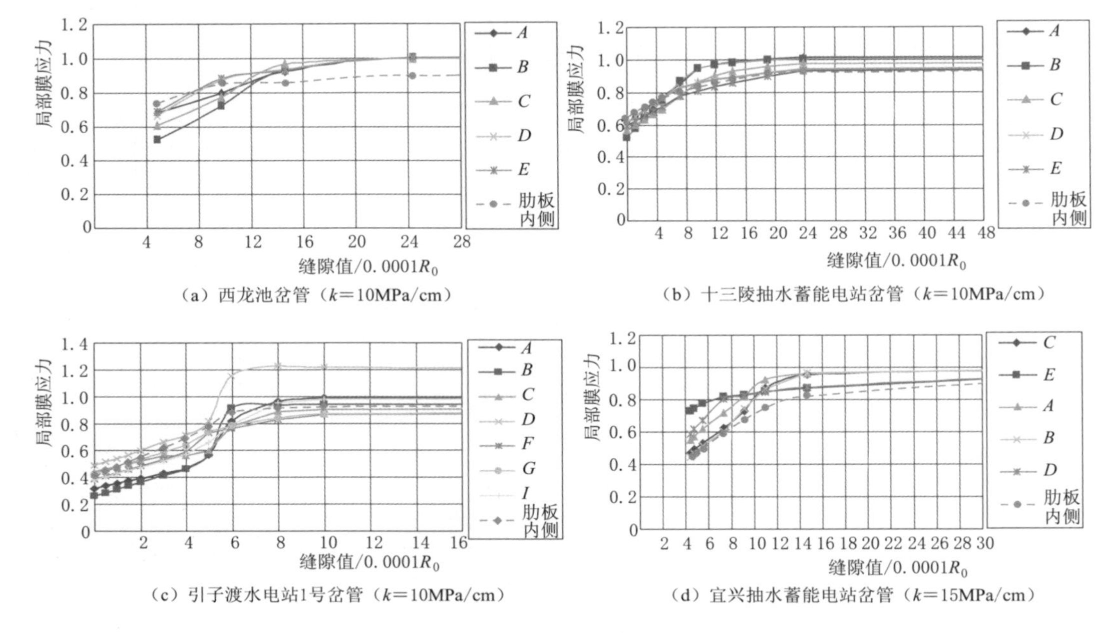


图 9.3-17　岔管折角点局部膜应力与缝隙值关系

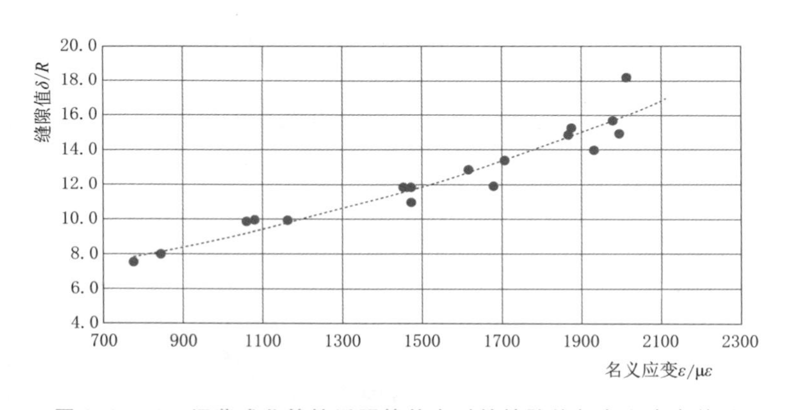


图 9.3-18　埋藏式岔管接近明管状态时的缝隙值与名义应变关系

岔管较大的变位，使其变形趋于均匀化，进而削减岔管管壳折角点的局部应力，同时也使岔管管壳、肋板侧向弯曲应力减小，使岔管应力分布趋于均匀，使材料强度得以充分发挥。

### 9.3.3.2　有限元计算基本原则

埋藏式岔管结构复杂，不同介质间存在着缝隙，存在非线性接触问题，难以采用解析法进行结构分析，通过对水压试验、结构模型试验、原型观测成果的对比分析，三维有限元计算具有较好的精度，可较好地模拟围岩约束作用和缝隙值对岔管与围岩联合作用的影响。但在对影响计算成果的参数（如单元类型、网格疏密程度、模型范围、约束条件、闷头的模拟方式等）进行选择时，应充分考虑岔管受力特点和结构特性。下面通过影响计算成果的参数的变化，对不同体形岔管有限元计算成果的影响分析，来说明有限元计算时有关参数选择、模型简化的一般原则。

（1）单元类型对计算成果的影响。

1）管壳单元类型。为研究管壳单元类型对计算结果的影响，以圆管段为例，分别采用壳单元和实体单元模拟进行有限元结构计算，埋管状态下采用点点接触模拟围岩的作用，将结果与解析解进行对比分析。分析结果表明：当采用 4 节点壳单元或 8 节点实体单元模拟管壳时，两种类型的单元均能较好地反映钢管在明管状态和埋管状态下的应力状态，计算成果基本相同，且与理论计算结果也基本一致，管壳采用壳单元和实体单元的计算精度均能满足工程要求。然而，由于管壳为壳体结构，采用实体单元时，为不使单元产生奇异，单元边长不宜过大，也就是说单元划分的密度不宜过大，从岔管管壳的受力特点、有限元计算精度、计算规模等分析，采用壳单元模拟管壳是合适的，既可满足计算精度要求，又可提高计算效率。

2）肋板单元类型。肋板是月牙岔管的加强构件，通常可以采用壳单元或实体单元进行模拟。由于肋板厚度较厚，且沿厚度方向承受拉应力，故通常在进行有限元结构分析时采用精度较高的 8 节点实体单元来模拟肋板。为研究肋板单元类型对计算结果的影响，以丰宁岔管为例，保持岔管体形、管壳有限元网格以及围岩参数、缝隙值等不变，肋板按实体单元和壳单元分别建立有限元模型并进行结构分析，明管状态和埋管状态下，岔管特征点中面 Mises 应力见图 9.3-19，特征点位置见图 9.3-8（a）。

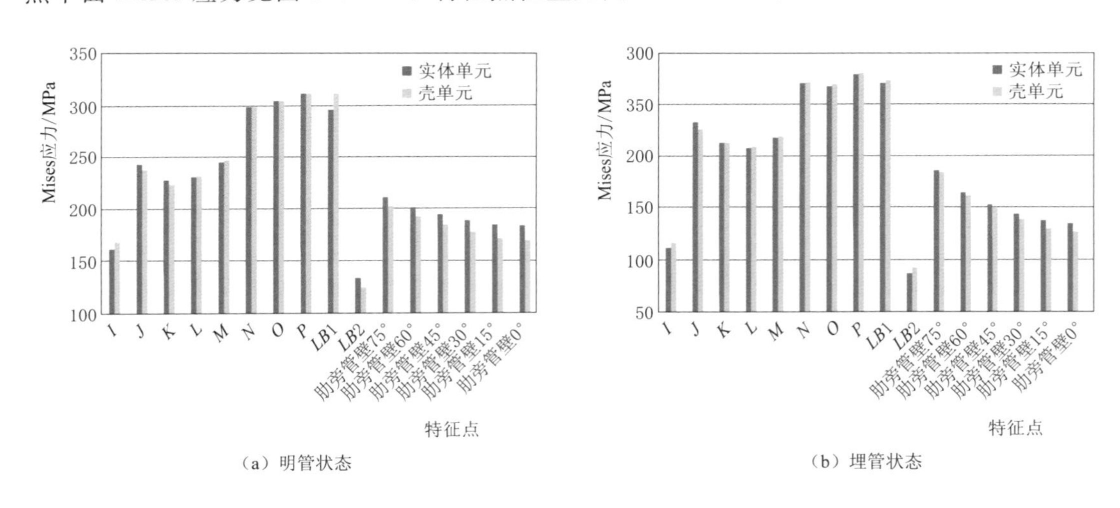


（a）明管状态　　（b）埋管状态

图 9.3-19　丰宁岔管肋板采用不同单元类型时岔管特征点中面 Mises 应力

肋板的单元类型对管壳和肋板的应力都有一定的影响，相对来说，对靠近肋板的管壳影响较大，对远离肋板的管壳和肋板本身的影响较小。明管状态和埋管状态下，对于肋旁管壳局部膜应力，两种单元类型计算成果相差分别在 8%和 6%以内，实体单元计算的局部膜应力基本小于壳单元的计算结果；而对于肋旁管壳局部膜应力＋弯曲应力，差别要大得多，一般在±（10%～50%）不等（肋旁管内侧实体单元计算结果小于壳单元计算结果，外侧则相反），明管状态下，最大差别可达 79%，埋管状态下最大差别也达 69%，详见图 9.3-20。肋旁管位置用 $\alpha$ 表示，其意义见图 9.3-21。

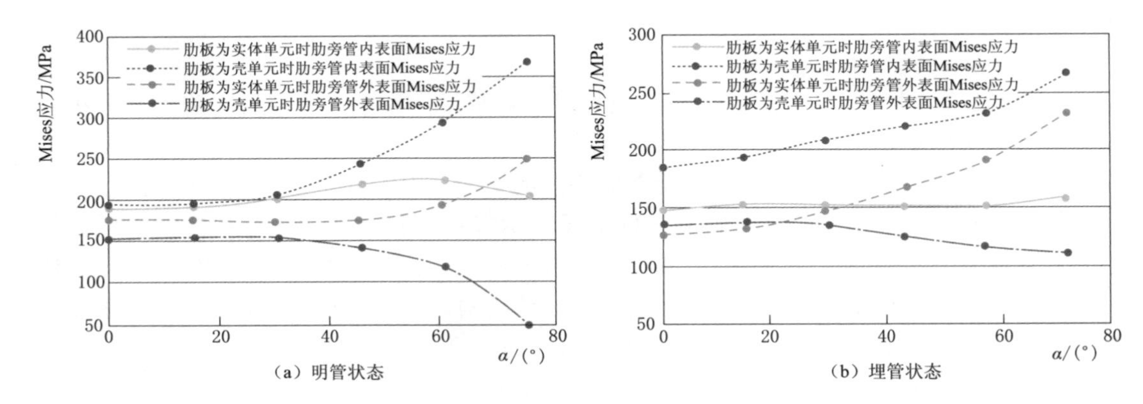


图 9.3-20　丰宁岔管肋板采用不同单元类型时肋旁管壳应力分布图

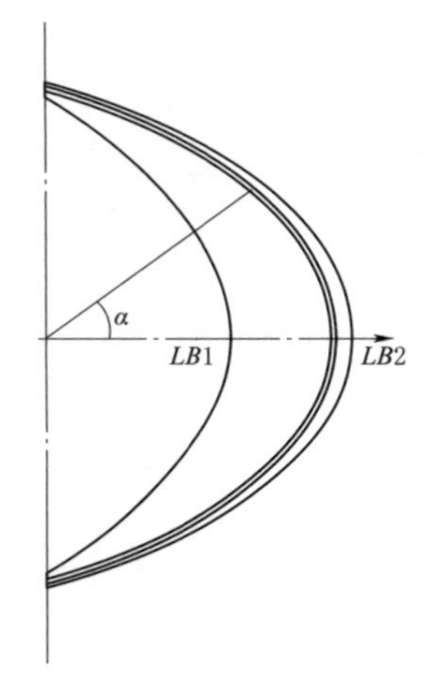


图 9.3-21　肋旁管计算点位置示意图

远离肋板的管壳肋板单元类型对其应力状态的影响较小，从图 9.3-19 可以看出，管壳腰线折角点 $I \sim P$ 处局部膜应力及局部膜应力＋弯曲应力，不论是埋管状态还是明管状态，肋板两种单元类型的计算结果相差均不足 4.5%。造成以上结果的原因，主要是两种单元类型在模拟肋板平面内的刚度时有较大差别。

管壳最大应力主要是由结构不连续造成的。主、支锥相贯线上不同部位的母线折角并不相同，腰线部位主、支锥母线折角呈凸向岔管内侧的钝角，从腰线至岔管顶点，主、支锥母线交角的顶点由凹向管壳内侧逐渐转为凸向管壳外侧。从数值上看，腰线折角的绝对值要小于顶点的折角。主、支锥相贯线上其母线的两种折角形式应力集中程度并不相同，应力集中系数差别较大，详见图 9.3-1。凸向管壳外侧折角的应力集中系数虽然小，但管壳顶部的折角大，如果是两锥相交，最大应力集中点应出现在两锥相交的顶点，然而岔管是一主锥与两支锥相贯，再有肋板加强作用，管壳最大应力区将向顶点外围转移，一般出现在主、支锥相贯线肋板两侧近肋板处。这一区域应力集中程度高，应力值往往很大，但范围很有限。从应力性质来看应为局部膜应力＋弯曲应力，属二次应力范畴。此部位计算应力的大小，除受管壳和肋板单元类型的影响外，受计算程序及模型离散化的影响也较大。图 9.3-22 给出了丰宁岔管采用不同单元密度对管壳最大应力的影响，横坐标为管壳单元尺寸（$C$）与岔管公切球半径（$R$）的比值，纵坐标为管壳最大应力。由此可见，单元密度对计算成果的影响是显著的。

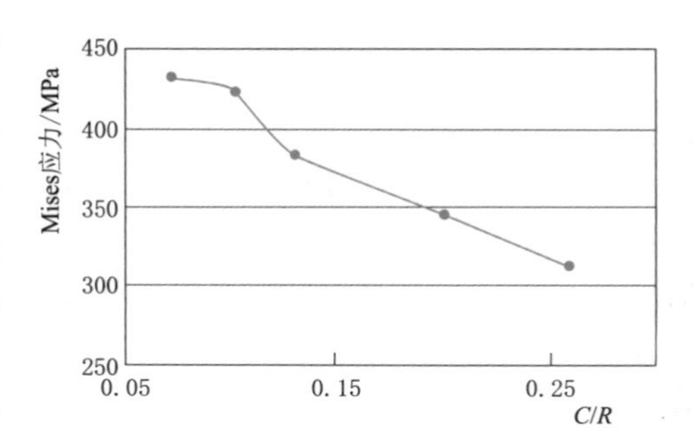


图 9.3-22　丰宁岔管采用不同单元密度对管壳最大应力影响

从丰宁岔管管壳采用壳单元，肋板分别采用实体单元和壳单元的有限元计算成果可以看出，明管状态下，肋板分别采用两种单元类型时，管壳最大应力均出现在主、支锥相贯线近肋板处，分别为423MPa和400MPa，相差5.4%。然而，该部位中面的局部膜应力仅为128MPa和118MPa，相差7.8%，但应力值与表面相比却减小了约70%，由此可见，应力集中范围是很有限的。埋管状态下，肋板单元类型对管壳最大应力的影响规律与明管状态时基本相同，但影响程度要小得多。

肋板的单元类型对肋板本身的应力也有一定的影响，见图9.3-23和图9.3-24，特征点位置见图9.3-8（c）。明管状态下，肋板采用壳单元与采用实体单元相比，计算结果差别为-6.7%～5.4%，埋管状态下，两种类型单元的计算结果差别为1.1%～6.8%。肋板的最大应力点出现在$LB1$处，该点在明管状态和埋管状态下，采用实体单元和壳单元模拟时，其Mises应力分别相差5.4%和1.1%，肋板控制点$LB1$处的应力受肋板单元类型的影响较小。

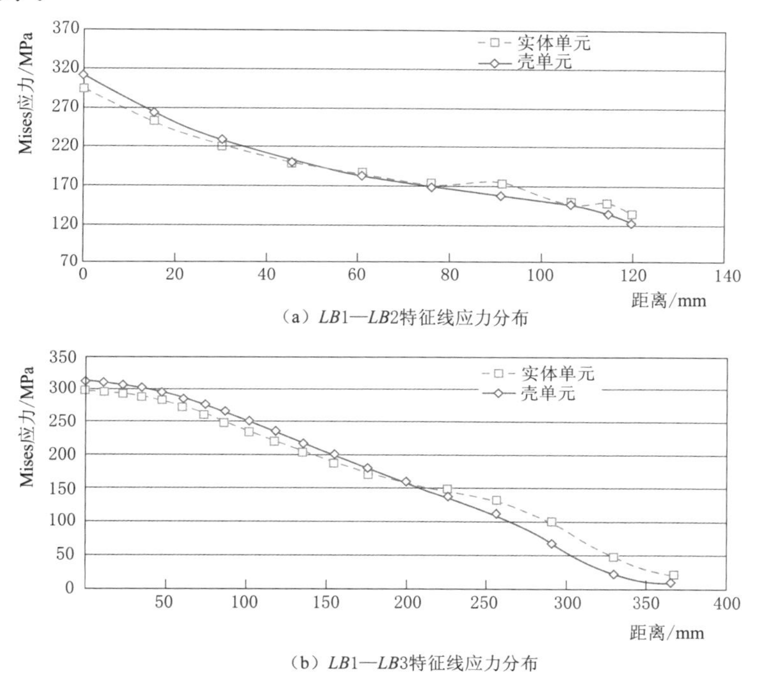


图9.3-23 丰宁岔管明管状态下肋板采用不同单元类型时肋板应力分布图

另外，由于肋板沿厚度方向承受拉应力，因此肋板垂向应力也是值得关注的。然而，采用壳单元无法模拟肋板厚度方向的受力特点，难以较全面地反映肋板的应力状态，而实体单元能较好地模拟肋板的应力状态，因此建议肋板采用实体单元进行模拟。

（2）网格疏密程度（即相对网格密度）对计算成果的影响。有限元模拟是通过离散的单元来模拟实物的，因此有限元分析结果的精度与离散模型的网格密度密切相关。模型网格过稀，将会使计算精度不能满足设计要求，模型网格过密，又会导致模型的规模过大，影响有限元分析效率。如何在保证计算精度的前提下，划分合理密度的有限元网格，提高计算效率，是需要关注的问题。为了说明不同网格密度对月牙肋岔管有限元计算精度的影响，分别选择对称Y形岔管和非对称Y形岔管进行分析，对称Y形岔管以丰宁岔管为例，非对称Y形岔管以引子渡2号岔管为例。

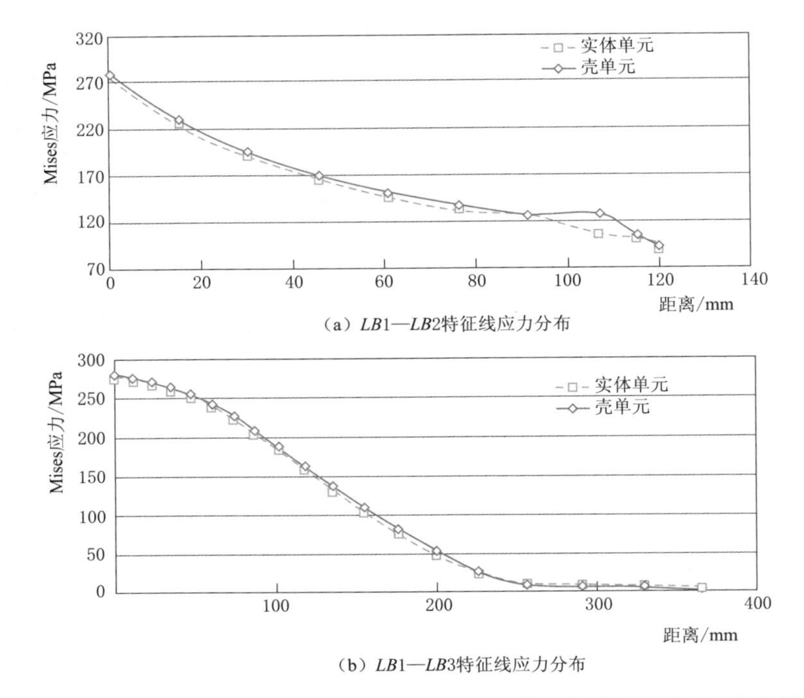


（a）LB1—LB2特征线应力分布

（b）LB1—LB3特征线应力分布

图 9.3－24 丰宁岔管埋管状态下肋板采用不同单元类型时肋板应力分布图

为研究网格密度对计算结果的影响，对同样的岔管模型，分别取 $C/R$ 为 0.26、0.2、0.13、0.1、0.07 进行计算分析，特征点位置见图 9.3－8，特征点中面 Mises 应力相对误差与网格密度的关系曲线见图 9.3－25～图 9.3－28。分析表明：随着单元尺寸的缩小，计算误差降低很快，无论是明管状态还是埋管状态，对称 Y 形和非对称 Y 形两种体形的岔管，当单元的网格密度参数 $C/R$ 小于 0.1 时，计算误差皆相对较小，一般不超过 2%，当单元尺寸进一步缩小时，应力值的误差降低变得缓慢。因此，在进行有限元结构计算时，建议网格密度参数 $C/R$ 在 0.08～0.10 选取，既能保证计算精度，又可将模型的规模控制在合理范围内，不影响计算速度。

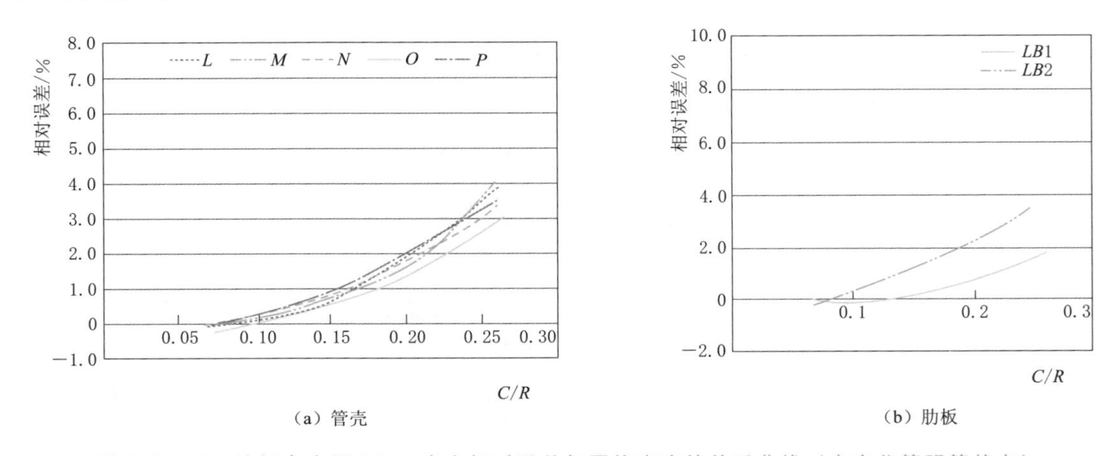


（a）管壳

（b）肋板

图 9.3－25 特征点中面 Mises 应力相对误差与网格密度的关系曲线（丰宁岔管明管状态）

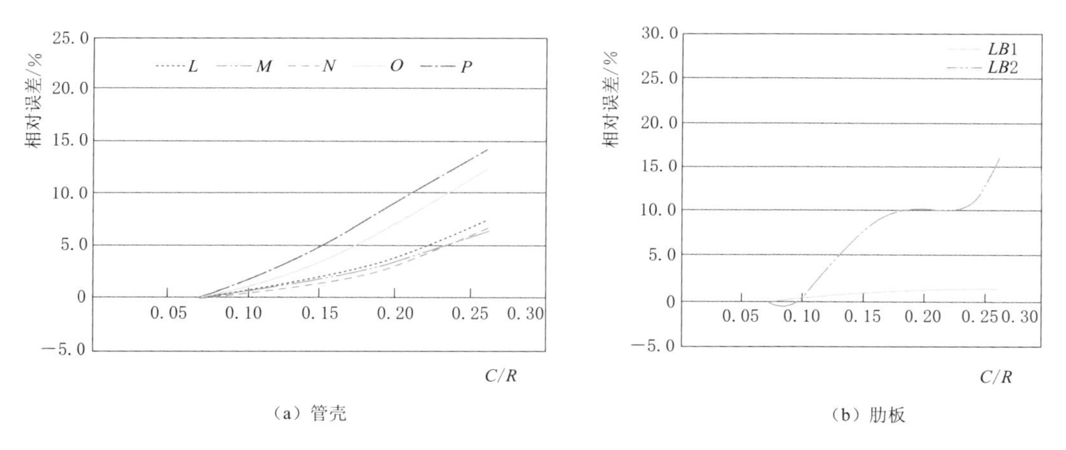


(a) 管壳　　(b) 肋板

图 9.3-26　特征点中面 Mises 应力相对误差与网格密度的关系曲线（丰宁岔管埋管状态）

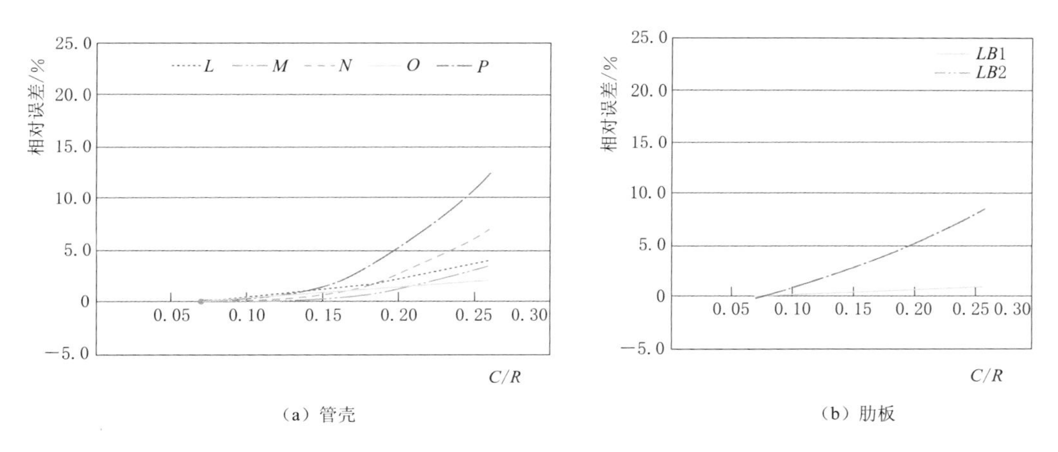


(a) 管壳　　(b) 肋板

图 9.3-27　特征点中面 Mises 应力相对误差与网格密度的关系曲线（引子渡 2 号岔管明管状态）

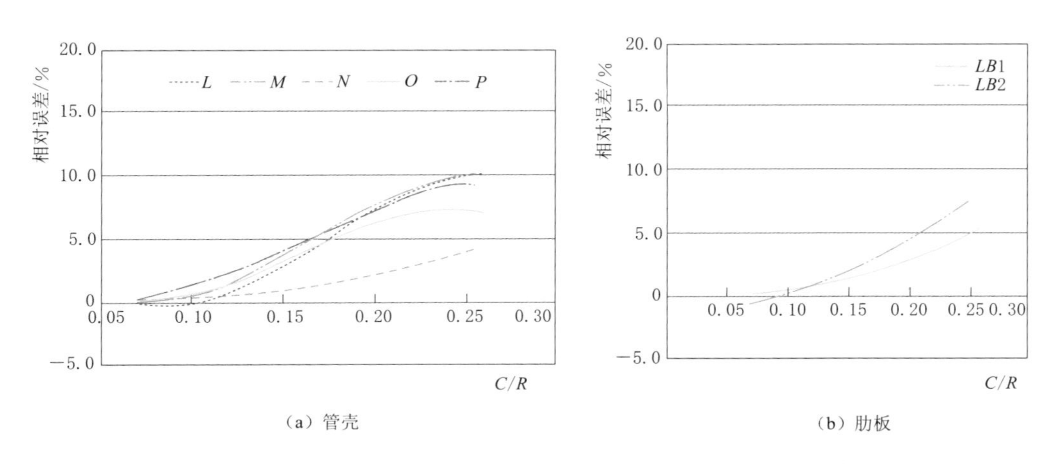


(a) 管壳　　(b) 肋板

图 9.3-28　特征点中面 Mises 应力相对误差与网格密度的关系曲线（引子渡 2 号岔管埋管状态）

（3）模型范围对计算结果的影响。模型范围的选取也是有限元模型建立的一项重要内容，模型范围选取的过小会使岔管本体的计算结果受到边界约束的影响，模型范围选取的过大又会使有限元模型的规模过大，影响有限元分析的效率。如何在保证计算精度的前提下选取合理的模型范围，也是需要关注的问题。为了说明模型范围对月牙肋岔管有限元结构计算精度的影响，分别以丰宁岔管（对称Y形岔管）和引子渡2号岔管（非对称Y形岔管）为例进行研究。

研究采用岔管本体外主、支管长度（$L$）与主、支管半径（$R$）的比值$L/R$作为衡量计算范围的指标，对同样的岔管模型分别取$L/R$为1.0、2.0、3.0、4.0、6.0进行计算分析，特征点位置见图9.3-8，特征点中面Mises应力与模型范围的关系曲线见图9.3-29～图9.3-32。计算成果表明：模型范围参数$L/R$在1～6之间变化时，明管状态下，对称Y形岔管肋板及管壳腰线折角点$M$、$L$处的应力对模型范围较为敏感；非对称Y形岔管管壳腰线折角点$J$、$M$、$N$、$O$处的应力对模型范围较为敏感。埋管状态下，受围岩的约束作用，特征点中面Mises应力变化较小，表明埋管状态下的计算结果对模型范围不敏感。

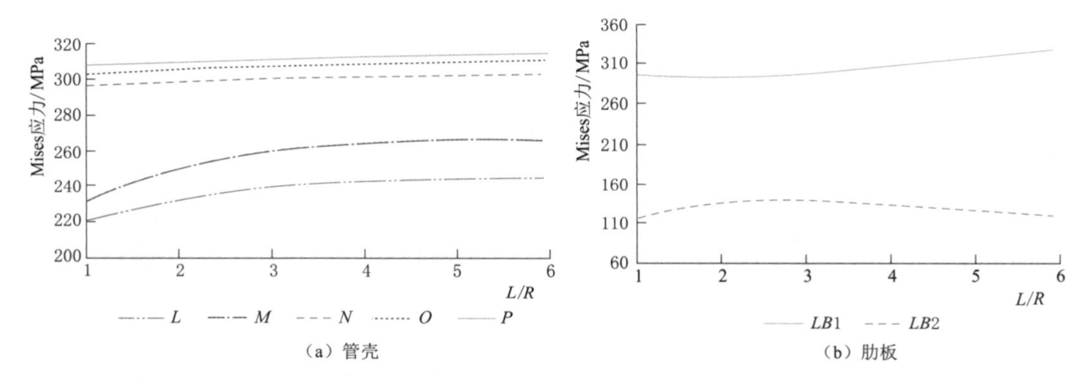


（a）管壳　（b）肋板

图9.3-29　特征点中面Mises应力与模型范围的关系曲线
（丰宁岔管明管状态）

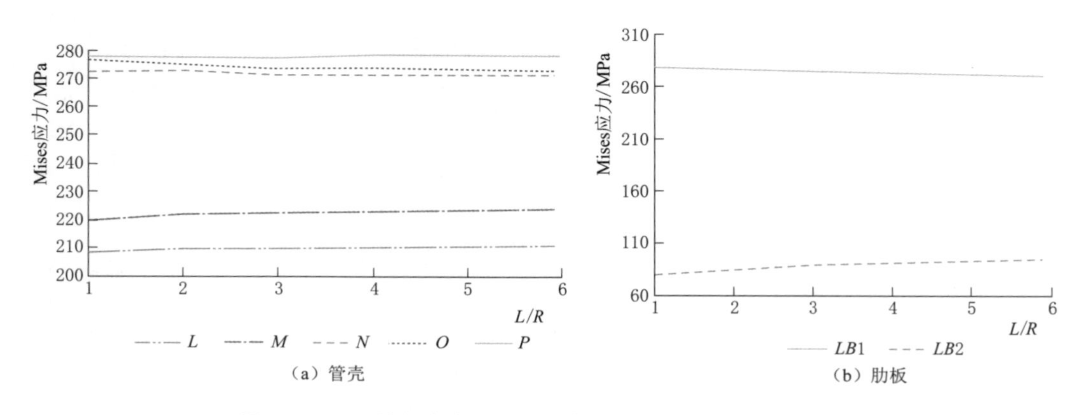


（a）管壳　（b）肋板

图9.3-30　特征点中面Mises应力与模型范围的关系曲线
（丰宁岔管埋管状态）

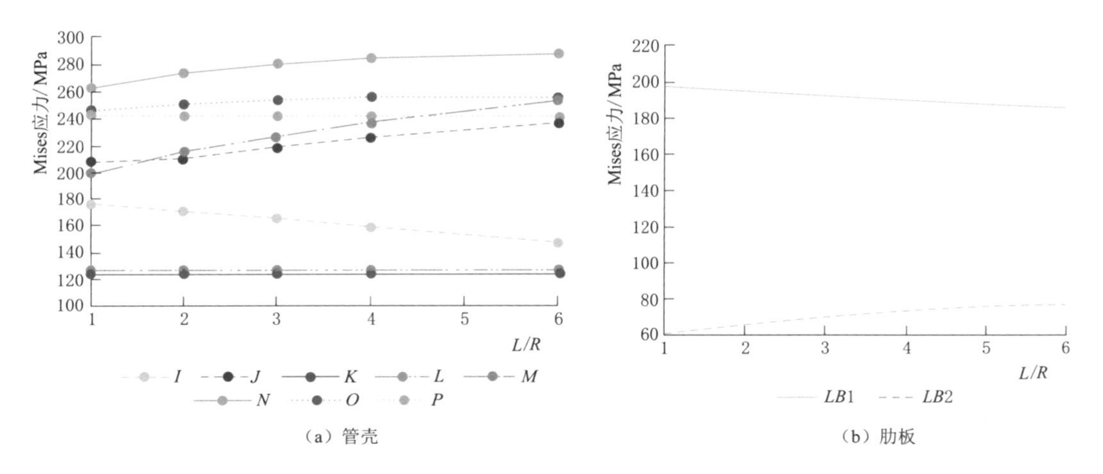


(a) 管壳

(b) 肋板

图 9.3-31 特征点中面 Mises 应力与模型范围的关系曲线
(引子渡 2 号岔管明管状态)

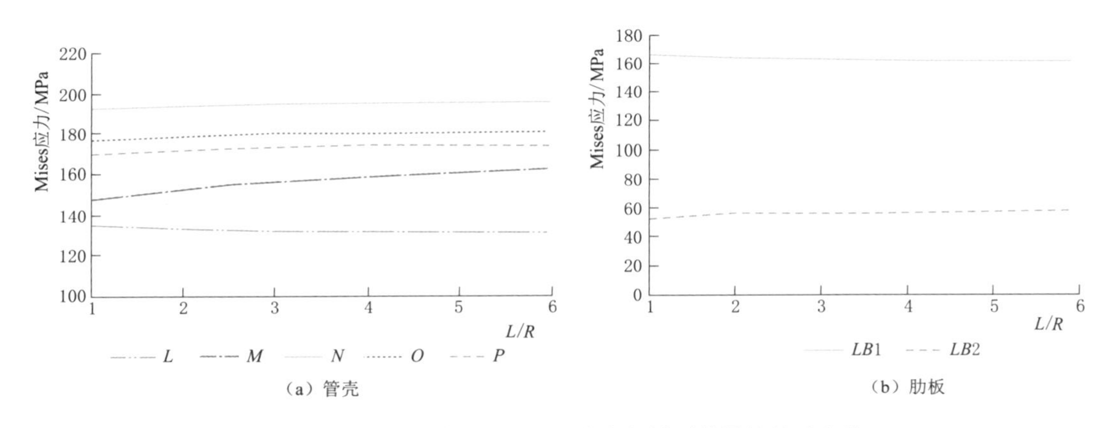


(a) 管壳

(b) 肋板

图 9.3-32 特征点中面 Mises 应力与模型范围的关系曲线
(引子渡 2 号岔管埋管状态)

模型范围对计算成果的影响主要体现在两方面：一是计算边界的约束对岔管主体的影响，根据圣维南原理，计算范围不宜过小；二是由于岔管体形复杂，在内水压力作用下，沿岔管轴线会产生不平衡力，如果模型范围选取的过大，则会导致计算结果误差增大。因此，在明管状态下，岔管模型范围应综合考虑上述两个因素的影响后合理确定。通过计算分析，$L/R$ 在 3～4 范围内选取比较合适。对埋管状态，由于受到围岩的约束作用，这种不平衡力对计算成果的影响不大，以计算边界约束条件的影响为主，因此，在选择有限元模型范围时，建议 $L/R$ 取 3～4 为宜。

(4) 约束条件对计算结果的影响。为研究约束条件对计算结果的影响，以丰宁岔管运行工况为例，在保持岔管体形及有限元网格不变的条件下，分别对边界采取全约束、3 方向位移自由度约束以及法向约束进行有限元结构计算，计算成果见表 9.3-2。计算成果表明：无论是明管状态还是埋管状态，全约束和 3 方向位移自由度约束的计算结果几乎一致，可见是否约束岔管端部边界的旋转自由度对计算结果的影响可忽略。值得关注的是，明管状态下，对比3方向位移自由度约束以及法向约束的计算结果可知，如果只是约束法向自由度而不约束平面内的自由度，特征点的计算结果相差一般在5%以内，也有个别特征点如肋板、肋旁管壁、支管转折点等部位相差超过了10%，边界约束条件的影响不可忽略。而在埋管状态下，由于围岩的约束作用，岔管端部的约束条件对计算结果的影响很小。考虑到明管状态的分析需要，建议在进行岔管有限元结构计算时，模型端部的约束条件选取全约束或3方向位移自由度约束。

表9.3-2　丰宁岔管不同约束条件下特征点中面Mises应力　单位：MPa

| 特征点 | 明管状态 | | | 埋管状态 | | |
|---|---|---|---|---|---|---|
| | 全约束 | 3方向位移自由度约束 | 法向约束 | 全约束 | 3方向位移自由度约束 | 法向约束 |
| *I* | 161 | 161 | 138 | 113 | 113 | 114 |
| *J* | 243 | 243 | 247 | 237 | 237 | 237 |
| *K* | 228 | 228 | 224 | 217 | 217 | 215 |
| *L* | 231 | 231 | 237 | 212 | 212 | 212 |
| *M* | 245 | 246 | 259 | 222 | 222 | 223 |
| *N* | 299 | 299 | 301 | 276 | 276 | 275 |
| *O* | 305 | 305 | 311 | 273 | 273 | 274 |
| *P* | 312 | 312 | 317 | 285 | 285 | 283 |
| *LB*1 | 296 | 296 | 322 | 276 | 276 | 277 |
| *LB*2 | 134 | 134 | 111 | 88 | 88 | 88 |

（5）闷头的模拟方式对计算结果的影响。在进行岔管水压试验工况的有限元结构计算时，如按照实际情况模拟闷头，计算结果应该更接近实际情况，但是会增加建模的复杂程度。在计算过程中，通常有两种模拟方式：一是按照水压试验的实际情况，在有限元网格划分时考虑闷头；二是采用简化的边界条件进行模拟，具体做法是在主管管口施加轴向约束，在两支管管口施加轴向等效节点拉力，其节点力的合力与其闷头上所承受的水压力相等。为便于说明问题，以丰宁岔管水压试验工况为例，在保持岔管有限元网格不变的前提下，对模拟闷头和简化边界条件两种方式分别进行有限元结构计算，计算成果见图9.3-33。

简化边界条件方式与模拟闷头方式相比，特征点的局部膜应力相差不超过4%，局部膜应力+弯曲应力一般也不超过5%，但在支管过渡锥处相差较大，尤其是*M*点，两种方式计算的局部膜应力+弯曲应力相差甚至超过了12%，*M*点可能成为岔管应力的控制点，因此建议在进行水压试验工况的有限元结构计算时，按实际情况模拟闷头的作用。

**9.3.3.3　结构设计原则**

（1）以三维有限元法为基础进行埋藏式岔管设计。埋藏式岔管结构复杂，不同介质间存在着缝隙，存在非线性接触问题，难以采用解析法进行结构分析。三维有限元法具有较好的适用性，能够较好地模拟围岩约束作用和缝隙值对岔管与围岩联合作用的影响，具有

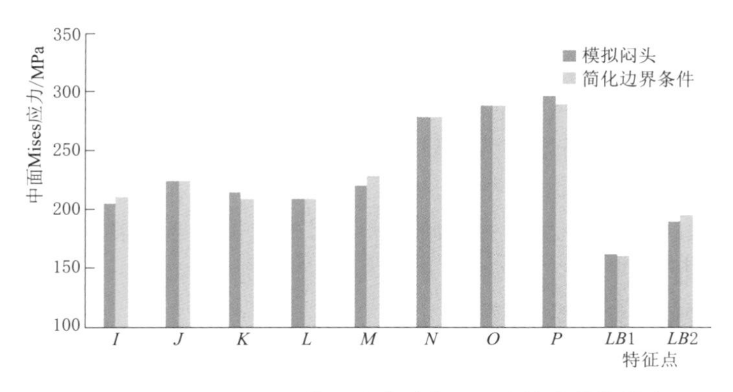


图 9.3-33　闷头不同模拟方式对有限元计算成果的影响

较好的精度，能够较好地满足设计要求。

（2）明管准则。对于埋藏式岔管，当位置、体形、结构尺寸确定后，岔管与围岩联合作用的效果及应力状态，主要取决于岔管与外围回填混凝土及混凝土与围岩总缝隙值的大小及分布。缝隙值的大小对埋藏式岔管应力状态的影响是非常敏感的，然而影响缝隙值大小的因素有很多，而且不确定性较大。其中，回填混凝土及灌浆质量是影响缝隙值大小及分布的主要因素。出于工程安全考虑，《地下埋藏式月牙肋岔管设计导则》（Q/HYDROCHINA 008—2011）提出了“明管准则”，即在不考虑围岩联合作用条件下，按正常运行工况计算的钢岔管的局部膜应力＋弯曲应力及肋板的最大应力不大于其钢材的屈服强度。采用这一准则后，即使回填混凝土及灌浆质量出现了较严重的问题，岔管仍能安全工作，同时也避免了因设计方法导致的误差而使岔管应力过大，进而危及岔管的安全的可能。

在20世纪末，埋藏式岔管开始系统考虑围岩分担内水压力的设计，由于当时原型观测成果比较少，工程经验不足，为安全起见，在西龙池等抽水蓄能电站钢岔管的设计和《地下埋藏式月牙肋岔管设计导则》（Q/HYDROCHINA 008—2011）中，均对围岩分担率采取了“双控制”，即“明管准则”和“限制平均围岩分担率不超过30%，局部膜应力的最大应力削减率不超过45%”。通过对近年来的大量工程实践和原型观测成果的分析，对岔管围岩分担规律逐步有了较明确的认识。

当围岩条件较好时，岔管的管壁厚度由“明管准则”控制；当围岩条件较差时，岔管的管壁厚度由联合承载工况控制。从呼和浩特抽水蓄能电站岔管的计算分析可知，当 $k_0$ 小于10MPa/cm时，钢岔管的管壁厚度将由联合承载工况控制，而大于10MPa/cm时将由“明管准则”控制，即使弹性抗力系数达到100MPa/cm时，按“明管准则”确定的管壁厚度计算的平均围岩分担率也不会超过45%。从西龙池岔管的计算分析可知，当 $k_0$ 小于20MPa/cm时，钢岔管的管壁厚度将由联合承载工况控制，而大于20MPa/cm时将由“明管准则”控制，即使弹性抗力系数达到100MPa/cm时，按“明管准则”确定的管壁厚度计算的平均围岩分担率也不会超过40%。从张河湾岔管的计算分析可知，当 $k_0$ 小于10MPa/cm时，钢岔管的管壁厚度将由联合承载工况控制，而大于10MPa/cm时将由“明管准则”控制，即使弹性抗力系数达到100MPa/cm时，按“明管准则”确定的管壁厚度计算的平均围岩分担率也不会超过50%。

以上研究说明：在进行岔管设计时，考虑围岩联合作用，取消围岩分担率限值，满足“明管准则”所确定的钢岔管的管壁厚度不会使得平均围岩分担率过大，可使地下埋藏式钢岔管设计具有一定的安全裕度。这一研究成果已被纳入《水电站地下埋藏式月牙肋钢岔管设计规范》（NB/T 35110—2018）中。

（3）钢岔管洞段的围岩变形压力由洞室开挖时的支护和回填混凝土共同承担，钢岔管不承担围岩变形压力。

#### 9.3.3.4 埋藏式岔管设计参数选取

（1）围岩参数的选取。岔管与围岩联合作用是通过变形协调实现岔管与围岩共同分担内水压力的。围岩弹性抗力除了受岩性、构造等地质条件影响外，还受洞室开挖过程中所产生的围岩松动圈的影响。所以，在围岩弹性抗力系数取值时应考虑爆破松动圈对围岩弹性抗力的降低作用，可采用由多重圆筒理论导出的下列公式估算钻爆法开挖的隧洞围岩的等值变形模量：

$$\frac{1}{D'}=\frac{1}{D}+(1-\mu)\frac{1}{D_b}\ln\frac{r+L_b}{r} \tag{9.3-5}$$

式中：$D'$为等值变形模量；$D$为围岩变形模量；$D_b$为爆破所致松弛区围岩的变形模量；$\mu$为基岩部位的泊松比；$r$为隧洞的开挖半径；$L_b$为计算的爆破松弛区的深度。

其中，爆破所致松弛区围岩的变形模量$D_b$可由下式计算：

$$D_b=\frac{V_b^2}{V^2}D \tag{9.3-6}$$

式中：$V_b$为松弛区围岩的弹性波速；$V$为围岩部位的弹性波速。

岔管围岩开挖面上的弹性抗力系数$k$可由下式求得：

$$k=\frac{100k_0}{R} \tag{9.3-7}$$

其中

$$k_0=\frac{D'}{100(1+\mu)} \tag{9.3-8}$$

式中：$k_0$为单位弹性抗力系数；$\mu$为围岩泊松比；$R$为开挖半径。

（2）缝隙值的选取。缝隙值对岔管与围岩联合作用的影响很大，根据对已建工程的统计，地下埋管缝隙值与半径之比一般不超过$4\times10^{-4}$。日本奥美浓抽水蓄能电站岔管设计考虑与围岩的联合作用，从其外围混凝土应变观测成果推算，缝隙值与主管半径之比为$(0\sim4)\times10^{-4}$，平均为$2.5\times10^{-4}$，从围岩变位推算为$(0\sim3.6)\times10^{-4}$。

西龙池岔管现场结构模型试验的模型比尺为1∶2.5，$HD$值为1421m·m，岔管外回填混凝土施工工艺、回填灌浆等基本模拟原型，通过对其缝隙值观测及多途径测试分析，模型岔管垂直缝隙值大于水平缝隙值，平均缝隙值为$3.0\times10^{-4}R_0$（$R_0$为岔管公切球半径），考虑到岔管实际运行过程中，缝隙值受水温、围岩蠕变等因素的影响比岔管模型试验大得多，通过计算分析，岔管运行期间平均缝隙值可达$4.1\times10^{-4}R_0$。为安全起见，岔管设计水平缝隙值按1mm（相当于$4.9\times10^{-4}R_0$）、垂直方向按2mm（相当于$9.8\times10^{-4}R_0$）考虑。

十三陵抽水蓄能电站岔管按明管设计，原型观测设计没有布置测缝计，通过对钢板计观测资料的分析，当有限元计算应力水平与原型观测应力水平相当时，平均缝隙值为（3.6～4.2）$\times 10^{-4}R_0$。

呼和浩特抽水蓄能电站岔管按埋藏式岔管设计，设计采用的缝隙值为1.5mm，相当于$5.8\times 10^{-4}R_0$。通过对原型观测成果的分析，实测最大缝隙值为0.46mm，相当于$1.8\times 10^{-4}R_0$。

由于岔管体形复杂，影响外围混凝土回填质量的因素较多，且埋藏式岔管考虑围岩分担内水压力的设计目前还处于初步研究阶段，出于安全考虑，缝隙值选取以不小于$4.0\times 10^{-4}R_0$为宜。

#### 9.3.3.5 设计步骤

（1）方案初拟。埋藏式岔管结构分析是以三维有限元法为基础的，为便于有限元结构分析，可按与岔管公切球等直径的埋藏式圆柱管计算岔管平均围岩分担率，再根据钢岔管所分担的内水压力，按明岔管初步估算管壁厚度和肋板厚度。

（2）以三维有限元法为基础，进行体形优化。

（3）围岩弹性抗力和缝隙值对岔管应力状态的影响是比较敏感的，在设计过程中，需进行必要的敏感性分析，合理拟定围岩弹性抗力和缝隙值。

（4）进行抗外压稳定复核。钢岔管承受均布外压荷载（外水压力、灌浆压力等），其抗外压稳定可近似按与岔管公切球等直径的圆柱管进行复核。

### 9.3.4 设计实例

#### 9.3.4.1 西龙池抽水蓄能电站岔管设计

西龙池抽水蓄能电站岔管采用月牙肋岔管，体形见图9.3-34，设计水头达1015m，$HD$值高达3552.5m·m，如按传统的明管进行设计，则岔管需采用80kg/mm$^2$的钢板来制作，管壳最大厚度将达到68mm，肋板厚度为150mm，岔管制作、安装难度较大。为

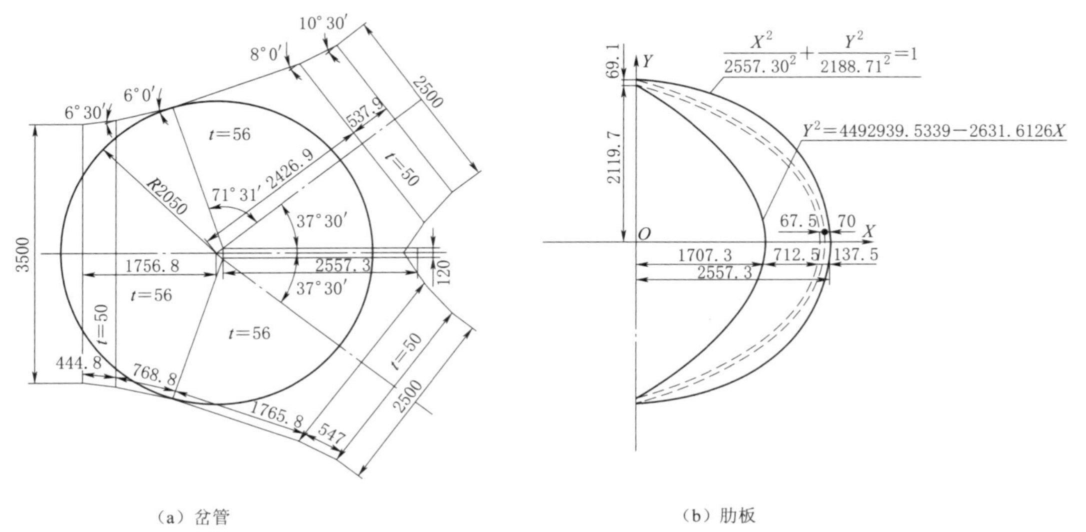


图9.3-34 西龙池抽水蓄能电站岔管及肋板体形示意图（单位：mm）

降低岔管的制作、安装难度，采用考虑围岩分担内水压力的设计。岔管布置方案确定后，影响围岩分担内水压力设计的主要因素是岔管外围总缝隙值的大小，考虑岔管外围回填混凝土的施工特点，西龙池岔管设计缝隙值水平方向取 1.0mm，垂直方向取 2.0mm。通过对现场模型试验测试成果的分析，模型岔管外围总缝隙平均值为 $3.0\times10^{-4}R_0$，考虑到岔管实际运行过程中缝隙值受水温、围岩蠕变等因素的影响，西龙池岔管缝隙值取值是合适的，也是偏于安全的。在岔管围岩弹性抗力系数取值时，需考虑爆破松动区的影响。在岔管体形优化和围岩参数、缝隙值取值确定的基础上，按“明管准则”进行校核，合理控制围岩分担率设计值。通过模型试验、有限元结构分析，考虑围岩与岔管联合作用后，岔管管壳最大厚度可减小至 56mm，肋板厚度可减小至 120mm，与明管设计相比，岔管总量可节约 22%。

西龙池抽水蓄能电站首台机组于 2008 年 12 月发电，至今已安全运行近 14 年。通过对原型观测成果的分析可知，岔管实际应力水平低于设计水平，根据观测成果，通过反演计算，设计工况下的平均围岩分担率为 32.3%，远大于设计值 15%，再次证明岔管结构是安全的，并具有适当的安全裕度。分析其原因主要有两方面：一是实际初始缝隙值最大为 0.52mm，远小于设计值；二是通过反演计算的围岩单位弹性抗力系数高于设计值近 20%。

#### 9.3.4.2 张河湾抽水蓄能电站岔管设计

张河湾抽水蓄能电站岔管采用月牙肋岔管，体形见图 9.3-35，设计水头为 515m，主管直径为 5.2m，$HD$ 值高达 2678m·m，如按传统的明管进行设计，则岔管需采用 80kg/mm$^2$ 的钢板来制作，管壳最大厚度将达到 64mm，肋板厚度为 145mm。为降低岔管的制作、安装难度，采用考虑围岩分担内水压力的设计。在明管状态优化的基础上，又在埋管状态下进行了必要的优化，考虑岔管外围回填混凝土的施工特点，岔管设计缝隙值取 1.2mm，同时还对水平方向为 1.5mm、垂直方向为 3.0mm 的方案进行了分析。从结构分析成果可以看出，岔管结构具有较大的安全裕度。考虑围岩与岔管联合作用后，岔管

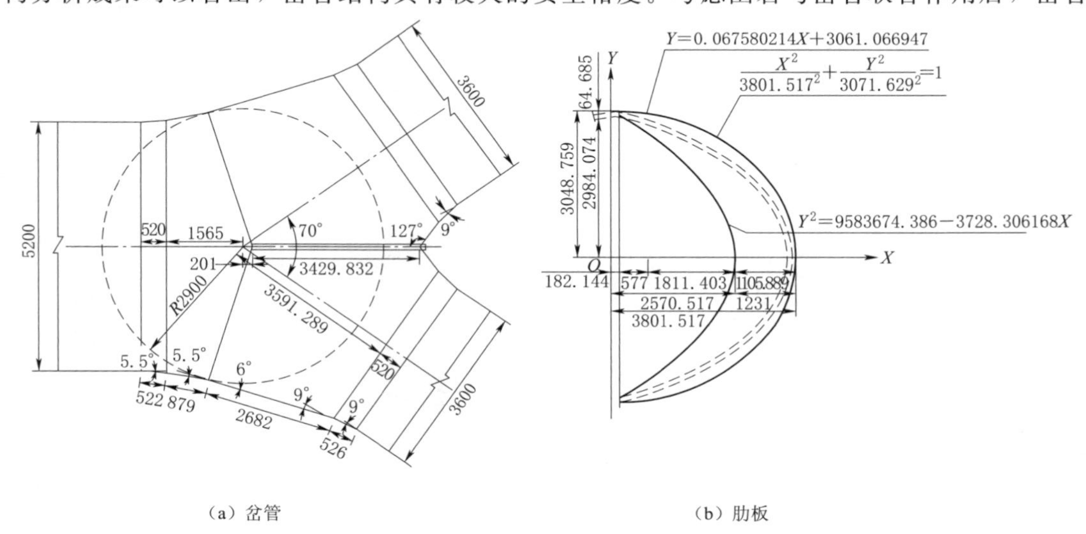


(a) 岔管　　(b) 肋板

图 9.3-35　张河湾抽水蓄能电站岔管及肋板体形图（单位：mm）

管壳最大厚度可减小至52mm，肋板厚度可减小至120mm，大大降低了制作、安装难度，节约了工程投资。

张河湾抽水蓄能电站1号压力管道于2007年12月开始充水，通过对原型观测成果的分析可知，岔管实际应力水平低于设计水平较多，根据观测成果，通过反演计算，设计工况下的平均围岩分担率为36.7%，远大于设计值11.6%，再次证明岔管结构是安全的，并有较大的安全裕度。

**9.3.4.3 呼和浩特抽水蓄能电站岔管设计**

呼和浩特抽水蓄能电站岔管采用对称布置的月牙肋岔管，体形见图9.3-36，设计水头为905.8m，主管直径为4.6m，*HD*值高达4167m·m，如按传统的明管进行设计，则岔管需采用80kg/mm$^2$的钢板来制造，管壳最大厚度将达到80mm，肋板厚度为180mm。为降低岔管的制作、安装难度，采用考虑围岩分担内水压力的设计。考虑岔管外围回填混凝土的施工特点，岔管设计缝隙值取1.2mm。从结构分析成果可看出，岔管结构具有较大的安全裕度。考虑围岩与岔管联合作用后，岔管管壳最大厚度可减小至70mm，肋板厚度可减小至140mm，大大降低了制作、安装难度，节约了工程投资。

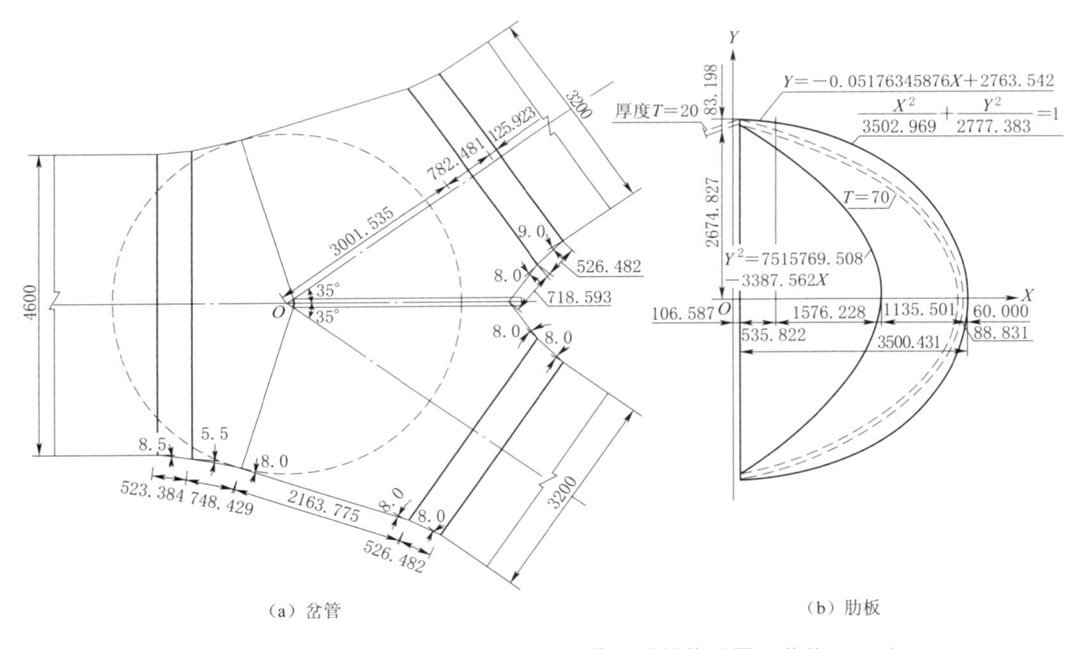


图9.3-36 呼和浩特抽水蓄能电站岔管及肋板体形图（单位：mm）

呼和浩特抽水蓄能电站1号压力管道于2014年6月开始充水，通过对原型观测成果的分析可知，岔管实际应力水平低于设计水平较多，根据观测成果，通过反演计算，设计工况下的平均围岩分担率为28.7%，大于设计值11.0%，证明岔管结构是安全的，并有一定的安全裕度。

# 第 10 章

# 总结与展望

(1) 对于抽水蓄能电站来讲，当上、下水库位置选定后，输水系统总体走向基本确定，连接两水库进/出水口的直线即为输水系统最短线路。然而受地形地质条件的限制，输水系统采用直线布置往往并非最佳选择。地下厂房的位置和轴线方位对输水系统的布置影响大，地下厂房位置选择除要考虑地形地质条件、地应力条件、水文地质条件等外，还应考虑附属洞室的布置条件，通风兼安全洞往往是厂房顶拱的施工通道，通风洞过长将影响厂房的工期；出线洞过长将增加出线工程投资。

(2) 对于输水系统布置来讲，上平段一般设计水头较低，往往上覆岩体较薄，围岩风化较严重，渗水可能会对库岸及山体边坡稳定产生不利影响，同时上平段末端上弯点洞顶最小水头还应满足不小于2.0m水头的要求。因此，在输水系统布置时合理选择上平段长度、坡度、高程是需重点关注的问题。

从经济角度讲，适当增加水头较低的上平段的长度是一种比较合理的选择，但当上平段过长时，为满足输水系统水力过渡过程要求，需增设引水调压室。在这种情况下，输水系统线路选择时应考虑具有布置引水调压室的地形地质条件。上平段布置还应与上水库进/出水口型式统筹考虑，侧式进/出水口是普遍采用的一种型式，但要求有较好的地形条件，当上平段沿线地形较低洼时，采用井式进/出水口往往是合理的选择。当进/出水口闸门井距上水库较远，且未设置上游调压室时，闸门井顶部高程应考虑水力过渡过程的不利影响。而当上平段有一定长度且不需要设置引水调压室时，适当扩大上游闸门井断面兼有上游调压室的作用，可以使上弯点最小水头满足规范要求，也往往是一种较为经济合理的做法。

(3) 地下高压管道立面的布置有竖井和斜井两种方式。当高压管道采用钢筋混凝土衬砌时，采用竖井布置方式较多，因为钢筋混凝土衬砌对围岩覆盖厚度及质量要求较高，竖井布置方式容易满足围岩覆盖厚度要求。然而，采用竖井布置的高压管道的总长度较采用斜井布置的要长，尤其是压力最高的下平段较长。但是，由于钢筋混凝土衬砌主要靠围岩承担内水压力，内水压力的高低对钢筋混凝土衬砌经济指标的影响并不像钢板衬砌那么显著。高压管道立面布置方案的选择应因地制宜，当采用单一的竖井或斜井布置方式并不能较好地适应地形地质条件且经济性较差时，可采用竖井与斜井相结合的布置方式，也可采用明管与埋管相结合的布置方式。

(4) 输水系统衬砌型式对其造价有着举足轻重的影响，对于大 *HD* 值的高压管道而言更是如此。从经济角度来讲，混凝土衬砌可充分利用围岩的弹性抗力，是比较经济的衬砌型式。但要想使混凝土衬砌方案成立，围岩必须满足“应力条件”和“渗透条件”，因此对围岩地形地质条件要求较高。预应力混凝土衬砌具有较好的防渗效果，根据预应力的施加方法，预应力混凝土衬砌可分为两种类型：一是灌浆式预应力混凝土衬砌，通过高压灌浆在对混凝土衬砌施加预应力的同时，也固结了围岩，而围岩的约束作用保持了预应力的效果，因此灌浆式预应力混凝土衬砌对围岩地形地质条件要求也是比较高的；二是环锚预应力混凝土衬砌，它是通过张拉布置在混凝土衬砌内的预应力筋来实现预应力的。环锚预应力混凝土衬砌通常按独立承受内水压力设计，因此对围岩地形地质条件要求较低，但受锚具尺寸及布置的影响，适用的压力管道规模不大。钢板衬砌即地下埋管，钢板衬砌通常考虑钢管与围岩联合作用，共同承担内水压力，对围岩地形地质条件要求比混凝土衬砌方案低得多。对于大 $HD$ 值的高压管道，采用普通低碳钢或低合金钢是难以满足要求的，需采用高强钢，在目前技术条件下，可实现的规模较大，已建最大规模高压钢管的 $HD$ 值超过 5500m·m。各种衬砌型式都具有自身的特点和适用范围，因此在输水系统衬砌型式选择时，应充分结合地形地质条件、水文地质条件、设计水头、断面尺寸、运行条件等，在技术可行的条件下，经综合技术经济比较后选定。

（5）由于钢板衬砌安全可靠、对围岩地形地质条件要求不高，因此得到了广泛应用。随着抽水蓄能电站向大容量、大规模化发展，压力管道也趋于大规模化，压力钢管用钢也向高强度等级发展。20 世纪末国内水电工程才开始大规模地应用高强钢，当时采用的高强钢多从日本、美国等进口。随着我国抽水蓄能电站的发展，国产高强钢也开始在水电站压力钢管中得到成功应用，并且取得了很好的效果。

（6）月牙肋岔管由于具有受力明确、设计简便、水流流态好、水头损失小、结构可靠、制作安装方便等优点，在国内外大中型常规水电站和抽水蓄能电站中得到广泛应用。以往国内外埋藏式岔管常按明管设计，围岩分担内水压力仅作为一种安全储备，有些工程也不同程度地考虑围岩分担内水压力的潜力，但也仅仅限于经验做法。随着我国大规模岔管的出现，如西龙池、张河湾、宜兴、呼和浩特、溧阳等抽水蓄能电站，岔管的技术可行性成为比较突出的问题，迫使设计人员开始考虑围岩分担内水压力的设计，并开展了大量的研究工作。最具代表性的成果为原国家电力公司 2001 年度科技项目“内加强月牙肋岔管技术研究”。此项成果依托西龙池抽水蓄能电站取得，并在张河湾、呼和浩特抽水蓄能电站中得到成功应用，同时也被国内大多数工程所借鉴。在此科研成果及总结已建工程经验的基础上，编制了《地下埋藏式月牙肋岔管设计导则》（Q/HYDROCHINA 008—2011），较好地指导了地下埋藏式月牙肋岔管的设计。在 Q/HYDROCHINA 008—2011 应用的基础上，通过对多年来已建工程经验的总结以及原型观测成果的分析，编制了《水电站地下埋藏式月牙肋钢岔管设计规范》（NB/T 35110—2018）。随着国内高强钢冶炼技术的不断提高，设计理论体系的不断完善以及制作、安装水平的不断提高，可实现的压力钢管及岔管规模将会有较大幅度的提高。

# 参考文献


［1］ 陆佑楣，潘家铮．抽水蓄能电站［M］．北京：水利电力出版社，1992.

［2］ 邱彬如，刘连希．抽水蓄能电站工程技术［M］．北京：中国电力出版社，2008.

［3］ 邱彬如．世界抽水蓄能电站新发展［M］．北京：中国电力出版社，2006.

［4］ 中国水电顾问集团华东勘测设计研究院．天荒坪抽水蓄能电站关键技术研究及实践［R］．2008.

［5］ 周建旭，蔡付林．抽水蓄能电站压力管道上平段布置设计分析［C］//中国水电顾问集团贵阳勘测设计研究院．中国水电站压力管道：第六届全国水电站压力管道学术论文集．北京：中国水利水电出版社，2006：42-46.

［6］ 张巍，郑晶星，黄立才，等．惠州抽水蓄能电站A厂上游水道设计综述［J］．水力发电，2010（9）：33-35.

［7］ 陈宗梁，李宗泰．抽水蓄能电站工程实例［G］．中国企业联合会科技工作部，能源部水利部北京勘测设计院，1990.

［8］ 丁学琦．抽水蓄能电站枢纽布置的探讨［J］．西北水电，2007（3）：1-4.

［9］ 原有全．天荒坪抽水蓄能电站大直径陡倾角长斜井开挖施工技术［J］．水利水电施工，1999（1）：11-12.

［10］ 温良英，张正荣，陈登福，等．弯管内流体流动的模拟计算与实验研究［J］．计量学报，2005（1）：53-56.

［11］ 王建华，等．抽水蓄能电站井式进/出水口体形及水力特性研究［R］．中国水电工程顾问集团公司，2015.

［12］ 赵懿珺，贺益英．直角Z形组合双弯管流动特性的研究［J］．水力学报，2006（7）：778-783.

［13］ 胡旺兴，杨亚军，李冲，等．溧阳抽水蓄能电站上水库竖井式进/出水口设计［J］．水力发电，2013（3）：38-40.

［14］ 郑源，蔡付林．溧阳抽水蓄能电站上库进/出水口模型试验报告［R］．河海大学水利水电工程学院，2005.

［15］ 董志勇．弯头（弯管）阻力系数比较与流动特性分析［C］//第五届全国水动力学学术会议暨第十五届全国水动力学研讨会论文集，2001：82-88.

［16］ 张健，卢伟华，范波芹，等．输水系统布置对抽水蓄能电站相继甩负荷水力过渡过程影响［J］．水力发电学报，2008（5）：158-162.

［17］ 索丽生．抽水蓄能电站的水力学专门问题［J］．水利水电科技进展，1995（2）：8-14.

［18］ 张健，索丽生．抽水蓄能电站尾调设置与水力过渡过程研究［J］．水电能源科学，2008（3）：83-87，132.

［19］ 吴毅，王洪玉，杜景灿，等．宝泉抽水蓄能电站取消尾水调压井的研究［C］//中国水力发电工程学会电网调峰与抽水蓄能专业委员会．抽水蓄能电站工程建设文集2005．北京：中国电力出版社，2005：145-151.

［20］ 中国水电顾问集团中南勘测设计研究院．重庆蟠龙抽水蓄能电站可行性研究报告6：工程布置及建筑物［R］．2013.

［21］ 王志国．水电站埋藏式内加强月牙肋岔管技术研究与实践［M］．北京：中国水利水电出版社，2011.

［22］ 邱彬如．高度重视高水头钢筋混凝土压力管道的风险［C］//中国水力发电工程学会电网调峰与抽

水蓄能专业委员会. 抽水蓄能电站工程建设文集 2010. 北京：中国电力出版社，2010：115-123.

[23] 郑治，刘杰，彭成佳. 水工隧洞受力特性研究和结构设计思路 [J]. 水力发电学报，2010 (2)：190-196.

[24] 杨林德，丁文其. 渗水高压引水隧洞衬砌的设计研究 [J]. 岩石力学与工程学报，1997 (2)：112-117.

[25] 叶冀升. 广蓄电站钢筋混凝土衬砌岔管建设的几点经验 [J]. 水力发电学报，2001 (2)：93-105.

[26] 伍智钦，刘学山. 广蓄二期工程高压岔管渗漏问题的探讨 [J]. 水力发电，2001 (2)：27-30.

[27] 张巍，黄立财，陈世玉. 高压钢筋混凝土隧洞透水衬砌设计理论的进一步研究 [J]. 广东水利水电，2008 (9)：1-4.

[28] 张秀丽. 天荒坪抽水蓄能电站钢筋混凝土岔管结构设计 [J]. 水力发电，2001 (6)：41-43.

[29] 杨兆文，刘素琴. 天荒坪抽水蓄能电站输水系统设计 [J]. 水力发电，1998 (8)：35-37.

[30] 张巍，黄立财，陈世玉. 透水衬砌设计理论在惠蓄高压隧洞设计中的应用 [J]. 广东水利水电，2008 (7)：20-23.

[31] 郑晶星，黄立财. 惠州抽水蓄能电站高压钢筋混凝土岔管结构计算分析 [C]//中国水力发电工程学会电网调峰与抽水蓄能专业委员会. 抽水蓄能电站工程建设文集 2006. 北京：中国电力出版社，2006：101-106.

[32] 张有天. 水工隧洞建设的经验和教训（上）[J]. 贵州水力发电，2001 (4)：76-84.

[33] 电力部东北勘测设计院预应力灌浆试验组. 白山水电站压力隧洞灌浆式预应力衬砌的试验研究 [J]. 水力发电，1981 (1)：10-18.

[34] 王永年. 水工压力隧洞素混凝土高压灌浆预应力衬砌 [J]. 东北水利水电，1987 (2)：28-33.

[35] 赵长海. 灌浆式预应力混凝土衬砌隧洞 [J]. 水利水电技术，1999 (12)：65-69.

[36] 陈宗梁. 国外高压管道采用的几种新衬砌型式 [J]. 水力发电，1981 (1)：53-59.

[37] 艾家驷. 压力隧洞预应力素混凝土衬砌设计与施工 [J]. 四川水力发电，1985 (1)：20-27.

[38] 华东水利学院. 水工设计手册　第七卷　水电站建筑物 [M]. 北京：水利电力出版社，1989.

[39] 孙景林. 白山水电站 1 号引水隧洞上平段的素混凝土高压灌浆衬砌 [J]. 水力发电，1983 (9)：25-29.

[40] 谷玲，宋宏伟. 预应力灌浆在高压隧洞中的应用 [J]. 东北水利水电，2006 (6)：11-13.

[41] 邵力群，肖豫，罗国强. 南阳回龙工程高压隧洞预应力灌浆技术 [J]. 黄河水利职业技术学院学报，2006 (2)：9-11.

[42] 林秀山，沈风生. 小浪底工程后张法无粘结预应力隧洞衬砌技术研究与实践 [M]. 郑州：黄河出水利版社，1999.

[43] 天津大学建筑工程学院. 山西西龙池抽水蓄能电站环锚预应力混凝土衬砌三维有限元计算分析报告 [R]. 2004.

[44] 诸葛妃，张志慧，周跃川. 隧洞预应力混凝土衬砌在大伙房输水二期工程中的应用 [C]//中国水利学会. 中国水利学会 2008 学术年会论文集. 北京：中国水利水电出版社，2008：830-832.

[45] 钮新强，符志远，张传健. 穿黄隧洞衬砌 1：1 仿真模型试验研究 [J]. 人民长江，2011 (8)：77-86.

[46] 田帅，亢景付. 环锚无粘结预应力混凝土衬砌关键参数研究 [C]//第十三届全国现代结构工程学术研讨会论文集，2013：1596-1600.

[47] 符志远. 压力隧洞衬砌后张预应力计算 [J]. 人民长江，2001 (9)：24-26，50.

[48] 赵斌. 九甸峡水利枢纽工程调压井衬砌结构环锚设计计算 [J]. 中国农村水利水电，2009 (1)：78-80.

[49] 亢景付，贾硕. 预应力混凝土衬砌隧洞锚具槽区域应力状态分析 [J]. 水利与建筑工程学报，

2014（1）：50－54.
[50] 亢景付，胡玉明．圆筒形预应力结构锚索间距的确定方法［J］．工程力学，2003（5）：121－123，133.
[51] 王泰恒，许文年，陈池，等．预应力锚固技术基本理论与实践［M］．北京：中国水利水电出版社，2007.
[52] 潘家铮．水工隧洞和调压室：水工隧洞部分［M］．北京：水利电力出版社，1990.
[53] 赵顺波，李晓克，严振瑞，等．环形高效预应力混凝土技术与工程应用［M］．北京：科学出版社，2008.
[54] 沈兆伟，荆锐，王达知．环锚预应力混凝土衬砌围岩作用探讨［C］//第十五届全国现代结构工程学术研讨会论文集，2015：1328－1333.
[55] 符志远，梅开志，王鹏飞．隔河岩水利枢纽电站建筑物设计［J］．人民长江，1992（2）：48－53.
[56] 符志远，谢红兵，张邦圻，等．清江隔河岩电站压力隧洞环锚预应力衬砌设计［J］．人民长江，1997（7）：19－24.
[57] 刘兴宁，张宗亮．天生桥一级水电站引水系统环锚试验［J］．水力发电，1999（3）：27－30.
[58] 魏德荣，刘泽钧，叶全闻．天生桥一级水电站引水隧洞预应力衬砌实测变形和实测应力分析［J］．贵州水力发电，2004（4）：28－32.
[59] 曾令华，林学锋，袁启恭．天生桥一级水电站引水隧洞环锚施工与监理［J］．人民长江，2001（6）：42－43.
[60] 李军．天生桥一级水电站引水隧洞预应力环锚施工技术［J］．四川水力发电，2000（3）：36－38.
[61] 方大凤．天生桥一级水电站枢纽布置及水工建筑物设计［J］．红水河，1995（4）：6－12.
[62] 魏长勇，栾卫中．大伙房水库输水隧洞预应力混凝土衬砌研究［J］．东北水利水电，2012（5）：28－29.
[63] 姜小兰，吴浪，孙绍文，等．南水北调穿黄隧洞内衬预应力锚索应力应变试验研究［J］．长江科学院院报，2010（4）：61－65.
[64] 亢景付，崔诗慧．基于观测数据的环锚预应力混凝土衬砌预应力效果分析［J］．水力发电学报，2013（1）：237－241，247.
[65] 严振瑞，朱方敏．东深供水改造工程 $\phi$4.8米大型无粘结预应力涵管的有限元仿真分析［J］．预应力技术，2008（2）：3－5.
[66] 张少杰，吴利平，席怀勇．预应力环锚技术在九甸峡水利枢纽调压井中的应用［J］．水利规划与设计，2011（5）：68－69，76.
[67] 中国钢结构协会．建筑钢结构施工手册［M］．北京：中国计划出版社，2005.
[68] 胡德昌．金属结构与抗蚀［M］．北京：宇航出版社，1987.
[69] 彭福全．金属材料实用手册［M］．北京：机械工业出版社，1987.
[70] 李亚江，等．高强钢的焊接［M］．北京：冶金工业出版社，2010.
[71] 曹良裕，魏战江．钢的碳当量公式及其在焊接中的应用［J］．材料开发与应用，1999（1）：39－43.
[72] 赵英杰．水电行业及其用钢的现状与发展趋势［J］．莱钢科技，2015（2）：5－7.
[73] 王晓刚．690MPa级大厚度调质高强钢板组织性能研究［J］．河北冶金，2012（11）：25－27，73.
[74] 李伟民．压力容器用钢的特殊要求［J］．机械工程师，2012（5）：147－148.
[75] 周平，李艳，杨建勋．热处理工艺对超高强钢板组织和性能的影响［J］．莱钢科技，2015（6）：31－35.
[76] 王仁坤，张春生．水工设计手册　第8卷　水电站建筑物［M］．2版．北京：中国水利水电出版社，2013.
[77] 孟广喆，贾安东．焊接结构强度和断裂［M］．北京：机械工业出版社，1986.
[78] 万天明．高强钢压力钢管取消焊后消应原因分析［J］．水电站机电技术，2007（4）：84－86.

[79] 王文先，霍立兴，张玉凤，等. 相变温度对焊接残余应力的影响规律及机理分析 [J]. 中国机械工程，2003 (3)：246-249.
[80] 中国水电顾问集团北京勘测设计研究院. 张河湾抽水蓄能电站 S690QL1 钢板压力钢管应用研究 [R]. 2009.
[81] 胡家博. 埋藏式钢管外压稳定计算 [J]. 水力发电学报，1982 (1)：102-116.
[82] 刘启钊. 对《埋藏式钢管外压稳定计算》的讨论 [J]. 水力发电学报，1983 (1)：71-73.
[83] 刘启钊. 水电站压力钢管外压稳定分析综述 [J]. 河海大学科技情报，1987 (4)：10-25.
[84] 党承华，史长莹，马文英，等. 加劲巨型薄壁输水钢管外压临界失稳性能研究 [J]. 水力发电，2005 (6)：33-35.
[85] 伍鹤皋，陈观福，王金龙，等. 埋藏式压力钢管抗外压稳定分析 [J]. 武汉水利电力大学学报，1998 (4)：14-17.
[86] 翟振华，冉荣庆，潘益斌. 水电站地下压力埋钢管抗外压设计探讨 [J]. 浙江水利科技，2007 (5)：20-24.
[87] 汪易森，庞进武，刘世煌. 水利水电工程若干问题的调研与探讨 [M]. 北京：中国水利水电出版社，2006.
[88] 彭智祥. 可持续创新的水工钢管先进制造技术 [C]//中国电建集团成都勘测设计研究院有限公司. 水电站压力管道：第八届全国水电站压力管道学术会议文集. 北京：中国水利水电出版社，2014：514-518.
[89] 张栋，邰纯洁，肖明. 惠州抽水蓄能电站地下高压钢筋混凝土岔管三维有限元分析 [J]. 湖北水力发电，2006 (1)：24-28.
[90] 姜允松. 广蓄电站砼衬砌式高压岔管模拟试验与定性分析 [J]. 云南水力发电，1995 (2)：60-67.
[91] 李志刚. 惠州抽水蓄能电站 A 厂水道安全监测系统 [J]. 水力发电，2009 (10)：93-95.
[92] 王志国，陈永兴. 西龙池抽水蓄能电站内加强月牙肋岔管水力特性研究 [J]. 水力发电学报，2007 (1)：42-47.
[93] 王志国，陈永兴. 西龙池抽水蓄能电站内加强月牙肋岔管围岩分担内水压力设计 [J]. 水力发电学报，2006 (6)：61-66.
[94] 王志国. 关于内加强月牙肋岔管肋板用钢 $z$ 向性能级别选择的初步探讨 [C]//中国水电顾问集团华东勘测设计研究院. 水电站压力管道：第七届全国水电站压力管道学术会议文集. 北京：中国电力出版社，2010.
[95] 王志国. 高水头大 *PD* 值内加强月牙肋岔管布置与设计 [J]. 水力发电，2001 (1)：56-58，62.
[96] 王志国，耿贵彪，段云岭，等. 西龙池抽水蓄能电站高压岔管考虑围岩分担内水压力设计现场结构模型试验研究 [J]. 水力发电学报，2006 (2)：55-60，54.
[97] 王志国，蒋逵超，杜贤军，等. 水电站地下埋藏式月牙肋钢岔管设计原则与方法 [C]//中国电建集团昆明勘测设计研究院有限公司. 水电站压力管道：第九届全国水电站压力管道学术会议文集. 北京：中国电力出版社，2018：413-417.
[98] 王志国，蒋逵超，钱玉英，等. 关于埋藏式内加强月牙肋岔管应力控制标准的讨论 [C]//中国电建集团昆明勘测设计研究院有限公司. 水电站压力管道：第九届全国水电站压力管道学术会议文集. 北京：中国电力出版社，2018：425-429.
[99] 蒋逵超，王志国，申艳，等. 月牙肋钢岔管有限元结构计算的基本原则与方法 [C]//中国电建集团昆明勘测设计研究院有限公司. 水电站压力管道：第九届全国水电站压力管道学术会议文集. 北京：中国电力出版社，2018：418-424.
[100] 申艳，杨鑫，蒋逵超. 月牙肋岔管肋板内缘曲线对结构受力特性的影响 [J]. 西北水电，2020 (3)：56-62.

[101] 孟江波，陈丽芬．影响月牙肋钢岔管有限元计算结果主要因素的初步分析［C］//中国电建集团成都勘测设计研究院有限公司．水电站压力管道：第八届全国水电站压力管道学术会议文集．北京：中国水利水电出版社，2014：241-246．

[102] 王志国，杜英奎，陈燕云．西龙池抽水蓄能电站输水建筑物的布置与设计［C］//中国水力发电工程学会电网调峰与抽水蓄能专业委员会．抽水蓄能电站工程建设文集2007．北京：中国电力出版社，2007．

[103] 赵铁，钱玉英，刘静．呼和浩特抽水蓄能电站枢纽布置简介［C］//中国水力发电工程学会电网调峰与抽水蓄能专业委员会．抽水蓄能电站工程建设文集2009．北京：中国电力出版社，2009．

[104] 刘沛清，屈秋林，王志国，等．内加强月牙肋三岔管水力特性数值模拟［J］．水利学报，2004（3）：42-46．

[105] 郭雪．张河湾抽水蓄能电站埋藏式内加强月牙肋钢岔管设计［J］．水电勘测设计，2007（2）：68-72．

# 索 引

# 《中国水电关键技术丛书》编辑出版人员名单

总 责 任 编 辑：营幼峰
副总责任编辑：黄会明　刘向杰　吴　娟
项 目 负 责 人：刘向杰　冯红春　宋　晓
项 目 组 成 员：王海琴　刘　巍　任书杰　张　晓　邹　静
李丽辉　夏　爽　郝　英　范冬阳　李　哲
石金龙　郭子君

## 《抽水蓄能电站输水系统设计技术》

责任编辑：刘向杰
文字编辑：刘向杰
审稿编辑：冯红春　柯尊斌　方　平
索引制作：王志国
封面设计：芦　博
版式设计：芦　博
责任校对：黄　梅　梁晓静
责任印制：崔志强　焦　岩　冯　强
排　　版：吴建军　孙　静　郭会东　丁英玲　聂彦环

# Contents

of China.

As same as most developing countries in the world, China is faced with the challenges of the population growth and the unbalanced and inadequate economic and social development on the way of pursuing a better life. The influence of global climate change and extreme weather will further aggravate water shortage, natural disasters and the demand & supply gap. Under such circumstances, the dam and reservoir construction and hydropower development are necessary for both China and the world. It is an indispensable step for economic and social sustainable development.

The hydropower engineering technology is a treasure to both China and the world. I believe the publication of the *Series* will open a door to the experts and professionals of both China and the world to navigate deeper into the hydropower engineering technology of China. With the technology and management achievements shared in the *Series*, emerging countries can learn from the experience, avoid mistakes, and therefore accelerate hydropower development process with fewer risks and realize strategic advancement. The *Series*, hence, provides valuable reference not only to the current and future hydropower development in China but also world developing countries in their exploration of rivers.

As one of the participants in the cause of hydropower development in China, I have witnessed the vigorous development of hydropower industry and the remarkable progress of hydropower technology, and therefore I am truly delighted to see the publication of the *Series*. I hope that the *Series* will play an active role in the international exchanges and cooperation of hydropower engineering technology and contribute to the infrastructure construction of B&R countries. I hope the *Series* will further promote the progress of hydropower engineering and management technology. I would also like to express my sincere gratitude to the professionals dedicated to the development of Chinese hydropower technological development and the writers, reviewers and editors of the *Series*.

**Ma Hongqi**

**Academician of Chinese Academy of Engineering**

October, 2019

er cascades and water resources and hydropower potential. 3) To develop complete hydropower investment and construction management system with the aim of speeding up project development. 4) To persist in achieving technological breakthroughs and resolutions to construction challenges and project risks. 5) To involve and listen to the voices of different parties and balance their benefits by adequate resettlement and ecological protection.

With the support of H. E. Mr. Wang Shucheng and H. E. Mr. Zhang Jiyao, the former leaders of the Ministry of Water Resources, China Society for Hydropower Engineering, Chinese National Committee on Large Dams, China Renewable Energy Engineering Institute, and China Water & Power Press in 2016 jointly initiated preparation and publication of *China Hydropower Engineering Technology Series* (hereinafter referred to as "the *Series*"). This work was warmly supported by hundreds of experienced hydropower practitioners, discipline leaders, and directors in charge of technologies, dedicated their precious research and practice experience and completed the mission with great passion and unrelenting efforts. With meticulous topic selection, elaborate compilation, and careful reviews, the volumes of the *Series* was finally published one after another.

Entering 21st century, China continues to lead in world hydropower development. The hydropower engineering technology with Chinese characteristics will hold an outstanding position in the world. This is the reason for the preparation of the *Series*. The *Series* illustrates the achievements of hydropower development in China in the past 30 years and a large number of R&D results and projects practices, covering the latest technological progress. The *Series* has following characteristics. 1) It makes a complete and systematic summary of the technologies, providing not only historical comparisons but also international analysis. 2) It is concrete and practical, incorporating diverse disciplines and rich content from the theories, methods, and technical roadmaps and engineering measures. 3) It focuses on innovations, elaborating the key technological difficulties in an in-depth manner based on the specific project conditions and background and distinguishing the optimal technical options. 4) It lists out a number of hydropower project cases in China and relevant technical parameters, providing a remarkable reference. 5) It has distinctive Chinese characteristics, implementing scientific development outlook and offering most recent up-to-date development concepts and practices of hydropower technology

# General Preface

China has witnessed remarkable development and world-known achievements in hydropower development over the past 70 years, especially the 4 decades after Reform and Opening-up. There were a number of high dams and large reservoirs put into operation, showcasing the new breakthroughs and progress of hydropower engineering technology. Many nations worldwide played important roles in the development of hydropower engineering technology, while China, emerging after Europe, America, and other developed western countries, has risen to become the leader of world hydropower engineering technology in the 21st century.

By the end of 2018, there were about 98,000 reservoirs in China, with a total storage volume of 900 billion $m^3$ and a total installed hydropower capacity of 350GW. China has the largest number of dams and also of high dams in the world. There are nearly 1000 dams with the height above 60m, 223 high dams above 100m, and 23 ultra high dams above 200m. There are also 4 mega-scale hydropower stations with an individual installed capacity above 10GW, such as Three Gorges Hydropower Station, which has an installed capacity of 22.5 GW, the largest in the world. Hydropower development in China has been endeavoring to support national economic development and social demand. It is guided by strategic planning and technological innovation and aims to promote project construction with the application of R&D achievements. A number of tough challenges have been conquered in project construction and management, realizing safe and green development. Hydropower projects in China have played an irreplaceable role in the governance of major rivers and flood control. They have brought tremendous social benefits and played an important role in energy security and eco-environmental protection.

Referring to the successful hydropower development experience of China, I think the following aspects are particularly worth mentioning 1) To constantly coordinate the demand and the market with the view to serve the national and regional economic and social development. 2) To make sound planning of the riv-

## Informative Abstract

This book is one of *China Hydropower Engineering Technology Series* funded by the National Publishing Fund. Combining engineering practice and scientific research achievements, it comprehensively and systematically summarizes the design technology of the water conveyance system of pumped storage power stations, with a focus on explaining the layout, lining type selection, structural design, construction technology, etc. of the water conveyance system. It discusses the characteristics of the water conveyance system layout of pumped storage power stations and the issues that need to be paid attention to when arranging main buildings. At the same time, the characteristics, applicable conditions, and scope of reinforced concrete lining, grouted prestressed concrete lining, ring anchor prestressed concrete lining, steel plate lining and other types commonly used in the water conveyance system of pumped storage power stations were elaborated, as well as their structural design theory, methods, principles, construction technology characteristics and requirements. Combined with engineering examples, the explanation was given, especially for the steel plate lining that has developed rapidly in China in recent years, Based on the characteristics and requirements of steel used in hydropower, a comprehensive and systematic explanation was provided on the selection of steel, structural design, production and installation, etc. In addition, for bifurcated pipes with high technical difficulties, especially the widely used crescent rib bifurcated pipes, the hydraulic and structural characteristics are explained, and the selection of body parameters and structural design methods are comprehensively elaborated. The mechanism of the joint action between underground buried crescent rib bifurcated pipes and surrounding rock is emphasized, and the design principles and methods for buried crescent rib bifurcated pipes considering the sharing of internal water pressure by surrounding rock are systematically proposed.

This book can be used as a reference for technical personnel engaged in the design, scientific research, construction, and operation management of water diversion systems for hydropower stations, as well as relevant university teachers and students.

China Hydropower Engineering Technology Series

# Design Technology of the Water Conveyance System of Pumped Storage Power Station

Wang Zhiguo